太阳能光伏发电应用技术
（第4版）

袁晓 主编

柳翠 刘永生 副主编

赵为 于化丛 王士涛 参编
于文英 刘培良 邓霞

U0178109

电子工业出版社
Publishing House of Electronics Industry
北京·BEIJING

内 容 简 介

本书旨在全面介绍光伏发电的基础知识，着重于光伏发电系统的应用。光伏发电技术更新迭代速度快，为反映当前光伏发电技术的进展，本书在第 3 版的基础上，重点更新了晶硅太阳电池制造工艺和高效电池技术相关内容，增加了光伏组件制造新工艺，增加了钙钛矿太阳电池的技术进展，详细介绍了磷酸铁锂电池技术，阐述了光伏发电系统应用新发展和新技术。各章后面带有参考文献和练习题。

本书可作为普通高等院校光伏相关专业的本科教学用书，也可供太阳能光伏企业的管理和工程技术人员以及科技爱好者参考。

图书在版编目（CIP）数据

太阳能光伏发电应用技术 / 袁晓主编. —4 版. —北京：电子工业出版社，2023.11
ISBN 978-7-121-46572-7

Ⅰ．①太…　Ⅱ．①袁…　Ⅲ．①太阳能发电—研究　Ⅳ．①TM615

中国国家版本馆 CIP 数据核字（2023）第 204301 号

责任编辑：曲　昕
印　　刷：三河市君旺印务有限公司
装　　订：三河市君旺印务有限公司
出版发行：电子工业出版社
　　　　　北京市海淀区万寿路 173 信箱　邮编：100036
开　　本：787×1092　1/16　印张：19　字数：486.4 千字
版　　次：2009 年 1 月第 1 版
　　　　　2023 年 11 月第 4 版
印　　次：2025 年 2 月第 7 次印刷
定　　价：79.00 元

前　言

在全球气候变暖及化石能源日益枯竭的大背景下，可再生能源的开发和利用日益受到国际社会的重视，大力发展可再生能源已成为世界各国的共识。2016 年 11 月 4 日生效的《巴黎协定》凸显了世界各国发展可再生能源产业的决心。在碳达峰、碳中和的大背景下，光伏发电以其清洁、安全和易获取等优势，已成为全球可再生能源开发和利用的重要组成部分。

光伏产业已成为我国可参与国际竞争并取得领先优势的产业，也是推动我国能源变革的重要引擎。大力发展光伏产业，对调整能源结构、推进能源生产和消费革命、促进生态文明建设具有重要意义。目前我国光伏产业在制造业规模、产业化技术水平、应用市场拓展、产业体系建设等方面均位居全球前列。

光伏技术不断推陈出新，制造成本持续下降。目前，单晶 PERC 电池已经全面取代 BSF 电池成为市场主流。n 型高效电池转换效率屡次刷新世界纪录，TOPCon 电池和 HJT 电池实现产业化。随着光伏发电系统成本的大幅下降，新型光伏利用技术和应用场景不断涌现，未来发展潜力巨大。本书力求反映最新技术成果，满足教学和教材改革的需要，本次改版着重更新了各章节中的相关新工艺和新技术，配备了教学资源。

本书共 11 章。袁晓负责第 1 章，并进行审核；柳翠负责第 2～5 章，对第 1～5 章进行统稿；刘永生负责第 10 章，对第 6～11 章进行了统稿；于化丛负责第 6 章；赵为负责第 7 章；王士涛负责第 8 章；邓霞和刘培良负责第 9 章，于文英负责第 11 章。为了增加学生对光伏发电系统工程应用的深入了解，本书配备了教学用 PPT 和资源包，可登录华信教育资源网（http://www.hxedu.com.cn）免费下载。

特别感谢上海交通大学材料科学与工程学院前沿材料研究所（金属基复合材料国家重点实验室）讲席教授韩礼元博士在本书第 6 章钙钛矿太阳电池部分给予的帮助和无私贡献！

在本书编写过程中，杨金焕、季良俊、徐永邦、顾华敏、杨宁、李士正、许佳辉等人也给予了专业指导和帮助，谨在此一并表示感谢！

由于作者学术水平和写作能力有限，错误和疏漏在所难免，敬请读者批评指正。

编　者
2023 年 9 月

目　　录

第1章 绪 论

1.1 开发利用太阳能的重要意义

1.1.1 化石燃料正面临逐渐枯竭的危机局面

随着世界人口的持续增长和经济的不断发展，对于能源供应的需求量日益增加，而在目前的能源消费结构中，主要还是依赖煤炭、石油和天然气等化石燃料。

美国能源信息署（Energy Information Administration, EIA）于 2021 年 10 月发表的 *International Energy Outlook* 2021 对 2050 年前的国际能源市场进行了预测，全球一次能源消费量在 2020 年为 601.5×10^{15}Btu，2025 年将增加到 667.5×10^{15}Btu，2050 年将达到 886.3×10^{15}Btu，增幅近 50%，平均年增长率 1.3%。到 2050 年，全球化石能源在能源消费结构中所占份额仍然高于 3/4。根据报告附表 A1 参考情况统计和预测，2020—2050 年世界部分国家和地区一次能源消费量如表 1-1 所示。

表 1-1 2020—2050 年世界部分国家和地区一次能源消费量（×10^{15}Btu）

国家	2020 年	2025 年	2030 年	2035 年	2040 年	2045 年	2050 年	2020—2050 年平均增长量（%）
美国	92.9	98.4	98.6	100.0	101.9	105.0	108.7	0.5
加拿大	14.6	15.4	16.1	16.8	17.5	18.3	19.0	0.9
墨西哥/智利	10.6	12.1	12.9	14.1	15.1	16.4	17.6	1.7
日本	18.3	18.7	18.4	18.1	17.7	17.4	17.2	-0.2
韩国	12.0	13.5	13.9	14.2	14.3	14.5	14.7	0.7
澳大利亚/新西兰	6.9	7.7	8.2	8.7	9.1	9.6	10.1	1.3
俄罗斯	34.4	36.3	37.6	39.2	40.5	41.6	42.3	0.7
中国	156.4	169.2	174.6	180.7	187.1	193.5	196.9	0.8
印度	31.5	46.5	59.8	74.4	89.3	105.2	119.8	4.6
中东	35.2	40.3	41.7	43.3	46.1	47.6	48.3	1.1
非洲	22.9	26.6	29.6	33.2	37.0	41.1	46.0	2.4
巴西	14.9	16.7	17.7	18.7	19.6	20.2	20.8	1.1
总计	601.5	667.5	705.2	749.5	795.4	842.8	886.3	1.3

注：Btu 为英制热单位，1Btu=2.930711×10^{-4}kW·h。

资料来源：EIA：*International Energy Outlook* 2021。

2021 年全球一次能源需求涨幅 5.8%，创史上最大增幅，其增量主要由可再生能源贡献。能源结构逐步从以煤炭为主转向以更低碳能源为主，但石油仍然是全球最重要的燃料，占全球一次能源消费的 30.9%，煤炭为第二大燃料，占 26.9%，天然气占 24.4%，可再生能源消费占 6.7%。可再生能源发电量增加了近 17%，在过去两年中占全球发电量增量的一半以上。以风能和太阳能为主导的可再生能源继续强劲增长，目前占总发电量的 13%。2021 年世界部分国家一次能源消费结构如表 1-2 所示。

表 1-2 2021 年世界部分国家一次能源消费结构（×10^18J）

国家	原油	天然气	原煤	核能	水电	再生能源	合计
加拿大	4.17	4.29	0.48	0.83	3.59	0.58	13.94
美国	35.33	29.76	10.57	7.40	2.43	7.48	92.97
巴西	4.46	1.46	0.71	0.13	3.42	2.39	12.57
俄罗斯	6.71	17.09	3.41	2.01	2.02	0.06	31.30
法国	2.91	1.55	0.23	3.43	0.55	0.74	9.41
德国	4.18	3.26	2.12	0.62	0.18	2.28	12.64
英国	2.50	2.77	0.21	0.41	0.05	1.24	7.18
南非	1.04	0.14	3.53	0.09	0.01	0.16	4.98
中国	30.60	13.63	86.17	3.68	12.25	11.32	157.65
印度	9.41	2.24	20.09	0.40	1.51	1.79	35.43
日本	6.61	3.73	4.80	0.55	0.73	1.32	17.74
世界总计	184.21	145.35	160.10	25.31	40.26	39.91	595.15

预计到 2050 年，全球煤炭消耗趋于稳定，份额逐渐下降；石油消费量逐年增加，仍占据能源消费的主要份额；天然气消费预期将增长 31%，所占份额略有下降；可再生能源消费倍增，份额预计从 2020 年的 15% 增长到 2050 年的 27%。图 1-1 为全球一次能源消费结构和占比预测。

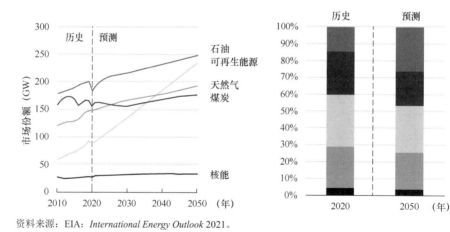

资料来源：EIA: *International Energy Outlook* 2021。

图 1-1 全球一次能源消费结构和占比预测（单位：×10^15Btu）

我国能源消费结构不断改善，2021 年煤炭占一次能源消费总量的比重为 56.0%，石油占 18.5%，天然气占 8.9%，水电、核电、风电等非化石能源占 16.6%。与十年前相比，煤炭占能源消费比重下降了 14.2%，水电、核电、风电等非化石能源比重提高了 8.2%。2021 年煤炭产量 41.3 亿吨，消费量 42.3 亿吨。石油产量 1.99 亿吨，消费量 7.2 亿吨。天然气产量 2075.8 亿立方米，消费量 3690 亿立方米。

据统计，截至 2020 年年底，全球石油储量为 2444 亿吨，储采比 53.5，主要集中在中东和美洲地区。石油储量前 5 强是委内瑞拉、沙特阿拉伯、伊朗、加拿大和伊拉克，5 国总储量 1488.9 亿吨，占全球储量的 63%。中国石油储量为 35 亿吨，位列全球第 13 位，储采比 18.2。2021 年全球石油产量约 44.23 亿吨，同比增长 1.3%。

全球天然气储量达到 188.1 万亿立方米，储采比 48.8，主要集中在中东、东欧地区。天然气储量前 5 强是俄罗斯、伊朗、卡塔尔、美国和土库曼斯坦，5 国总储量 129.2 万亿立方米，占全球储量的 63%。中国天然气储量为 8.4 万亿立方米，位列全球第 6 位，储采比为 43.3。

能源领域中污染最严重的煤炭储量情况稍微乐观一些，全球已探明的煤炭储量为 1.07 万亿吨，储采比 139。煤炭储量前 5 强是美国、俄罗斯、澳大利亚、中国、印度，5 国总储量占全球总储量的 76%。美国煤炭储采比超过 500，俄罗斯达 407。中国煤炭已探明储量在全球排行前列，但是储采比远远低于其他国家，仅为 37。世界煤炭消费 3 个大国分别是中国、美国和印度，合计占世界消费总量的 70% 以上，中国大约占 54%。

能源消费不断增长的情况正面临挑战，地球上化石燃料的蕴藏量是有限的。据世界卫生组织估计，到 2060 年全球人口将达 100 亿～110 亿，如果到时所有人的能源消费量都达到今天发达国家的人均水平，则地球上主要的 35 种矿物中，将有 1/3 在 40 年内消耗殆尽，包括所有的石油、天然气、煤炭（假设为 2 万亿吨）和铀，所以世界化石燃料的供应正面临严重短缺的危机局面。

为了应对化石燃料逐渐短缺的严重局面，必须逐步改变能源消费结构，大力开发以太阳能为代表的可再生能源，在能源供应领域走可持续发展的道路，才能保证经济的繁荣发展和人类社会的不断进步。

1.1.2 保护生态环境逐渐受到人们的重视

由于人类的活动，主要是化石燃料的燃烧，造成了环境污染，导致全球气候变暖，冰山融化，海平面上升，沙漠化日益扩大等现象的出现，自然灾害频繁发生。人们逐渐认识到：减少温室气体的排放，治理大气环境，防止污染已经到了刻不容缓的地步。

2022 年全球平均温度比 1850 年至 1900 年工业化前平均温度高出约 1.15℃，并且比过去 12.5 万年的任何时候都高。由于人类排放，大气中的温室气体含量持续上升，二氧化碳浓度处于 200 万年来的最高水平，甲烷和一氧化二氮的浓度达到 80 万年来最高水平。

人类社会、自然生态系统正遭受着愈加严峻的冲击，极端天气正在"常态化"，成为人类社会必须时时面对的生存危机之一，增强气候变化适应力迫在眉睫。从自然科学的角度来看，将人类活动导致的全球变暖限制在特定的水平需要限制二氧化碳累计排放量，2018 年 IPCC 发布《全球升温 1.5℃特别报告》指出，与将全球升温限制在 2℃相比，限制在 1.5℃对人类和自然生态系统有明显的益处，同时还可确保社会更加可持续和公平。若要将升温限制在 1.5℃，全球碳排放需在 2030 年前减半，并在 21 世纪中叶达到净零。此外，采取有力的、快速的且持续的甲烷减排行动也具备减缓和改善空气质量的双重效应。

对世界 2010—2050 年不同种类燃料产生的 CO_2 排放量进行统计和预测，结果如图 1-2 所示。从 CO_2 排放源来看，2020 年全球煤炭 CO_2 排放量为 147.94 亿吨，石油为 117.52 亿吨，天然气为 77.97 亿吨。煤炭作为碳含量最高的化石燃料，从 2010 年起 CO_2 排放量占比始终为最高，石油产生的 CO_2 排放量次之，天然气在总 CO_2 排放量中占比相对较小。

2020 年中国发布 "30·60" 双碳目标之后，日本、英国、加拿大、韩国等发达国家相继提出，到 2050 年前实现碳中和目标的政治承诺。日本承诺，2050 年实现碳中和。英国提出，2045 年实现净零排放，2050 年实现碳中和。加拿大政府也明确提出，要在 2050 年实现碳中和。世界主要经济体相继做出减少碳排放的承诺，全球碳减排迎来拐点。

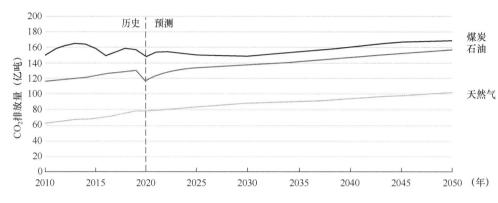

图 1-2　世界 2010—2050 年不同种类燃料产生的 CO_2 排放量

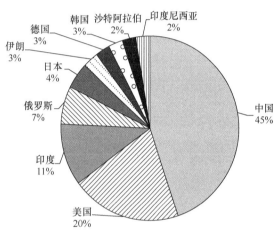

图 1-3　2021 年全球 CO_2 排放量前十名国家占比

从各地区碳排放看，中国、印度、日本、韩国等碳排放量大国均位于亚太地区，亚太地区碳排放遥遥领先且呈上升趋势；北美地区、中南美地区碳排放呈下降趋势。2021 年全球 CO_2 排放量前十名国家分别为中国、美国、印度、俄罗斯、日本、伊朗、德国、韩国、沙特阿拉伯、印度尼西亚。2021 年全球 CO_2 排放量前十名国家占比如图 1-3 所示。其中中国、印度是人口大国，而美国是人均碳排放量最高的国家。

按行业分类统计，2021 年 CO_2 排放量增加最多的是电力及供热行业，为 9 亿吨以上，占全球增量的 46%，主要原因是所有化石燃料的使用量增加，以帮助满足电力需求的增长。该行业的 CO_2 排放量接近 146 亿吨，比 2019 年增加约 5 亿吨，为历史最高水平。可见，采取措施，减少发电排放的 CO_2 十分重要。

减少 CO_2 排放量，保护人类生态环境，已经成为当务之急。各国纷纷开始了加快对可再生能源和绿色能源的研究和使用，促进世界经济向绿色经济和可持续发展的经济形势方面转变。尽管煤炭使用量出现反弹，但 2021 年可再生能源和核能在全球发电中所占份额高于煤炭；且可再生能源的发电量达到历史最高水平，超过 8000TW·h，比 2020 年高出 500TW·h。风能和太阳能光伏发电量分别增加了 270TW·h 和 170TW·h，而水电由于干旱的影响减少了 15TW·h，尤其是在美国和巴西。核电增加了 100TW·h。如果不增加可再生能源和核能的发电量，2021 年全球 CO_2 排放量将增加 2.2 亿吨。

太阳能是清洁无公害的新能源，光伏发电不排放任何废弃物，大力推广光伏发电将对减少大气污染，防止全球气候变化，具有突出的贡献。

1.1.3　常规电网的局限性

在全球范围内，还有很多国家都缺电或者出现供电不正常、经常断电等情况。主要原因还是发电厂供应不足，电力传输设施薄弱，电力配电变压器不足及老化等。而缺电的国家主要集中在发展中国家和欠发达地区，特别是非洲和亚洲一些国家和地区。除埃及、南非之外，非洲的其他国家和地区，现在仍然缺电。电力在非洲一些国家、亚洲的缅甸农村是一件奢侈品。

国际能源署、联合国等机构发布的《2022 年可持续发展目标 7 进展报告》指出，尽管当前全球能源普及率已达到 90%，但仍有 7.33 亿人生活在无电地区，其中 75%生活在撒哈拉以南非洲，84%生活在农村地区。无电人口大部分生活在经济不发达的边远地区，由于居住分散，交通不便，很难通过延伸常规电网的方法来解决用电问题。2020 年无电人口数量排名全球前二十的国家见表 1-3，其中尼日利亚 9200 万人、刚果民主共和国 7200 万人、埃塞俄比亚 5600 万人。

IEA 预计到 2030 年全球仍然还有 6.6 亿多人口用不上电，这意味着联合国此前提出的在 2030 年"确保人人获得负担得起、可靠和可持续的现代能源"目标恐难实现。若要在 2030 年实现全球普遍用电，需要从现在到 2030 年间每年投资 300 亿美元。

电网覆盖范围扩大及独立光伏系统的快速部署为无电人口数量下降做出了贡献。没有电力供应严重制约了当地经济的发展，而这些无电地区往往太阳能资源十分丰富，利用太阳能发电是个理想的选择。随着光伏和电化学储能成本持续快速下降，更加分散的小型分布式供电成为可能。对于偏远地区的供电，光伏发电作为有效的补充能源将会大有用武之地。

表 1-3　2020 年无电人口数量排名全球前二十的国家

国家	人数（百万）	国家	人数（百万）	国家	人数（百万）
尼日利亚	92	尼日尔	20	肯尼亚	15
刚果	72	苏丹	20	乍得	15
埃塞俄比亚	56	马达加斯加	18	印度	14
巴基斯坦	54	安哥拉	17	朝鲜	12
坦桑尼亚	36	布基纳法索	17	布隆迪	10
乌干达	26	缅甸	16	南苏丹	10
莫桑比克	22	马拉维	16		

1.2　太阳能发电的特点

1.2.1　太阳能发电的优点

太阳能发电的主要优点如下：

① 太阳能取之不尽，用之不竭。地球表面接收的太阳辐射能，大约为 85000TW(1TW = $1×10^{12}$W)，而目前全球能源消耗大约是 15TW。图 1-4 是太阳能与化石能源的比较示意图。

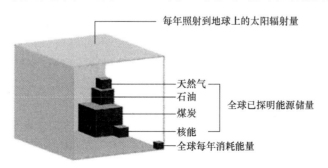

资料来源：*ECO Solar Equipment Ltd.*。

图 1-4　太阳能与化石能源的比较示意图

在可再生能源中，太阳能远比其他能源多，可利用的可再生能源最大功率如表1-4所示，并且太阳能发电安全可靠，不会遭受能源危机或燃料市场不稳定的冲击。

表1-4 可利用的可再生能源最大功率

能源	最大功率（TW）	能源	最大功率（TW）
地面太阳能	85000	河流水电能	7
沙漠太阳能	7650	生物质能	7
海洋热能	100	开阔海洋波浪能	7
风能	72	潮汐能	4
地热能	44	海岸波浪能	3

资料来源：R.Winston."*Nonimaging Optics*" 2005.

② 太阳能随处可得，可就近供电，不必长距离输送，避免了长距离输电线路的损失。

③ 太阳能获取不用燃料，运行成本很低。

④ 太阳能发电没有运动部件，不易损坏，维护简单，特别适合在无人值守情况下使用。

⑤ 太阳能发电不产生任何废弃物，没有污染、噪声等公害，对环境无不良影响，是理想的清洁能源。

⑥ 太阳能发电系统建设周期短，方便灵活，而且可以根据负荷的增减，任意添加或减少太阳电池方阵容量，避免浪费。

1.2.2 太阳能发电的缺点

太阳能发电的主要缺点如下：

① 地面应用时有间歇性和随机性，发电量与气候条件有关，在晚上或阴雨天就不能或很少发电。如要随时为负载供电，需要配备储能设备。

② 能量密度较低。在标准条件下，地面上接收到的太阳辐射强度为 $1000W/m^2$。大规模使用时，需要占用较大面积。

1.2.3 太阳能发电的类型

太阳能发电有以下两大类型。

1. 太阳能热发电（CSP）

太阳能热发电是通过大量反射镜以聚焦的方式将太阳能直射光聚集起来，加热工质，产生高温高压的蒸汽，驱动汽轮机发电。太阳能热发电按照太阳能采集方式可划分为以下三种。

（1）太阳能槽式热发电

太阳能槽式热发电如图 1-5 所示，利用抛物柱面槽式反射镜将阳光聚焦到管状的接收器上，并将管内的传热工质加热产生蒸汽，推动常规汽轮机发电。

（2）太阳能塔式热发电

太阳能塔式热发电如图1-6所示，利用众多的定日镜，将太阳热辐射反射到置于高塔顶部的高温集热器（太阳锅炉）上，加热工质产生过热蒸汽，或直接加热高温集热器中的水产生过热蒸汽，驱动汽轮机发电机组发电。

（3）太阳能碟式热发电

太阳能蝶式热发电如图1-7所示，利用曲面聚光反射镜，将入射阳光聚集在焦点处，在焦点处直接放置斯特林发动机发电。

图 1-5 太阳能槽式热发电　　　　图 1-6 太阳能塔式热发电　　　　图 1-7 太阳能碟式热发电

太阳能热发电已经有一些实际应用，其技术还在不断完善和发展中，目前尚未达到大规模商业化应用的水平。

2. 太阳能光伏发电（PV）

目前太阳能光伏发电已经得到广泛应用，本书主要介绍太阳能光伏发电的相关内容。

1.3 近年来世界光伏产业的发展状况

1.3.1 太阳电池生产

1954 年美国贝尔实验室 Daryl Chapin、Gerald Pearson 和 Calvin Fuller 制成第一个效率为 6%的太阳电池，1958 年装备于美国先锋 1 号人造卫星上，功率为 0.1W，面积约 $100cm^2$，运行了 8 年。在 20 世纪 70 年代以前，光伏发电主要应用在外层空间，至今人类发射的 1 万多颗航天器绝大多数是用光伏发电作为动力的，光伏电源为航天事业作出了重要的贡献。70 年代以后，由于技术的进步，太阳电池的材料、结构、制造工艺等方面不断改进，降低了生产成本，开始在地面应用，光伏发电逐渐推广应用到很多领域。但由于价格偏高，光伏发电在相当长的时期内陷入了"要使市场扩大，太阳电池应当降价；太阳电池要进一步降价，就要大规模生产，要依赖于市场的扩大，而市场的扩大又总不能满足进一步降价的要求"的怪圈中。直到 1997 年，这个怪圈开始被打破，此前太阳电池产量年增长率平均为 12%左右，由于一些国家宣布实施的"百万太阳能屋顶计划"的推动，1997 年太阳电池产量年增长率就达到了 42%。

在很长时间内，在太阳电池产量全球排名中基本上一直是美国居第一位，1999 年开始被日本超过，在此后的 8 年中日本长期保持领先地位。到 2007 年，中国迅速崛起，产量超过了日本，位居世界第一。到 2021 年，中国太阳电池产量已连续 15 年居全球首位。据国际能源署（IEA–PVPS）估计，2021 年全球太阳电池产量约为 241GW，比上一年 178GW 的产量增加了 35.4%。中国以 198GW 的产量稳居榜首，其次是马来西亚（13.1GW）、越南（8.8GW）、韩国（5.5GW）、泰国（5GW），各国及地区太阳电池产量市场份额如图 1-8（a）所示。

2021 年全球光伏组件产量约为 242GW，中国依旧是全球最大的光伏组件制造国，越南位居第二（16.4GW），其次是马来西亚（9.1GW）、韩国（8GW）、美国（6.6GW），各国及地区光伏组件产量市场份额如图 1-8（b）所示。全球前五大太阳电池和光伏组件制造商全部来自中国，如表 1-5 所示。

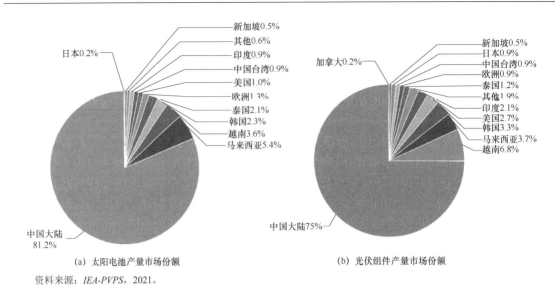

(a) 太阳电池产量市场份额　　　　　　　　(b) 光伏组件产量市场份额

资料来源：*IEA-PVPS*，2021。

图 1-8　2021 各国及地区太阳电池、光伏组件产量市场份额

表 1-5　全球太阳电池和光伏组件前五大制造商（2021 年）

顺序	太阳电池产量（GW）		光伏组件产量（GW）	
1	通威	32.9	隆基	38.9
2	隆基	29.6	天合	26.2
3	晶澳	21.2	晶澳	25.9
4	爱旭	19.5	晶科	21.4
5	天合	18.9	阿特斯	16.7

2021 年，晶硅电池组件占 96.6%，其中单晶硅电池组件占比 88.9%，多晶硅电池组件占比 7.7%；薄膜电池组件产量约为 8.2GW，占比 3.4%，其中 CdTe 电池组件约有 7.9GW 的产量，CIGS 电池组件只有不到 500MW 的产量。根据 ITRPV 2021 报告，BSF 太阳电池占比已低于 10%，而 PERC/PERT/PERL/TOPCon 太阳电池占比上升至约 85%，HJT/IBC/MWT 太阳电池约占 5%。2011—2021 年不同类型光伏组件市场份额如图 1-9 所示。

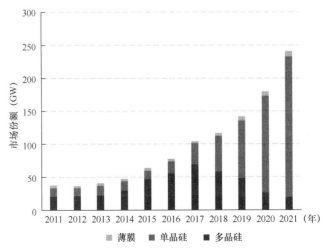

图 1-9　2011—2021 年不同类型光伏组件市场份额（IEA PVPS 成员国）

1.3.2 光伏应用市场

自 20 世纪 70 年代光伏发电开始在地面应用以来，在相当长时间内，主要是在无电地区离网应用，为解决偏远地区农、牧民的基本生活用电发挥了积极的作用，为航标灯、微波通信中继站、铁路信号、太阳能水泵等提供了安全可靠的电源。离网光伏系统应用的规模和领域不断扩大，为解决工、农业特殊用电需要作出了重要贡献。

1990 年德国率先提出了"一千个太阳能屋顶计划"，在居民住宅屋顶上安装容量为 1～5kW 的光伏发电系统，由于采取了一些优惠政策，项目结束时共安装了屋顶光伏发电系统 2056 套。以此为契机，德国在 1995 年安装光伏发电系统容量为 5MW，1996 年增加了一倍，达到 10MW，1999 年更扩大为 15.6MW。1999 年 1 月德国开始实施"十万屋顶计划"。2000 年安装光伏发电系统容量超过了 40MW，2006 年累计安装了 850MW，2007 年安装量增加到 1103MW，2010 年德国光伏发电系统累计安装量已经达到了 17.37GW，其中离网系统只有 50MW，德国的光伏市场已从探索阶段发展成为繁荣的专业市场，起初阶段其安装量遥遥领先于其他国家。

近年来，全球光伏发电系统装机容量（光伏装机量）大幅增长，1994 年全球累计光伏装机量为 502MW，2005 年为 4GW，2015 年为 228GW，2021 年达到了 942GW。图 1-10 列出了 2005—2021 年全球累计光伏装机量。

图 1-10 2005—2021 年全球累计光伏装机量

2021 年全球新增光伏装机量为 175GW，同比增长 20.7%，光伏装机量前十位的国家为：中国（54.9GW）、美国（26.9GW）、印度（13.7GW）、日本（6.6GW）、德国（5.8GW）、巴西（5.7GW）、澳大利亚（4.9GW）、西班牙（4.9GW）、韩国（4.2GW）、波兰（3.7GW）。2021 年进入全球前十的光伏装机量平均超过 3GW，前十位国家光伏装机总量约占全球年度光伏装机量的 74%，2021 年全球新增光伏装机量和累计光伏装机量市场份额如图 1-11 所示。新增光伏装机量占比，亚洲占 52%、美洲占 21%、欧洲略高于 17%、中东和非洲约占 3%、其他地区占 7%。

2021 年全球累计光伏装机量为 942GW，同比增长 22.8%。2021 年至少有 20 个国家累计光伏装机量超过 1GW，15 个国家累计光伏装机量超 10GW，5 个国家累计光伏装机量超过 40GW，其中中国累计光伏装机量为 308.5GW，位居第一，约占全球光伏装机总量的 32.62%，之后排序依次为美国（123GW）、日本（78.20GW）、印度（60.4GW），如图 1-11（b）所示。区域累计光伏装机量占比，亚洲占 57%，欧洲占 21%，美洲占 16%，中东、非洲和世界其他地区占 6%。

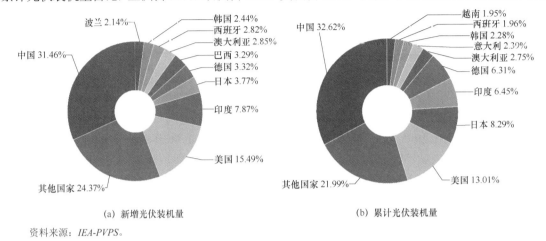

(a) 新增光伏装机量　　　　　　　　　　　　(b) 累计光伏装机量

资料来源：*IEA-PVPS*。

图 1-11　2021 年全球新增光伏装机量和累计光伏装机量市场份额

目前光伏发电贡献接近世界电力需求的 5%。各区域和国家光伏渗透率占比如图 1-12 所示，光伏渗透率最高的是澳大利亚，达到 15.5%，接着是西班牙 14.2%、希腊 13.6%、洪都拉斯 12.9%、荷兰 11.8%，整个欧盟地区平均为 7.2%，美国为 4%，印度为 8.2%。中国为 4.8%，略低于世界平均水平，相对于前几位还有较大的差距，我国用电规模较大，若达到澳大利亚的渗透率水平，我国的累计光伏装机量需增加 2 倍。

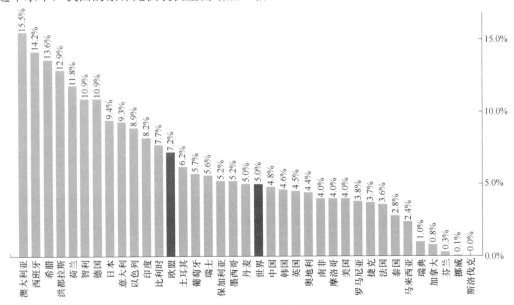

图 1-12　各区域和国家光伏渗透率占比

光伏在地面应用开始于离网系统，从一些国家实施太阳能屋顶计划后，并网光伏系统开始逐渐推广，2000 年并网光伏系统的用量就超过了离网系统。近年来由于很多国家大量兴建光伏电站，使得并网光伏系统所占份额迅速扩大，此后差距逐渐拉大，如今累计安装并网光伏系统的容量已经占总容量的 95% 以上，可见光伏发电正在发挥越来越大的替代能源的作用。

国家能源署光伏组织将光伏电站分为两种类型，一是大型地面电站（utility-scale PV），二是屋顶光伏系统（rooftop PV），通常称之为集中式光伏和分布式光伏。集中式光伏和分布式光伏年新增和累计装机量占比如图 1-13 所示。2021 年集中式光伏新增装机量为 95GW，占比 56%，累计装机量 534GW。分布式光伏新增装机比例持续提升，新增装机量从 2017 年的 36GW 增加到 2021 年的 78GW，累计装机量 408GW。

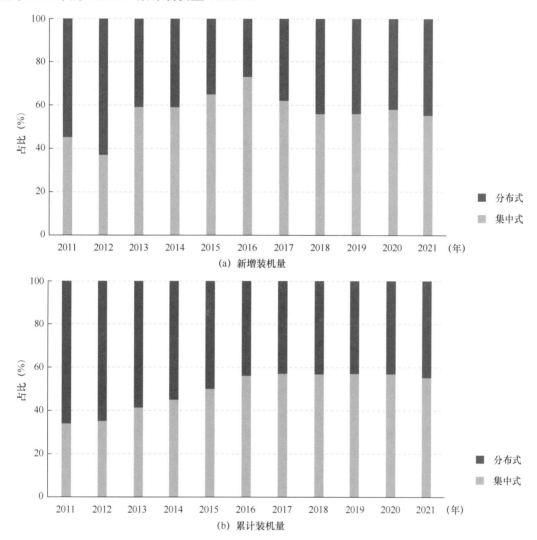

图 1-13　集中式光伏和分布式光伏年新增和累计装机量占比

目前全球已有 136 个国家和地区提出碳中和，而光伏发电则成为各国实现碳中和的关键路径之一。例如，到 2030 年，美国计划将光伏发电在电力结构中的占比提升至 30%以上，欧盟拟将光伏装机量提升至 600GW 以上，中国拟将非化石能源占一次能源消费的比重提升至 25%左右。而截至 2021 年，美国光伏发电占比仅为 3%，欧盟光伏装机量仅为 190GW，中国非化石能源占比仅为 16.6%。

与此同时，"平价上网"的实现助推光伏行业由过去由政策主导逐步进入由市场主导的全新发展阶段。IRENA 数据显示，2010—2020 年，光伏发电成本由 0.381 美元/kW·h 下降至 0.057 美元/kW·h，降幅超过 85%。

受益于碳中和成为全球共识及"平价上网"的实现，光伏行业迎来了黄金发展期，在集中式市场规模稳步提升的同时，分布式光伏、储能等细分领域也纷纷迎来爆发式增长。

1.4　中国光伏产业的发展

1.4.1　中国光伏发电历程

中国于 1958 年开始进行太阳能光伏发电的研究开发，1971 年首次将太阳电池成功地应用在"东方红二号"人造卫星上。此后由于技术的发展，1973 年开始将太阳电池应用于地面，首先在天津港用于航标灯电源。1977 年全国太阳电池产量只有 1.1kW，价格为 200 元/W 左右。

20 世纪 70 年代，中国建立了一批光伏企业，但是生产规模小，技术水平落后。80 年代中期，先后引进了 5 条单晶硅和 1 条非晶硅太阳电池生产线设备，提高了产品质量，年生产能力猛增到 4.5MW，销售价格从 1980 年的 80 元/W 降到 50 元/W 左右，然而实际产量也只有几百千瓦。受产量及价格的限制，太阳电池除用作卫星电源外，在地面上仅用于小功率电源系统，功率一般在几瓦到几十瓦。

2000 年开始，由于受到国际大环境的影响和政府项目的实施，特别是 2002 年国家启动了"送电到乡"工程，在西部七省区共安排了 47 亿元资金，在内蒙古、青海、新疆、四川、西藏和陕西等 12 个省（市、区）的 1065 个乡镇，建成了 721 座光伏或风光互补电站和 268 座小型水电站，解决了大约 30 万户、130 万人口的基本生活用电问题。其中安装风光互补电站 15.5MW，工程共投资 16 亿元。2002 年全国太阳电池的产量为 6MW，2003 年就达到了 12MW，伴随着"送电到乡"工程的实施，带动了国内光伏产业的发展，也造就了国内一大批光伏企业，促进了中国光伏产业的人才培养和能力建设，对发展中国的光伏产业起到了巨大的促进和推动作用。

（1）（2004—2008 年）快速发展期

2004 年起，欧洲国家在政策上加大了对光伏产业的支持，提高对光伏发电的补贴力度，刺激了光伏需求，国外需求带动了我国光伏市场的快速发展。2005 年我国颁布《可再生能源法》，中国光伏制造业在此背景下，一方面利用国外先进技术和国际市场，另一方面得到政府支持，迅速形成规模。经过 2005—2008 年的快速发展，我国成为世界最大的太阳能光伏产品制造基地，电池制造、组件封装、切片技术居世界先进水平。在此阶段，市场需求主要以国外市场为主。

（2）（2008—2009 年）行业调整期

全球金融危机爆发，欧洲各国如西班牙的政策支持力度减弱导致光伏电池需求减退，中国的光伏制造业面临着国际市场需求减少的困境，受到重挫。

（3）（2009—2010 年）逆势爆发增长期

德国、意大利在光伏产品价格下跌的背景之下，爆发了抢装潮，市场迅速回暖。而与此同时，我国出台了应对金融危机的一揽子政策，光伏产业成为战略性新兴产业，催生了新一轮光伏产业投资热潮。

（4）（2011—2013 年）剧烈调整期

上一阶段的爆发式回升导致了光伏制造业产能增长过快，与此同时，欧洲补贴力度削减降低了市场需求增速，导致光伏制造业陷入阶段性产能过剩，产品价格大幅下滑，贸易保护主义兴起，我国光伏制造业再次经历挫折。

（5）（2014—2018 年）逐渐回暖期

日本出台力度空前的光伏发电补贴政策，使市场供需矛盾有所缓和。同时，中欧光伏贸易纠纷通过承诺机制解决，中国以《国务院关于促进光伏产业健康发展的若干意见》（国发〔2013〕24 号）为代表的光伏产业支持政策密集出台，配套措施迅速落实。随着国内光伏技术的快速进步，从原、辅料到设备迅速实现国产化，成本降低的同时，发电效率不断提升，光伏发电成本已越来越接近于上网电价。中国及全球主要的光伏市场装机容量持续快速健康增长。

（6）（2019 年至今）产业加速升级期

在我国光伏发电建设规模不断扩大、技术进步和成本下降速度明显加快的背景下，为促进光伏行业健康可持续发展，提高发展质量，加快补贴退坡，国家发展和改革委、财政部、国家能源局联合发布了"531 政策"文件，旨在：①合理把握发展节奏，优化光伏发电新增建设规模；②加快光伏发电补贴退坡，降低补贴强度；③发挥市场配置资源决定性作用，进一步加大市场化配置项目力度。随着光伏发展市场化程度提高，此次新政的发布将优化光伏产能建设，淘汰落后产能，加快产业升级。

1.4.2　中国光伏产业现状

我国光伏行业于 2005 年前后受欧洲市场需求拉动起步，十几年来实现了从无到有、从弱到强的跨越式大发展，建立了完整的市场环境和配套环境，已经成为我国为数不多、可以同步参与国际竞争并达到国际领先水平的战略性新兴产业，也成为我国产业经济发展的一张崭新名片和推动我国能源变革的重要引擎。目前我国光伏产业在制造规模、产业化技术水平、应用市场拓展、产业体系建设等方面均位居全球前列，并具备向智能光伏迈进的坚实基础。2021 年我国多晶硅、硅片、电池、组件产量分别达到 50.5 万吨、227GW、198GW、182GW，分别同比增长 27.5%、40.6%、46.9%、46.1%。光伏制造端（四环节）产值突破 7500 亿元，光伏产品（硅片、电池、组件）出口额超过 280 亿美元，同比增长 43.9%，创历史新高，其中硅片、电池、组件出口额分别是 24.5 亿美元、13.7 亿美元、246.1 亿美元。

（1）多晶硅产业

如图 1-14 所示，中国多晶硅产量由 2010 年 5.2 万吨增至 2021 年 50.5 万吨，增速远高于传统行业，连续 11 年位居全球首位，成为全球绝对意义的多晶硅主产国。我国多晶硅产量主要分布在新疆、内蒙古、四川和江苏，截至 2021 年年底分别占比 55%、14%、11% 和 9%，四省合计产量占比 89%，呈现生产地域较集中的特点，主要原因是当地电价较低，同时与其原料工业硅产地靠近。多晶硅企业集中度极强，从企业分布来看，产量排名前 5 的企业合计产量达国内总产量的 86.7%，2021 年产量达万吨级以上的企业有 8 家。

（2）硅片产业

2021 年我国硅片产能 400GW，硅片产量 227GW，出口量为 22.6GW，产量排名前 5 的企业合计产量达国内总产量的 84%，2021 年产量达 5GW 以上的企业有 7 家。我国硅片在全球范围内占据主导地位，2021 年单晶硅片出口 51071 吨，进口 5010 吨，净出口 46061 吨；多晶硅片 2021 年市场占有率低于 7%，占比较小。2018 年以前多晶硅片生产成本相比单晶硅生产成本低，市场硅片主要以多晶硅片为主，占比 50% 以上。从 2019 年开始，随着单晶硅片生产成本不断下降，单晶硅太阳电池光电转换效率高于多晶硅太阳电池，因而单晶硅片市场份额占比不断提高，2010—2022 年全国硅片产量情况如图 1-15 所示。预计 2025 年单晶硅片市场份额占比将到达 97%，2030 年单晶硅片市场份额占比有望提升至 98% 以上。

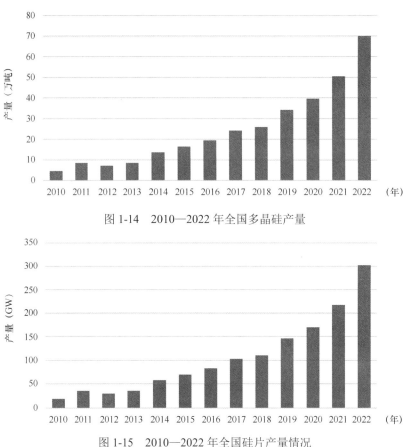

图 1-14　2010—2022 年全国多晶硅产量

图 1-15　2010—2022 年全国硅片产量情况

当前光伏硅片主流尺寸有 166mm（M6）、182mm（M10）、210mm（G12）。光伏硅片尺寸变大，不仅能大幅降低硅材料的制造费用，也能够全面降低切片、电池、组件的单位面积制造成本，对减少硅片、电池的制造成本，提升产能、材料利用率和生产效率有重要意义。

硅片厚度对降低硅片含硅成本影响较大。目前，p 型单晶硅片平均厚度为 170～180μm，n 型硅片平均厚度为 140～150μm。硅片厚度每降低 10μm，硅片成本降低约 3%。随着电池技术的进步，硅片厚度还将进一步下降。

（3）太阳电池产业

如图 1-16 所示，2021 年我国太阳电池产量达到 198GW，同比增长 46.9%，占全球总产量的 82.2%，出口量约 10.3GW。国内产量排名前 5 的企业合计产量达全国总产量的 53.9%，2021 年产量达 5GW 以上的企业有 11 家。

2021 年，规模化生产的 p 型单晶太阳电池均采用 PERC 技术，平均转换效率达到 23.1%，较 2020 年提高 0.3 个百分点；采用 PERC 技术的多晶黑硅太阳电池转换效率达到 21.0%，较 2020 年提高 0.2 个百分点；常规多晶黑硅太阳电池转换效率提升动力不强，2021 年转换效率约 19.5%，仅提升 0.1 个百分点，未来提升空间有限；铸锭单晶（准单晶）PERC 电池平均转换效率为 22.4%，较单晶 PERC 电池低 0.7 个百分点；n 型 TOPCon 电池平均转换效率达到 24%，异质结电池平均转换效率达到 24.2%，两者较 2020 年均有较大提升，IBC 电池平均转换效率达到 24.1%，今后随着技术发展，TBC、HBC 等电池技术也会不断提升。未来随着生产成本的降低及良率的提升，n 型电池将会是电池技术的主要发展方向之一。

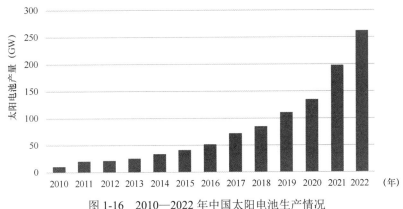

图 1-16 2010—2022 年中国太阳电池生产情况

（4）光伏组件产业

2010—2022 年中国光伏组件生产情况如图 1-17 所示。2021 年中国光伏组件产量达到 182GW，同比增长 46.1%，其中出口量为 98.5GW。中国光伏组件产量已连续 15 年居全球首位。国内产量排名前 5 的企业合计产量达全国总产量的 63.4%，2021 年产量达 5GW 以上的企业有 8 家。

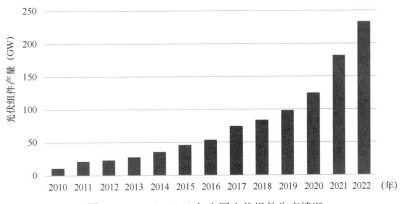

图 1-17 2010—2022 年中国光伏组件生产情况

2021 年，常规多晶黑硅组件功率约为 345W，PERC 多晶黑硅组件功率约为 420W。采用 166mm、182mm 尺寸 PERC 单晶电池的组件功率已分别达到 455W、545W；采用 210mm 尺寸 55 片、66 片的 PERC 单晶电池的组件功率分别达到 550W 和 660W。采用 166mm、182mm 尺寸 TOPCon 单晶电池的组件功率分别达到 465W、570W。采用 166mm 尺寸异质结电池的组件功率达到 470W。采用 166mm 尺寸 MWT 单晶电池的组件 72 片、89.5 片组件功率分别为 465W 和 575W。采用 210mm 尺寸叠瓦 TOPCon 单晶电池组件功率为 645W。

（5）光伏市场

2021 年我国新增光伏装机量为 54.88GW，连续 9 年居全球首位，其中分布式新增光伏装机量为 29.28GW，占全部新增光伏装机量的 53.4%；户用新增光伏装机量达 21.6GW，创历史新高，约占我国新增光伏装机量的 39.4%。2010—2022 年全国光伏发电累计装机量如图 1-18 所示，2021 年累计光伏装机量突破 300GW，连续 7 年居全球首位。全年光伏发电量 3259 亿千瓦时，光伏发电利用率 98%。2020 年 12 月 12 日，习近平主席在领导人气候峰会上宣布，到 2030 年，中国非化石能源占一次能源消费比重将达到 25%左右。为达此目标，"十四五"期间，我国年均新增光伏装机量或将超过 75GW。

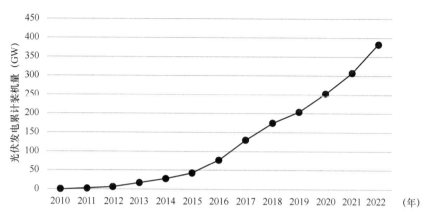

图 1-18　2010—2022 年全国光伏发电累计装机量

参 考 文 献

[1] U.S. Energy Information Administration.International Energy Outlook[R]. EIA, 2021-10.

[2] British Petroleum.BP Statistical Review of World Energy[R]. BP, 2022.

[3] International Energy Agency.World Energy Outlook[R]. IEA, 2022.

[4] International Energy Agency.Global Energy Review CO_2 Emissions in 2021[R]. IEA, 2021.

[5] International Energy Agency.Photovoltaic Power Systems Programme Annual Report[R]. IEA-PVPS, 2021.

[6] Intergovernmental Panel on Climate Change.Global Warming of 1.5 ℃[R]. IPCC, 2018.

[7] Intergovernmental Panel on Climate Change.Climate Change 2021: the Physical Science Basis[R]. IPCC, 2021.

[8] Sustainable Development Goal 7 Technical Advisory Group.Tracking SDG 7: The Energy Progress Report[R]. the SDG7 Technical Advisory Group, 2022.

[9] Verband Deutscher Maschinenund Anlagenbau. International Technology Roadmap for Photovoltaic [R]. VDMA, 2021.

[10] International Renewable Energy Agency.Global renewables outlook 2050[R]. IRENA, 2020.

[11] 中国可再生能源学会光伏专业委员会. 2022 年中国光伏技术发展报告[R]. 中国可再生能源学会光伏专业委员会，2022，7.

练 习 题

1-1　简要说明开发利用太阳能的重要意义及常规电网的局限性。

1-2　太阳能光伏发电有哪些类型？简述其工作原理。

1-3　太阳能光伏发电的优缺点有哪些？

1-4　简述当前光伏发电生产及市场应用现状。

1-5　在太阳能利用中存在哪些经济及技术问题？

1-6　试述光伏发电的应用前景。

第2章 太阳辐射

2.1 太阳概况

从人类赖以生息繁衍的地球向外看，天空中最引人注目的就是光辉灿烂的太阳，它是一颗自己能发光发热的气体星球。太阳的内部可以分为：核心区、辐射区和对流区三层，核心区半径约为太阳半径的 1/4，质量约占整个太阳质量的一半以上。太阳核心区的温度高达 $8×10^6$～$40×10^6$K，压强相当于 3000 亿个大气压，使得每秒钟有质量为 6 亿吨的氢经过热核聚变反应转化为 5.96 亿吨的氦，并释放出相当于 400 万吨氢的能量，这些能量再通过辐射区和对流区中物质的传递向外辐射，这种反应足以维持 50 亿年。太阳的外部由光球层、色球层和日冕层三层构成。人们看到的太阳表面叫光球层，光球层厚约 500km，太阳的可见光几乎全是由光球层发出的。光球层表面有颗粒状结构—"米粒组织"。光球层上亮的区域叫光斑，暗的黑斑叫太阳黑子。从光球层表面到 2000km 高度为色球层，在色球层有谱斑、暗条和日珥，还时常发生剧烈的耀斑活动。色球层之外为日冕层，它温度极高，延伸到数倍太阳半径处，用空间望远镜可观察到 X 射线耀斑。日冕层上有冕洞，而冕洞是太阳风的风源。太阳的构造如图 2-1 所示。

太阳的直径约为 $1.39×10^9$m，相当于地球直径的 109 倍。太阳的体积约 $1.4122×10^{18}$km³，约是地球的 130 万倍。太阳的平均密度为 1.409g/cm³，比水大一些，仅为地球密度的 1/4。但是太阳内外的密度是不一样的，它的外壳大部分为气体，密度很小，越往里面密度越大，核心的密度可达到 160g/cm³，这比钢的密度还大将近 20 倍。太阳的

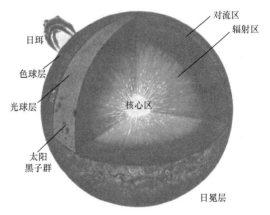

图 2-1 太阳的构造

总质量为 $1.9892×10^{27}$t，相当于地球质量的 33 万倍。太阳的表面温度约 5800K。

太阳光由不同能量的光子组成，也就是具有不同频率和波长的电磁波，通常将电磁波按波段范围区分，冠以不同的名称，如表 2-1 所示。其中可见光又由于波长的长短呈现不同的色彩，如表 2-2 所示。

表 2-1　电磁波的波长范围

名称	波长范围	名称	波长范围
紫外线	100Å～0.4μm	超远红外	15～1000μm
可见光	0.4～0.76μm	毫米波	1～10mm
近红外	0.76～3.0μm	厘米波	1～10cm
中红外	3.0～6.0μm	分米波	10cm～1m
远红外	6.0～15μm		

表 2-2　可见光的波长范围

色彩名称	波长范围	色彩名称	波长范围
紫	0.40～0.43μm	黄	0.56～0.59μm
蓝	0.43～0.47μm	橙	0.59～0.62μm
青	0.47～0.50μm	红	0.62～0.76μm
绿	0.50～0.56μm		

太阳光谱中能量密度最大值的波长是 0.475μm，由此向短波方向，各波长具有的能量急剧降低；向长波方向各波长具有的能量则缓慢减弱（如图 2-2 所示）。在大气层上界，太阳辐射总能量中约有 7%的能量在紫外线以下的波长范围内；47%的能量在可见光的范围内；46%的能量在红外线波长范围内。

太阳每秒钟释放出的能量是 3.865×10^{26}J，相当于燃烧 1.32×10^{16}t 标准煤所释放的能量。太阳与地球的平均距离约 1.5×10^{11}m，太阳辐射的能量大约只有 $1/(22 \times 10^9)$到达地球大气层上界，大约为 3.86×10^{23}kW。其中大约 19%被大气和云层吸收；大约 30%被大气和云层及地面反射回宇宙空间；穿过大气到达地球表面的太阳辐射能量约占 51%，如图 2-3 所示。由于地球表面大部分被海洋覆盖，所以到达陆地表面的太阳辐射能量仅占到达地球范围内太阳辐射能量的 10%。

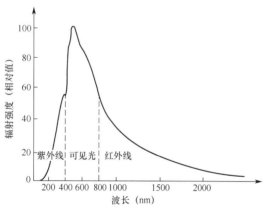

图 2-2　太阳光谱分布

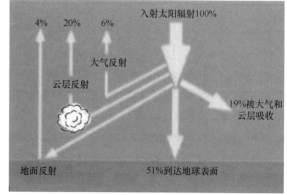

图 2-3　太阳能量在大气层中的吸收

2.2　日地运动

2.2.1　地球概况

地球的赤道半径略长、两极半径略短，极轴相当于扁球体的旋转轴。根据国际大地测量与地球物理联合会 1980 年公布的地球形状和大小，主要数据如下：

* 赤道半径　　　　　6378.137km
* 两极半径　　　　　6356.752km
* 平均半径　　　　　6371.012km
* 扁率　　　　　　　1/298.257
* 赤道周长　　　　　40075.7km

* 子午线周长　　　　40008.08km
* 表面积　　　　　　$5.101 \times 10^8 km^2$
* 体积　　　　　　　$10832 \times 10^8 km^3$

其实，地球的真实形状与上述扁球体稍有出入。其南半球略粗、短，南极向内下凹约 30m；北半球略细、长，北极约向上凸出 10m，所以夸张地说，地球的真实形状略呈梨形。地球的质量大约为 $5.98 \times 10^{24} kg$。

2.2.2　真太阳时

地球绕地轴自西向东旋转，自转一周即一昼夜 24h（实际上 1 恒星日为 23 时 56 分 04.0905 秒）。地球同时绕太阳循着称为黄道的椭圆形轨道（长轴 $1.52 \times 10^8 km$，短轴 $1.47 \times 10^8 km$，平均日地距离 $1.496 \times 10^8 km$）运行，称为公转，周期为 1 年（实际上 1 恒星年为 365 天 6 时 6 分 9 秒）。日地运动示意图如图 2-4 所示。

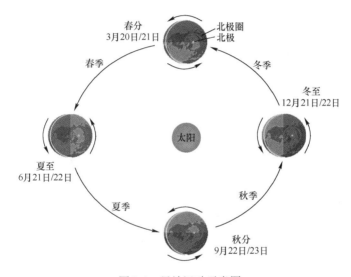

图 2-4　日地运动示意图

地球的自转轴与公转运行的轨道面（黄道面）的法线倾斜成 23.45° 夹角，而且在地球公转时自转轴的方向始终指向天球的北极，这就使得太阳光线直射赤道的位置有时偏南，有时偏北，形成地球上季节的变化。

1884 年国际会议制定划分时区的方法，规定每隔经度 15° 为一个时区，全球共分为 24 个时区，把通过英国伦敦格林尼治天文台原址那条经线作为 0° 中央经线，从西经 7.5° 至东经 7.5° 为中时区，再向东和向西依次划分。

主要以地球自转周期为基准的一种时间计量系统称为平太阳时，平太阳时假设地球绕太阳转动的轨迹是标准的圆形，一年中每天的转动都是均匀的，每天自转一周都是 24h，则每小时自转 360°/24=15°，每经过 1° 时刻差为 60/15 = 4min，此为地区时差计算的基础。一个地方的平太阳时以平太阳对于该地子午圈的时角来度量。平太阳时在该处下中天（子夜 0 点）的瞬间作为平太阳时零时。实际上我们日常使用的北京时间就是东经 120° 的平太阳时。

然而，地球绕日是沿着椭圆形轨道运动的，太阳位于该椭圆的一个焦点上，因此在一年中，日地距离不断改变。根据开普勒第二定律，行星在轨道上运动的方式是它和太阳所连接的直线在相同时间内所划过的面积相等，可见，地球在轨道上做的是不等速运动，因此地球相对于太阳的自转并不是均匀的，每天并不都是 24h，有时少，有时多。考虑到该因素得到的是真太阳时。

　　太阳连续两次经过上中天（正午 12 点）的时间间隔，称为真太阳日。1 真太阳日又分为 24 真太阳时……这个时间系统称为真太阳时。真太阳时是以真太阳视圆面中心的时角来计量的，它的起算点是真太阳上中天，而我们日常生活中，习惯的起算点是下中天，正好相差 12h。因此，为了和人们的日常生活习惯一致，把真太阳时定义为：真太阳视圆面中心的时角加 12h。

　　由于一年之内真太阳日的长度在不断改变，因而一天中 24 真太阳时的长度也在不断变化，这在实际应用时十分不便，因此真太阳时不宜选做计时单位。

　　真太阳时与平太阳时的关系是：

$$真太阳时=平太阳时+时差值$$

　　时差值在每天都不一样，在 2 月 10 日达到负的最大值，为 -14 分 15 秒；11 月 2 日达到正的最大值，为 +16 分 25 秒；其他日期在这两者之间；在 6 月 11 日差值最小，为 0 分 1 秒。可见时差值不大，所以在一般情况下，实际应用时常常可以不考虑真太阳时与平太阳时的差别。

　　每个地方的太阳时跟当地的经度有关（但与纬度无关），不同经度的地方，太阳升起落下先有后。例如，北京的早上 7 点，英国伦敦是晚上 11 点，新疆当地的"平太阳时"则是早上 4—5 点。这是地方太阳时，但是为了方便，在中国都是以北京时间计算，所以要确定真太阳时，需要将当地的北京时间推算成当地平太阳时，再将平太阳时换算成当地真太阳时。其方法是：

$$中国当地平太阳时=北京时间+4 分钟×（当地经度-120°）$$

　　中国按当地之经度推算平太阳时，以东经 120° 为基准，每减少 1° 则减 4min，每增加 1° 则加 4min。如某地位于东经 90°，则 90°-120°=-30°，-30×4min=-120min，则当地平太阳时是用北京时间减去 120min；又如某地位于东经 130°，130°-120°=10°，10×4min=40min，则当地平太阳时用北京时间加上 40min，其余类推。

　　得到当地平太阳时后，再加上时差值，即可得出当地真太阳时。

2.2.3　日出和日落规律

　　在北半球除北极外，一年中只有春分日和秋分日是日出正东，日落正西。夏半年（春分—夏至—秋分）中，日出东偏北，日落西偏北方向，并且越近夏至日，日出和日落越偏北，夏至这天日出和日落最偏北。在冬半年（秋分—冬至—春分）中，日出东偏南，日落西偏南方向。并且越近冬至日，日出和日落越偏南，同样在冬至这天日出和日落最偏南，如图 2-5 所示。

　　北半球在夏至日（6 月 21 日或 22 日），太阳直射北纬 23.45° 的天顶，因此称北纬 23.45° 纬度圈为北回归线。北半球冬至日（12 月 21 日或 22 日）即为南半球夏至日，太阳直射南纬 23.45° 的天顶，因此称南纬 23.45° 为南回归线。

　　在春分日（北半球是 3 月 20 日或 21 日）与秋分日（北半球是 9 月 22 日或 23 日），太阳恰好直射地球的赤道平面。

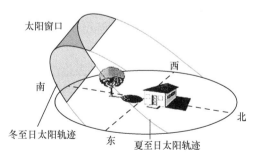

图 2-5　太阳运行轨迹示意图

2.3 天球坐标

观察者站在地球表面，仰望天空，平视四周所看到的假想球面，按照相对运动原理，太阳似乎在这个球面上自东向西周而复始地运动。要确定太阳在天球上的位置，最方便的方法是采用天球坐标，常用的天球坐标有赤道坐标系和地平坐标系两种。

2.3.1 赤道坐标系

赤道坐标系是以天赤道 QQ' 为基本圈，以天子午圈的交点 O 为原点的天球坐标系，PP' 分别为北天极和南天极。由图 2-6 可见，通过 PP' 的大圆都垂直于天赤道。显然，通过 P 和球面上的太阳（M）的半圆也垂直于天赤道，两者相交于 M' 点。

在赤道坐标系中，太阳的位置 M 由时角 ω 和赤纬角 δ 两个坐标决定。

1. 时角 ω

相对于圆弧 QM'，从天子午圈上的 Q 点起算（从太阳的正午起算），顺时针方向为正，逆时针方向为负，即上午为负，下午为正。时角通常以 ω 表示，它的数值等于离正午的时间（小时）乘以 15°。

2. 赤纬角 δ

与赤道面平行的平面与地球的交线称为地球的纬度。通常将太阳直射点纬度，即太阳中心和地心的连线与赤道平面的夹角称为赤纬角，常以 δ 表示，地球上太阳赤纬角的变化如图 2-7 所示。对于太阳而言，春分和秋分日的 $\delta=0$，向北天极由 0 变化到夏至日的 +23.45°；向南天极由 0 变化到冬至日的 -23.45°。赤纬角是时间的连续函数，其变化率在春分和秋分日最大，大约一天变化 0.5°。赤纬角仅仅与一年中的哪一天有关，而与地点无关，也就是说地球上任何位置，其赤纬角都是相同的。

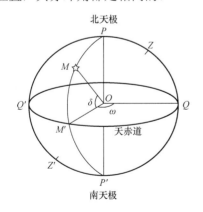

图 2-6　赤道坐标系

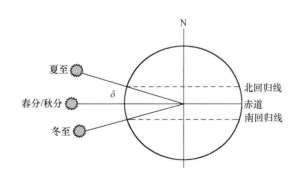

图 2-7　地球上太阳赤纬角的变化

赤纬角可用 Cooper 方程近似计算：

$$\delta = 23.45\sin\left(360\times\frac{284+n}{365}\right) \tag{2-1}$$

式中，n 为一年中的日期序号，如元旦为 $n=1$，春分日为 $n=81$，平年 12 月 31 日为 $n=365$，闰年则为 366。

这是个近似计算公式，具体计算时不能得到春分日、秋分日的 δ 值都等于 0 的结果。更加精确的计算（误差<0.035°）可用 Iqbal 在 1983 年推导出的近似计算公式：

$$\delta=(180/\pi)(0.006918-0.399912\cos B+0.070257\sin B-0.006758\cos 2B+0.000907\sin 2B-$$
$$0.002697\cos 3B+0.00148\sin 3B) \tag{2-2}$$

式中，$B=(n-1)360/365$，n 为一年中的日期序号。

【例 2-1】 计算 9 月 22 日的赤纬角。

解：9 月 22 日，$n=265$，代入式（2-1）得

$$\delta=23.45\sin\left(360\times\frac{284+265}{365}\right)=-0.6°$$

一年中不同日期的赤纬角如表 2-3 所示。

表 2-3　赤纬角 δ（°）

日期	1 月	2 月	3 月	4 月	5 月	6 月	7 月	8 月	9 月	10 月	11 月	12 月
1	−23.1	−17.3	−7.9	4.2	14.8	21.9	23.2	18.2	8.6	−2.9	−14.2	−21.7
5	−22.7	−16.2	−6.4	5.8	16.0	22.5	22.9	17.2	7.1	−4.4	−15.4	−22.3
9	−22.2	−14.9	−4.8	7.3	17.1	22.9	22.5	16.1	5.6	−5.9	−16.6	−22.7
13	−21.6	−13.6	−3.3	8.7	18.2	23.2	21.9	14.9	4.1	−7.5	−17.7	−23.1
17	−20.9	−12.3	−1.7	10.2	18.1	23.4	21.3	13.7	2.6	−8.9	−18.8	−23.3
21	−20.1	−10.9	−0.1	11.6	20.0	23.4	20.6	12.4	1.0	−10.4	−19.7	−23.4
25	−19.2	−9.4	1.5	12.9	20.8	23.4	19.8	11.1	−0.5	−11.8	−20.6	−23.4
29	−13.2		3.0	14.2	21.5	23.3	19.0	9.7	−2.1	−13.2	−21.3	−23.3

2.3.2　地平坐标系

人在地球上观看空中的太阳相对于地平面的位置时，太阳相对地球的位置是相对于地平面而言的，通常由高度角和方位角两个坐标决定，如图 2-8 所示。

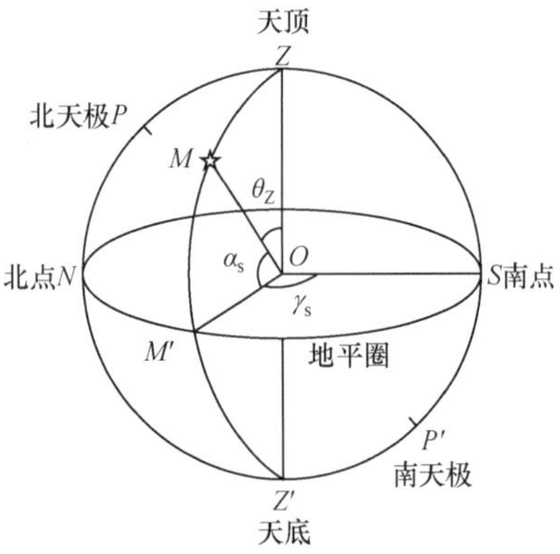

在某个时刻，由于地球上各处的位置不同，因而各处的高度角和方位角也不相同。

图 2-8　地平坐标系

1. 天顶角 θ_Z

天顶角是指太阳光线 MO 与地平面法线 OZ 之间的夹角。

2. 高度角 α_s

高度角是指太阳光线 MO 与其地平面上投影线 OM' 之间的夹角。它表示太阳高出水平面的角度。高度角与天顶角的关系是：

$$\theta_Z+\alpha_s=90° \tag{2-3}$$

3. 方位角 γ_s

方位角是指太阳光线在地平面上投影 OM' 和地平面上正南方向线 OS 之间的夹角 γ_s。它表

示太阳光线的水平投影偏离正南方向的角度。取正南方向为起始点（0°），向西（顺时针方向）
为正，向东为负。

2.3.3　太阳角的计算

1. 高度角的计算

高度角、天顶角和纬度、赤纬角及时角的关系为

$$\sin\alpha_s = \cos\theta_Z = \sin\varphi\sin\delta + \cos\varphi\cos\delta\cos\omega \tag{2-4a}$$

在太阳正午时，$\omega=0$，式（2-4a）可简化为

$$\sin\alpha_s = \sin[90° \pm (\varphi - \delta)] \tag{2-4b}$$

当正午太阳在天顶以南，即 $\varphi>\delta$ 时

$$\alpha_s = 90° - \varphi + \delta \tag{2-4c}$$

当正午太阳在天顶以北，即 $\varphi<\delta$ 时

$$\alpha_s = 90° + \varphi - \delta \tag{2-4d}$$

【例 2-2】　计算上海地区 9 月 22 日中午 12 时和下午 3 时的高度角及天顶角。

解：上海地区的纬度是 31.12°，由例（2-1）得 $\delta=-0.6°$。

正午 12 时的时角：$\omega=0$；下午 3 时的时角：$\omega=3\times15=45°$。

中午 12 时的高度角：由于 $\varphi>\delta$，根据式（2-4c）

$$\alpha_s= 90°-\varphi+\delta = 90°- 31.12°+(-0.6°) = 58.28°$$

此时的天顶角是：$\theta_Z = 90°-\alpha_s = 90°-58.28°=31.72°$

下午 3 时的时角为：$\omega=3\times15°=45°$，根据式（2-4a），高度角为

$$\sin\alpha_s = \sin31.12°\sin(-0.6°)+\cos31.12°\cos(-0.6°)\cos45° = 0.5998$$

因此可得到

$$\alpha_s = 36.86°$$

此时的天顶角是：$\theta_Z = 90°-\alpha_s = 90°-36.86°=53.14°$

2. 方位角 γ_s 的计算

方位角与赤纬角、高度角、纬度及时角的关系为

$$\sin\gamma_s = \frac{\cos\delta\sin\omega}{\cos\alpha_s} \tag{2-5}$$

$$\cos\gamma_s = \frac{\sin\alpha_s\sin\varphi - \sin\delta}{\cos\alpha_s\cos\varphi} \tag{2-6}$$

【例 2-3】　计算上海地区 9 月 22 日 14 时的方位角 γ_s。

解：由例 2-1 可知：

上海地区 9 月 22 日的 $\delta=-0.6°$，$\varphi=31.12°$，$\omega=2\times15°=30°$

先由式（2-4a）求高度角：

$$\sin\alpha_s = \sin31.12°\times\sin(-0.6°)+\cos31.12°\times\cos(-0.6°)\times\cos30° = 0.7359$$

因此有

$$\alpha_s = 47.38°$$

代入式（2-5）得到

$$\sin\gamma_s = \frac{\cos\delta\sin\omega}{\cos\alpha_s} = \frac{\cos(-0.6°)\times\sin30°}{\cos47.38°} = 0.738$$

因此得
$$\gamma_s = 47.6°$$

3. 日出、日落的时角 ω_s

日出、日落时太阳高度角 α_s 为 0，由式（2-4a）可得
$$\cos\omega_s = -\tan\varphi\tan\delta \tag{2-7}$$
由于 $\cos\omega_s=\cos(-\omega_s)$，故
$$\omega_{sr} = -\omega_s;\quad \omega_{ss}=\omega_s$$
式中，ω_{sr} 为日出时角；ω_{ss} 为日落时角。以度表示，负值为日出时角，正值为日落时角。可见对于某个地点，太阳的日出和日落时角相对于太阳正午是对称的。

4. 日照时间 N

日照时间是当地由日出到日落之间的时间间隔。由于地球每小时自转 15°，所以日照时间 N 可以用日出、日落时角的绝对值之和除以 15° 得
$$N = \frac{\omega_{ss} + |\omega_{sr}|}{15°} = \frac{2}{15°}\arccos(-\tan\varphi\tan\delta) \tag{2-8}$$

【例 2-4】 计算上海地区在冬至的日出、日落时角及全天日照时间。

解： 上海的 $\varphi = 31.12°$，冬至日的赤纬角 $\delta=-23.45°$，代入式（2-7）得
$$\cos\omega_s = -\tan\varphi\tan\delta =-\tan31.12° \times\tan(-23.45°)= 0.2619$$
因此上海地区在冬至的日出时角为 $\omega_{sr}=-74.82°$，日落时角为 $\omega_{ss}=74.82°$

全天日照时间：
$$N = 2\times \frac{74.82°}{15°/h} = 9.98h$$

5. 日出、日落时的方位角

日出、日落时太阳高度角为 $\alpha_{so}=0°$，所以 $\cos\alpha_s=1$，$\sin\alpha_s=0$，代入式（2-6）：
$$\cos\gamma_{s,o} = -\sin\delta/\cos\varphi \tag{2-9}$$
得到的日出、日落时的方位角都有两组解，因此必须选择一组正确的解。我国所处位置大致可划分为北热带（0°～23.45°）和北温带（23.45°～66.55°）两个气候带。当太阳赤纬角 $\delta>0°$（夏半年）时，太阳升起和降落都在北面的象限（数学上的第一、二象限）；$\delta<0°$（冬半年）时，太阳升起和降落都在南面的象限（数学上的第三、四象限）。

【例 2-5】 求上海地区 9 月 22 日的日出、日落方位角。

解： 由例 2-2 知：上海地区的 $\varphi=31.12°$，9 月 22 日太阳赤纬角：$\delta=-0.6°$

代入
$$\cos\gamma_{s,o} = -\sin\delta/\cos\varphi = -\sin(-0.6°)/\cos31.12° = 0.01223$$
可得
$$\gamma_{s,o} = 89.30° \quad 或 \quad \gamma_{s,o} = -89.30°$$
因此，日出和日落方位角分别是 $\gamma_{s,or} = -89.30°$ 和 $\gamma_{s,os} = 89.30°$。

6. 太阳入射角

太阳照射到地表倾斜面上时，定义太阳入射线与倾斜面法线之间的夹角为太阳入射角 θ_T。太阳入射角与其他角度之间的关系图如图 2-9 所示，由此可得太阳入射角与其他角度之间的几何关系为

$$\cos\theta_T = \sin\delta\sin\varphi\cos\beta - \sin\delta\cos\varphi\sin\beta\cos\gamma + \cos\delta\cos\varphi\cos\beta\cos\omega +$$
$$\cos\delta\sin\varphi\sin\beta\cos\gamma\cos\omega + \cos\delta\sin\beta\sin\gamma\sin\omega \qquad (2\text{-}10)$$

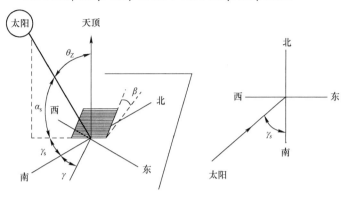

图 2-9　太阳入射角与其他角度之间的关系图

并且有

$$\cos\theta_T = \cos\theta_Z\cos\beta + \sin\theta_Z\sin\beta\cos(\gamma_s - \gamma) \qquad (2\text{-}11)$$

式中，θ_T 为太阳入射角；δ 为太阳赤纬角；φ 为当地纬度；β 为斜面倾角；γ 为倾斜面方位角；ω 为时角；θ_Z 为太阳天顶角；γ_s 为太阳方位角。

对于北半球朝向赤道（$\gamma = 0°$）的倾斜面，可得

$$\cos\theta_T = \sin\delta\sin\varphi\cos\beta - \sin\delta\cos\varphi\sin\beta + \cos\delta\cos\varphi\cos\beta\cos\omega +$$
$$\cos\delta\sin\varphi\sin\beta\cos\omega \qquad (2\text{-}12a)$$
$$= \cos(\varphi - \beta)\cos\delta\cos\omega + \sin(\varphi - \beta)\sin\delta$$

对于南半球朝向赤道（$\gamma = 180°$）的倾斜面，可得

$$\cos\theta_T = \cos(\varphi + \beta)\cos\delta\cos\omega + \sin(\varphi + \beta)\sin\delta \qquad (2\text{-}12b)$$

如果是在水平面上，即 $\beta = 0°$，此时的太阳入射角即为天顶角，其大小为

$$\cos\theta_T = \cos\theta_Z = \cos\varphi\cos\delta\cos\omega + \sin\varphi\sin\delta \qquad (2\text{-}12c)$$

如果是在垂直面上，即 $\beta = 90°$，则有

$$\cos\theta_T = -\sin\delta\cos\varphi\cos\gamma + \cos\delta\sin\varphi\cos\gamma\cos\omega + \cos\delta\sin\gamma\sin\omega \qquad (2\text{-}12d)$$

【例 2-6】　计算北京地区在 2 月 13 日上午 10:30，倾角为 45°，方位角为 15° 的倾斜面上的太阳入射角。

解： 2 月 13 日的 $n = 44$，$\delta = -14°$，上午 10:30 的时角：$\omega = -22.5°$，$\beta = 45°$，$\gamma = 15°$，北京地区的纬度：$\varphi = 39.48°$。

代入式（2-10）得

$$\cos\theta_T = \sin(-14°)\sin 39.48°\cos 45° - \sin(-14°)\cos 39.48°\sin 45°\cos 15° +$$
$$\cos(-14°)\cos 39.48°\cos 45°\cos(-22.5°) +$$
$$\cos(-14°)\sin 39.48°\sin 45°\cos 15°\cos(-22.5°) +$$
$$\cos(-14)°\sin 45°\sin 15°\sin(-22.5°)$$

由此可得

$$\cos\theta_T = (-0.2419)\times 0.6358\times 0.707 - (-0.2419)\times 0.7718\times 0.707\times 0.9659 +$$
$$0.9703\times 0.7718\times 0.707\times 0.9239 + 0.9703\times 0.6358\times 0.707\times 0.9659\times 0.9239 +$$
$$0.9703\times 0.707\times 0.2588\times(-0.3827) = -0.1087 + 0.1275 + 0.4892 + 0.3892 - 0.068$$
$$= 0.8292$$

所以此时的太阳入射角为 $\theta_T = 34°$。

2.4 跟踪平面的角度

有些太阳能收集器以一定的方式跟踪太阳，目的是使太阳光照射到收集器平面的入射角最小，进而使平面接收到的太阳辐照量极大化。对于这种运动平面需要知道太阳的入射角和平面的方位角。

跟踪系统可以根据其运动方式来分类：一类是环绕单轴转动，轴可以是任何朝向的，实际上通常只有水平东、西向，水平南、北向，垂直或平行于地球轴这几种方向；另一类是双轴转动。

（1）对于按天调整沿水平东、西向轴转动的平面，使每天中午太阳直接辐射垂直入射到接收平面上时：

$$\cos\theta_T = \sin^2\delta + \cos^2\delta\cos\omega \tag{2-13a}$$

这个平面的倾角对于每天是固定的。

$$\beta = |\varphi - \delta| \tag{2-13b}$$

平面的方位角在一天中是 0° 还是 180°，具体取决于纬度和赤纬角：

$$如果(\varphi-\delta)>0，则\gamma=0°$$
$$如果(\varphi-\delta)\leqslant0，则\gamma=180° \tag{2-13c}$$

（2）对于绕水平东、西向轴转动的平面并可连续调整，要使太阳入射角极小化时：

$$\cos\theta_T = (1 - \cos^2\delta\sin^2\omega)^{1/2} \tag{2-14a}$$

平面倾角由下式确定：

$$\tan\beta = \tan\theta_Z|\cos\gamma_s| \tag{2-14b}$$

如果太阳的方位角经过±90°，这类平面方位角的朝向将在 0°～180° 之间变化，对于两半球：

$$如果|\gamma_s|<90°，则\gamma=0°$$
$$如果|\gamma_s|\geqslant90°，则\gamma=180° \tag{2-14c}$$

（3）对于绕水平南、北向轴转动的平面并可连续调整，要使太阳入射角极小化时：

$$\cos\theta_T = (\cos^2\theta_Z + \cos^2\delta\sin^2\omega)^{1/2} \tag{2-15a}$$

其倾角由下式确定：

$$\tan\beta = \tan\theta_Z|\cos(\gamma - \gamma_s)| \tag{2-15b}$$

平面的方位角γ是 90° 还是-90° 取决于太阳的方位角是大于 0° 还是小于 0°：

$$如果\gamma_s>0°，则\gamma=90°$$
$$如果\gamma_s\leqslant0°，则\gamma=-90° \tag{2-15c}$$

（4）对于以固定倾角绕垂直于地球轴转动的平面，在其平面方位角与太阳方位角相等时，太阳入射角最小。

由式（2-11），太阳入射角θ_T可由下式得出：

$$\cos\theta_T = \cos\theta_Z\cos\beta + \sin\theta_Z\sin\beta \tag{2-16}$$

由于倾角是固定的，因此β为常数；平面的方位角γ=γ_s。

（5）对于绕平行于地球轴线以南、北轴向转动的平面并连续调整，要使太阳入射角极小化时：

$$\cos\theta_{\mathrm{T}} = \cos\delta \qquad\qquad (2\text{-}17\mathrm{a})$$

倾角是连续变化的，并且等于：

$$\tan\beta = \frac{\tan\varphi}{\cos\gamma} \qquad\qquad (2\text{-}17\mathrm{b})$$

平面的方位角为：

$$\gamma = \arctan\frac{\sin\theta_{\mathrm{Z}}\sin\gamma_{\mathrm{s}}}{\cos\theta'\sin\varphi} + 180°C_1C_2 \qquad\qquad (2\text{-}17\mathrm{c})$$

式中，

$$\cos\theta' = \cos\theta_{\mathrm{Z}}\cos\varphi + \sin\theta_{\mathrm{Z}}\sin\varphi \qquad\qquad (2\text{-}17\mathrm{d})$$

$$C_1 = \begin{cases} 0 & 如果\left(\arctan\dfrac{\sin\theta_{\mathrm{Z}}\sin\gamma_{\mathrm{s}}}{\cos\theta'\sin\varphi}\right)\gamma_{\mathrm{s}} \geqslant 0 \\ +1 & 其他 \end{cases} \qquad (2\text{-}17\mathrm{e})$$

$$C_2 = \begin{cases} +1 & 如果\ \gamma_{\mathrm{s}} \geqslant 0 \\ -1 & 如果\ \gamma_{\mathrm{s}} < 0 \end{cases} \qquad\qquad (2\text{-}17\mathrm{f})$$

（6）对于以双轴连续跟踪的平面，要使其入射角极小化时：

$$\cos\theta_{\mathrm{T}} = 1 \qquad\qquad (2\text{-}18\mathrm{a})$$

$$\beta = \theta_{\mathrm{Z}} \qquad\qquad (2\text{-}18\mathrm{b})$$

$$\gamma = \gamma_{\mathrm{s}} \qquad\qquad (2\text{-}18\mathrm{c})$$

【例 2-7】　对于绕水平东、西轴方向连续转动以达到 θ_{T} 极小化，在平面处于以下两种情况时：

（1）$\varphi = 40°$，$\delta = 21°$，$\omega = 30°$（14:00）

（2）$\varphi = 40°$，$\delta = 21°$，$\omega = 100°$

试分别计算太阳直接辐射的入射角和太阳天顶角。

　　解：

（1）对于以这种方式运动的平面，首先计算其入射角，根据式（2-14a）得

$$\theta_{\mathrm{T}} = \arccos(1 - \cos^2 21° \times \sin^2 30°)^{1/2} = 27.8°$$

其次，由式（2-4a）计算太阳天顶角 θ_{Z}：

$$\theta_{\mathrm{Z}} = \arccos(\cos 40° \times \cos 21° \times \cos 30° + \sin 40° \times \sin 21°) = 31.8°$$

（2）与步骤（1）相同：

$$\theta_{\mathrm{T}} = \arccos(1 - \cos^2 21° \times \sin^2 100°)^{1/2} = 66.8°$$

$$\theta_{\mathrm{Z}} = \arccos(\cos 40° \times \cos 21° \times \cos 100° + \sin 40° \times \sin 21°) = 83.9°$$

2.5　太阳辐射量

　　单位时间内，太阳以辐射形式发射的能量称为太阳辐射功率或辐射通量，单位是瓦（W）。

　　太阳投射到单位面积上的辐射功率（辐射通量）称为辐射度或辐照度，单位是瓦/米^2（W/m^2）。在一段时间内（如每小时、日、月、年等）太阳投射到单位面积上的辐射能量称为辐照量，单位是千瓦·时/（米^2·日）（月、年）[kW·h/(m^2·d)(m, y)]。

太阳能光伏发电应用技术（第4版）

由于历史的原因，有时还用到不同的单位制，需要进行单位换算：

$1kW \cdot h = 3.6MJ$

$1cal = 4.1868J = 1.16278mW \cdot h$

$1MJ/m^2 = 23.889cal/cm^2 = 27.8mW \cdot h/cm^2 = 0.2778kW \cdot h/m^2$

$1kW \cdot h/m^2 = 85.98cal/cm^2 = 3.6MJ/m^2 = 100mW \cdot h/cm^2$

$1cal/cm^2 = 0.0116kW \cdot h/m^2$

2.5.1　大气层外的太阳辐射

1. 太阳常数

在地球大气层之外，平均日-地距离处，垂直于太阳光方向的单位面积上所获得的太阳辐射量基本上是一个常数，这个辐照度称为太阳常数，或称大气质量0（AM0）的辐射。

1981年10月，在墨西哥召开的世界气象组织仪器和观测方法委员会第8届会议通过的太阳常数的大小为

$$I_{sc} = (1367 \pm 7)W/m^2$$

根据维基百科最近报道，通过卫星测量地球大气层上空的太阳辐照度，并用逆平方定律进行调整后得到太阳常数的结果为

$$I_{sc} = (1.3608 \pm 0.0005)kW/m^2$$

实际上一年中日-地距离是变化的，因此 I_{sc} 的值也稍有变化。

2. 到达大气层上界的太阳辐射

大气层上界水平面上的太阳日辐射量 H_0 可以用下式计算：

$$H_0 = \frac{24 \times 3600}{\pi} \gamma \cdot I_{sc} \left(\frac{\pi \omega_s}{180^\circ} \sin\varphi \sin\delta + \cos\varphi \cos\delta \sin\omega_s \right) \tag{2-19}$$

式中，I_{sc} 为太阳常数；ω_s 为日出、日落时角；δ 为太阳赤纬角；γ 为日-地距离变化引起大气层上界的太阳辐射通量的修正值，由下式求出：

$$\gamma = \left(1 + 0.033 \cos\frac{2\pi n}{365} \right)$$

式中，n 为一年中的日期序号；所求出的 H_0 的单位是 MJ/m^2。

同样也可以由此得到大气层上界水平面上的小时太阳辐射量：

$$I_0 = \frac{12 \times 3600}{\pi} I_{sc} \left(1 + 0.033 \cos\frac{2\pi n}{365} \right) \times$$
$$\left[\frac{\pi(\omega_2 - \omega_1)}{180^\circ} \sin\varphi \sin\delta + \cos\varphi \cos\delta (\sin\omega_2 - \sin\omega_1) \right] \tag{2-20}$$

式中，ω_1 和 ω_2 为起始和终了的时角。

在考虑大气层上界各月的太阳平均辐射值时，如以每月16日为代表日，发现有一定偏差，特别是在6月和12月偏差比较明显。因此Klein在1977提出用每个月中最接近于平均赤纬角的某天作为"月平均日"，如表2-4所示，表中还列出了该日在一年中的日期序号 n，以及这一天的赤纬角 δ。

表 2-4　各月平均日及其赤纬角

月份	日期	n	δ（°）	月份	日期	n	δ（°）
1	17	17	-20.92	7	17	198	21.18
2	16	47	-12.95	8	16	228	13.45
3	16	75	-2.42	9	15	258	2.22
4	15	105	9.41	10	15	288	-9.60
5	15	135	18.79	11	14	318	-18.91
6	11	162	23.09	12	10	344	-23.05

在式（2-19）中，n 和 δ 用各月平均日的数值（如表 2-4 所示）代入，即可得出各月平均大气层上界的总太阳辐射量 $\overline{H}_0$。由此可得到不同纬度大气层上界各个月份的平均太阳日辐照量，如表 2-5 所示。

表 2-5　不同纬度大气层上界各个月份的平均太阳日辐照量[MJ/(m²·d)]

纬度（°）	1 月	2 月	3 月	4 月	5 月	6 月	7 月	8 月	9 月	10 月	11 月	12 月
90	0.0	0.0	1.2	19.3	37.2	44.8	41.2	26.5	5.4	0.0	0.0	0.0
85	0.0	0.0	2.2	19.2	37.0	44.7	41.0	26.4	6.4	0.0	0.0	0.0
80	0.0	0.0	4.7	19.6	36.6	44.2	40.5	26.1	9.0	0.6	0.0	0.0
75	0.0	0.7	7.8	21.0	35.9	43.3	39.8	26.3	11.9	2.2	0.0	0.0
70	0.1	2.7	10.9	23.1	35.3	42.1	38.7	27.5	14.8	4.9	0.3	0.0
65	1.2	5.4	13.9	25.4	35.7	41.0	38.3	29.2	17.7	7.8	2.0	0.4
60	3.5	8.3	16.9	27.6	36.6	41.0	38.8	30.9	20.5	10.8	4.5	2.3
55	6.2	11.3	19.8	29.6	37.6	41.3	39.4	32.6	23.1	13.8	7.3	4.8
50	9.1	14.4	22.5	31.5	38.5	41.5	40.0	34.1	25.5	16.7	10.3	7.7
45	12.2	17.4	25.1	33.2	39.2	41.7	40.4	35.3	27.8	19.6	13.3	10.7
40	15.3	20.3	27.4	34.6	39.7	41.7	40.6	36.4	29.8	22.4	16.4	13.7
35	18.3	23.1	29.6	35.8	40.0	41.5	40.6	37.3	31.7	25.0	19.3	16.8
30	21.3	25.7	31.5	36.8	40.0	41.1	40.4	37.8	33.2	27.4	22.2	19.9
25	24.2	28.2	33.2	37.5	39.8	40.4	40.0	38.2	34.6	296	25.0	22.9
20	27.0	30.5	34.7	37.9	39.3	39.5	39.3	38.2	35.6	31.6	27.7	25.8
15	29.6	32.6	35.9	38.0	38.5	38.4	38.3	38.0	36.4	33.4	30.1	28.5
10	32.0	34.4	36.8	37.9	37.5	37.0	37.1	37.5	37.0	35.0	32.4	31.1
5	34.2	36.0	37.5	37.4	36.3	35.3	35.6	36.7	37.2	36.3	34.5	33.5
0	36.2	37.4	37.8	36.7	34.8	33.5	34.0	35.7	37.2	37.3	36.3	35.7
-5	38.0	38.5	37.9	35.8	33.0	31.4	32.1	34.4	36.9	38.0	37.9	37.6
-10	39.5	39.3	37.7	34.5	31.1	29.2	29.9	32.9	36.3	38.5	39.3	39.4
-15	40.8	39.8	37.2	33.0	28.9	26.8	27.6	31.1	35.4	38.7	40.4	40.9
-20	41.8	40.0	36.4	31.3	26.6	24.2	25.2	29.1	34.3	38.6	41.2	42.1
-25	42.5	40.0	35.4	29.3	24.1	21.5	22.6	27.0	32.9	38.2	41.7	43.1
-30	43.0	39.7	34.0	27.2	21.4	18.7	19.9	24.6	31.2	37.6	42.0	43.8
-35	43.2	39.1	32.5	24.8	18.6	15.8	17.0	22.1	29.3	36.6	42.0	44.2
-40	43.1	38.2	30.6	22.3	15.8	12.9	14.2	19.4	27.2	35.5	41.7	44.5
-45	42.8	37.1	28.6	19.6	12.9	10.0	11.3	16.6	24.9	34.0	41.2	44.5
-50	42.3	35.7	26.3	16.8	10.0	7.2	8.4	13.8	22.4	32.4	40.5	44.3
-55	41.7	34.1	23.9	13.9	7.2	4.5	5.7	10.9	19.8	30.5	39.6	44.0

纬度（°）	1月	2月	3月	4月	5月	6月	7月	8月	9月	10月	11月	12月
-60	41.0	32.4	21.2	10.9	10.0	4.5	2.2	8.0	17.0	28.4	38.7	43.7
-65	40.5	30.6	18.5	7.8	2.1	0.3	1.0	5.2	14.1	26.2	37.8	43.7
-70	40.8	28.8	15.6	5.0	0.4	0.0	0.0	2.6	11.1	24.0	37.4	44.9
-75	41.9	27.6	12.6	2.4	0.0	0.0	0.0	0.8	8.0	21.9	38.1	46.2
-80	42.7	27.4	9.7	0.6	0.0	0.0	0.0	0.0	5.0	20.6	38.8	47.1
-85	43.2	27.7	7.2	0.0	0.0	0.0	0.0	0.0	2.4	20.3	39.3	47.6
-90	43.3	27.8	6.2	0.0	0.0	0.0	0.0	0.0	1.4	20.4	39.4	47.8

【例2-8】 试计算长春4月15日大气层上界水平面上的太阳日辐射量 H_0。

解： 由表2-4可知，4月15日的 $n=105$，$\delta=9.41°$，长春的纬度是北纬43.45°，$\varphi=43.45°$。

由式（2-7）可求出日出、日落时角：

$$\cos\omega_s=-\tan43.45°×\tan9.41°=-0.9473×0.1657=-0.1570$$

因此有

$$\omega_s=99°$$

代入式（2-19）和式（2-20）得

$$H_0=\frac{24×3600×1367}{\pi}\left(1+0.033\cos\frac{2\pi×105°}{365°}\right)\left(\frac{99°\pi}{180°}\sin43°\sin9.4°+\cos43°\cos9.4°\sin99°\right)$$
$$=33.78\text{MJ}/\text{m}^2$$

【例2-9】 试计算长春4月15日上午10时到11时之间，大气层上界水平面上的太阳辐射量 I_0。

解： 由表2-4可知，4月15日的 $n=105$，$\delta=9.41°$，长春的纬度 $\varphi=43.45°$。当日10:00时，$\omega_1=-30°$；11:00时，$\omega_2=-15°$，代入式（2-20）：

$$I_0=\frac{12×3600×1367}{\pi}\left(1+0.033\cos\frac{2\pi×105°}{365°}\right)×$$
$$\left(\frac{\pi[-15°-(-30°)]}{180°}\sin43.45°×\sin9.41°\right)+\cos43.45°×\cos9.41°[\sin(-15°)-\sin(-30°)]$$
$$=3.79\text{MJ}/\text{m}^2$$

3. 大气质量（AM）

太阳与天顶轴重合时，

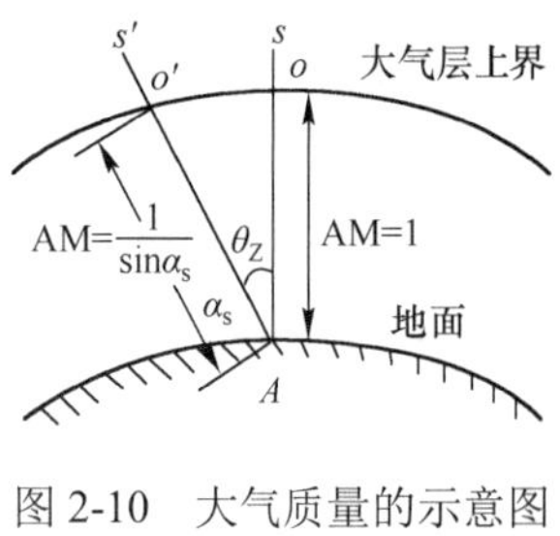

图2-10 大气质量的示意图

太阳光线穿过一个地球大气层的厚度，此时路程最短。太阳光线的实际路程与此最短路程之比称为大气质量，并假定在1个标准大气压和0℃时，海平面上太阳光线垂直入射时的大气质量为AM=1，因此大气层上界的大气质量AM=0。太阳在其他位置时，大气质量都大于1。如此值为1.5时，通常写成AM1.5。大气质量的示意图如图2-10所示。

地面上的大气质量计算公式为

$$\text{AM}=\frac{1}{\cos\theta_Z}\frac{P}{P_0} \tag{2-21}$$

式中，θ_Z 为太阳天顶角；P 为当地大气压；P_0 为海平面大气压。

式（2-21）是从三角函数关系推导出来的，忽略了折射和地面曲率等影响，当 $\alpha_s<30°$ 时，

有较大误差，在光伏系统工程计算中，可采用下式计算：

$$AM(\alpha_s)=[1229+(614\sin\alpha_s)^2]^{1/2}-614\sin\alpha_s \qquad (2\text{-}22)$$

太阳辐射穿过地球大气，由于大气层对太阳光谱的吸收和散射，使太阳光谱范围和能量分布发生变化。当太阳高度角为 90° 时，到达地面上的太阳光谱中紫外线约占 4%，可见光占 46%，红外线占 50%；当太阳高度角低至 30° 时，相应的比例是 3%、44%、53%；当太阳高度角更低时，紫外线能量几乎等于零，可见光部分的能量减少到 30%，红外线的能量占主要地位，这是由于空气分子对短波部分强烈散射而引起的。

大气质量越大，说明光线经过大气的路径越长，受到的衰减越多，到达地面的能量就越少。

2.5.2 到达地表的太阳辐照度

1. 大气透明度

大气透明度是表征大气对于太阳光线透过程度的一个参数。在晴朗无云的天气，大气透明度高，到达地面的太阳辐射能就多；当天空中云雾或风沙灰尘多时，大气透明度低，到达地面的太阳辐射能就少。根据布克-兰贝特定律，波长为λ的太阳辐照度$I_{\lambda,0}$，经过厚度为 $\mathrm{d}m$ 的大气层后，辐照度衰减为：

$$\mathrm{d}I_{\lambda,n}=-C_\lambda I_{\lambda,0}\mathrm{d}m$$

将上式积分得：

$$I_{\lambda,n}=I_{\lambda,0}\mathrm{e}^{-C_\lambda m} \qquad (2\text{-}23)$$

式中，$I_{\lambda,n}$为到达地表的法向太阳辐照度；$I_{\lambda,0}$为大气层上界的太阳辐照度；C_λ为大气的消光系数；m 为大气质量。

式（2-23）也可写成：

$$I_{\lambda,n}=I_{\lambda,0}P_\lambda^m \qquad (2\text{-}24)$$

式中，$P_\lambda=\mathrm{e}^{-C_\lambda}$ 称为单色光谱透明度。

将式（2-24）从波长 0 到∞的整个波段积分，就可得到全色太阳辐照度：

$$I_n=\int_0^\infty I_{\lambda,0}P_\lambda^m\mathrm{d}\lambda \qquad (2\text{-}25)$$

设整个太阳辐射光谱范围内的单色透明度的平均值为P_m，式（2-25）为：

$$I_n=\gamma\cdot I_{sc}P_m^m \qquad (2\text{-}26a)$$

或

$$P_m=\sqrt[m]{\frac{I_n}{\gamma\cdot I_{sc}}} \qquad (2\text{-}26b)$$

式中，γ为日-地距离修正值；P_m为复合透明系数，它表征了大气对太阳辐射能的衰减程度。

2. 到达地表的法向太阳直射辐照度

为了比较不同大气质量情况下的大气透明度，必须将大气透明度修正到某个给定的大气质量。例如，将大气质量为m的大气透明度P_m值修正到大气质量为 2 的大气透明度P_2^m，即

$$I_n=\gamma\cdot I_{sc}P_2^m \qquad (2\text{-}27)$$

式中，γ为日-地变化修正值；I_{sc}为太阳常数；P_2^m为修正到 $m=2$ 时的P_m值。

3. 水平面上太阳直射辐照量

由图 2-11 可看出太阳直射辐照度与太阳高度角的关系。

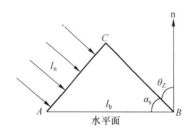

图 2-11　太阳直射辐照度与太阳高度角的关系图

由于太阳直射辐照入射到 AC 和 AB 平面上的能量是相等的，因此有：

$$I_b = I_n \sin \alpha_s = I_n \cos \theta_Z \qquad (2\text{-}28)$$

式中，I_b 为水平面直射辐照度；α_s 为太阳高度角；θ_Z 为太阳天顶角。

将式（2-27）代入式（2-28）可得：

$$I_b = \gamma \cdot I_{sc} P_m^m \sin \alpha_s$$

将上式在日出到日落的时间内积分，得到：

$$H_b = \int_0^t \gamma \cdot I_{sc} P_m^m \sin \alpha_s \mathrm{d}t = \gamma \cdot I_{sc} \int_0^t P_m^m \sin \alpha_s \mathrm{d}t \qquad (2\text{-}29)$$

式中，H_b 为水平面直射日辐照总量。将式中的 t 改用时角 ω 表示，则有：

$$H_b = \frac{T}{2\pi} \gamma \cdot I_{sc} \int_{-\omega}^{+\omega} P_m^m (\sin \varphi \sin \delta + \cos \varphi \cos \delta \cos \omega) \mathrm{d}\omega \qquad (2\text{-}30)$$

式中，T 为昼夜长（一天为 1440min）；ω 为日出、日落时角。

4. 水平面上的散射辐照度

晴天时，到达地表水平面上的散射辐照度主要取决于太阳高度角和大气透明度。可以用下式表示：

$$I_d = C_1 (\sin \alpha_s)^{C_2} \qquad (2\text{-}31)$$

式中，I_d 为散射辐照度；α_s 为太阳高度角；C_1、C_2 为经验系数。

5. 水平面上的太阳总辐照度

太阳总辐照度是到达地表水平面上的太阳直射辐照度和散射辐照度的总和，即

$$I = I_b + I_d \qquad (2\text{-}32)$$

式中，I 为水平面上太阳总辐照度；I_b 为水平面上直射辐照度；I_d 为水平面上散射辐照度。

6. 清晰度指数

有时还可以用清晰度指数 K_T 作为衡量太阳通过大气层时的衰减情况，定义为地表水平面上的太阳总辐照度与大气层外太阳辐照度之比，在不同的时间周期，数值并不相同。水平面上月平均太阳辐照量 $\bar{H}$ 与大气层外月平均太阳辐照量 $\bar{H}_0$ 之比为月平均清晰度指数 $\bar{K}_T$，表达式为

$$\bar{K}_T = \frac{\bar{H}}{\bar{H}_0} \qquad (2\text{-}33a)$$

同样，水平面上日平均太阳辐照量 H 与大气层外日平均太阳辐照量 H_0 之比为日平均清晰度指数 K_T，表达式为

$$K_T = \frac{H}{H_0} \qquad (2\text{-}33b)$$

在某个小时，其水平面上的太阳辐照度 I 与大气层外太阳辐照度 I_0 之比，即可认为是小时清晰度指数 k_T，表达式为

$$k_T = \frac{I}{I_0} \tag{2-33c}$$

清晰度指数越大，表示大气越透明，衰减得越少，到达地面的太阳辐射强度越大。

7. 散射辐照量与总辐照量之比

地表水平面上所接收到的太阳总辐照量是由太阳直射辐照量和散射辐照量两部分组成的，即使两地的太阳总辐照量相同，其直射辐照量与散射辐照量所占比例通常也并不一样。

影响直射辐照量与散射辐照量所占比例的因素很复杂，如果没有实际测量数据，可以根据近似计算公式来确定。以下介绍不同时间段的近似计算方法。

（1）小时散射辐照量与总辐照量的比值

1982 年 Erbs 等人提出了计算小时散射辐照量与总辐照量比值的近似公式：

$$\frac{I_d}{I} = 1.0 - 0.09 k_T, \quad 若 k_T \leqslant 0.22$$

$$\frac{I_d}{I} = 0.9511 - 0.1604 k_T + 4.388 k_T^2 - 16.638 k_T^3 + 12.336 k_T^4, \quad 若 0.22 < k_T \leqslant 0.80 \tag{2-34}$$

$$\frac{I_d}{I} = 0.165, \quad 若 k_T > 0.80$$

式中，k_T 为小时清晰度指数。

（2）日散射辐照量与总辐照量的比值

Erbs 等人在小时散射辐照量与总辐照量比值的基础上，提出了日散射辐照量与总辐照量的比值，按日落时角大于、小于或等于 81.4° 两种情况，关系式分别如下：

对于 $\omega_s \leqslant 81.4°$：

$$\frac{H_d}{H} = \begin{cases} 1.0 - 0.2727 K_T + 2.4495 K_T^2 - 11.9514 K_T^3 + 9.3879 K_T^4, & 若 K_T < 0.715 \\ 0.143, & 若 K_T \geqslant 0.715 \end{cases}$$

对于 $\omega_s > 81.4°$：

$$\frac{H_d}{H} = \begin{cases} 1.0 + 0.2832 K_T - 2.5557 K_T^2 + 0.8448 K_T^3, & 若 K_T < 0.722 \\ 0.175, & 若 K_T \geqslant 0.722 \end{cases} \tag{2-35}$$

（3）月散射辐照量与总辐照量的比值

在太阳能应用系统设计中，常常需要知道当地的月平均太阳总辐照量和散射辐照量（或直射辐照量），但有时可能只有月平均太阳总辐照量的数据，这就要设法找出各月直射辐照量和散射辐照量各占多少比例，也就是要使"直-散分离"。通常可以采用 Erbs 等人 1982 年提出的经验公式：

对于 $\omega_s \leqslant 81.4°$，并且有 $0.3 \leqslant \bar{K}_T \leqslant 0.8$ 时：

$$\frac{\bar{H}_d}{\bar{H}} = 1.391 - 3.56 \bar{K}_T + 4.189 \bar{K}_T^2 - 2.137 \bar{K}_T^3 \tag{2-36a}$$

对于 $\omega_s > 81.4°$，并且有 $0.3 \leqslant \bar{K}_T \leqslant 0.8$ 时：

$$\frac{\bar{H}_d}{\bar{H}} = 1.311 - 3.022 \bar{K}_T + 3.427 \bar{K}_T^2 - 1.821 \bar{K}_T^3$$

对于全天空（包括了天空中云层的影响）的月平均散射辐照量，美国航空航天局（NASA）在 2016 年 6 月 2 日发布的 *Surface meteorology and Solar Energy (SSE) Release 6.0 Methodology Version 3.2.0* 建议采用如下近似方法确定：

在南纬 45°～北纬 45° 范围内：

$$\frac{\overline{H}_d}{\overline{H}} = 0.96268 - 1.45200\overline{K}_T + 0.27365\overline{K}_T^2 + 0.04279\overline{K}_T^3 + 0.000246\omega_s + 0.001189\alpha_s$$

在南纬 90°～45° 和北纬 45°～90° 范围内：

如果 $0° \leqslant \omega_s \leqslant 81.4°$：

$$\frac{\overline{H}_d}{\overline{H}} = 1.441 - 3.6839K_T + 6.4927K_T^2 - 4.147K_T^3 + 0.0008\omega_s - 0.008175\alpha_s$$

如果 $81.4° < \omega_s \leqslant 100°$：

$$\frac{\overline{H}_d}{\overline{H}} = 1.6821 - 2.5866K_T + 2.373K_T^2 - 0.5294K_T^3 - 0.00277\omega_s - 0.004233\alpha_s$$

如果 $100° < \omega_s \leqslant 125°$：

$$\frac{\overline{H}_d}{\overline{H}} = 0.3498 + 3.8035\overline{K}_T - 11.765\overline{K}_T^2 + 9.1748\overline{K}_T^3 + 0.001575\omega_s - 0.002837\alpha_s$$

如果 $125° < \omega_s \leqslant 150°$：

$$\frac{\overline{H}_d}{\overline{H}} = 1.6586 - 4.412\overline{K}_T + 5.8\overline{K}_T^2 - 3.1223\overline{K}_T^3 + 0.000144\omega_s - 0.000829\alpha_s$$

如果 $150° < \omega_s \leqslant 180°$：

$$\frac{\overline{H}_d}{\overline{H}} = 0.6563 - 2.893\overline{K}_T + 4.594\overline{K}_T^2 - 3.23\overline{K}_T^3 + 0.004\omega_s - 0.0023\alpha_s \tag{2-36b}$$

式中，ω_s 为月平均日的日落时角；α_s 为月平均日正午时的太阳高度角；$\overline{K}_T$ 为月平均清晰度指数［见式（2-33a）］。

2.5.3　地表倾斜面上的小时太阳辐照量

1. 倾斜面上的小时太阳直射辐照量 $I_{T,b}$

一般气象台测量的是水平面上的太阳辐照量，而在实际应用中，无论是光伏还是太阳能热利用，采光面通常是倾斜放置的，因此需要算出倾斜面上的太阳辐照量。倾斜面上的太阳辐照量由太阳直射辐照量、散射辐照量和地面反射辐照量三部分组成。

由图 2-12 可知，地表倾斜面上的小时太阳辐照量与直射辐照量有如下关系：

$$I_{T,b}/I_n = \cos\theta_T$$

因此有

$$I_{T,b} = I_n\cos\theta_T \tag{2-37}$$

式中，θ_T 是倾斜面上太阳光线的入射角，因此将式（2-10）代入式（2-37）可得到倾斜面上的直射辐照量为

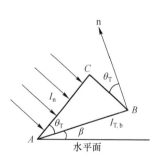

图 2-12　倾斜面上的太阳直射辐照情况

$$I_{T,b} = I_n(\sin\delta\sin\varphi\cos\beta - \sin\delta\cos\varphi\sin\beta\cos\gamma +$$
$$\cos\delta\cos\varphi\cos\beta\cos\omega + \cos\delta\sin\varphi\sin\beta\cos\gamma\cos\omega +$$
$$\cos\delta\sin\beta\sin\gamma\sin\omega) \tag{2-38}$$

式中，β 为倾斜面与水平面之间的夹角；φ 为当地纬度；δ 为太阳赤纬角；ω 为时角；γ 为倾斜面的方位角。

2. 倾斜面和水平面上小时直射辐照量的比值 R_b

由式（2-37）和式（2-28）可得倾斜面上和水平面上小时直射辐照量的比值为：

$$R_b = \frac{I_{T,b}}{I_b} = \frac{I_n\cos\theta_T}{I_n\cos\theta_z} = \frac{\cos\theta_T}{\cos\theta_z} \tag{2-39}$$

对于朝向赤道的倾斜面，$\gamma = 0$，将式（2-12a）、式（2-12b）及式（2-4a）代入式（2-39）可得：

对于北半球：

$$R_b = \frac{\cos(\varphi - \beta)\cos\delta\cos\omega + \sin(\varphi - \beta)\sin\delta}{\sin\varphi\sin\delta + \cos\varphi\cos\delta\cos\omega} \tag{2-40a}$$

对于南半球：

$$R_b = \frac{\cos(\varphi + \beta)\cos\delta\cos\omega + \sin(\varphi + \beta)\sin\delta}{\sin\varphi\sin\delta + \cos\varphi\cos\delta\cos\omega} \tag{2-40b}$$

如果在正午 12:00，$\omega = 0$，代入式（2-40a）和式（2-40b）可分别得到：

对于北半球：

$$R_{bn} = \frac{\cos|\varphi - \delta - \beta|}{\cos|\varphi - \delta|} \tag{2-41a}$$

对于南半球：

$$R_{bn} = \frac{\cos|-\varphi + \delta - \beta|}{\cos|-\varphi + \delta|} \tag{2-41b}$$

【例 2-10】 计算北京地区在 2 月 13 日 10:30，朝向正南方，倾角为 30° 的倾斜面与水平面上小时直射辐照量的比值。

解： 由例 2-6 可知，2 月 13 日的 $n = 44$，$\delta = -14°$。当日 10:30 的时角：$\omega = -22.5°$，$\beta = 30°$。北京地区的纬度：$\varphi = 39.48°$，代入式（2-40a）可得：

$$R_b = \frac{\cos(39.48° - 30°)\cos(-14°)\cos(-22.5°) + \sin(39.48° - 30°)\sin(-14°)}{\sin39.48°\sin(-14°) + \cos39.48°\cos(-14°)\cos(-22.5°)} = 1.57$$

3. 倾斜面上的小时散射辐照量

倾斜面上的小时散射辐照量可由下式得到：

$$I_{T,d} = \frac{1 + \cos\beta}{2} I_d \tag{2-42}$$

式中，$I_{T,d}$ 为倾斜面上小时散射辐照量；I_d 为水平面上小时散射辐照量；β 为倾斜面与水平面之间的夹角（倾角）。

4. 地面反射辐照量

假定地面反射是各向同性的，利用角系数的互换定律，可得到

$$I_{\mathrm{T},\theta} = \rho \frac{1-\cos\beta}{2}(I_{\mathrm{d}} + I_{\mathrm{b}}) = I\rho\frac{(1-\cos\beta)}{2} \tag{2-43}$$

式中，ρ 是地面反射率，与地表的覆盖状况有关，不同地表状况的反射率如表2-6所示。

表2-6　地物表面的反射率

地物表面的状态	反射率ρ	地物表面的状态	反射率ρ	地物表面的状态	反射率ρ
沙漠	0.24～0.28	干草地	0.15～0.25	新雪	0.81
干燥地	0.10～0.20	湿草地	0.14～0.26	残雪	0.46～0.7
湿裸地	0.08～0.09	森林	0.04～0.10	水表面	0.69

一般情况下，可取$\rho = 0.2$。

5. 倾斜面上小时太阳总辐照量——天空各向同性模型

Liu 和 Jordan 在1963年最早提出，天空太阳散射辐射是各向同性的。在倾斜面上的小时太阳总辐照量由三部分组成：太阳直射辐照量、散射辐照量和地面反射辐照量。

$$I_{\mathrm{T}} = I_{\mathrm{b}}R_{\mathrm{b}} + I_{\mathrm{d}}\left(\frac{1+\cos\beta}{2}\right) + I\rho\left(\frac{1-\cos\beta}{2}\right) \tag{2-44a}$$

也可以改写成

$$R = \frac{I_{\mathrm{b}}}{I}R_{\mathrm{b}} + \frac{I_{\mathrm{d}}}{I}\left(\frac{1+\cos\beta}{2}\right) + \rho\left(\frac{1-\cos\beta}{2}\right) \tag{2-44b}$$

式中，R 是倾斜面上小时太阳总辐照量 I_{T} 与水平面上小时太阳总辐照量 I 的比值。

6. 倾斜面上小时太阳总辐照量——天空各向异性模型

（1）HDKR 模型

太阳散射辐射的天空各向同性模型虽然容易理解，计算也比较方便，但是并不精确。环绕太阳的散射辐射并不是各个方向都相同的。在北半球，由于太阳基本上是在南面天空运转，所以南面天空的平均散射辐射显然要比北面天空的大。研究指出，6月南面天空的散射辐照量平均占63%。后来Hay、Davies、Klucher、Rcindl等分别提出了改进的天空散射各向异性模型。最后综合成为HDKR模型，在倾斜面上小时太阳总辐照量可用下式计算：

$$I_{\mathrm{T}} = (I_{\mathrm{b}} + I_{\mathrm{d}}A_{\mathrm{i}})R_{\mathrm{b}} + I_{\mathrm{d}}(1-A_{\mathrm{i}})\left(\frac{1+\cos\beta}{2}\right)\left[1+f\sin^3\left(\frac{\beta}{2}\right)\right] + I\rho\left(\frac{1-\cos\beta}{2}\right) \tag{2-45}$$

式中，$A_{\mathrm{i}} = \dfrac{I_{\mathrm{bn}}}{I_{\mathrm{on}}} = \dfrac{I_{\mathrm{b}}}{I_{\mathrm{o}}}$；$f = \sqrt{\dfrac{I_{\mathrm{b}}}{I}}$；$I_{\mathrm{b}}$ 为水平面上小时太阳直射辐照量；I_{d} 为水平面上小时太阳散射辐照量；I_{o} 为大气层外小时太阳总辐照量；R_{b} 为倾斜面与水平面上小时太阳直射辐照量的比值；β 为倾斜面与水平面之间的夹角（倾角）；ρ 为地面反射率；I 为水平面上小时太阳总辐照量。

（2）Perez 模型

Perez 等详细分析了地表倾斜面上散射辐射分量的情况，提出倾斜面上的小时太阳散射辐照量可用下式计算：

$$I_{\mathrm{d},\mathrm{T}} = I_{\mathrm{d}}\left[(1-F_1)\left(\frac{1+\cos\beta}{2}\right) + F_1\frac{a}{b} + F_2\sin\beta\right] \tag{2-46}$$

式中，F_1 是环绕太阳系数；F_2 是水平亮度系数，其值是描述天空条件的天顶角 θ_{Z}、清晰度 ξ 和

亮度 Δ 三个参数的函数，分别由下式确定：

$$F_1 = \max\left\{0, \left(f_{11} + f_{12}\Delta + \frac{\pi\theta_Z}{180°}f_{13}\right)\right\}$$

$$F_2 = \left(f_{21} + f_{22}\Delta + \frac{\pi\theta_Z}{180°}f_{23}\right)$$

式中，亮度 Δ 的大小为 $\Delta = mI_d / I_{on}$；m 为大气质量；I_{on} 是大气层外入射太阳光垂直面上的辐照量。

清晰度 ξ 是小时散射辐照量 I_d 和入射太阳光垂直面上的小时直射辐照量 I_n 的函数，其关系为

$$\xi = \frac{\dfrac{I_d + I_n}{I_d} + 5.535\times10^{-6}\theta_Z^3}{1 + 5.535\times10^{-6}\theta_Z^3}$$

亮度系数 $f_{11}, f_{12}, \cdots, f_{23}$ 可由表 2-7 查出。

表 2-7 Perez 模型的亮度系数

ξ 值范围	f_{11}	f_{12}	f_{13}	f_{21}	f_{22}	f_{23}
0～1.065	-0.196	1.084	-0.006	-0.114	0.180	-0.019
1.065～1.230	0.236	0.519	-0.180	-0.011	0.020	-0.038
1.230～1.500	0.454	0.321	-0.255	0.072	-0.098	-0.046
1.500～1.950	0.866	-0.381	-0.375	0.203	-0.403	-0.049
1.950～2.800	1.026	-0.711	-0.426	0.273	-0.602	-0.061
2.800～4.500	0.978	-0.986	-0.350	0.280	-0.915	-0.024
4.500～6.200	0.748	-0.913	-0.236	0.173	-1.045	0.065
6.200～	0.318	-0.757	0.103	0.062	-1.698	0.236

式（2-46）中的 a 和 b 是考虑到环绕太阳入射角在倾斜和水平面上角度的影响，环绕太阳的辐射是把太阳当作点光源发出的，$a = \max[0, \cos\theta_Z]$，$b = \max[\cos85°, \cos\theta_Z]$。

这样，倾斜面上的小时太阳总辐照量由直射辐照量、各向异性散射辐照量、环绕太阳散射辐照量、水平散射辐照量和地面反射辐照量五项构成，关系式如下：

$$I_T = I_b R_b + I_d(1-F_1)\left(\frac{1+\cos\beta}{2}\right) + I_d F_1 \frac{a}{b} + I_d F_2 \sin\beta + I\rho\left(\frac{1-\cos\beta}{2}\right) \tag{2-47}$$

2.5.4 地表倾斜面上的月平均太阳辐照量

在太阳能应用系统设计中，需要进行能量平衡计算。由于太阳辐射的随机性，如果按天进行能量平衡计算，既没有意义，也太烦琐，更不可能按小时进行计算。而以年为周期进行计算又太粗糙，最合理的应该是按月进行能量平衡计算。而气象台提供的一般都是水平面上的太阳辐照量，所以如何从水平面上的太阳辐照量通过计算得到倾斜面上的月平均太阳辐照量，是太阳能应用系统设计的基础。

1. 天空各向同性模型

长期以来，普遍采用首先由 Liu 和 Jordan 在 1963 年提出，后来由 Klein 在 1977 年改进的计算方法，认为太阳散射和地面反射是各向同性的，倾斜面上的月平均太阳辐照量的计算公式为

$$\bar{H}_T = \bar{H}\left(1 - \frac{\bar{H}_d}{\bar{H}}\right)\bar{R}_b + \bar{H}_d\left(\frac{1+\cos\beta}{2}\right) + \bar{H}\left(\frac{1-\cos\beta}{2}\right)\rho \qquad (2\text{-}48a)$$

或

$$\bar{R} = \frac{\bar{H}_T}{\bar{H}} = \left(1 - \frac{\bar{H}_d}{\bar{H}}\right)\bar{R}_b + \frac{\bar{H}_d}{\bar{H}}\left(\frac{1+\cos\beta}{2}\right) + \rho\left(\frac{1-\cos\beta}{2}\right) \qquad (2\text{-}48b)$$

式中，$\bar{H}_T$ 为倾斜面上月平均太阳总辐照量；$\bar{H}_b$ 为水平面上月平均太阳直射辐照量；$\bar{H}_d$ 为水平面上月平均太阳散射辐照量；$\bar{R}_b$ 为倾斜面与水平面上的太阳直射辐照量的比值。

对于北半球朝向赤道（$\gamma = 0°$）的倾斜面上，可简化为：

$$\bar{R}_b = \frac{\cos(\varphi-\beta)\cos\delta\sin\omega_s' + (\pi/180°)\omega_s'\sin(\varphi-\beta)\sin\delta}{\cos\varphi\cos\delta\sin\omega_s + (\pi/180°)\omega_s\sin\varphi\sin\delta} \qquad (2\text{-}49a)$$

式中，ω_s' 是各月平均代表日的日落时角，由下式确定：

$$\omega_s' = \min\left[\begin{array}{c}\arccos(-\tan\varphi\tan\delta) \\ \arccos(-\tan(\varphi-\beta)\tan\delta)\end{array}\right]$$

对于南半球朝向赤道（$\gamma_s = 180°$）的倾斜面，同样可简化为：

其中，

$$\bar{R}_b = \frac{\cos(\varphi+\beta)\cos\delta\sin\omega_s' + (\pi/180°)\omega_s'\sin(\varphi+\beta)\sin\delta}{\cos\varphi\cos\delta\sin\omega_s + (\pi/180°)\omega_s\sin\varphi\sin\delta} \qquad (2\text{-}49b)$$

$$\omega_s' = \min\left[\begin{array}{c}\arccos(-\tan\varphi\tan\delta) \\ \arccos(-\tan(\varphi+\beta)\tan\delta)\end{array}\right]$$

2. 天空各向异性模型

同样，太阳辐射的天空各向同性模型虽然计算比较方便，但是并不精确，特别是太阳辐照量的月平均值与实际情况相差更大。

（1）Klein 和 Theilacker 的方法

Klein 和 Theilacker 在 1981 年提出了根据天空各向异性模型的计算方法，开始是针对北半球朝向赤道（方位角 $\gamma = 0°$）倾斜面的特殊情况。

倾斜面上太阳月平均总辐照量与水平面上月平均总辐照量的比值 $\bar{R}$ 可由下式求得：

$$\bar{R} = \frac{\displaystyle\sum_1^N \int_{t_{sr}}^{t_{ss}} G_T \, dt}{\displaystyle\sum_1^N \int_{t_{sr}}^{t_{ss}} G \, dt} \qquad (2\text{-}50)$$

式中，G_T 为倾斜面上太阳辐照度；G 为水平面上太阳辐照度；t_{ss} 为倾斜面上日落时间；t_{sr} 为倾斜面上日出时间。

应用式（2-44a），可以得到：

$$N\bar{I}_T = N\left[(\bar{I}-\bar{I}_d)R_b + \bar{I}_d\left(\frac{1+\cos\beta}{2}\right) + \bar{I}\rho\left(\frac{1-\cos\beta}{2}\right)\right]$$

式中，$\bar{I}$ 和 $\bar{I}_d$ 分别是水平面上总辐照量和散射辐照量的长期平均值，可由小时太阳总辐照量 I 和小时太阳散射辐照量 I_d 在 N 天内对每个小时求和再除以 N 求得。代入式（2-50）可得：

$$\bar{R} = \frac{\displaystyle\int_{t_{sr}}^{t_{ss}}\left[(\bar{I}-\bar{I}_d)R_b + \bar{I}_d\left(\frac{1+\cos\beta}{2}\right) + \bar{I}\rho\left(\frac{1-\cos\beta}{2}\right)\right]dt}{\bar{H}} \qquad (2\text{-}51)$$

Collares-Pereira 和 Rabl 在 1979 年提出，水平面上小时太阳总辐照量与日太阳总辐照量的比值可以近似用式（2-52）表示：

$$\frac{I}{H} = \frac{\pi}{24°}(a + b\cos\omega)\frac{\cos\omega - \cos\omega_s}{\sin\omega_s - \frac{\pi\omega_s}{180°}\cos\omega_s} \tag{2-52}$$

其中，$a = 0.4090 + 0.5016\sin(\omega_s - 60°)$；$b = 0.6609 - 0.4767\sin(\omega_s - 60°)$；$\omega_s$ 为日落时角；ω 为时角。

又按照 Liu 和 Jordan 在 1960 年提出的水平面上小时太阳散射辐照量与日太阳散射辐照量的比值为：

$$\frac{I_d}{H_d} = \frac{\pi}{24°}\frac{\cos\omega - \cos\omega_s}{\sin\omega_s - \frac{\pi\omega_s}{180°}\cos\omega_s} \tag{2-53}$$

将式（2-52）和式（2-53）代入式（2-51），整理后可得到在北半球朝向赤道（方位角 $\gamma = 0°$）倾斜面上的月平均太阳总辐照量与水平面上月平均太阳总辐照量的比值为：

$$\begin{aligned}
\overline{R} = \frac{\cos(\varphi - \beta)}{d\cos\varphi}&\left\{\left(a - \frac{\overline{H}_d}{\overline{H}}\right)\left(\sin\omega_s' - \frac{\pi}{180°}\omega_s'\cos\omega_s''\right) + \right.\\
&\left.\frac{b}{2}\left[\frac{\pi}{180°}\omega_s' + \sin\omega_s'(\cos\omega_s' - 2\cos\omega_s'')\right]\right\} + \frac{\overline{H}_d}{2\overline{H}}(1 + \cos\beta) + \frac{\rho}{2}(1 - \cos\beta)
\end{aligned} \tag{2-54}$$

其中，

$$\begin{aligned}
\omega_s' &= \min\begin{bmatrix}\arccos(-\tan\varphi\tan\delta)\\\arccos(-\tan(\varphi - \beta)\tan\delta)\end{bmatrix}\\
\omega_s'' &= \arccos[-\tan(\varphi - \beta)\tan\delta]\\
d &= \sin\omega_s - \frac{\pi}{180°}\omega_s\cos\omega_s
\end{aligned}$$

最后，Klein 和 Theilacker 将以上结论推广到任意方位角的一般情况，考虑到对于朝向赤道（方位角 $\gamma = 0°$）倾斜面上，其日出和日落时间相对于太阳正午仍然是对称的，然而在任意方位角的倾斜面上，日出和日落时间相对于太阳正午并不是对称的等因素，$\overline{R}$ 仍可表达为：

$$\overline{R} = D + \frac{\overline{H}_d}{2\overline{H}}(1 + \cos\beta) + \frac{\rho}{2}(1 - \cos\beta) \tag{2-55}$$

式中，$\overline{H}_d$ 为水平面上月平均太阳散射辐照量；$\overline{H}$ 为水平面上月平均太阳总辐照量；β 为方阵倾角；ρ 为地面反射率。

$$D = \begin{cases}\max\{0, G(\omega_{ss}, \omega_{sr})\} & (\omega_{ss} \geqslant \omega_{sr})\\\max\{0, [G(\omega_{ss}, -\omega_s) + G(\omega_s, \omega_{sr})]\} & (\omega_{sr} > \omega_{ss})\end{cases} \tag{2-56}$$

式（2-56）中的函数 G 由下列方法求出：

$$\begin{aligned}
G(\omega_1, \omega_2) = \frac{1}{2d}\Bigg[&\left(\frac{bA}{2} - a'B\right)(\omega_1 - \omega_2)\frac{\pi}{180°} + \\
&(a'A - bB)(\sin\omega_1 - \sin\omega_2) - a'C(\cos\omega_1 - \cos\omega_2) + \\
&\frac{bA}{2}(\sin\omega_1\cos\omega_1 - \sin\omega_2\cos\omega_2) + \frac{bC}{2}(\sin^2\omega_1 - \sin^2\omega_2)\Bigg]
\end{aligned}$$

其中，

$$A = \cos\beta + \tan\varphi\cos\gamma\sin\beta$$
$$B = \cos\omega_s\cos\beta + \tan\delta\sin\beta\cos\gamma$$

$$C = \frac{\sin\beta\sin\gamma}{\cos\varphi}$$

$$a = 0.409 + 0.5016\sin(\omega_s - 60°)$$

$$b = 0.6609 - 0.4767\sin(\omega_s - 60°)$$

$$d = \sin\omega_s - \frac{\pi}{180°}\omega_s\cos\omega_s$$

$$a' = a - \frac{\overline{H}_d}{\overline{H}}$$

其中，γ 为倾斜面方位角，朝向正南为 0°，朝向正北为 180°，偏东为负，偏西为正；δ 为太阳赤纬角；ω_s 为水平面上日落时角；$\cos\omega_s = -\tan\varphi\tan\delta$；$\omega_{sr}$ 为倾斜面上日出时角，有：

$$|\omega_{sr}| = \min\left[\omega_s, \arccos\frac{AB + C\sqrt{A^2 - B^2 + C^2}}{A^2 + C^2}\right]$$

$$\omega_{sr} = \begin{cases} -|\omega_{sr}|, & \text{如果（}A > 0\text{及}B > 0\text{）或（}A \geqslant B\text{）} \\ +|\omega_{sr}|, & \text{其他} \end{cases}$$

ω_{ss} 为倾斜面上日落时角，有：

$$|\omega_{ss}| = \min\left[\omega_s, \arccos\frac{AB - C\sqrt{A^2 - B^2 + C^2}}{A^2 + C^2}\right]$$

$$\omega_{ss} = \begin{cases} +|\omega_{ss}|, & \text{如果（}A > 0\text{及}B > 0\text{）或（}A \geqslant B\text{）} \\ -|\omega_{ss}|, & \text{其他} \end{cases}$$

这样就可以计算出任意方位、不同倾斜面上的月平均太阳总辐照量，但在实际应用时，计算非常复杂，通常需要编制专门的计算软件，才能方便地算出不同方位、各种倾斜面上的月平均太阳总辐照量。

（2）RETScreen 方法

RETScreen 采用的方法与 Klein 和 Theilacker 的方法基本相同，只是为了能够延伸应用到跟踪系统中，考虑到在跟踪系统中，方阵的倾角在一天中会不断变化的情况，在有些地方做了简化，总共分三个步骤：

① 假定当月各天都有与"月平均日"相同的太阳总辐照量，各"月平均日"具体日期如表 2-4 所示。

采用 Collares-Pereira 和 Rabl 在 1979 年提出的方法［参见式（2-52）］，由水平面上白天日出后 30min 到日落前 30min 之间的小时太阳辐照量，计算出水平面上的太阳总辐照量 I。

再由 Liu 和 Jordan 在 1960 年提出的方法［参见式（2-53）］，由水平面上的小时太阳散射辐照量计算出水平面上的散射辐照量 I_d。

② 计算倾斜面（或跟踪面）上所有的逐小时太阳总辐照量。

倾斜面上的太阳总辐照量=太阳直射辐照量+散射辐照量+地面反射辐照量：

$$I_{Th} = (I_h - I_{dh})\frac{\cos\theta_{Th}}{\cos\theta_{zh}} + I_{dh}\frac{1 + \cos\beta_h}{2} + I_h\rho_s\frac{1 - \cos\beta_h}{2} \qquad (2\text{-}57)$$

式中的下标 h 是考虑跟踪时在各小时中一些参数会有变化的情况，β_h 是每小时方阵相对于水平面的夹角，在固定安装的方阵或垂直轴跟踪系统中 β_h 是常数；对于双轴跟踪系统，$\beta_h = \theta_z$。ρ_s 是地面反射系数。当月平均温度在 0℃ 以上时，取 0.2；低于 -5℃ 时，取 0.7，温度在这两者之间时，按线性变化取值。

天顶角的余弦由式（2-4a）得：

$$\cos\theta_{Zh} = \sin\varphi\sin\delta + \cos\varphi\cos\delta\cos\omega$$

入射角的余弦由式（2-11）得：

$$\cos\theta_{Th} = \cos\theta_{Zh}\cos\beta_h + (1-\cos\theta_{Zh})(1-\cos\beta_h)\cos(\gamma_{sh}-\gamma_h)$$

式中，γ_{sh} 是每小时太阳方位角，正对赤道时方位角为零，西面为正，东面为负。

γ_h 是每小时倾斜面的方位角，朝向赤道时方位角为零，西面为正，东面为负。对于固定的倾斜面，γ_h 是常数；对于垂直轴和双轴跟踪系统，$\gamma_h = \gamma_{sh}$。

③ 将倾斜面上在"月平均日"所有的逐小时太阳辐照量相加，就是该"月平均日"的太阳总辐照量，再考虑当月的天数，就可得到倾斜面上当月平均太阳总辐照量 $\bar{H}_T$。

当然，这要比现场逐天按小时测量所得到的数据精确度低，基于清洁能源管理软件 RETScreen 的研究结果表明，这种方法虽然不太精确，与逐天按小时测量所得到的数据误差为 3.9%～8.9% 内，但可以满足一般使用条件的要求。要计算任意方位和倾斜面上月平均太阳总辐照量则比较复杂。

参 考 文 献

[1] DUFFIE J A, BACKMAN W A.Solar engineering of thermal processes Fourth Edition[M].New York: John Wiley &Sons.Inc., Hoboken, New Jersey, 2013.

[2] LIU Y H, JORDAN R C.The interrelationship and characteristic distribution of direct, diffuse and total solar radiation[J].Solar Energy, 1960(4): 1-19.

[3] 方荣生，项立成. 太阳能应用技术[M]. 北京：中国农业机械出版社，1985.

[4] PEREZ R, Stewart R, Arbogast C, et al.An anisotropic hourly diffuse radiation model for sloping surfaces: description, performance validation, site dependency evaluation[J].Solar Energy, 1986, 36(6): 481-497.

[5] HAY J E.Calculating solar radiation for inclined surfaces: practical approaches[J].Solar Energy, 1993, 3(4): 373-380.

[6] KLUCHER T M.Evaluation of models to predict insolation on tilted surfaces[J].Solar Energy, 1979, 23(2): 111-114.

[7] KLIEN S A, THCILACKER J C.An algorithm for calculating monthly-average radiation on inclined surfaces[J].Journal of Solar Energy Engineering, 1981, 103: 29-33.

[8] KLEIN S A.Calculation of monthly average insolation on tilted surfaces[J].Solar Energy, 1977, 19(4): 325-329.

[9] JAIN P C.Modeling of the diffuse radiation in environment conscious architecture: the problem and its management[J].Solar & Wind Technology, 1989, 6(4): 493-500.

[10] ANDERSEN P.Comments on "Calculation of monthly average insolation on tilted surfaces" by S.A.Klein[J].Solar Energy, 1980, 25(3): 287.

[11] 赛义夫. 太阳能工程[M]. 徐任学，刘鉴民，译. 北京：科学出版社，1984.

[12] HAY J E.Calculation of monthly mean solar radiation for horizontal and inclined surface[J].Solar Energy, 1979, 23(4): 301-307.

[13] BUSHNELL R H.A solution for sunrise and sunset hour angles on a tilted surface without a singularity at

zero[J].Solar Energy, 1982, 28(4): 359.

[14] ERBS D G, KLEIN S A, Duffie J A.Estimation of the diffuse radiation fraction for hourly, daily and monthly average global radiation[J].Solar Energy, 1982, 28(4): 293-304.

[15] 杨金焕，毛家俊，陈中华. 不同方位倾斜面上太阳辐射量及最佳倾角的计算[J]. 上海交通大学学报. 2002，36（7）：1032-1035.

练 习 题

2-1　简述真太阳时和平太阳时的区别。

2-2　上午9时30分和下午4时的时角分别是多少？

2-3　太阳的方位角和倾斜面上的方位角有何区别？

2-4　上海地区的纬度是北纬31.14°，求10月1日上午10时太阳的高度角、方位角和天顶角。

2-5　北京地区的纬度是北纬39.56°，请计算冬至日的太阳日出、日落时角及方位角，以及全天日照时间。

2-6　兰州地区的纬度是36.03°，试计算在2月13日下午3时，倾角为45°，方位角为15°倾斜面上的太阳入射角。

2-7　简述辐射通量、辐照度、辐照量的含义。

2-8　简述什么是太阳常数，现普遍采用的太阳常数值是多少？

2-9　大气质量及AM1.5的含义是什么？

2-10　当太阳天顶角为0°时，大气质量为1；当天顶角为48.2°时，大气质量是多少？天顶角为多少时大气质量为2？

2-11　倾斜面上的太阳辐照量包括哪三个部分？

2-12　计算上海地区4月1日上午10时，朝向正南，倾角为30°的倾斜面与水平面上小时太阳直射辐照量的比值。

第3章 晶硅太阳电池的基本原理

太阳电池是将太阳辐射能直接转换成电能的一种器件。理想的太阳电池材料要求：①较高的光电转换效率；②在地球上储量高；③无毒；④性能稳定，耐候性好，具有较长的使用寿命；⑤较好的力学性能，便于加工制备，特别是能适合大规模生产等。

3.1 太阳电池的分类

3.1.1 按照基体材料分类

1. 晶硅太阳电池

晶体硅材料是间接带隙半导体材料，它的带隙宽度（1.12eV）与1.4eV的理想带隙宽度有较大的差值，因此严格来说，晶体硅不是最理想的太阳电池材料。但是，硅是地壳表层除了氧以外丰度排在第二位的元素，本身无毒，主要是以沙子和石英状态存在，易于开采提炼，特别是借助于半导体器件工业的发展，晶体硅材料的生长、加工技术日益成熟，因此晶体硅材料成了太阳电池的主要材料。

晶硅太阳电池是以晶体硅为基体材料的太阳电池。晶体硅是目前太阳电池应用最多的材料，包括单晶硅太阳电池、多晶硅太阳电池及准单晶硅太阳电池等。

（1）单晶硅太阳电池

单晶硅太阳电池是采用单晶硅片制造的太阳电池，这类太阳电池发展最早，产业化技术也最成熟。与其他种类的太阳电池相比，单晶硅太阳电池性能稳定，转换效率高，目前规模化生产的太阳电池平均转换效率已达24%。1980年以后，由于单晶硅太阳电池技术的持续进步和价格的不断下降，单晶硅太阳电池曾经长期占领最大的光伏市场份额。但由于当时硅材料的生产成本仍较高，市场份额在1998年后已逐步被多晶硅太阳电池超越。又经过十几年的发展，一方面金刚线切割技术、多次投料拉晶技术的导入使单晶硅片的生产成本大幅下降，另一方面PERC技术的导入大幅提升了单晶硅太阳电池的转换效率，从2016年开始，单晶硅太阳电池的市场份额快速发展，目前已经占到市场的80%以上。

（2）多晶硅太阳电池

在制作多晶硅太阳电池时，作为原料的高纯多晶硅料不是拉制成单晶硅，而是加热熔化后直接浇铸成正方形的多晶硅锭，然后使用切割机将其切成薄的多晶硅片，再加工成太阳电池。由于多晶硅片是由不同大小、不同取向的晶粒构成，内部存在大量晶界和缺陷复合中心，因此多晶硅太阳电池的转换效率要比单晶硅太阳电池的低。目前规模化生产的多晶硅太阳电池的转换效率达到18.5%～20.5%。由于其制造成本比较低，所以曾经发展很快，一度成为产量和市场占有率最高的太阳电池。

（3）准单晶硅太阳电池

准单晶硅材料又称类单晶硅材料，它是利用低成本铸造法生长的高质量单晶硅片。2012年前后，准单晶硅产品曾经短暂在市场应用过，一度占有10%～20%的市场份额。相较于普通多晶硅太阳电池，准单晶硅太阳电池晶界少，位错密度低，转换效率高出 0.7%～1%。准单晶硅技术并不能生长全单晶硅锭，只有中间接近 90%面积为单晶。该区域的单晶品质不如普通直拉单晶，由于冷却热应力的作用，铸造单晶中仍存在较多位错缺陷，比普通单晶硅太阳电池转换效率低 0.5%。多晶区域占 10%，品质不如普通多晶，电池转换效率低。2017 年该技术重新受到关注，具有比单晶硅太阳电池更优异的光致衰减性能。

2. 硅基薄膜太阳电池

硅基薄膜太阳电池基于刚性或柔性材料为衬底，采用化学气相沉积的方法，通过掺 P 或者 B 得到 n 型 a-Si 或 p 型 a-Si。硅基薄膜太阳电池具有沉积温度低（约 200℃）、便于大面积连续生产、可制成柔性太阳电池等优点。与晶硅太阳电池相比，应用范围更广泛，但是硅基薄膜太阳电池的低转换效率仍是其最大的弱点。如何提高硅基薄膜太阳电池的转换效率、稳定性和性价比是近年来研究的热点。

（1）非晶硅太阳电池

非晶硅材料的禁带宽带为 1.7eV，在太阳光谱的可见光范围内，非晶硅的吸收系数比晶体硅高近一个数量级，且非晶硅太阳电池光谱响应的峰值与太阳光谱的峰值很接近，因此 1μm 厚度的非晶硅材料就能充分吸收太阳光，这使得非晶硅太阳电池的弱光发电能力远高于晶硅太阳电池。在 1980 年，非晶硅太阳电池实现商品化后，日本三洋电器公司率先利用其制成计算器电源，此后应用范围逐渐从多种电子消费产品，如手表、计算器、玩具等扩展到户用电源、光伏电站等。

尽管非晶硅太阳电池成本低，便于大规模生产，易于实现与建筑一体化，有着巨大的市场潜力，但是非晶硅太阳电池的转换效率比较低，规模化生产的商品非晶硅太阳电池转换效率多为 6%～10%。此外非晶硅太阳电池吸收材料引发的光致衰减效应使得其稳定性也较差。近些年的研发使得非晶硅单结电池和叠层电池的转换效率有显著提高，稳定性问题也有所改善，但尚未彻底解决问题，作为电力电源未能大量推广。

（2）微晶硅太阳电池

微晶硅太阳电池与非晶硅太阳电池相比效率高、稳定性好，微晶硅材料可以在接近室温的条件下制备，特别是使用大量氢气稀释的硅烷，可以生成晶粒尺寸为 10nm 左右的微晶硅薄膜，薄膜厚度一般为 2～3μm。到 20 世纪 90 年代中期，微晶硅太阳电池的最高效率已经超过非晶硅太阳电池，达到 10%以上，而且光致衰退效应比较小。现在已投入实际应用的是以非晶硅（E_g=1.7eV）为顶层、微晶硅（E_g=1.1eV）为底层的（a-Si/μc-Si）叠层电池，其转换效率已经超过 14%，显示出良好的应用前景。然而，由于微晶硅薄膜中含有大量的非晶硅，缺陷密度较高，所以不能像单晶硅那样直接形成 p-n 结，而必须做成 p-i-n 结。因此，如何制备获得缺陷密度很低的本征层，以及在温度比较低的工艺条件下制备非晶硅含量很少的微晶硅薄膜，是今后进一步提高微晶硅太阳电池转换效率的关键。

3. 化合物太阳电池

化合物太阳电池是指以化合物半导体材料制成的太阳电池，目前应用的主要有以下几种。

（1）单晶化合物太阳电池

单晶化合物太阳电池主要有砷化镓（GaAs）太阳电池，这也是目前转换效率最高的单结太阳电池。砷化镓的能隙为 1.4eV，是很理想的电池吸收材料。此外，多结聚光砷化镓太阳电池的转换效率已经超过 47%。由于砷化镓太阳电池转换效率高，还可制作成轻质柔性发电组件，因此作为空间光伏电源得到了广泛应用。但由于砷化镓太阳电池制作工艺复杂、价格昂贵，而且砷化合物还有毒性，因此极少在地面光伏电站上应用。

（2）多晶化合物太阳电池

多晶化合物太阳电池的类型很多，目前已经实际应用的主要有碲化镉（CdTe）太阳电池、铜铟镓硒（CIGS）太阳电池。目前碲化镉太阳电池的转换效率纪录为 22.1%，研究重点为含 Se 吸收层、掺镁氧化锌（MZO）窗口层以及吸收层 V 族元素掺杂工艺等方面。目前 CIGS 太阳电池转换效率的世界纪录为 23.35%。CIGS 太阳电池的一个重要发展方向是通过叠层技术寻求与其他太阳电池的结合。

此外，还有有机半导体太阳电池、染料敏化（Dye-sensitized）太阳电池、钙钛矿太阳电池等，详情将在第 6 章介绍。

3.1.2　按照电池结构分类

1. 同质结太阳电池

由同一种半导体材料形成的 p-n 结称为同质结，用同质结构成的太阳电池称为同质结太阳电池。

2. 异质结太阳电池

由两种禁带宽度不同的半导体材料形成的结称为异质结，用异质结构成的太阳电池称为异质结太阳电池。

3. 肖特基结太阳电池

利用金属–半导体界面上的肖特基势垒而构成的太阳电池称为肖特基结太阳电池，简称 MS 电池。目前已发展为金属–氧化物–半导体（MOS）、金属–绝缘体–半导体（MIS）太阳电池等。

4. 复合结太阳电池

由两个或多个 p-n 结形成的太阳电池称为复合结太阳电池，又可分为垂直多结太阳电池和水平多结太阳电池。复合结太阳电池往往做成级联型：把宽禁带材料放在顶区，吸收阳光中的高能光子；用窄禁带材料吸收低能光子，使整个电池的光谱响应拓宽。例如，InGaP/GaAs/InGaAs 太阳电池的转换效率已达到 37.9%。

3.1.3　按用途分类

1. 空间太阳电池

空间太阳电池是指在人造卫星、宇宙飞船等航天器上应用的太阳电池。由于使用环境特殊，要求太阳电池具有效率高、质量小、耐高低温冲击、抗高能粒子辐射能力强等性能。这类太阳电池制作精细，价格较高。

2. 地面太阳电池

地面太阳电池是指用于地面光伏发电系统的太阳电池。这是目前应用最广泛的太阳电池，要求耐风霜雨雪的侵袭，有较高的功率价格比，具有大规模生产的工艺可行性和充裕的原材料来源。

3.2　太阳电池的工作原理

太阳电池是一种将光能直接转换成电能的半导体器件。它的基本构造由半导体的 p-n 结组成。本章主要以最常见的硅 p-n 结太阳电池为例，详细讨论光能转换成电能的情况。

3.2.1　半导体

半导体可以是单质，如硅（Si）、锗（Ge）、硒（Se）等，也可以是化合物，如硫化镉（CdS）、砷化镓（GaAs）等，还可以是合金，如 $Ga_xAl_{1-x}As$，其中 x 为 0~1 之间的任意数。许多有机化合物也是半导体。

半导体的许多电学特性可以用一种简单的模型来解释：硅的原子序数是 14，所以原子核外面有 14 个电子，其中内层的 10 个电子被原子核紧密地束缚住，而最外层的 4 个电子受到原子核的束缚比较小，如果得到足够的能量，就会脱离原子核的束缚而成为自由电子，并同时在原来位置留出一个空穴。电子带负电，空穴带正电。硅原子核最外层的这 4 个电子又称为价电子。硅原子示意图如图 3-1 所示。

在硅晶体中每个原子周围有 4 个相邻原子，并和每一个相邻原子共有两个价电子，形成稳定的 8 原子壳层，硅晶体的共价键结构如图 3-2 所示。从硅的原子中分离出一个电子需要 1.12eV 的能量，该能量称为硅的禁带宽度。被分离出来的电子是自由的传导电子，它能自由移动并传送电流。一个电子从原子中逸出后留下了一个空位称为空穴。从相邻原子来的电子可以填补这个空穴，于是造成空穴从一个位置"移到"了一个新的位置，从而形成了电流。电子流动所产生的电流与带正电的空穴向相反方向运动时产生的电流是等效的。

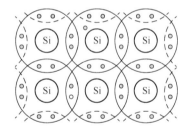

图 3-1　硅原子示意图　　　　　　图 3-2　硅晶体的共价键结构

3.2.2　能带结构

自由空间的电子所能得到的能量值基本上是连续的，但晶体中的情况就截然不同，孤立原子中的电子占据非常固定的一组分立的能级，当孤立原子相互靠近，在规则整齐排列的晶体中，由于各原子的核外电子相互作用，本来在孤立原子状态是分离的能级就要扩展，相互叠加，变成如图 3-3 所示的带状。

低温时，晶体内的电子占有最低的可能状态。但是晶体的平衡状态并不是电子全部处在最低允许能级的一种状态。根据泡利（Pauli）不相容原理，每个允许能级最多只能被两个自旋方向相反的电子所占据。这意味着，在低温下，晶体的某一个能级以下的所有可能的能态都将被两个电子占据，该能级称为费米能级（E_F）。随着温度的升高，一些电子得到超过费米能级的能量，考虑到泡利不相容原理的限制，任何给定能量 E 的一个允许电子态的占有概率

可以根据统计规律计算，其结果是费米-狄拉克分布函数 $f(E)$，即

$$f(E) = \frac{1}{1 + e^{(E-E_F)/KT}} \qquad (3-1)$$

式中，E_F 称为费米能级，其物理意义表示能量为 E_F 的能级上的一个状态被电子占据的概率等于 1/2。因此，比费米能级高的状态，未被电子占据的概率大，即空出的状态多（占据概率近似为 0）；相反，比费米能级低的状态，被电子占据的概率大，即可近似认为基本上被电子所占据（占据概率近似为 1）。

导电现象随电子填充允许带方式的不同而不同。被电子完全占据的允许带称为导带，满带的电子即使加电场也不能移动，这种物质为绝缘体。在允许带情况下，电子受很小的电场作用就能移动到离允许带少许上方的另一个能级，成为自由电子，而使电导率变得很大，这种物质称为导体；所谓半导体，是有绝缘体类同的能带结构，但禁带宽度较小的物质。在这种情况下，满带的电子获得室温的热能，就有可能越过禁带跳到导带而成为自由电子，它们将有助于物质的导电。参与这种导电现象的满带能级在大多数情况下位于满带的最高能级，因此可将能带结构简化为图 3-4。另外，因为这个满带的电子处于各原子的最外层，是参与原子间结合的价电子，所以又把这种满带称为价带。图 3-4 中省略了导带的上部和价带的下部。

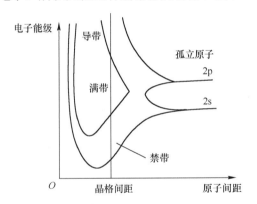

图 3-3　原子间距和电子能级的关系

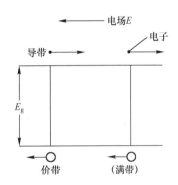

图 3-4　半导体能带结构和载流子的移动

一旦从外部获得能量，共价键被破坏后，电子将从价带跃迁到导带，同时在价带中留出电子的一个空位。这种空位可由价带中相邻键上的电子来占据，而这个电子移动所留下的新的空位又可以由其他电子来填补，也可看成空位在依次移动，等效于在价带中带正电荷的粒子朝着与电子运动相反的方向移动，称为空穴。在半导体中，空穴和导带中的自由电子一样成为导电的带电粒子（载流子）。电子和空穴在外电场作用下，朝相反的方向运动。由于所带电荷符号相反，故电流方向相同，对电导率起叠加作用。

3.2.3　本征半导体、掺杂半导体

当禁带宽度 E_g 比较小时，随着温度上升，从价带跃迁到导带的电子数增多，同时在价带产生同样数目的空穴，这个过程叫电子-空穴对的产生。室温条件下能产生这样的电子-空穴对，并具有一定电导率的半导体叫本征半导体，它是极纯而又没有缺陷的半导体。通常情况下，由于半导体内含有杂质或存在晶格缺陷，使得作为自由载流子的（电子或空穴）一方增多，形成掺杂半导体，存在多余电子的称为 n 型半导体，存在多余空穴的称为 p 型半导体。

杂质原子可通过两种方式掺入晶体结构，一种方式是当杂质原子拥挤在基质晶体原子间的空隙中时，称为间隙杂质；另一种方式是用杂质原子替换基质晶体的原子，保持晶体结构有规律的原子排列，称这些原子为替位杂质。

元素周期表中Ⅲ族和Ⅴ族原子在硅中充当替位杂质，如 1 个Ⅴ族原子替换了 1 个硅原子的晶格，4 个价电子与周围的硅原子组成共价键，但第 5 个价电子却处于不同的情况。它不在共价键内，因此不在价带内。同时又被束缚于Ⅴ族原子，不能穿过晶格自由运动，因此它也不在导带内。可以推判，与束缚在共价键内的自由电子相比，释放这个多余电子只需较小的能量，比硅的带隙能量 1.1eV 小得多。自由电子位于导带中，因此被束缚于Ⅴ族原子的多余电子位于低于导带底的地方，如图 3-5 所示。

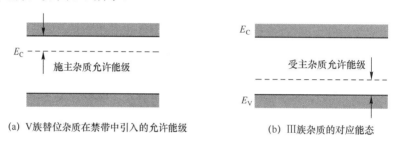

(a) Ⅴ族替位杂质在禁带中引入的允许能级　　　　(b) Ⅲ族杂质的对应能态

图 3-5　Ⅲ、Ⅴ族杂质对应能态

这就在"禁止的"带隙中安置了一个允许能级。例如，把Ⅴ族元素［锑（Sb）、砷（As）、磷（P）］作为杂质掺入单元素半导体硅单晶中时，这些杂质替代硅原子的位置进入晶格点。

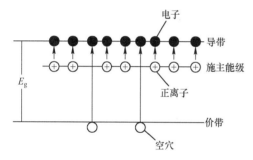

图 3-6　n 型半导体的能带结构

它的 5 个价电子除与相邻的硅原子形成共价键外，还多余 1 个价电子。与共价键相比，这个剩余价电子极松弛地结合于杂质原子。因此，只要杂质原子得到很小的能量，在室温下就可以释放出电子，形成自由电子，而杂质原子本身变成 1 价正离子，但因受晶格点阵的束缚，它不能运动。在这种情况下，掺Ⅴ族元素的硅就形成电子过剩的 n 型半导体。这类可以向半导体提供自由电子的杂质称为施主杂质。n 型半导体的能带结构如图 3-6 所示。

除了从这些施主能级产生的电子，还存在从价带激发到导带的电子。由于这个过程是电子与空穴成对产生的，因此，也存在相同数目的空穴。在 n 型半导体中，把数量多的电子称为多数载流子，将数量少的空穴称为少数载流子。

Ⅲ族杂质分析与上述类似，如将硼（B）、铝（Al）、镓（Ga）、铟（In）作为杂质掺入时，由于形成完整的共价键上缺少 1 个电子，所以就从相邻的硅原子中夺取 1 个价电子来形成完整的共价键。被夺走电子的原子留下一个空位，成为空穴，结果杂质原子成为 1 价负离子的同时，提供了束缚不紧的空穴。这种结合只要用很小的能量就可能破坏，而形成自由空穴，使半导体成为空穴过剩的 p 型半导体，接受电子的杂质原子称为受主杂质。p 型半导体的能带结构如图 3-7 所示。在这种情况下，多数载流子为空穴，少数载流子为电子。另外，也有由于构成元素蒸汽压差过大等原因，造成即使掺入杂质也得不到 n、p 两种导电类型的情况。

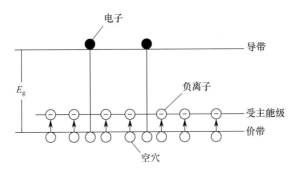

图 3-7　p 型半导体的能带结构

3.2.4　n 型和 p 型半导体

1. n 型半导体

如果在纯净的硅晶体中掺入少量的 5 价杂质磷（或砷、锑等），由于磷的原子数目比硅原子少得多，因此整个硅晶格结构基本不变，只是某些位置上的硅原子被磷原子所取代。由于磷原子具有 5 个价电子，所以 1 个磷原子与相邻的 4 个硅原子结成共价键后，还多余 1 个价电子，这个价电子没有被束缚在共价键中，只受到磷原子核的吸引，所以它受到的束缚力要小得多，很容易挣脱磷原子核的吸引而变成自由电子，从而使得硅晶体中的电子载流子数目大大增加。因为 5 价的杂质原子可提供一个自由电子，掺入的 5 价杂质原子又称为施主，所以一个掺入 5 价杂质的 4 价半导体，就成了电子导电类型的半导体（也称 n 型半导体），其示意图如图 3-8 所示。在这种 n 型半导体材料中，除了由于掺入杂质而产生大量的自由电子，还有由于热激发而产生少量的电子–空穴对。空穴的数目相对于电子的数目是极少的，所以把空穴称为少数载流子，而将电子称为多数载流子。

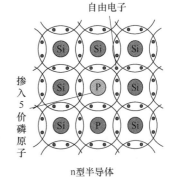

图 3-8　n 型半导体示意图

2. p 型半导体

同样，如果在纯净的硅晶体中掺入能够俘获电子的 3 价杂质，如硼（或铝、镓、铟等），这些 3 价杂质原子的最外层只有 3 个价电子，当它与相邻的硅原子形成共价键时，还缺少 1

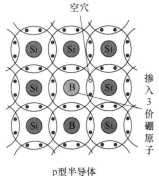

图 3-9　p 型半导体示意图

个价电子，因而在一个共价键上要出现一个空穴，这个空穴可以接受外来电子的填补。而附近硅原子的共有价电子在热激发下，很容易转移到这个位置上来，于是在那个硅原子的共价键上就出现了一个空穴，硼原子接受一个价电子后也形成带负电的硼离子。这样，每一个硼原子都能接受一个价电子，同时在附近产生一个空穴，从而使得硅晶体中的空穴载流子数目大大增加。由于 3 价杂质原子可以接受电子而被称为受主杂质，因此掺入 3 价杂质的 4 价半导体，也称 p 型半导体。当然，在 p 型半导体中，除了掺入杂质产生的大量空穴，热激发也会产生少量的电子–空穴对，但是相对来说，电子的数目要少得多。对于 p 型半导体，空穴是多数载流子，而电子为少数载流子。p 型半导体示意图如图 3-9 所示。

但是，对于纯净的半导体而言，无论是 n 型还是 p 型，从整体来看，都是电中性的，内部的电子和空穴数目相等，对外不显示电性。这是由于单晶半导体和掺入的杂质都是电中性的缘故。在掺杂的过程中，既不损失电荷，也没有从外界得到电荷，只是掺入杂质原子的价电子数目比基体材料的原子多了或少了，因而使半导体出现大量可运动的电子或空穴，并没有破坏整个半导体内正负电荷的平衡状态。

3.2.5 p-n 结

1. 多数载流子的扩散运动

如果将 p 型和 n 型半导体两者紧密结合，连成一体，导电类型相反的两块半导体之间的过渡区域，称为 p-n 结。在 p-n 结两边，p 区内，空穴很多，电子很少；而在 n 区内，则电子很多，空穴很少。因此，在 p 型和 n 型半导体交界面的两边，电子和空穴的浓度不相等，因此会产生多数载流子的扩散运动。

在靠近交界面附近的 p 区中，空穴要由浓度大的 p 区向浓度小的 n 区扩散，并与那里的电子复合，从而使该处出现一批带正电荷的掺入杂质的离子；同时，在 p 区内，由于跑掉了一批空穴而呈现带负电荷的掺入杂质的离子。

在靠近交界面附近的 n 区中，电子要由浓度大的 n 区向浓度小的 p 区扩散，并与那里的空穴复合，从而使该处出现一批带负电荷的掺入杂质的离子；同时，在 n 区内，由于跑掉了一批电子而呈现带正电荷的掺入杂质的离子。

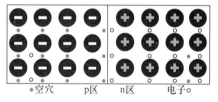

图 3-10　p-n 结

于是，扩散的结果是在交界面的两边形成靠近 n 区的一边带正电荷，而靠近 p 区的另一边带负电荷的一层很薄的区域，称为空间电荷区（也称耗尽区），这就是 p-n 结，如图 3-10 所示。在 p-n 结内，由于两边分别积聚了正电荷和负电荷，会产生一个由 n 区指向 p 区的反向电场，称为内建电场（或势垒电场）。

2. 少数载流子的漂移运动

由于内建电场的存在，就有一个对电荷的作用力，电场会推动正电荷顺着电场的方向运动，而阻止其逆着电场的方向运动；同时，电场会吸引负电荷逆着电场的方向运动，而阻止其顺着电场方向的运动。因此，当 p 区中的空穴企图继续向 n 区扩散而通过空间电荷区时，由于运动方向与内建电场相反，因而受到内建电场的阻力，甚至被拉回 p 区中；同样 n 区中的电子企图继续向 p 区扩散而通过空间电荷区时，也会受到内建电场的阻力，甚至被拉回 n 区中。总之，内建电场的存在阻碍了多数载流子的扩散运动。但是对于 p 区中的电子和 n 区中的空穴，却可以在内建电场的推动下向 p-n 结的另一边运动，这种少数载流子在内建电场作用下的运动称为漂移运动，其运动方向与扩散运动方向相反。由于 p-n 结的作用所引起的少数载流子漂移运动最后与多数载流子的扩散运动趋向平衡，此时扩散与漂移的载流子数目相等而运动方向相反，总电流为零，扩散不再进行，空间电荷区的厚度不再增加，达到平衡状态。如果条件和环境不变，这个平衡状态不会被破坏，空间电荷区的厚度也就一定，这个厚度与掺杂的浓度有关。

由于空间电荷区内存在电场，电场中各点的电势不同，电场的方向指向电势降落的方向，因而在空间电荷区内，正离子一边电势高，负离子一边电势低，所以空间电荷区内两边存在一个电势差，叫做势垒，也称接触电势差，其大小可表示为

$$V_d = \frac{kT}{q} \ln \frac{n_n}{n_p} = \frac{kT}{q} \ln \frac{p_p}{p_n} \qquad (3\text{-}2)$$

式中，q 为电子电量（-1.6×10^{-19}C）；T 为绝对温度；k 为玻尔兹曼常数；n_n、n_p 分别为 n 型和 p 型半导体材料中的电子浓度；p_n、p_p 分别为 n 型和 p 型半导体材料中的空穴浓度。

3.2.6　光生伏特效应

当半导体的表面受到太阳光照射时，如果其中有些光子的能量大于或等于半导体的禁带宽度，就能使电子挣脱原子核的束缚，在半导体中产生大量的电子-空穴对，这种现象称为内光电效应（在光线作用下，物质内的电子逸出物体表面向外发射的现象是外光电效应）。半导体材料就是依靠内光电效应把光能转化为电能的，因此实现内光电效应的条件是所吸收的光子能量要大于半导体材料的禁带宽度，即

$$h\nu \geqslant E_g \qquad (3\text{-}3)$$

式中，$h\nu$ 为光子能量；h 是普朗克常数；ν 是光波频率；E_g 是半导体材料的禁带宽度。

由于 $c = \nu\lambda$（其中 c 为光速，λ 是光波波长），式（3-3）可改写为

$$\lambda \leqslant \frac{hc}{E_g} \qquad (3\text{-}4)$$

这表示光子的波长只有在满足了式（3-4）的要求时才能产生电子-空穴对。通常将该波长称为截止波长，以 λ_g 表示，波长大于 λ_g 的光子不能产生载流子。

不同的半导体材料由于禁带宽度不同，要求用来激发电子-空穴对的光子能量也不一样。在同一块半导体材料中，超过禁带宽度的光子被吸收以后转化为电能，而能量小于禁带宽度的光子被半导体吸收以后则转化为热能，不能产生电子-空穴对，只能使半导体的温度升高。可见，对于太阳电池而言，禁带宽度有着举足轻重的影响，禁带宽度越大，可转换成电能的太阳能就越少，它使每种太阳电池对所吸收光的波长都有一定的限制。

照到太阳电池上的太阳光线，一部分被太阳电池表面反射掉，另一部分被太阳电池吸收，还有少量透过太阳电池。在被太阳电池吸收的光子中，那些能量大于半导体禁带宽度的光子，可以使得半导体中原子的价电子受到激发，在 p 区、空间电荷区和 n 区都会产生光生电子-空穴对（称光生载流子）。这样形成的电子-空穴对由于热运动向各个方向迁移。光生电子-空穴对在空间电荷区中产生后，立即被内建电场分离，光生电子被推进 n 区，光生空穴被推进 p 区。在空间电荷区边界处总的载流子浓度近似为 0。在 n 区，光生电子-空穴产生后，光生空穴便向 p-n 结边界扩散，一旦到达 p-n 结边界，便立即受到内建电场的作用，在电场力作用下作漂移运动，越过空间电荷区进入 p 区，而光生电子（多数载流子）则被留在 n 区。p 区中的光生电子也会向 p-n 结边界扩散，并在到达 p-n 结边界后，同样由于受到内建电场的作用而在电场力作用下做漂移运动，进入 n 区，而光生空穴（多数载流子）则被留在 p 区。因此在 p-n 结两侧产生了正、负电荷的积累，形成与内建电场方向相反的光生电场。这个电场除了一部分抵消内建电场以外，还使 p 区带正电，n 区带负电，因此产生了光生电动势，这就是"光生伏特效应"（简称光伏效应）。

3.2.7　太阳电池基本工作原理

太阳电池是将光能转化为电能的半导体光伏元件，当有光照射时，在太阳电池上、下极之间就会有一定的电势差，用导线连接负载，就会产生直流电（如图 3-11 所示），因此太阳电池可以作为电源使用。

光电转换的物理过程如下。

（1）光子被吸收，使得在 p-n 结的 p 区和 n 区两边产生电子-空穴对，如图 3-12（a）所示。

（2）在离开 p-n 结一个扩散长度以内产生的电子和空穴，通过扩散到达空间电荷区，如图 3-12（b）所示。

（3）电子–空穴对被电场分离，因此，p 区的电子从高电位滑落至 n 区，而空穴沿着相反方向移动，如图 3-12（c）所示。

（4）若 p-n 结是开路的，则在结两边积累的电子和空穴产生开路电压，如图 3-12（d）所示。若有负载连接到电池上，在电路中将有电流传导，如图 3-12（a）所示。电池两端发生短路时的电流称为短路电流。

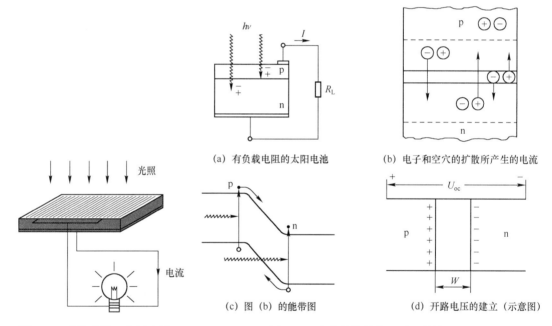

图 3-11　太阳电池工作原理图　　　　图 3-12　光电转换的物理过程转换

3.2.8　晶硅太阳电池的结构

典型的 BSF 晶硅太阳电池的结构如图 3-13 所示，其基体材料是 p 型硅晶体，厚度在 0.18mm 左右。通过扩散形成 0.25μm 左右的 n 型半导体，构成 p-n 结。在太阳电池的受光面，即 n 型半导体的表面，有呈金字塔形的减反射绒面结构和减反射涂层，上面是密布的细金属栅线和横跨这些细栅线的几条粗栅线，构成供电流输出的金属正电极。在太阳电池的背面，即 p 型衬底上是一层掺杂浓度更高的 p^+ 背场，通常是铝背场或硼背场。背场的下面是用于电流引出的金属背电极，从而构成了典型的单结（$n-p-p^+$）晶硅太阳电池。

每一片晶硅太阳电池的工作电压为 0.50～0.65V，此数值的大小与电池的尺寸无关。而太阳电池的输出电流则与自身面积的大小、日照的强弱及温度的高低等因素有关,在其他条件相同时,面积较大的电池能产生较大的电流,因此功率也较大。

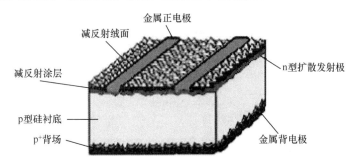

图 3-13 BSF 晶硅太阳电池的结构图

太阳电池一般制成 p^+/n 型或 n^+/p 型结构,其中第一个符号,即 p^+ 或 n^+ 表示太阳电池正面光照半导体材料的导电类型;第二个符号,即 n 或 p 表示太阳电池衬底半导体材料的导电类型。在太阳光照射时,太阳电池输出电压的极性以 p 型侧电极为正,n 型侧电极为负。

3.3 太阳电池的电学特性

3.3.1 标准测试条件

由于太阳电池受到光照时产生的电能与光源辐照度、电池的温度和照射光的光谱分布等因素有关,所以在测试太阳电池的功率时,必须规定标准测试条件。目前国际上统一规定地面太阳电池的标准测试条件如下:

- 光源辐照度:$1000 W/m^2$;
- 测试温度:25℃;
- AM1.5 地面太阳光谱辐照度分布。

AM0 和 AM1.5 的太阳光谱辐照度具体分布如图 3-14 所示。

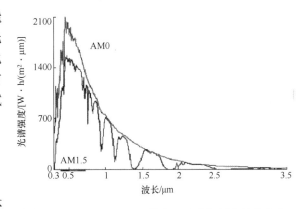

图 3-14 AM0 和 AM1.5 的太阳光谱辐照度具体分布

3.3.2 太阳电池等效电路

如果在受到光照的太阳电池正、负极两端接上一个负载电阻 R,太阳电池就处在工作状态,其等效电路如图 3-15 所示。它相当于一个电流为 I_{ph} 的恒流源与一只正向二极管并联,流过二极管的正向电流在太阳电池中称为暗电流 I_D。从负载 R 两端可以测得产生暗电流的正向电压 V,流过负载的电流为 I,这是理想太阳电池的等效电路。实际使用的太阳电池由于本身还存在电阻,其等效电路如图 3-16 所示。R_{sh} 称为旁路电阻,主要由以下几种因素形成:由于表面沾污而产生的沿着电池边缘的表面漏电流;沿着位错和晶粒间界的不规则扩散或者在电极金属化处理之后,沿着微观裂缝、晶粒间界和晶体缺陷等形成的细小桥路而产生的漏电流。R_s 称为串联电阻，由扩散顶区的表面电阻、电池的体电阻和正、背电极与太阳电池之间的欧姆电阻及金属导体的电阻所构成。

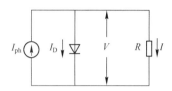
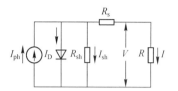

图 3-15　理想的太阳电池等效电路　　　　图 3-16　实际的太阳电池等效电路

如图 3-16 所示，负载两端的电压为 V，因而加在 R_{sh} 两端的电压为（$V+IR_s$），因此有

$$I_{sh} = (V + IR_s)/R_{sh}$$

流过负载的电流为　　　　　　　　　　$I = I_{ph} - I_D - I_{sh}$

变换上式之后，可得

$$I(1 + R_s/R_{sh}) = I_{ph} - (V/R_{sh}) - I_D \tag{3-5}$$

其中，暗电流 I_D 为注入电流、复合电流及隧穿电流之和。在一般情况下，可以忽略隧穿电流，这样暗电流 I_D 是注入电流及复合电流之和。

设加在电池 p-n 结上的外电压为 $V_j = V + IR_s$，为了用等效电路来预计太阳电池的输出和效率，可将注入电流和复合电流简化为单指数形式：

$$I = I_{ph} - I_0[e^{qV_j/(A_0kT)} - 1]$$

式中：I_0 为新的指数前因子；A_0 为 p-n 结的结构因子，它反映了 p-n 结的结构完整性对性能的影响。在理想情况下（$R_{sh} \to \infty$，$R_s \to 0$），则由式（3-5）可得：

$$I_D = I_0[e^{qV_j/(A_0kT)} - 1] \tag{3-6}$$

式（3-6）是光照情况下太阳电池的电流-电压关系。由式（3-6）可知，在负载 R 短路时，即 $V_j=0$（忽略串联电阻），短路电流 I_{sc} 的大小恰好与光电流相等，即 $I_{sc}=I_{ph}$；在负载 $R \to \infty$ 时，输出电流趋近于 0，开路电压 V_{oc} 的大小由下式决定：

$$V_{oc} = (A_0kT/q)\ln(I_{ph}/I_0 + 1) \tag{3-7}$$

在没有光照时，电池 p-n 结上的电流-电压关系如图 3-17 中的曲线 a 所示，这也就是太阳电池的暗电流-电压关系曲线。

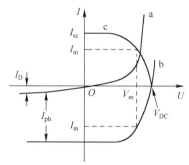

a—暗电流-电压关系曲线；b—光照下电流-电压关系曲线；c—变换坐标得到太阳电池电流-电压关系曲线

图 3-17　太阳电池的电流-电压关系

光照时产生的光生电流 I_{ph}，使曲线沿着电流轴的负方向位移 I_{ph}，得到图 3-17 中的曲线 b。为了方便，变换坐标方向，可以得到图 3-17 中的曲线 c。曲线 c 就是在光照情况下太阳电池的电流-电压关系曲线，也称伏安特性曲线，它的关系式见式（3-6）。

3.3.3　太阳电池的主要技术参数

1. 伏安特性曲线

当负载 R 从 0 变到无穷大时，负载两端的电压 V 和流过的电流 I 之间的关系曲线即为太阳电池的负载特性曲线，通常称为太阳电池的伏安特性曲线，以前也按习惯称为 I-V 特性曲线。

实际上，伏安特性通常并不是通过计算，而是通过实验测试的方法来得到的。在太阳电池的正、负极两端，连接一个可变电阻，在一定的太阳辐照度和温度下，改变电阻值，使其由0（短路）变到无穷大（开路），同时测量通过电阻的电流和电阻两端的电压。在直角坐标图上，以纵坐标代表电流，横坐标代表电压，测得各点的连线，即该电池在此辐照度和温度下的伏安特性曲线，如图 3-18 所示。

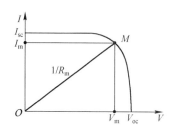

图 3-18　太阳电池的伏安特性曲线

2. 最大功率点

在一定的太阳辐照度和工作温度的条件下，伏安特性曲线上的任何一点都是工作点，工作点与原点之间的连线称为负载线，负载线斜率的倒数即为负载电阻 R_L，与工作点对应的横坐标为工作电压 V，纵坐标为工作电流 I。电压 V 和电流 I 的乘积即为输出功率。调节负载电阻 R_L 到某一值 R_m 时，在曲线上得到一点 M，对应的工作电流 I_m 和工作电压 V_m 的乘积为最大，即

$$P_m = I_m V_m = P_{max}　　　　　　　　（3-8）$$

则称 M 点为该太阳电池的最佳工作点（或最大功率点）。I_m 为最佳工作电流，V_m 为最佳工作电压，R_m 为最佳负载电阻，P_m 为最大输出功率。也可以通过伏安特性曲线上的某个工作点，作一水平线，与纵坐标相交点为 I；再作一垂直线，与横坐标相交点为 V。这两条线与横坐标和纵坐标所包围的矩形面积，在数值上就等于电压 V 和电流 I 的乘积，即输出功率。伏安特性曲线上的任意一个工作点，都对应一个确定的输出功率，通常，不同的工作点输出功率也不一样，但是总可以找到一个工作点，其包围的矩形（$OIMV$）面积最大，也就是其工作电压 V 和电流 I 的乘积最大，因而输出功率也最大，该点即为最佳工作点，即

$$P = VI = V[I_{ph} - I_0(\mathrm{e}^{qV/AkT} - 1)]$$

在此最大功率点，有 $\mathrm{d}P_m/\mathrm{d}V = 0$，因此有

$$\left(1 + \frac{qV_m}{AkT}\right)\mathrm{e}^{\frac{qV_m}{AkT}} = \left(\frac{I_{ph}}{I_0}\right) + 1$$

整理后可得

$$I_m = \frac{(I_{ph} + I_0)qV_m/AkT}{1 + qV_m/AkT}　　　　　　　　（3-9）$$

$$V_{\mathrm{m}} = \frac{AkT}{q} \ln\left[\frac{1+(I_{\mathrm{ph}}/I_0)}{1+qV_{\mathrm{m}}/AkT} \right] \approx V_{\mathrm{oc}} - \frac{AkT}{q} \ln\left(1 + \frac{qV_{\mathrm{m}}}{AkT}\right) \tag{3-10}$$

最后得

$$P_{\mathrm{m}} = I_{\mathrm{m}}V_{\mathrm{m}} \approx I_{\mathrm{ph}}\left[V_{\mathrm{oc}} - \frac{AkT}{q}\ln\left(1 + \frac{qV_{\mathrm{m}}}{AkT}\right) - \frac{AkT}{q} \right] \tag{3-11}$$

由图 3-18 可见，如果太阳电池工作在最大功率点左边，也就是电压从最佳工作电压下降时，输出功率会减少；而超过最佳工作电压后，随着电压的上升，输出功率也会减少。

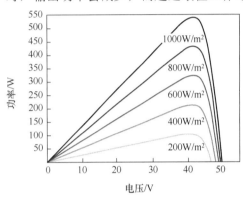

图 3-19 某 540W 组件的电压-功率关系曲线

图 3-19 是某 540W 组件的电压-功率关系曲线。由图可见，如果太阳辐照度降低，电压-功率关系曲线也会相应下降。

通常太阳电池所标明的功率，是指在标准工作条件下最大功率点所对应的功率，而在实际工作时，往往并不是在标准测试条件下工作，而且一般也不一定符合最佳负载的条件，再加上一天中太阳辐照度和温度也在不断变化，所以真正能够达到额定输出功率的时间很少。有些光伏系统采用"最大功率跟踪器"，可在一定程度上增加输出的电能。

3. 开路电压

在一定的温度和辐照度条件下，太阳电池在空载（开路）情况下的端电压，也就是伏安特性曲线与横坐标相交的一点所对应的电压通常用 V_{oc} 来表示。

对于一般的太阳电池可近似认为接近于理想的太阳电池，即认为太阳电池的串联电阻等于零，旁路电阻为无穷大。当开路时，$I=0$，电压 V 即为开路电压 V_{oc}，由式（3-7）可知：

$$V_{\mathrm{oc}} = \frac{AkT}{q} \ln\left(\frac{I_{\mathrm{ph}}}{I_0} + 1\right) \approx \frac{Akt}{q}\ln\left(\frac{I_{\mathrm{ph}}}{I_0}\right) \tag{3-12}$$

太阳电池的开路电压 V_{oc} 与太阳电池的面积大小无关，目前 PERC 太阳电池的 V_{oc} 为 675～685mV，TOPCon 太阳电池的 V_{oc} 为 710～720mV，HJT 太阳电池的 V_{oc} 为 745～750mV。

4. 短路电流

在一定的温度和辐照度条件下，太阳电池在端电压为零时的输出电流，也就是伏安特性曲线与纵坐标相交的一点所对应的电流，通常用 I_{sc} 来表示。单位面积的短路电流称为短路电流密度，用 J_{sc} 来表示。

由式（3-5）可知，当 $V=0$ 时，$I_{\mathrm{sc}}=I_{\mathrm{ph}}$。

太阳电池的短路电流 I_{sc} 与太阳电池的面积大小有关，面积越大，I_{sc} 越大。目前晶硅太阳电池短路电流密度 J_{sc} 值为 39～43mA/cm^2。

5. 填充因子（曲线因子）

填充因子是表征太阳电池性能优劣的一个重要参数，其定义为太阳电池的最大功率与开路电压和短路电流的乘积之比，通常用 FF 来表示：

$$FF = \frac{I_m V_m}{I_{sc} V_{oc}} = 1 - \frac{AkT}{qV_{oc}} \ln\left(1 + \frac{qV_m}{AkT}\right) - \frac{AkT}{qV_{oc}} \tag{3-13}$$

式中，$I_{sc}V_{oc}$ 是太阳电池的极限输出功率，$I_m V_m$ 是太阳电池的最大输出功率。

在图 3-18 上，通过开路电压 V_{oc} 所作垂直线与通过短路电流 I_{sc} 所作水平线和纵坐标及横坐标所包围的矩形面积 A，是该太阳电池有可能达到的极限输出功率；而通过最大输出功率点所作垂直线和水平线与纵坐标及横坐标所包围的矩形面积 B，是该太阳电池的最大输出功率，两者之比就是该太阳电池的填充因子，即

$$FF = B/A$$

如果太阳电池的串联电阻越小，旁路电阻越大，则填充因子越大，该太阳电池的伏安特性曲线所包围的面积也越大，这就意味着该太阳电池的最大输出功率越接近于极限输出功率，因此性能越好。

6. 转换效率

受光照太阳电池的最大功率与入射到该太阳电池上的全部辐射功率的百分比称为太阳电池的转换效率：

$$\eta = V_m I_m/(A_t \cdot P_{in}) \tag{3-14}$$

式中：V_m 和 I_m 分别为最大输出功率点的电压和电流；A_t 为包括栅线面积在内的太阳电池总面积（也称全面积）；P_{in} 为单位面积入射光的功率。

有时也用开孔面积 A_a 取代 A_t，即从总面积中扣除栅线所占面积，这样计算出来的效率要高一些。

【例 3-1】 某一尺寸为 158.75cm×158.75cm 的方形单晶硅太阳电池,测得其最大功率为 5.7W,则该电池的转换效率是多少？

解： 根据式（3-14），有

$$\eta = V_m I_m/(A_t \cdot P_{in}) = 5.7/(158.75 \times 158.75 \times 10^{-4} \times 1000) = 22.62\%$$

目前，单结地面太阳电池及子组件实验室最高转换效率纪录如表 3-1 所示，多结地面太阳电池及子组件实验室最高转换效率纪录如表 3-2 所示。

表 3-1 目前单结地面太阳电池及子组件实验室最高转换效率

分类		效率（%）	面积（cm²）	V_{oc}（V）	J_{sc}（mA/cm²）	FF（%）	测试中心	研发单位
硅	Si（单晶电池）	26.8±0.4	274.4	0.7514	41.45	86.1	ISFH	LONGi
	Si（多晶电池）	24.4±0.3	267.5	0.7132	41.47	82.5	ISFH	Jinko Solar
	Si（薄转移子组件）	21.2±0.4	239.7	0.687	38.50	80.3	NREL	Solexel
	Si（薄膜小组件）	10.5±0.3	94.0	0.492	29.7	72.1	FhG-ISE	CSG Solar
III-V族电池-	GaAs（薄膜电池）	29.1±0.6	0.998	1.1272	29.78	86.7	FhG-ISE	Alta Devices
	GaAs（多晶电池）	18.4±0.5	4.011	0.994	23.3	79.7	NREL	RTI
	InP（单晶电池）	24.2±0.5	1.008	0.939	31.15	82.6	NREL	NREL
	CIGS（无镉电池）	23.35±0.5	1.043	0.734	39.58	80.4	AIST	Solar Frontier
	CIGSSe（小组件）	19.8±0.5	665.4	0.688	37.96	75.9	NREL	Avancis

（续表）

分类		效率 （%）	面积 （cm²）	V_{oc} （V）	J_{sc} （mA/cm²）	FF （%）	测试中心	研发单位
III-V族 电池-	CdTe（电池）	21.0±0.4	1.0623	0.8759	30.25	79.4	Newport	First Solar
	CZTSSe（电池）	11.3±0.3	1.1761	0.5333	33.57	63.0	Newport	DGIST, Korea
	CZTS（电池）	10.0±0.2	1.113	0.7083	21.77	65.1	NREL	UNSW
非晶硅/微 晶硅-	Si（非晶电池）	10.2±0.3	1.001	0.896	16.36	69.8	AIST	AIST
	Si（微晶电池）	11.9±0.3	1.044	0.550	29.72	75.0	AIST	AIST
钙钛矿-	钙钛矿（电池）	23.7±0.5	1.062	1.213	24.99	78.4	NPVM	U.Sci.Tech., Hefei
	钙钛矿（小组件）	22.4±0.5	26.02	1.127	25.61	77.6	NPVM	EPFLSion/NCEPU
染料敏化-	染料敏化（电池）	11.9±0.4	1.005	0.744	22.47	71.2	AIST	Sharp
	染料敏化（小组件）	10.7±0.4	26.55	0.754	20.19	69.9	AIST	Sharp
	染料敏化（子组件）	8.8±0.3	398.8	0.697	18.42	68.7	AIST	Sharp
有机-	有机（电池）	15.2±0.3	1.015	0.8467	24.24	74.3	FhG-ISE	Fraunhofer ISE
	有机（小组件）	14.5±0.3	19.31	0.8518	23.51	72.5	JET	ZJU/Microquanta
	有机（子组件）	11.7±0.2	203.98	0.8177	20.68	69.3	FhG-ISE	ZAE Bayern

表 3-2　多结地面太阳电池及子组件实验室最高转换效率

分类		效率 （%）	面积 （cm²）	V_{oc} （V）	J_{sc} （mA/cm²）	FF （%）	测试 中心	研发单位
III-V族 多结-	5结电池	38.8±1.2	1.021	4.767	9.564	85.2	NREL	Spectrolab
	InGaP/GaAs/InGaAs	37.9±1.2	1.047	3.065	14.27	86.7	AIST	Sharp
	GaInP/GaAs（集成）	32.8±1.4	1.000	2.568	14.56	87.7	NREL	LG Electronics
含 c-Si 多 结电池-	GaInP/GaInAsP/Si （晶片接合）	35.9±1.3	3.987	3.248	13.11	84.3	FhG-ISE	Fraunhofer ISE
	GaInP/GaAs/Si （堆叠机制）	35.9±0.5	1.002	2.52/0.681	13.6/11.0	87.5/78.5	NREL	NREL/CSEM/EPFL
	GaInP/GaAs/Si （集成）	25.9±0.9	3.987	2.647	12.21	80.2	FhG-ISE	Fraunhofer ISE
	GaAsP/Si（集成）	23.4±0.3	1.026	1.732	17.34	77.7	NREL	OSU/UNSW/SolAero
	GaAs/Si（堆叠机制）	32.8±0.5	1.003	1.09/0.683	28.9/11.1	85.0/79.2	NREL	NREL/CSEM/EPFL
	钙钛矿/Si	31.3±0.3	1.1677	1.9131	20.47	79.8	NREL	EPFL/CSEM
	GaInP/GaInAs/Ge;Si （小组件）	34.5±2.0	27.83	2.66/0.65	13.1/9.3	85.6/79.0	NREL	UNSW/Azur/Trina
其他多结 电池-	钙钛矿/CIGS	24.2±0.7	1.045	1.768	19.24	72.9	FhG-ISE	HZB
	钙钛矿/钙钛矿	26.4±0.7	1.044	2.118	15.22	82.6	JET	SichuanU/EMPA
	钙钛矿/钙钛矿 （小组件）	24.5±0.6	20.25	2.157	14.86	77.5	JET	Nanjing/Renshine
	a-Si/nc-Si /nc-Si （薄膜）	14.0±0.4	1.045	1.922	9.94	73.4	AIST	AIST
	a-Si/nc-Si （薄膜电池）	12.7±0.4	1.000	1.342	13.45	70.2	AIST	AIST

资料来源：Solar cell efficiency tables (Version 61)。

7. 短路电流温度系数

在温度变化时，太阳电池的输出电流会产生变化，在规定的试验条件下，温度每变化 1℃，太阳电池短路电流的变化值称为短路电流温度系数，通常用 α 表示。

$$I_{sc} = I_0(1+\alpha\Delta T) \tag{3-15}$$

其中，I_0 为 25℃时的短路电流。对于一般晶硅太阳电池：$\alpha = +(0.06\sim0.1)\%/℃$，这表示温度升高时，短路电流略有上升。

8. 开路电压温度系数

在温度变化时，太阳电池的输出电压也会产生变化，在规定的试验条件下，温度每变化 1℃，太阳电池开路电压的变化值称为开路电压温度系数，通常用 β 表示。

$$V_{oc} = V_0(1+\beta\Delta T) \tag{3-16}$$

其中，V_0 为 25℃时的开路电压。对于一般晶硅太阳电池：$\beta=-(0.3\sim0.4)\%/℃$，这表示温度升高时，开路电压会下降。

9. 最大功率温度系数

在温度变化时，太阳电池的输出功率要产生变化，在规定的试验条件下，温度每变化 1℃，太阳电池输出功率的变化值称为功率温度系数，通常用 γ 表示。由于 $I_{sc}=I_0(1+\alpha\Delta T)$，$V_{oc}=V_0(1+\beta\Delta T)$，因此理论最大功率为

$$P_{max} = I_{sc}V_{oc}=I_0V_0(1+\alpha\Delta T)(1+\beta\Delta T)$$
$$= I_0V_0[1+(\alpha+\beta)\Delta T+\alpha\beta\Delta T^2]$$

忽略平方项，得

$$P_{max} = P_0[1+(\alpha+\beta)\Delta T]=P_0(1+\gamma\Delta T) \tag{3-17}$$

例如，某公司 p 型 PERC 太阳电池，其中，短路电流温度系数 $\alpha=0.007\%/℃$，开路电压温度系数 $\beta=-0.37\%/℃$，因此其理论最大功率温度系数为 $\gamma=-0.363\%/℃$。

图 3-20 是某光伏组件在不同温度下的伏安特性曲线图，可见在温度变化时，电压变化比较大，而电流变化相对较小。

对于一般晶硅太阳电池，$\gamma=-(0.35\sim0.5)\%/℃$。实际上，不同太阳电池的温度系数有些差别，非晶硅太阳电池的温度系数要比晶硅太阳电池的小。

总体而言，当温度升高时，虽然太阳电池的工作电流有所增加，但是工作电压却要下降，而且后者下降比较多，因此总的输出功率要下降，所以应该尽量使太阳电池在比较低的温度下工作。

10. 太阳辐照度的影响

太阳电池的开路电压 V_{oc} 与入射光谱辐照度有关，当辐照度较弱时，开路电压与入射光谱辐照度呈近似线性变化；在太阳辐照度较强时，开路电压与入射光谱辐照度呈对数关系变化，也就是当光谱辐照度从小到大时，开始时开路电压上升比较快；在太阳辐照度较强时，开路电压上升的速度就会减小。

在入射光的辐照度比标准测试条件（1000W/m²）不是大很多的情况下，太阳电池的短路

电流 I_{sc} 与入射光的辐照度成正比关系。

太阳电池的最大功率点也会随着太阳辐照度的变化而变化。

图 3-21 显示了某光伏组件在不同辐照度下的伏安特性曲线，可见在一定范围内，当入射光的辐照度成倍增加时，工作电压变化不大，但工作电流会成倍增加。

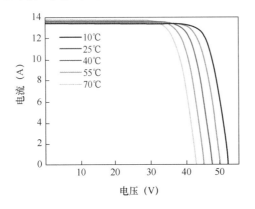 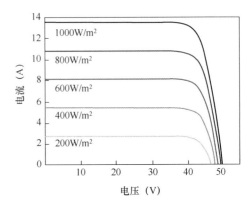

图 3-20　某光伏组件在不同温度下的伏安特性曲线　　图 3-21　某光伏组件在不同辐照度下的伏安特性曲线

3.3.4　影响太阳电池转换效率的因素

1. 禁带宽度

V_{oc} 随 E_g 的增大而增大，I_{sc} 随 E_g 的增大而减小。存在一个最佳禁带宽度，使效率达到最高。半导体禁带宽度与太阳电池转换效率的关系如图 3-22 所示，禁带宽度在 1.4～1.6eV 范围内，出现峰值效率，当太阳光谱从 AM0 变化到 AM1.5 时，峰值效率从 26% 增加到 29%。

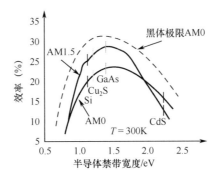

图 3-22　半导体禁带宽度与太阳电池转换效率的关系

2. 温度

温度主要对 V_{oc} 起作用，V_{oc} 随着温度降低而减小，转换效率 η 也随之下降。这是因为 I_0 对温度的依赖。关于 p-n 结两边的 I_0 方程如下：

$$I_0 = qA\frac{Dn_i^2}{LN_D} \tag{3-18}$$

式中，A 为电池面积，q 为一个电子的电荷量，D 为硅材料中少数载流子的扩散率，L 为少数载流子的扩散长度，N_D 为掺杂率，n_i 为硅的本征载流子浓度。

在上述方程中，许多参数都会受温度影响，其中影响最大的是本征载流子浓度 n_i。本征载流子浓度取决于禁带宽度（禁带宽度越小，本征载流子浓度越高）及载流子所拥有的能量（载流子能量越高，浓度越高）。

I_{sc} 对温度 T 不太敏感，当温度升高时，短路电流 I_{sc} 会轻微上升，因为温度升高减小了半导体的禁带宽度，当禁带宽度减小时，将有更多的光子有能力激发电子–空穴对。然而，这种影响是很小的。

太阳电池的温度敏感性还取决于开路电压的大小，即电池的电压越大，受温度的影响就越小。

对于晶硅太阳电池，在一定的范围内，温度每增加 1℃，V_{oc} 下降约 0.4%，η 也因而降低大约同样的百分比。例如，一个晶硅太阳电池在 20℃ 时效率为 20%，当温度升到 120℃ 时，效率仅为 12%。又如 GaAs 电池，温度每升高 1℃，V_{oc} 要降低 1.7mV 或效率降低 0.2%。

3. 少子寿命

少数载流子的复合寿命又称少子寿命，越长越好，这样将使 I_{sc} 增大。少子寿命长也会减小暗电流并增大 V_{oc}。在间接带隙半导体材料硅中，载流子通常比直接带隙中的复合概率小，所以少子寿命较长；在直接带隙 GaAs 材料中，只要大于 10ns 的少子寿命就已足够长了。

少子寿命长短的关键是在材料制备和电池生产过程中，要避免形成复合中心。在加工过程中，适当进行工艺处理，延长少子寿命，所以减少硅材料和电池生产过程中的复合中心是延长少子寿命的关键。

4. 光强

入射光的强度影响太阳电池的参数，包括短路电流、开路电压、填充因子、转换效率及并联电阻和串联电阻等。通常用多少个太阳来形容光强，如一个太阳就相当于 AM1.5 大气质量下的标准光强，即 $1kW/m^2$。如果太阳电池在辐照度为 $10kW/m^2$ 的光照下工作，也可以说是在 10 个太阳下工作，设想光强被增加了 10 倍，短路电流密度 J_{sc} 也将增加 10 倍（除去温度的影响），同时开路电压 V_{oc} 也随着增加（kT/q）ln10 倍，输出功率将增加，因此聚光可以提高太阳电池的转换效率。

5. 掺杂浓度及剖面分布

对 V_{oc} 有明显影响的另一个因素是掺杂浓度。N_D 和 N_A 出现在 V_{oc} 定义的对数项中，它们的数量级也是很容易改变的。掺杂浓度越高，V_{oc} 越大。一种称为重掺杂效应的现象，近年来已引起较多的关注。在高掺杂浓度下，由于能带结构变形及电子统计规律的变化，所有方程中的 N_D 和 N_A 都应以有效掺杂浓度 $(N_D)_{eff}$ 和 $(N_A)_{eff}$ 代替，如图 3-23 所示。既然 $(N_D)_{eff}$ 和 $(N_A)_{eff}$ 显现出峰值，那么用很高的 N_D 和 N_A 意义不大，随掺杂浓度增加，有效掺杂浓度趋向饱和，甚至会下降，特别是在高掺杂浓度下寿命还会缩短。

在晶硅太阳电池中，基本硅掺杂浓度大约为 $10^{16}cm^{-3}$，在直接带隙材料太阳电池中约为 $10^{17}cm^{-3}$。为了减小串联电阻，前扩散区的掺杂浓度经常高于 $10^{19}cm^{-3}$，因此，重掺杂效应在扩散区是较重要的。

当 N_D 和 N_A 或 $(N_D)_{eff}$ 和 $(N_A)_{eff}$ 不均匀，且朝着结的方向降低时，就会建立起一个电场，其方向有助于光生载流子的收集，因而也改善了 I_{sc}。这种不均匀掺杂的剖面分布，在电池基区中通常是做不到的，而在扩散区中是很自然能做到的。

6. 表面复合速率

低表面复合速率有助于提高 I_{sc}，并由于 I_0 的减小而使 V_{oc} 改善。BSF 晶硅太阳电池的铝背场就是在电池的背面形成了一层 p^+ 层，在 p/p^+ 结处的电场妨碍电子朝背表面流动，继而降低了背面的复合速率。背表面场电池原理图如图 3-24 所示。

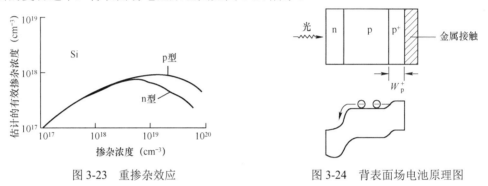

图 3-23　重掺杂效应　　　　　　　　图 3-24　背表面场电池原理图

在 p/p^+ 界面存在一个电子势垒，它容易做到欧姆接触，在这里电子也被复合，在 p/p^+ 界面处的复合速率可表示为：

$$S_n = \frac{N_A D_n^+}{N_A^+ L_n^+} \cot \frac{W_P^+}{L_n^+} \tag{3-19}$$

式中，N_A^+、D_n^+、L_n^+ 分别是 P^+ 区中的掺杂浓度、扩散系数和扩散长度。如果 $W_P^+ = 0$，则 $S_n = \infty$；如果 W_P^+ 与 L_n^+ 能比拟，且 $N_A^+ \gg N_A$，则 S_n 可以估计为零；当 S_n 很小时，I_{sc} 和 η 都会呈现出一个峰值。

7. 串联和并联电阻

在实际太阳电池中，电流经过的区域都存在着串联电阻。串联电阻 R_s 主要由半导体材料的体电阻、金属电极与半导体材料的接触电阻、扩散层薄层电阻及金属电极本身的电阻四部分组成（如图 3-25 所示），其中扩散层薄层电阻是串联电阻的主要部分。串联电阻越大，太阳电池输出损失越大。显然，通过增加细栅的密集程度可以降低扩散层引起的串联电阻。

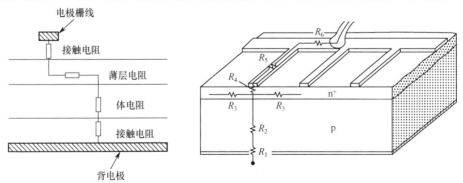

图 3-25　串联电阻的组成

并联电阻 R_{sh} 也称旁路电阻、漏电阻或结电阻，它由 p-n 结的非理想性及工艺缺陷、结附近杂质造成，引起局部短路。漏电流与工作电压成比例。

串联电阻 R_s 值增大使得电池 I-V 曲线之电压随电流增大而减小。并联电阻 R_{sh} 值减小使得电池 I-V 曲线之电流随电压增大而减小。两者都使电池 I-V 曲线更偏离直方，从而降低电池的填充因子，不利于转换效率的提升，串联和并联电阻对太阳电池输出特性的影响如图 3-26 所示。

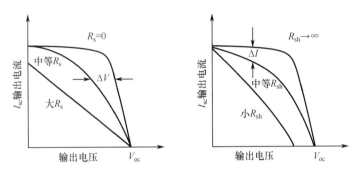

图 3-26 串联和并联电阻对太阳电池输出特性的影响

8. 光的吸收

太阳电池正面的金属栅线不能透过阳光，要使 I_{sc} 最大，金属栅线的遮光面积应越小越好。同时为了降低 R_s，一般将金属栅线做成又密又细的结构。

因为有太阳光反射的存在，不是全部光线都能进入硅片中。裸硅片表面的反射率约为35%。使用减反射膜可降低反射率。对于垂直投射到电池上的单色波长的光，理论上用一种厚为 1/4 波长、折射率等于 $\sqrt{n}$（n 为硅的折射率）的涂层能使反射率降为零。为了增强太阳光的吸收，降低反射率，通常采用折射率渐变的多涂层薄膜来获得优异的陷光效果。

参 考 文 献

[1] GLUNZ S W. New Concepts for High-Efficiency Silicon Solar Cells[C].Technical Digest of the International PVSEC-14, Bangkok, Thailand, 2004.

[2] 刘恩科，朱秉升，罗晋升，等.半导体物理学[M]. 北京：国防工业出版社，2004.

[3] 王家骅，李长健，牛文成. 半导体器件物理[M]. 北京：科学出版社，1983.

[4] 丘思畴. 半导体表面与界面物理[M]. 武汉：华中理工大学出版社，1995.

[5] 杨尚林，张宇，桂太龙.材料物理导论[M]. 哈尔滨：哈尔滨工业大学出版社，1999.

[6] 丘思畴. 半导体表面与界面物理[M]. 武汉：华中理工大学出版社，1995.

[7] MOHAMMAD M M, SARASWAT K C, KAMINS T I.A model for conduction in polycrystalline silicon-part 1: Theory[C].IEEE Trans.ED-28(10), 1981: 1163-1176.

[8] EDMISTON S A, HEISER G , SPROUL A.B, et al.Improved modeling of grain boundary recombination in bulk and p-n junction regions of poly-crystalline silicon solar cells[J].J.Appl.Phys., 80(12), 1996: 6783-6795.

[9] YANG E S, POON E K, WU C M, et al.Majority carrier current characteristics in large-grain polystalline- silicon-schottky-barrier solar cells[J].IEEE Trans.Electron Devices, 1981(28): 1131-1135.

[10] 杨德仁. 太阳电池材料[M]. 北京：化学工业出版社，2006.

[11] 魏光普，姜传海，甄伟，等. 晶体结构与缺陷[M]. 北京：中国水利水电出版社，2010.

[12] MARTIN A G, Present and future of crystalline silicon solar cells[M].Technical digest of the international PVSEC-14, Bangkok, Thailand, 2004.

[13] 张忠政，程晓舫，刘金龙. 非线性太阳电池的负载电阻输出功率的研究[J]. 太阳能学报，2015，36(6)：1474-1480.

[14] MARTIN A G, EWAN D D, GERALD S, et al.Solar cell efficiency tables[M].61st ed, Prog.Photovolt: Res.Appl., 2023, 31: 3-16.

[15] 沈文忠. 太阳能光伏技术与应用[M]. 上海：上海交通大学出版社，2013.

练 习 题

3-1 简述太阳电池的分类。

3-2 什么是 n 型半导体？什么是 p 型半导体？它们是如何形成的？

3-3 简述 p-n 结的形成原理。

3-4 简述晶硅太阳电池的工作原理。

3-5 光子的能量为 hv（h 为普朗克常数 6.626×10^{-34}J·s，v 为光波频率），试求 650nm 波长的红光的光子能量。

3-6 已知硅的禁带宽度为 1.12eV，1200nm 波长的红外线被硅吸收后能否激发出电子？

3-7 地面太阳电池的标准测试条件是什么？

3-8 什么是开路电压和短路电流？哪些外界因素对它们的影响较大？

3-9 某太阳电池组件的短路电流是 6.5A，在太阳辐照度为 800W/m^2 条件下工作时，此太阳电池的短路电流是多少？

3-10 某太阳电池组件的开路电压为 33.2V，电压温度系数为-0.34%/℃，当组件温度为 50℃时，此太阳电池的开路电压是多少？

3-11 某片多晶硅太阳电池尺寸为 156mm×156mm，$U_{oc}=625$mV，$I_{sc}=8.2$A，FF=79.5%，则该电池的转换效率是多少？

3-12 某规格的光伏组件由转换效率为 18.2%的单晶硅太阳电池组成，电池有效面积为 14 858cm^2，实际测得的功率为 175W。求：光伏组件封装功率损失了多少？光伏组件的转换效率为多少？

3-13 简述衡量太阳电池性能的主要技术参数有哪些。

3-14 影响太阳电池转换效率的因素有哪些？

第4章　晶硅太阳电池的制造

晶硅太阳电池是以晶体硅为衬底材料的太阳电池，可分为单晶硅太阳电池、多晶硅太阳电池、准晶硅太阳电池。根据衬底硅片被掺入杂质的类型可分为 p 型晶硅太阳电池和 n 型晶硅太阳电池。晶硅太阳电池具有转换效率高、性能稳定、生产成本低等优点，占据全球光伏市场95%的份额。晶硅太阳电池的转换效率和生产成本很大程度上取决于器件的结构设计和相应的制造工艺。近年来晶硅太阳电池全产业链制造工艺不断改进，这为光伏发电的大规模应用创造了条件。

从硅材料到制成晶硅太阳电池，需要经过一系列复杂的工艺过程，其大致的流程是：多晶硅料→硅锭（棒）→硅片→电池→太阳电池。晶硅光伏组件产业链示意图见图 4-1 所示。本章主要介绍从硅材料到晶硅太阳电池的制造工艺。

图 4-1　晶硅光伏组件产业链示意图

4.1　硅材料的制备

硅材料是光伏产业最重要的基础材料。晶硅太阳电池的制备从硅材料开始，硅材料是制约光伏产业链发展的瓶颈之一。硅材料的价格是影响晶硅太阳电池成本的最主要因素，硅材料的品质则直接影响晶硅太阳电池的光电性能。随着技术的进步，涌现出多种制造硅材料的制备工艺，其工艺越来越简单、制备效率逐步提高、制备成本逐步降低，硅材料的品质越来越好。

4.1.1　金属硅的制备

金属硅又称工业硅，是由硅石（$SiO_2 \geqslant 99.2\%$，通常为石英石或鹅卵石）和碳质还原剂（石油焦、洗煤精、木屑等还原剂）在电弧炉内经高温反应冶炼而成的产品，是多晶硅的上游原材料。金属硅中主成分硅元素的含量在 98%左右，其余杂质为铁、铝、钙、锌、铜、镍、锡、铅、锰、钛等。金属硅的外观是灰褐色具有金属光泽、硬而脆的硅块。

用碳还原二氧化硅得到金属硅时，有很多中间态物质产生，其主反应方程式为：

$$SiO_2 + 2C \longrightarrow Si + 2CO$$

反应物之间化学反应复杂，炉子底部温度超过 2000℃，主要反应如下：

$$SiC + SiO_2 \longrightarrow Si + SiO + CO$$

在炉子中部，温度为 1500～1700℃，主要反应为：

$$SiO + 2C \longrightarrow SiC + CO$$

在炉子顶部，温度低于 1500℃，以逆向反应占主导地位：

$$SiO + CO \longrightarrow SiO_2 + C$$

在冶炼过程中，主要反应大部分是在熔池底部料层中完成，如图 4-2 所示。碳化硅的生成、分解和一氧化硅的凝结又以料层内各区维持温度分布不变为先决条件。碳化硅的生成很容易，但要求高温、快速反应，否则会沉积到炉底，因此必须保持中心反应区温度的稳定性。在冶炼操作中，炉料的下沉要合适，如过勤，炉内温度区稳定性差，对冶炼不利。一氧化硅是重要的中间产物，在冶炼中要尽量把一氧化硅留在料层中，防止生成的一氧化硅逸出炉口损失。

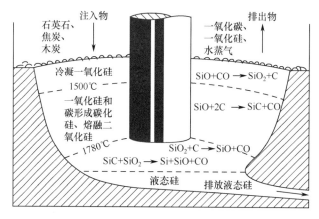

图 4-2　电弧炉制备金属硅示意图

金属硅的生产流程为：①原料硅石经过洗选、筛分并干燥后，根据所用还原剂的种类，分别按不同的比例配料，用计算机程序控制各料比例，通过送料过程进行混匀，进入电弧炉内；②在电极上通入电流，加热炉内的物料，达到 1800℃以上的高温，硅在炉内被还原出来，呈液态，通过出硅口排放，铸成硅锭。

4.1.2　高纯多晶硅的制备

高纯多晶硅原生料是硅产品产业链中的一个极为重要的中间产品，是制造直拉单晶硅和铸造多晶硅的原料，光伏行业中常说的高纯多晶硅是指纯度高于 7 个 9（7N，即 99.99999%）的多晶硅。一般需要经过复杂的工艺流程才能得到高纯度的晶体硅。随着技术的发展与进步，制造高纯多晶硅料的工艺越来越成熟，而多晶硅的品质也越来越好。目前市场主流的方法有改良西门子法、硅烷流化床法等。改良西门子法以生产棒状多晶硅为主，而硅烷流化床法以生产颗粒状多晶硅为主，棒状和颗粒状多晶硅两种料在铸锭或拉晶过程中配合使用，可增加装料量，有利于降低硅锭制造成本。

4.1.2.1　改良西门子法

早期西门子公司的三氯氢硅氢还原法直接以氢气还原高纯度的三氯氢硅（$SiHCl_3$），在加热到一定温度的硅芯（也称"硅棒"）上沉积多晶硅。但该生产过程中会产生大量副产品（如四氯化硅等）且无法有效回收利用。针对转化率低、副产品较多等问题，在西门子法的基础上增加了尾气回收和四氯化硅氢化工艺的改良西门子法应运而生，实现了生产过程的闭路循环，既可以避免副产品直接排放污染环境，又可以实现尾气的循环利用，大大降低了生产成本。现有的多晶硅制备技术多采用改良西门子法，其工艺流程图如图 4-3 所示。

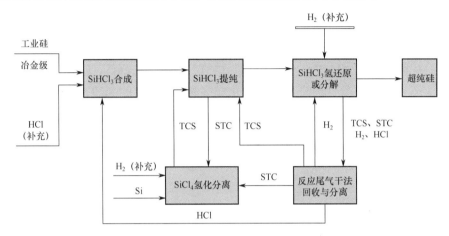

图 4-3　改良西门子法工艺流程图

改良西门子法的主要生产工序有：①三氯氢硅的合成；②三氯氢硅的精馏提纯；③三氯氢硅的还原；④四氯化硅的氢化。

1. 三氯氢硅的合成

三氯氢硅合成示意图如图 4-4 所示。打磨成小颗粒的金属硅与高纯 HCl 气体在流化床反应器中发生反应，生成 $SiHCl_3$，其化学反应式为：

$$Si + 3HCl \longrightarrow SiHCl_3 + H_2 \uparrow$$

该过程同时还发生以下副反应：

$$Si + 4HCl \longrightarrow SiCl_4 + 2H_2$$

$$Si + 2HCl \longrightarrow SiH_2Cl_2$$

上述反应要加热到 300℃ 才能进行，又因为是放热反应，反应开始后能自动持续进行。但能量如不能及时导出，温度升高后反而影响产率。这一步所得 $SiHCl_3$ 为粗品，产物中还包含 $SiCl_4$、SiH_2Cl_2 等氯化物杂质，需要进一步纯化。

2. 三氯氢硅的精馏提纯

精馏利用三氯氢硅与氯化物、氢化物杂质的蒸汽压、沸点的不同，达到提纯除杂的目的。精馏在精馏塔中实现，经多级精馏，三氯氢硅的纯度可达 9N 以上。三氯氢硅合成产物中含有的杂质氯化物的蒸汽压比三氯氢硅的蒸汽压小很多，这些金属氯化物属于高沸点组分，精馏时较易分离。硼和磷是精馏中较难分离的杂质元素，磷元素主要在高沸点组分中，而硼元素主要在低沸点组分中。

3. 三氯氢硅的还原

高纯的三氯氢硅气体在不锈钢钟罩式反应器中与氢气进行还原反应，将多晶硅沉积在通电加热至 1100℃的倒 U 形硅芯上，形成硅棒。西门子法反应器示意图如图 4-5 所示。

其化学反应式为：

$$2SiHCl_3 \longrightarrow SiH_2Cl_2 + SiCl_4$$
$$SiH_2Cl_2 \longrightarrow Si + 2HCl$$
$$SiHCl_3 + H_2 \longrightarrow Si + 3HCl$$
$$SiHCl_3 + HCl \longrightarrow SiCl_4 + H_2$$

目前，还原炉的棒对数多采用 40 对棒、45 对棒、48 对棒及 72 对棒。硅芯为直径 5～10mm、高度 2.8～3.5m 的硅棒，经过反应生成的硅棒直径可达到 150～200mm。硅棒经破碎后即为原生多晶硅产品。约有 20%～30% 的 $SiHCl_3$ 转化成多晶硅。剩余的 $SiHCl_3$ 和 H_2、HCl、$SiCl_4$ 等在反应器中进行冷凝分离，得到 $SiHCl_3$ 和 $SiCl_4$，$SiHCl_3$ 返回到整个反应中，$SiCl_4$ 则经过后续的氢化反应转化为 $SiHCl_3$，重新回到多晶硅的生产流程中。气态混合物的分离是复杂的、高耗能的，从某种程度上决定了多晶硅的成本和该工艺的竞争力。

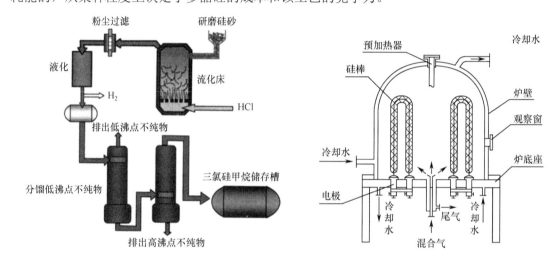

图 4-4　三氯氢硅合成示意图　　　　　图 4-5　西门子法反应器示意图

4. 四氯化硅的氢化

四氯化硅是改良西门子法多晶硅生产中的主要副产物。每生产 1kg 多晶硅会产生 8～10kg 的四氯化硅，如果不加以处理和回收利用，会造成严重的资源浪费和环保压力。经过多年的发展，改良西门子法工艺已经可以实现 H_2、HCl 的全回收利用，$SiCl_4$ 通过氢化反应再次转化为 $SiHCl_3$。目前，氢化主要采用冷氢化的方式。曾经用过的热氢化法，因能耗高、转化率低，已逐步被淘汰。冷氢化反应方程式为：

$$3SiCl_4 + Si + 2H_2 \longrightarrow 4SiHCl_3$$

冷氢化的反应温度为 500～550℃，转化率可达 25% 以上，能耗低。反应后的气体经过干法回收系统得到 $SiHCl_3$，经过精馏，可再次成为原料。

改良西门子法由于工艺成熟、产品纯度高、生产成本低，能够满足大规模、安全、环保的生产要求，是当前生产多晶硅的主流方法，占有 80% 以上的市场份额。

4.1.2.2　硅烷流化床法

流化床法以 $SiCl_4$、H_2、HCl 和工业硅为原料，在高温高压流化床（沸腾床）内生成 $SiHCl_3$，将 SiHCl$_3$ 再进一步歧化加氢反应生成 SiH$_2$Cl$_2$，继而生成硅烷气。制得的硅烷气通入加有小颗粒硅粉的流化床内进行连续热分解反应，生成粒状多晶硅产品。多晶硅沉积在流化床中飘浮的小颗粒硅珠上。这些硅珠在硅烷和氢气的气流中悬浮在流化床反应区中。随着反应的进行，硅料逐渐长大，沉落在流化床底部，通过出口被收集成为颗粒状多晶硅。

　　流化床反应炉示意图如图 4-6 所示。流化床反应炉通常具有管状结构，通过对反应室壁进行电加热，控制反应室内的温度。硅烷气体和氢气从底部通入反应器，与此同时从反应器的顶部或中部连续加载小颗粒的硅籽晶。当向上的气流产生的浮力与硅籽晶重力相等时，籽晶颗粒就可以悬浮起来，表现为流体。硅烷气体在工作温度下转化为单质硅，并沉积在籽晶颗粒表面。大量运动的籽晶颗粒提供了充足的反应面积，有利于提高沉积效率。随着密度和体积的增加，颗粒硅将无法维持流化态，在重力作用下降落，并从反应器底部排出和收集。

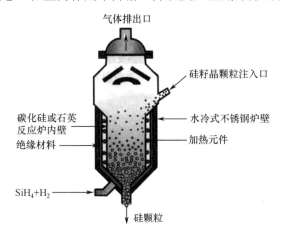

图 4-6　流化床反应炉示意图

　　流化床生产过程中可以连续进料和排气，并且硅籽晶和成品硅颗粒可以同时引入和排出，能够实现连续运行。与改良西门子法相比，硅烷流化床法具有硅烷分解温度低、分解能耗低、可连续化生产、颗粒硅产品无须破碎、拉单晶硅棒时装填密度大等优点。从安全、质量、成本、环保、规模化生产等关键要素分析，颗粒硅和棒状硅技术互补、长期共存。

4.2　硅锭的制备

　　高纯多晶硅必须加工成硅片才能用来制备太阳电池，制备硅片前需要先将高纯多晶硅加工成晶体硅锭。目前硅锭主要分为两类：一类是通过直拉法、悬浮区熔法、磁控直拉法和连续加料直拉法等制备的单晶硅棒；另一类是通过布里奇曼法、热交换法、电磁铸造法、浇铸法等利用定向凝固原理铸造的多晶硅锭。

4.2.1　单晶硅棒的制备

4.2.1.1　直拉法

　　直拉法（Czochralski，CZ）又称切克劳斯基法，是波兰科学家 J. Czochralski 在 1918 年发明的。直拉法的工作原理是先将硅料装填进石英坩埚中，在稀有气体（又称惰性气体）

保护下加热熔化，然后将具有特定晶体取向的单晶硅籽晶浸入熔体中，再以一定的速度将籽晶从熔体中拉出。晶体生长过程中的提拉速度决定了单晶硅棒的直径。此外，晶体和坩埚反向旋转可以使晶体均匀生长以及杂质浓度分布更加均匀。最后通过快速提拉，单晶硅棒直径减小到零，晶体生长结束。

典型的直拉单晶炉示意图如图 4-7 所示，主要分为热区、气压控制系统、晶体旋转和升降机械传动系统以及单晶硅棒生长控制系统四部分。热区由石英坩埚、石墨坩埚、加热器、加热电极、隔热板和坩埚旋转装置等组成，是直拉单晶炉的核心。晶体旋转和升降机械传动系统包括籽晶轴、籽晶夹具和晶体上升旋转装置。气压控制系统在晶体生长过程中非常重要。由于高温下石英坩埚会发生脱氧反应，为避免晶体中引入氧缺陷，应持续通入惰性保护气（通常为氩气），然后通过排气系统排出气尘杂质。此外，具有基于微处理器控制系统的直拉单晶炉，可以控制温度、晶体直径、转速等工艺参数，自动化程度高。

直拉法制备单晶硅棒的具体工艺流程如图 4-8 所示。

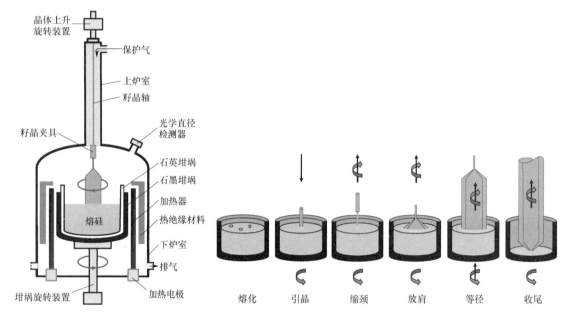

图 4-7　典型的直拉单晶炉示意图　　　　　图 4-8　直拉法生产流程示意图

其主要步骤如下：

（1）熔化

石英坩埚中放入多晶硅原料及掺杂杂质，杂质的种类依晶体硅的 n 型或 p 型而定，杂质种类有硼、磷、锑、砷等。将多晶硅原料加入石英坩埚后，关闭单晶炉并抽真空，充入高纯氩气使之维持一定压力范围，然后打开石墨加热器电源，加热至熔化温度（1420℃以上），将多晶硅原料熔化。这一阶段重点要控制坩埚内的温度梯度，不能骤然升温，否则会造成坩埚破裂。

（2）引晶

硅料全部熔化后，熔体必须有一定的稳定时间，以达到熔体温度和熔体流动的稳定。待熔体稳定后，降下籽晶至离液面 3～8mm 距离，使籽晶预热，以减少籽晶与熔硅的温度差，从而减少籽晶与熔硅接触时，在籽晶中产生的热应力。当二者温度相等或接近时，将籽晶轻轻浸入熔硅，使头部首先少量溶解，然后和硅熔体形成一个固液界面，该过程即为引晶。

（3）缩颈

由于籽晶与硅熔体接触时的热应力，会使籽晶产生位错，这些位错必须利用缩颈生长使之消失。缩颈生长是使籽晶适当回熔一部分，然后通过加大提拉速度（简称拉速），使得籽晶的直径尽可能缩小，长出的晶体直径缩小到 3～4mm，长度 30～50mm。由于位错线与生长轴成一个交角，只要缩颈足够长，位错便能长出晶体表面，产生零位错的晶体。在这种条件下，冷却过程中热应力很小，不会产生新的应力位错。在籽晶能承受晶锭重量的前提下，细颈应尽可能细长，一般长度和直径之比应达到 10∶1。

（4）放肩

在缩颈完成后，需降低温度与拉速，使得晶体的直径逐渐增大到所需尺寸。目前拉晶工艺几乎都采用平放肩工艺，即肩部夹角接近 180°，这种方法降低了晶棒头部的原料损失。当放肩直径接近预定目标时，提高拉速，晶体逐渐进入等径生长。

（5）等径

当晶体基本实现等径生长并达到目标直径时，就可实行直径的自动控制。在等径生长阶段，不仅要控制好晶体的直径，更为重要的是保持晶体的无位错生长。晶体内总是存在着热应力，实践表明，晶体在生长过程中等温面不可能保持绝对的平面，这样就存在径向温度梯度，形成热应力，晶体中轴向温度分布往往具有指数函数的形式，因而也必然会产生热应力。当这些热应力超过了硅的临界应力时，晶体中将产生位错。另外，多晶中夹杂的难熔固体颗粒、炉尘（熔体中的 SiO 挥发后，在炉膛气氛中冷却，凝结成的颗粒）、坩埚起皮后的脱落物等，当它们运动至生长界面处都会引起位错的产生。

（6）收尾

等径生长结束之后，如果立刻将晶棒与液面分开，已经生长的无位错晶体受到热冲击，其热应力往往超过硅晶格的临界应力。这将使得晶棒出现位错与滑移线。为避免发生此问题，在拉晶结束时，应逐步缩小晶体直径直至最后缩小为一点，这一过程称为收尾。生长完的晶棒被升至上炉室，冷却一段时间后取出，即完成一次生长周期。

直拉法的优点：

① 在晶体生长过程中，能够直接观察生长情况，为控制晶体的外形提供有利条件，通过控制加热器功率、提拉速度来控制晶体直径；

② 便于精密控制生长条件，从而以较快的速度获得优质大单晶；

③ 方便采用"回熔"和"缩颈"工艺，降低晶体的位错密度，减少镶嵌结构，提高晶体的完整性；

④ 使用不同取向的籽晶，从而得到不同取向的单晶体；

⑤ 晶体在固／液界面处生长，不与坩埚接触，能显著减少晶体的应力以及在坩埚壁上的寄生成核。

直拉法的缺点：

① 一般要用坩埚作容器，这会导致熔体、单晶体受到不同程度的污染；

② 当熔体含有易挥发物时，则控制熔体、单晶体组分较困难，硅熔体不属于易挥发物，不存在这个问题。

4.2.1.2　悬浮区熔法

悬浮区熔法（Float Zone，FZ）于 20 世纪 50 年代提出并很快应用到高纯单晶硅制备技术中，如图 4-9 所示。在悬浮区熔法中，将圆柱形多晶硅棒用高频感应线圈在氩气气氛中加热，使棒的底部和在其下部靠近的同轴固定的单晶硅籽晶间形成熔滴。利用硅熔体的表面张力和加热线圈的磁托浮力大于硅熔体的重力和离心力的现象，使熔区悬浮于多晶硅棒与下方生长出的单晶之间。接下来的流程与直拉单晶硅流程类似，先拉出一个直径约 3mm，长约 10～20mm 的晶颈，然后放慢拉速，降低温度放肩至预定直径。在晶体生长过程中，上方的多晶硅棒和下方的单晶硅棒旋转方向相反；熔区随感应线圈向上移动，直至晶体生长完成。硅溶体和单晶硅之间存在一个固液界面，由于存在偏析现象，大多数杂质在固态硅中的溶解性低于在硅熔体中的溶解性，杂质将随着加热器的移动进入新的熔区，最终单晶硅棒末端的杂质浓度最高。

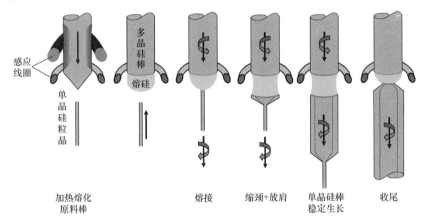

图 4-9　悬浮区熔法示意图

区熔法主要用来生产对纯度要求更高的晶体，可用于制备单晶和提纯材料，还可得到均匀的杂质分布。区熔单晶硅由于在生产过程中不使用石英坩埚，氧含量和金属杂质含量都远小于直拉单晶硅，单晶硅的纯度高，因此主要被用于制作电力电子器件、光敏二极管、射线探测器、红外探测器等。区熔单晶硅的常规掺杂方法有硅芯掺杂、表面涂敷掺杂、气相掺杂、中子嬗变掺杂等，以气相掺杂最为常见。而利用中子嬗变掺杂可获得掺杂浓度很均匀的区熔硅（简称 NTD 硅）。

区熔法生产单晶硅的尺寸受限于加热线圈，目前可以实现的最大硅棒直径为 200mm。不同于直拉法对多晶硅原料的几何形状与尺寸的要求不高，区熔法对圆柱形多晶硅棒有严格的要求。此外，与直拉法设备相比，区熔炉成本较高。直拉法工艺成熟，生产成本低，自动化程度高，是最广泛使用的制备单晶硅棒的方法。

4.2.1.3　磁控直拉法

磁控直拉法（Magnetic Field Applied Czochralski，MCZ）可以通过外加磁场来控制硅熔体的强制对流，能够降低热对流造成的固液界面附近的温度波动以及晶体生长速度变化，避免晶体中形成杂质条纹和漩涡缺陷。而且磁控直拉法还可以控制石英坩埚与硅熔体的强相互作用，减少由坩埚进入单晶硅中的杂质，提升产品纯度。

磁控直拉法可分为水平磁场作用下单晶硅拉制技术（HMCZ）和垂直磁场作用下单晶硅拉制技术（VMCZ）。近年来又出现一种水平磁场和垂直磁场相结合的，被称为 CUSP（切变）磁场作用下单晶硅拉制技术。

用磁控直拉法制成的单晶硅，氧含量低，性能较好，可避免制备的晶硅太阳电池在日光下的电性能衰减。但由于制作成本较高，且硅片面积不能太大等原因，未被普遍采用。

4.2.1.4 连续加料直拉法

连续加料直拉法（Continuous CZ，CCZ）采用特殊直拉单晶炉，能够同时实现单晶拉制与加料熔化，具有连续投料、连续拉晶等特点，原料以大小均匀、表面洁净的颗粒状原料为佳。在晶体生长的同时不断地向石英坩埚中补充添加多晶原料，以此来保证石英坩埚中有恒定的硅熔体，致使硅熔体液面不变而处于稳定状态，减少电阻率的轴向偏析现象，并可以生长出较长的单晶硅棒以增加产量，提高了生产效率。

连续加料直拉法具有以下优势：①生产效率高，在坩埚允许的寿命周期内可以完成 6～10 根单晶硅棒的拉制，生产效率显著提升；②生产成本低，可以有效降低拉晶时间、坩埚成本和能耗；③适用于 n 型硅棒，采用连续加料直拉法拉制的单晶硅棒氧含量更低且更均匀、金属杂质累积速度更慢，产品轴向电阻率分布均匀，其波动可以控制在 10% 以内。

4.2.2 多晶硅锭的制备

多晶硅锭的制备大多基于定向凝固技术，是在液固转换过程中建立特定方向的温度梯度，使熔融金属或合金沿着热流相反方向，定向生长晶体的一种工艺。与单晶硅拉制过程相比，多晶硅铸造技术具有以下优点：①省去了昂贵的单晶籽晶拉制过程，更加节能；②可直接得到方锭，与拉制单晶圆棒相比，在切割硅片时比较省料，硅片利用率更高。利用定向凝固原理铸造多晶硅锭的方法有布里奇曼法、热交换法、电磁铸造法等。多晶硅锭的简易生产流程示意图如图 4-10 所示。

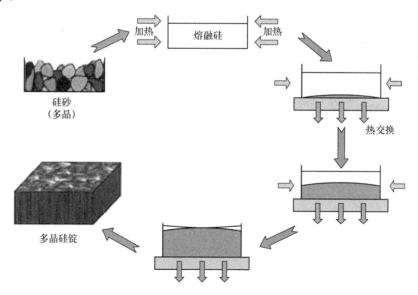

图 4-10 多晶硅锭的简易生产流程示意图

4.2.2.1 布里奇曼法

布里奇曼（Bridgeman）法是一种经典的直接熔融定向凝固方法，其示意图如图 4-11 所示。首先将块状或颗粒状多晶硅原料放入石英坩埚内，在真空条件下加热熔化，然后通过石英坩埚底部散热，使熔体上下形成温度梯度，实现晶体的生长。其特点是固液界面处的温度梯度大于 0，即 dT / dx > 0，温度梯度接近于常数。坩埚底部开始凝固出现结晶时，上方硅熔体仍处于加热区。随着石英坩埚或加热系统的移动，固液界面垂直上移，产生柱状多晶硅。在布里奇曼法制备多晶硅锭的过程中，通常需要在石英坩埚壁上涂一层 Si_3N_4、$SiC\text{-}Si_3N_4$ 或 SiO/SiN 薄膜，以防止硅在凝固过程中粘连石英坩埚壁，脱模时造成硅锭的损伤。布里奇曼法工艺操作简单，但是多晶硅尺寸受设备限制，且为间歇式生产工艺，结晶速率低、耗时长。为了提高结晶速率，目前很多多晶硅炉底部装备了特定装置来增强底部散热。

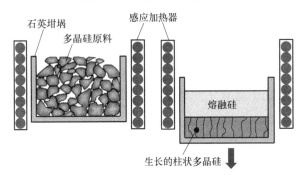

图 4-11　布里奇曼法示意图

4.2.2.2　热交换法

热交换法（Heat Exchanger Method）最大的优点就是设备结构简单，操作便捷。热交换法示意图如图 4-12 所示。其工艺特点主要是：石英坩埚和感应加热器在熔化及凝固全过程中均无相对位移。在坩埚工作台底部要设置一热开关，熔化时热开关关闭，起隔热作用。凝固开始时热开关打开，增强坩埚底部散热程度，建立热场。热开关有法兰盘式、平板式、百叶窗式等。热交换法的长晶速度受坩埚底部散热强度控制，如用水冷，则受冷却水流量（及进出水温差）所控制。由于定向凝固只能是单方向热流（散热），径向（即坩埚侧向）不能散热，即径向温度梯度趋于零，而石英坩埚和感应加热器又固定不动，因此随着凝固的进行，热场的等温线（高于熔点温度）会逐步向上推移，同时又必须保证无径向热流，所以温场的控制与调节难度较大。固液面逐步向上推移时，固液界面处温度梯度必然大于零，但随着界面逐步向上推移，温度梯度逐步降低直至趋于零。从以上分析可知，热交换法的长晶速度及温度梯度为变数。而且硅锭高度受限制，要扩大容量只能是增加硅锭的截面积。此方法的另一个优点就是除了热开关外，没有需要移动的部件，所以炉体的结构相对比较简单。实际生产中多采用布里奇曼法与热交换法相结合的技术。

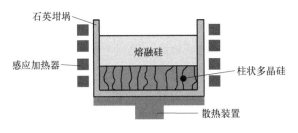

图 4-12　热交换法示意图

4.2.2.3　电磁铸造法

电磁铸造法（Electromagnetic Casting）是一种利用电磁感应加热熔化硅原料，可以实现连续生产的技术。其示意图如图 4-13 所示，首先通过电磁感应的冷坩埚来熔化硅料，然后通过向下抽拉支撑结构实现硅熔体从底部开始定向生长多晶硅锭。装置中的石墨结构既是熔体支撑结构也是预热元件，因为低温下硅为不良导体，不满足电磁感应加热条件，因此需要在坩埚底部加石墨底托预热结构。可以通过对铜坩埚施加一个频率与熔体感应电流相同、方向与感应电流相反的交变电流，使熔体在电磁斥力作用下与坩埚不直接接触，既减少了坩埚的消耗、又减少了杂质的污染，降低了电磁铸造法的成本及多晶硅锭的杂质含量。

电磁铸造法在熔体定向凝固的同时，可以进行加料，实现连续生产，且熔硅和长晶可以在不同的位置同时进行，生产效率高，而且冷坩埚寿命长，可重复利用，有利于成本的降低。此外，由于电磁力的搅拌作用，硅锭整体性能均匀，避免了分凝效应导致的硅锭头尾质量差、需切除的现象，材料利用率高。

但是电磁铸造法得到的硅锭晶粒尺寸比较小，而且由于晶体生长过程中固液界面呈现明显的凹形，容易引入位错缺陷，使得多晶硅的载流子寿命低，导致制备的太阳电池性能相对较差。

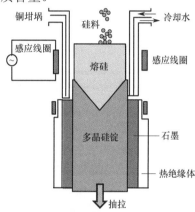

图 4-13　电磁铸造法示意图

4.2.3　类（准）单晶硅锭的制备

类（准）单晶硅是基于多晶铸锭的工艺，在长晶时通过部分使用单晶籽晶，获得外观和电性能均类似单晶的多晶硅锭。这种通过铸锭的方式形成单晶硅的技术，其功耗只比普通多晶硅多 5%，所生产的单晶硅的质量接近直拉单晶硅。简单地说，这种技术就是用多晶硅的成本，生产单晶硅的技术。

实现铸造类单晶的方法有两种：

① 无籽晶铸锭。无籽晶引导铸锭工艺对晶核初期成长控制过程要求很高。一种方法是使用底部开槽的坩埚。这种方式的要点是精密控制定向凝固时的温度梯度和晶体生长速度来提高多晶晶粒的尺寸，槽的尺寸以及冷却速度决定了晶粒的尺寸，凹槽有助于增大晶粒。因为需要控制的参数太多，无籽晶铸锭工艺显得尤为困难。

② 有籽晶铸锭。当下量产的准单晶技术大部分为有籽晶铸锭。这种技术先把籽晶、硅料掺杂元素放置在坩埚中，籽晶一般位于坩埚底部，再加热熔化硅料，并保持籽晶不被完全熔掉，最后控制降温，调节固液相的温度梯度，确保单晶从籽晶位置开始生长。

要获得低缺陷大单晶比例的类单晶硅锭，其关键技术在于：①单晶籽晶必须非常平整，为类单晶硅锭外延生长提供一个良好的基础。通常不仅需要籽晶层的晶向严格按照（100）晶向，而且对于籽晶的摆放平整度都有极严格的要求。籽晶只要有大约 1° 的偏差，就会在硅锭的生长过程中形成大量的亚晶界，这必然在硅锭中产生大量的缺陷，从而降低了硅锭的少子寿命。②低成本大单晶比例类单晶硅锭（100）晶向择优取向生长技术。③籽晶过熔或未熔化都不能获得单晶，因此，必须在铸锭工艺的硅料熔化阶段严格控制籽晶层的熔化量。

4.3　硅片的制备

根据晶硅生长方式的不同，晶硅生长后的产品为圆柱形硅棒或方形硅锭，针对不同形状的晶硅，采用不同的加工方式将其加工成晶块，并对晶块进行切割，得到所需的硅片，其间包含很多工艺流程。硅片的制备工艺、成品质量对太阳电池的成本、性能具有很大影响。

4.3.1　单晶硅片的制备

单晶硅片的制备流程为单晶硅棒去头尾/切断、滚圆/切方、倒角、粘胶、切片、清洗、硅片分选/检验/包装等步骤，如图 4-14 所示。

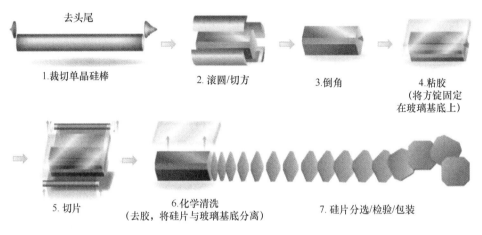

图 4-14　单晶硅片的制备流程

（1）去头尾/切断

沿垂直于晶体生长的方向切去单晶硅棒的头部和尾部等外形尺寸小于规格要求的部分，再根据需求将晶棒分段切成切片设备可以处理的长度。

（2）滚圆/切方

滚圆即滚磨外圆。虽然单晶硅棒等径生长部分直径差异很小，但由于晶体生长时的热震动、热冲击等一些原因，晶棒表面并不光滑，整个晶棒的直径也不一致。因此晶棒需要进行滚圆加工，使其形成规则的圆柱形表面，便于后续的工艺制作。

切方即将圆形晶棒加工成方形。切方后的硅块截面近似为正方形，被切下来的边缘部分，可以回收使用，当成制备单晶硅棒的硅原料。切方会在硅块的表面造成机械损伤，因此加工时所达到的尺寸与所要求的硅片尺寸相比要留出一定的裕量，而且切方后硅块表面留有大量的切削液，因此需要进行清洗。

（3）倒角

通常采用高速运转的金刚石磨轮，对硅棒边缘进行磨削，从而获得钝圆形边缘（切片后形成硅片的小倒角，可以有效避免硅片崩边和产生位错以及滑移线等缺陷）。由于切片后即是单晶硅片的大倒角，因此，光伏单晶硅片也可以不做倒角处理。

（4）粘胶

使用线切割机切割硅块时，需要将硅块粘在玻璃制成的垫板上（起到固定作用，防止切割过程中硅块移动影响切割效果），再在其上放置导向条，以便于多线切割机进行切片。

（5）切片

切片是硅片制备中的一道重要工序。它决定了硅片的厚度、翘曲度、平行度和表面质量等因素。经过这道工序后，晶体硅棒质量会损耗约 1/3，严格控制工艺可以减少硅棒损耗。

（6）清洗

切好的硅片表面残留有黏胶和切削液（砂浆），需要进行清洗。通常脱胶采用热除胶法，即将自来水加热到 80℃以上进行长时间的浸泡达到软化黏胶使其脱落的目的。去除砂浆主要采用大量自来水反复冲洗硅片的方法。另外，硅片在滚圆、切方以及切片过程中，被加工的表面都会有不同程度的损伤层，因此需要对硅片表面进行化学腐蚀清洗。硅表面的化学腐蚀一般采用湿法腐蚀，目前主要使用氢氟酸（HF）、硝酸（HNO_3）混合的酸性腐蚀液，以及氢氧化钾（KOH）液或氢氧化钠（NaOH）液等碱性腐蚀液。

（7）硅片分选/检验/包装

最终硅片要进行全面的检测，以便分析是否能够进入晶硅电池制备环节，否则就会被淘汰，其检测内容大致可以分为外观检测、尺寸检测以及物理性能检测。外观检测主要包括有无裂纹、缺口、线痕、划伤、凹坑等；尺寸检测主要包括边宽、对角线宽度、中心厚度、总厚度偏差、弯曲度等；物理性能检测主要是少子寿命、电阻率、碳氧含量、导电属性等。

随着每一步工艺的完成，硅片的价值随之升高，对清洁度的要求也越来越高，因此硅片的包装非常重要。包装的目的是为硅片提供一个无尘的环境，并使硅片在运输时不受到任何损伤，还可以防止硅片受潮。理想的包装是既能提供清洁的环境，又能控制保存和运输时的小环境的整洁。常用的包装材料为聚丙烯、聚乙烯等，这些塑料材料不会释放任何气体并且可以做到无尘，这样硅片表面才不会被污染。

4.3.2　多晶硅片的制备

铸造多晶硅是一个方形的铸锭，不需要进行切断、滚圆等工序，只需要将晶锭去除头尾料和边料后，根据硅锭的大小，沿纵向将硅锭切割成一定数目的晶块，最后利用线切割机切成硅片。多晶硅片的制备流程为切除头尾料和边料、切方/检测、倒角/粘胶、切片、化学清洗、硅片分选/检验/包装等步骤，如图 4-15 所示。

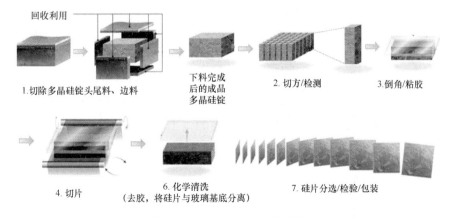

图 4-15　多晶硅片的制备流程

一般铸造完成的多晶硅锭顶部、底部和周边聚集了高浓度杂质、位错和微晶等缺陷，这些缺陷会产生大量的复合，少数载流子寿命较短，严重影响太阳电池的转换效率，影响太阳电池性能。因此，在制备硅块之前，需要把多晶硅锭的头尾料和边料切除，切下来的部分可以回收利用。

判断硅块去除头尾料和边料的依据主要有杂质阴影、电阻率、少子寿命等。杂质阴影主要由红外探伤测试仪测试，应将含有杂质阴影的部分全部去除。电阻率通过电阻率测试仪进行测试，硅锭的电阻率在铸锭前配料时会经过理论计算，但实际生产中会有些偏差。少子寿命通过少子寿命测试仪进行测试。

去除头尾料和边料后的多晶硅锭是规则的方锭，需要将其分割成一定尺寸的小方锭。倒角、粘胶、切片、清洗、硅片分选/检验/包装等工艺与单晶硅片的相同。

4.3.3　线切割技术

当前最常用的硅片切割技术为线切割技术，主要包括砂浆线切割、金刚石线切割。砂浆线切割装置如图 4-16（a）所示。切割机上的四个转轮绕满了不锈钢线，形成了四个水平的切割线"网"。在切割的时候通过电动机驱动导线轮使线网以一定速度移动，同时喷涂装置持续向切割线喷射含有硬质碳化硅（SiC）颗粒的砂浆。高速运动的钢线带动砂浆中的碳化硅游离颗粒磨刻硅块，切割形成硅片。为了使硅片容易分开，砂浆中的液体通常采用黏性较小的聚乙二醇。切片过程中的损耗与钢线直径、砂浆颗粒直径息息相关，直径更小的不锈钢线、砂浆颗粒可以大大降低切片损耗。不过切割过程中 SiC 颗粒也会磨刻钢线，使其细线化非常困难；砂浆线切割工作原理如图 4-16（b）所示，钢线本身不具有切割能力，切割过程中实际起作用的是切割浆料，因此 SiC 直径不可太小，否则切割速度和效率就大受影响。

用砂浆线切割切片时，昂贵的太阳能级硅材料大约损失掉 50%，且单、多晶硅通用的传统砂浆线切割技术改进空间不大，占主要成本的砂浆、钢线等耗材的价格均已逼近成本线，很难再有下降的空间。因此，用于切割蓝宝石的金刚石线切割技术被引入到硅片切割领域。金刚石线切割［参见图 4-16（c）］是在钢线表面利用电镀或树脂层固定金刚石颗粒，切割过程中金刚石运动速度与钢线速度一致，切割能力相比砂浆线切割大幅提高，效率可提升

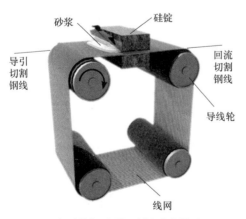

(a) 砂浆线（钢线+砂浆）切割装置

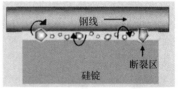

(b) 砂浆线切割工作原理

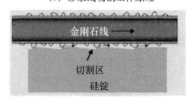

(c) 金刚石线切割工作原理

图 4-16　砂浆线切割装置以及砂浆线、金刚石线切割工作原理

2～3 倍以上。而且金刚石线切割由于金刚石颗粒固结在钢线表面，不会磨损钢线，给细线化提供了可能。此外，金刚石线切割所用的切削液为水，危险废弃物较少，后续硅片的清洗、分离以及从切削液中回收硅料的成本都更低。凭借低成本、高产量的优势，2018 年以来金刚石线切割技术迅速占领了大部分晶硅切片市场。

4.4 晶硅太阳电池的制造

铝背场（Aluminum back surface field，Al-BSF）晶硅太阳电池是最早实现规模化生产的太阳电池，其结构示意图如图 4-17 所示。

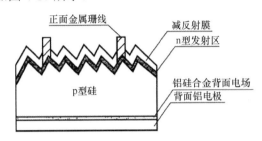

图 4-17 Al-BSF 晶硅太阳电池结构示意图

图 4-18 为 Al-BSF 晶硅太阳电池生产工艺流程示意图。第一步是清洗制绒，对硅片表面进行化学处理，形成具有"陷光"效果的绒面结构。第二步是扩散制结，采用扩散工艺将磷原子掺杂到 p 型硅衬底，形成 p-n 结。第三步是刻蚀和去磷硅玻璃，通过湿法刻蚀方式去除扩散过程中在背面和边缘形成的 n 型区，以及正面的磷硅玻璃。第四步是沉积减反射膜，采用等离子体增强化学气相沉积方式沉积 $SiN_x:H$，在硅片表面形成减反射和钝化发射极的薄膜。第五步是丝网印刷电极，采用丝网印刷技术在电池背面印刷银浆和铝浆，在电池正面印刷银浆。第六步是高温烧结，通过高温烧结将金属浆料中的有机成分烧掉，形成具有良好欧姆接触的金属电极和铝背场。第七步是测试分档，在标准测试条件下对电池进行 I-V 特性测试，并依据转换效率和短路电流等进行分档。

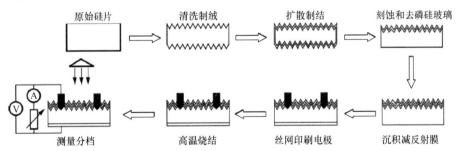

图 4-18 Al-BSF 晶硅太阳电池生产工艺流程示意图

由于 Al-BSF 晶硅太阳电池背面采用的是全区域的铝硅合金式的金属–半导体接触结构，导致流动到背面的光生载流子产生大量的复合，严重降低了开路电压；而且由于长波响应较弱，电池的电流密度也较低。因此，结构性缺陷将 Al-BSF 晶硅太阳电池的转换效率限制在 20%以下。针对 Al-BSF 晶硅太阳电池复合速率高、长波响应差等缺点，学术界和产业界开发出了各种各样的新型高效晶硅太阳电池技术，并开展了大量的研究工作。

目前市场主流的晶硅太阳电池为 PERC 太阳电池。PERC 太阳电池是从铝背场晶硅太阳电池演化而来的结构，新南威尔士大学的 Martin Green 团队在 1983 年首次提出钝化发射极太阳电池（Passivated Emitter Solar Cell，PESC）概念，并于 1985 年实现大于 20%的转换效率。其特点是依靠高质量的热氧生长氧化硅（SiO_2）薄膜钝化前表面发射极。随后，PERC 太阳电池的概念被提出：在高质量区熔硅片上使用氯基氧化工艺对背面进行表面钝化，同时在前表面选择性地重掺杂发射极，再采用光刻法制备倒金字塔陷光结构来增强光生电流密度，其结构示意图如图 4-19 所示。1989 年，PERC 太阳电池的转换效率达到 22.8%，短路电流密度达 $40.3mA/cm^2$，开路电压达 696mV。

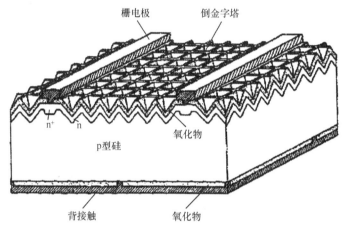

图 4-19　PERC 太阳电池结构示意图

此后关于 PERC 太阳电池的研究不断深入，在此结构基础上不断完善和改进背表面钝化的技术，衍生出了一系列改进型电池结构，如图 4-20 所示。1990 年，赵建华等人在 PERC 太阳电池的基础上，提出在背面金属-半导体接触区域进行局部重掺杂来降低接触界面复合和接触电阻，并使用氟化镁/硫化锌作为叠层减反膜，其电池的转换效率达到 24.2%，这种太阳电池称为钝化发射极及背局部扩散（Passivated Emitter and Rear Locally-diffused，PERL）晶硅太阳电池。1993 年，研究人员在 PERL 太阳电池的基础上，在背面非金属-半导体接触区域进行同质轻掺杂来降低光生载流子的横向传输损失，得到了更高的填充因子，研发出钝化发射极及背全扩散（Passivated Emitter and Rear Totally-diffused，PERT）晶硅太阳电池。1994 年，Wenham S 等人为了改善 p-PERL 太阳电池的背面钝化，在背面非金属-半导体接触区域进行 n 型轻掺杂形成浮动结，实现 720mV 的开路电压，研发出钝化发射极及背浮动结（Passivated Emitter and Rear Floating Junction，PERF）晶硅太阳电池。1999 年，赵建华等人对比了不同质量的硅衬底对 PERL 电池的影响，最终在高质量 Fz-Si 上实现了转换效率为 24.7%的 PERL 太阳电池，经光谱修正后转换效率为 25%。

相较于早期热氧生长 SiO_2 薄膜钝化技术，引入具有超低表面再复合速率的原子层沉积（Atomic Layer Deposition，ALD）氧化铝（Al_2O_3）薄膜钝化技术是 p-PERC 太阳电池实现商业化的关键。目前，广泛使用 ALD-Al_2O_3 和 PECVD-SiN_x:H 叠层钝化方案的大尺寸 p-PERC 太阳电池能够实现 23%的量产效率，其市场占有率上已基本取代 Al-BSF 太阳电池，占到全球光伏市场份额的 80%以上。

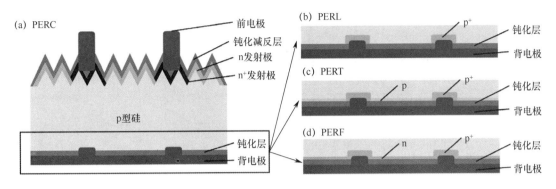

图 4-20　PERx 结构系列晶硅太阳电池结构示意图

PERC 太阳电池产业化取得突破性的进展是 Al_2O_3 薄膜应用于太阳电池做界面钝化层。PERC 太阳电池相比于传统的 Al-BSF 太阳电池所增加的主要工艺设备就是背面钝化介质层沉积和介质层开槽设备，结合 Al-BSF 太阳电池产线设备，即可实现太阳电池转换效率的大幅提升。典型的 PERC 太阳电池工艺流程示意图如图 4-21 所示。本节将按照 PERC 太阳电池的工艺流程顺序介绍。

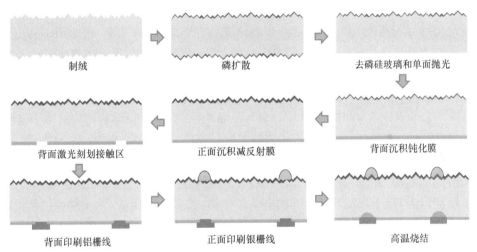

图 4-21　典型的 PERC 太阳电池工艺流程示意图

4.4.1　表面织构化

为了增加太阳电池对太阳光的吸收，需要将平滑的硅片表面织构化，在表面形成一定形状的几何结构，使得入射光在表面进行多次反射和折射，增加光的吸收率。表面织构化有多种方法，如激光刻槽、化学腐蚀和等离子体刻蚀等。

表面织构化能降低太阳电池表面对入射光的反射率。硅片制绒前、后的反射率对比如图 4-22 所示。如果再加上减反射膜，其反射率可进一步降低，甚至可以达到 3%以下。入射光在绒面表面多次反射，改变了入射光在硅中的前进方向，不仅延长了光程，增加了对红外光子的吸收率，而且有较多的光子在靠近 p-n 结附近产生光生载流子，从而增加了光生载流子的收集概率。在同样尺寸的硅片上，绒面电池的 p-n 结面积比光面电池大得多，因而可以提高短路电流，转换效率也相应提高。

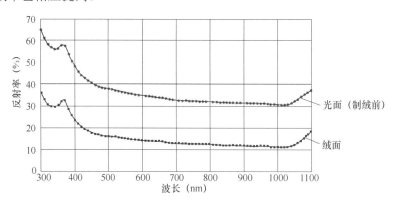

图 4-22　硅片制绒前、后的反射率对比

　　目前产业化制绒工艺大多采用化学腐蚀的方法。在制作绒面前，先要去除硅片表面由线切割产生的机械损伤层。损伤层内有高密度的裂纹，从表面向硅片体内延伸，裂纹损伤处的缺陷是电子−空穴对的强复合中心，对电池转换效率影响非常大，必须去除。单晶硅和多晶硅的腐蚀机理不同，使用的方法和工艺也有很大差异。单晶硅制绒利用各向异性腐蚀机理，采用碱溶液，通常采用 NaOH 或 KOH，在硅片表面形成金字塔结构。多晶硅制绒利用各向同性腐蚀机理，采用酸溶液，通常采用 HNO_3 和 HF 的混合液，在硅片表面形成蠕虫状凹坑形绒面。

　　由于晶面原子密度不同，碱溶液对不同的晶面具有不一样的腐蚀速度，（100）晶面腐蚀最快，（110）晶面次之，（111）晶面腐蚀最慢。太阳电池用的单晶硅片大多为（100）晶向，经过碱溶液腐蚀，会形成许多密布的表面为（111）晶面的金字塔结构。这种结构密布于电池表面，肉眼看来，好像是一层丝绒，因此称之为"绒面"。在扫描电镜观察到的单晶硅片表面的金字塔结构形貌如图 4-23（a）所示。在实际生产过程中，大多采用 1%～3% 的 NaOH 溶液，添加 0.5%～1.5% 的无醇制绒添加剂，制绒温度为 75～85℃，制绒时间为 15～25min。制绒添加剂不直接参与化学反应，但有助于形成均匀分布的金字塔结构，提高绒面质量。由于腐蚀过程的随机性，金字塔的大小并不相同，通常控制在 1～4μm。单晶硅碱制绒工艺的反应方程式为：

$$Si + 2NaOH + H_2O \longrightarrow Na_2SiO_3 + 2H_2 \uparrow$$

（a）单晶硅片绒面

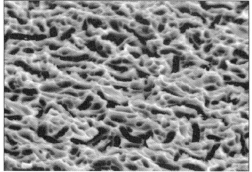

（b）多晶硅片绒面

图 4-23　硅片表面绒面形貌

制绒工序流程为：碱制绒—水洗—HCl 浸泡清洗—水洗—HF 浸泡清洗—水洗—甩干。使用 HCl 溶液（10%～20%）浸泡，是为了中和硅片表面残余的碱液，同时 HCl 中的 Cl⁻离子能与硅片中的金属离子发生络合反应，并进一步去除硅片表面的金属离子。使用 HF 溶液（5%～10%）浸泡，是为了去除硅片表面的氧化层，形成疏水表面。

多晶硅表面的晶向是随意分布的，因此碱性溶液的各向异性腐蚀现象对于多晶硅来说效果并不理想，而且由于碱性腐蚀液对多晶硅表面不同晶粒之间的反应速度不一样，会产生台阶和裂缝，不能形成均匀的绒面。因此，多晶硅制绒通常采用酸腐蚀的方法，即采用 HF 和 HNO₃的混合溶液，在 5～10℃的低温条件下进行各向同性腐蚀。它是利用切片造成的表面损伤（微裂纹）腐蚀较快的原理，在硅片表面形成凹槽状的绒面结构。多晶硅晶向是任意分布的，经过腐蚀后，在表面会出现不规则的凹坑形状。这些凹坑像"小虫"一样密布于硅片表面，显微镜下看来，好像是一个个椭圆的小球面，也可称其为"绒面"，多晶硅绒面形貌如图 4-23（b）所示。反应方程式如下：

$$3Si + 4HNO_3 \longrightarrow 3SiO_2 + 2H_2O + 4\,NO\uparrow$$
$$SiO_2 + 6HF \longrightarrow H_2SiF_6 + 2H_2O$$

制绒工序流程为：酸制绒—水洗—碱洗—水洗—HCl+HF 浸泡清洗—水洗—风刀吹干。碱洗主要是使用 NaOH 或 KOH（5%），目的是去除制绒过程中硅片表面形成的亚稳态多孔硅，并中和残留的酸。多孔硅虽然有利于降低表面反射率，但会造成较高的复合速度。使用 HCl（10%）和 HF（8%）的混合液浸泡清洗，是为了去除硅片表面残余的碱溶液和金属杂质，同时也可以去除硅片表面的氧化层。

4.4.2　扩散制结

p-n 结是太阳电池的核心，扩散制结是太阳电池制作过程中的关键工序。热扩散是最常见的制备 p-n 结的方法：通过加热的方法，使 5 价杂质掺入 p 型硅，或 3 价杂质掺入 n 型硅。

对于 p 型太阳电池而言，通常采用三氯氧磷（POCl₃）液态源扩散法制备 n 型发射极。磷扩散的深度、浓度以及均匀性对于太阳电池的性能至关重要。主要的掺杂过程分为两步：预沉积和扩散推进。预沉积的过程主要是氮气携带着液态的 POCl₃，在高温下（约 820℃）与氧气反应，使得表面生成磷硅玻璃（PSG），将杂质原子沉积在硅片的表面；接着在氮气氛围下，高温使得杂质原子向硅片基体扩散，从而得到 n⁺发射极。

POCl₃在高温下（>600℃）分解生成五氯化磷（PCl₅）和五氧化二磷（P₂O₅），其反应式如下：

$$5POCl_3 \xrightarrow{\;>600℃\;} 3PCl_5 + P_2O_5$$

在通有氧气的情况下，PCl₅将与氧气反应，进一步分解成 P₂O₅，化学反应式为：

$$4PCl_5 + 5O_2 \xrightarrow{\;过量O_2\;} 2P_2O_5 + 10Cl_2\uparrow$$

生成的 P₂O₅在扩散温度下与硅反应生成 SiO₂和 P 原子，并在硅片表面形成一层磷硅玻璃，然后 P 原子再从磷硅玻璃里向硅中扩散：

$$2P_2O_5 + 5Si \longrightarrow 5SiO_2 + 4P\downarrow$$

紧挨着硅片表面的是一个薄氧化层，厚度在 10nm 以内，如图 4-24（a）所示。氧化层外面是磷硅玻璃层（图中的 epoxy 是制样时使用的材料，实际结构中没有）。磷硅玻璃层主要由 SiO₂和 P₂O₅组成，组成配比与扩散条件有关，但都是以 SiO₂为主。图 4-24（b）所示为这个表面层结构中用二次离子质谱（SIMS）测试得到的磷杂质分布曲线。在磷硅玻璃层中，除表面磷浓度偏低外，磷硅玻璃中磷杂质浓度基本不变；在到达界面的氧化硅层后，磷浓度先下降再不断上升与硅中磷掺杂层的表面浓度相等的浓度；到达硅体内以后，磷浓度不断下降，直至扩散结深的位置。

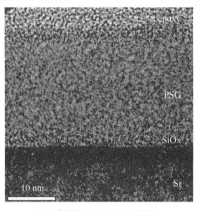

(a) 磷扩散后近表面层的结构

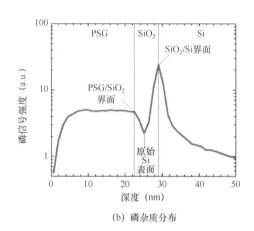

(b) 磷杂质分布

图 4-24　磷扩散后近表面层的结构及磷杂质分布

图 4-25 为低压扩散炉的结构示意图。低压扩散工艺的工艺压力、工艺温度、气体比例等都对最后的硅片掺杂效果有很大影响。

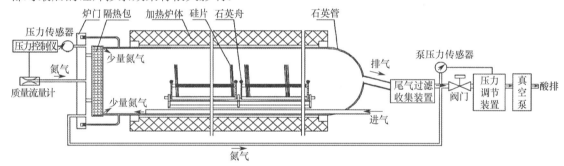

图 4-25　低压扩散炉的结构示意图

大约在 745℃ 以下的温度，扩散进入硅体内的磷原子可以完全电离，成为电活性的磷；超过 745℃ 时，会有部分磷原子不能电离，以间隙原子、团聚体甚至以 SiP 沉淀的形式存在，引起比较高的复合，形成"死层"。另外，温度会影响掺杂元素在硅中的扩散系数，一般来说，温度越高，扩散系数越大。扩散系数主要影响掺杂原子在硅中的扩散深度，生产中可以通过控制工艺时间来调控扩散深度。在太阳电池扩散工艺中，扩散温度的调整主要是为了获得合适的表面掺杂浓度，在其他条件不变的基础上，温度越高，表面浓度越高。

另外，$POCl_3$ 流量越大，SIMS 曲线比 ECV 曲线高得越多，说明非活性的磷元素越多；其次，$POCl_3$ 流量增大，结深略微加深。氧气流量增加，PSG 厚度增加，但中间氧化层的厚度基本没有变化，磷扩散层的深度变浅，总结深变化不明显。从各层的 P 浓度分布来看，氧气流量增加，中间氧化层中的磷浓度降低，硅中磷表面浓度降低。

在实际扩散工艺中，表面掺杂浓度又会受到磷源浓度、气氛、变温扩散等多个条件的共同影响，因此在工艺调试中应根据实际获得的掺杂数据来进行扩散工艺的优化。

4.4.3　选择性发射极技术

发射区掺杂浓度对太阳电池转换效率的影响是多方面的，较高浓度的掺杂可以改善硅片与电极之间的欧姆接触，降低电池的串联电阻。但是在高浓度掺杂的情况下，电池的顶层掺杂浓度过高，造成俄歇复合加剧，少子寿命也会大大降低，使得发射极区所吸收的短波效率降低，降低短路电流。同时重掺杂，表面浓度高造成了表面复合提高，降低了开路电压，进而影响了电池的转换效率。

选择性发射极（Selective Emitter，SE）技术，即在金属栅线（电极）与硅片接触部位进行高浓度重掺杂，在电极之间位置进行低浓度轻掺杂。SE-PERC 太阳电池示意图如图 4-26 所示。这样的结构可降低扩散层复合，提高光线的短波响应，同时减少前金属电极与硅的接触电阻，使得短路电流、开路电压和填充因子都得到较好的改善，从而提高转换效率。

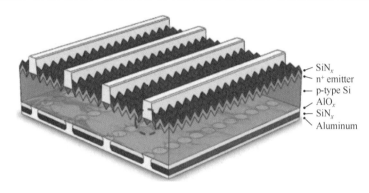

SiN$_x$
n$^+$ emitter
p-type Si
AlO$_x$
SiN$_x$
Aluminum

图 4-26　SE-PERC 太阳电池示意图

目前产业化的 PERC 电池大多采用了 SE 技术。制备 SE 的方法有：氮化硅掩膜法、离子注入法、磷浆法和激光掺杂法等。光伏产业普遍采用激光掺杂的方式制备 SE，主要是由于其产线兼容性较好，采用 532nm 皮秒激光器在银栅线位置对扩散后的硅片进行重掺杂。与此同时，激光所带来的表面损伤也是个比较棘手的问题，过大的激光能量会使得表面金字塔熔化，形成很多凸起物，造成载流子的复合，降低了一定的性能。SE 技术可以将单晶硅太阳电池的转换效率提升为原来的 0.2%～0.4%。

4.4.4　边缘刻蚀

在高温管式炉扩散工艺中，硅片背靠背插入石英舟中。在磷扩工艺结束后，除了正面残留的磷硅玻璃，还会不可避免地在硅片边缘以及背面形成磷原子的掺杂。正面残留的磷硅玻璃会在硅片表面形成死层，减少了蓝光响应，增加发射极复合，导致开路电压和短路电流损失，还会在后续沉积减反射膜层时导致色差和减反射膜易脱落的问题。边缘的磷原子扩散还会导致太阳电池 p-n 结的正面所收集到的光生电子会沿着边缘有磷的区域流到 p-n 结的背面造成短路，太阳电池会因此失效。同时此短路通道等效于降低并联电阻，降低填充因子。为了去除残留的磷硅玻璃和边缘掺杂，扩散完的硅片需要在链式清洗设备上使用 HNO$_3$ 和 HF 的混合溶液中进行"水上漂"式的湿法刻蚀处理，如图 4-27 所示。HNO$_3$ 和 HF 混合溶液刻蚀硅的反应方程式为：

$$Si + 4HNO_3 + 6HF \longrightarrow H_2SiF_6 + 4NO_2 \uparrow + 4H_2O$$

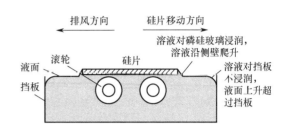

图 4-27　硅片湿法刻蚀示意图

刻蚀工序流程为，酸刻蚀—水洗—碱洗—水洗—酸洗—水洗—风刀吹干。碱洗主要是使用 NaOH 或 KOH，去除硅片背表面的多孔硅，并中和残留的酸。使用 HF 浸泡清洗，是为了去除硅片正面磷硅玻璃。

洁净硅片表面呈疏水状态，当硅片从 HF 清洗槽出来后，可观察其表面脱水情况，如果脱水效果良好，则代表磷硅玻璃已去除较干净。由于湿法制绒时背面也呈现随机微米金字塔纹理，这会对后续背面钝化性能造成不利的影响。因此，需要增加单边刻蚀的时间，利用混酸溶液对硅片背面进行抛光处理。

4.4.5　沉积背钝化膜

介电钝化层的引入是 PERC 电池的关键。钝化主要可以分为两类，分别是：场效应钝化和化学钝化。场效应钝化通常指的是在硅近表面处形成电场来排斥载流子，提高少子寿命，可以通过表面的高浓度掺杂和外加介电层的固定电荷实现；化学钝化主要是通过饱和硅表面的悬挂键来提高少子寿命，可以沉积含 H 的钝化膜，通过退火释放 H 原子完成悬挂键的钝化。一些常用的钝化材料包括：氧化硅（SiO_2）、氧化铝（Al_2O_3）、氧化铪（HfO_2）、氮化硅（SiN_x）等，图 4-28 所示为不同的钝化薄膜的界面态密度和固定电荷密度关系。

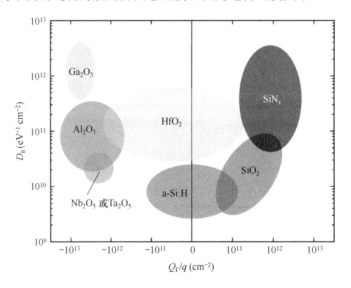

图 4-28　不同的钝化薄膜的界面态密度与固定电荷密度关系

早期背钝化薄膜的选择主要是 SiO_2，选用 SiO_2 的主要原因是其作用于硅片表面时可以和硅形成很好的晶格适配，饱和悬挂键，降低表面缺陷态密度，但与此同时 SiO_2 的固定电荷密度较小，钝化效果有限，其制备过程通常采用高温热氧化。研究人员也尝试采用工艺较为成熟的 SiN_x 作为钝化薄膜，然而 SiN_x 薄膜会在硅的界面引入过高的固定正电荷数，使得 p 型衬底产生严重的寄生电流，最终影响器件效率。Al_2O_3 薄膜具有很低的缺陷态密度和很高的固定负电荷数，对于 p 型衬底具有很好的钝化效果。在 Al_2O_3 薄膜的沉积过程中会在硅与钝化薄膜之间引入一层很薄的硅的氧化物，并且 Al_2O_3 薄膜在经过退火过程可以有效地修复晶格缺陷，薄膜中含有的 H 原子会饱和表面悬挂键。这一特性与后续烧结过程的工艺比较契合，同时在 Al_2O_3 薄膜的基础上沉积比较厚的含 H 的 SiN_x 薄膜，提高 H 饱和悬挂键的同时起到保护 Al_2O_3 薄膜的效果。因此比较常用的就是 Al_2O_3 和 SiN_x 的叠层钝化薄膜。目前常用的沉积薄膜的方式为：原子层沉积（ALD）和等离子体增强气相沉积。其中 ALD 得到的薄膜厚度精确可控且质量较高，逐渐成为主流。

4.4.6　沉积减反射膜

为了降低硅片表面反射，增加硅片表面光的吸收，除了硅片表面绒面化，另一个有效的方法是在电池受光面沉积减反射膜。基于光的干涉效应，调整减反射膜的厚度、折射率等参数，可以得到低的反射率。经过表面制绒和沉积减反射膜后，硅片表面的反射率可以从 33% 降至 5% 以下。

减反射膜的制备方法多样，一般可以用喷涂法、溅射法、磁控溅射法、等离子增强化学气相沉积（PECVD）法等。常用的减反射膜材料有 SiO_2、TiO_2、MgF_2 和 Si_3N_4 等。目前，在工业化普遍使用的是 PECVD 法沉积 SiN_x 减反射膜，采用 PECVD 技术生长的 SiN_x 减反射膜不仅可以显著减少光的反射，而且因为膜层含有大量的氢，对衬底硅中杂质和缺陷起钝化作用，可以提高太阳电池的短路电流和开路电压。PECVD 法制备 SiN_x 减反射膜具有如下优点：

① 折射率大。SiN_x 减反射膜具有良好的光学性质，其折射率大，通过调整硅烷和氨气的比例，改变 SiN_x 减反射膜的 Si 与 N 的比例，可使 SiN_x 减反射膜的折射率在 1.8～2.3 之间可调，透明波段中心与太阳光的可见光谱波段符合，频谱响应率在短波区有较大改善。

② 增强钝化效果。在沉积时引入的 H 对材料的体缺陷和晶界起到了钝化作用，降低了表面复合速率，增加了少子寿命。

③ 掩蔽作用好。SiN_x 减反射膜还有着卓越的抗氧化和绝缘性能，同时具有良好的阻挡钠离子、掩蔽金属和水蒸气扩散的能力。

④ 化学稳定性好。除氢氟酸和热磷酸能缓慢腐蚀外，与其他酸基本不发生反应。

⑤ 工艺温度低。PECVD 法沉积 SiN_x 减反射膜时所需要的温度一般在 400℃ 左右，避免了高温过程对硅片体材料造成的损伤，同时低温过程也降低了制造过程中设备的功耗和制造成本。

PECVD 设备根据等离子体的激发方式不同分为直接法和间接法，根据基片放置方式的不同分为平板式和管式。工业上使用的 PECVD 主要有两种：管式直接法 PECVD 和板式间接法 PECVD，目前主流使用的是管式直接法 PECVD，如图 4-29 所示。

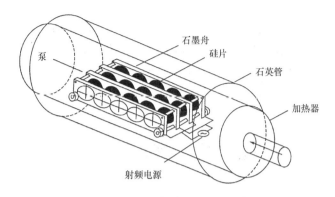

图 4-29　管式直接法 PECVD 示意图

一般反应气体的配比不同，导致生成的 SiN_x 减反射膜的折射率也不同。在反应腔体内，正、负电极之间施加射频电压，在射频电压的作用下，反应腔体内气体产生低压辉光放电，形成大量高能电子，这些高能电子在与 SiH_4 和 NH_3 等气体分子碰撞时，使气体分子产生复杂的电离、分解和化合过程，形成大量活性很高的原子 H 和 SiH、SiH_2、SiH_3、NH、NH_2、SiN、SiN_2、Si_2N_3、Si_3N_4 等等离子团，它们很容易相互键合成薄膜粘附在硅片表面。分析表明，这种薄膜的成分主要是 SiN_x，还含有一定量的 H，其成分可以用 SiN_x:H 来表示，反应方程式为：

$$SiH_4+NH_3 \rightarrow SiN_x:H+H_2 \uparrow$$

薄膜的均匀性及折射率、厚度及致密性与很多因素有关，如反应腔体内的温度、压强、射频功率、气体的流量比、沉积时间等，要得到满足条件的减反射薄膜需要调节这些参数，使其达到一个均衡。

4.4.7　激光开槽（孔）

全面积钝化对背面钝化效果最好，但是不能满足金属化的要求，这就需要对背面钝化层进行开孔并实现局域金属接触，一方面局域金属接触面积较小，将电极接触处复合降至最低，另一方面也满足了电流传导的金属化要求。

激光开孔配合丝网印刷金属浆料烧结是最适合工业化使用的局域金属接触方法，激光开槽是 PERC 电池的另一个关键工艺，采用激光开孔图形化设计对背面钝化膜进行开孔，将部分 Al_2O_3 与 SiN_x 膜层打穿露出硅基体，背电场通过薄膜上的孔或槽与硅基体实现局域金属接触。激光开槽（孔）图形有整线接触、分线段接触和点接触等，如图 4-30 所示。

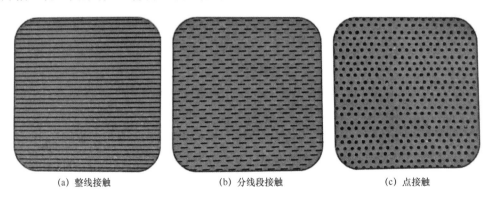

(a) 整线接触　　　　　　　(b) 分线段接触　　　　　　　(c) 点接触

图 4-30　激光开槽（孔）图形

4.4.8　印刷电极

晶硅太阳电池的电极制备过程即金属化过程，其方法也有很多种，如电子束蒸镀法、磁控溅射法、化学电镀法、丝网印刷法等。其中，应用最为广泛、生产效率最高、成本最低的是丝网印刷法。这种方法是将金属化的浆料在刮刀的压力作用下透过图形化的网版印刷在电池表面，而金属化浆料则为导电金属、有机相、玻璃相等混合的粘稠载体，然后通过烘干和烧结作用，将金属电极与硅基底形成金属化接触。

晶硅太阳电池的电极包括正面电极和背面电极，正、背面电极的主要作用是将电池中的光生电流引出来，对于一般的 p 型电池来说正面为负极，背面为正极。电极的制作一般采用体电阻小、接触电阻小、与硅片的黏结度比较高的材料，工业上用得比较多的为银浆。目前，背面的电极是为后续组件制作中焊接焊带服务的，而正面的电极包括细栅线（Fingers）和主栅线（Busbars）。细栅线用于导出电池内产生的电流，而主栅线则将细栅线收集的电流进行汇总。主栅线数量一般为 9 根（对于 182mm 和 210mm 边长的硅片，目前也有采用 12 主栅，甚至无主栅设计）。

电池正面（受光面）的电极设计考虑到遮光效应，尽量使用细栅线，以留有足够大的受光面积，而细栅线会使栅线的电阻变大，可以通过采取高宽比大的二次印刷来解决这个问题；另外，要减少光生载流子的运动路径，在尽量短的距离内被吸收，则采取密栅线设计，现在标准电池片正面都采取 100 根以上密栅线的设计。常规电极印刷工艺分为三次印刷，其流程为：背银印刷—烘干—背铝印刷—烘干—正银印刷—烘干—烧结。印刷的电极厚度与印刷压力、印刷速度、丝网间距、刮刀硬度、刮刀角度、浆料黏度、丝网线径、乳胶厚度等工艺参数有关。常规晶硅太阳电池电极设计如图 4-31 所示。

图 4-31　常规晶硅太阳电池电极设计

4.4.9　烧结工艺

印刷的金属浆料通过烧结工序形成接触电极。烧结是在高温下金属与硅形成合金，即正面电极的银硅合金、背场的铝硅合金、背面电极的银铝硅合金。烧结也是高温下对硅片进行扩散掺杂的过程，实际是一个熔融、扩散和物理化学反应的综合作用过程。

太阳电池的烧结工序要求是：正面电极浆料中的 Ag 穿过 SiN_x 膜扩散进硅表面，但不可到达电池的 p-n 结区；背面浆料中的 Al 和 Ag 扩散进背面硅薄层，使 Ag、Ag/Al、Al 与硅形成合金，形成良好的欧姆接触电极和铝背场，有效地收集电池内的电子。

工业上所采用的烧结炉都为链式结构，由红外灯管加热，采用快速加热烧结形式，烧结时间很短，仅为几分钟。烧结曲线为"尖峰"类型，烧结炉温度曲线如图 4-32 所示。

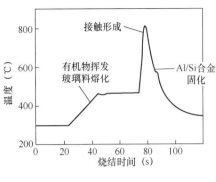

图 4-32　烧结炉温度曲线

浆料的烧结程序分为 4 个阶段：温度从室温升至 300℃，烘干浆料，并使溶剂挥发。在含氧气氛中，温度从 300℃升至 500℃，使浆料中有机树脂分解、碳化。当温度升到 400℃以上时，浆料中的玻璃体已开始熔化。快速加热使温度上升到 600℃以上，进行合金化烧结过程。最后降温冷却，完成整个烧结过程。

为确保烧结质量，烧结温度的控制非常重要，高温烧结前应保证浆料中的有机物挥发干净。在高温烧结过程中，如果温度过低将导致串联电阻增大。温度过高，则导致烧穿 p-n 结，并联电阻减小。

4.4.10　光（电）注入退火

近年来发现 p 型晶体硅电池存在光衰（LID）和热辅助光衰（LeTID）的现象，这种现象对 p 型单晶 PERC 电池更为明显。PERC 电池主要优化的是背面钝化，改善了长波响应，所以其对硅片体少子寿命更加敏感。针对这种现象，国内企业普遍采用了载流子注入退火工艺处理电池，使得电池加速衰退后再恢复，减少了使用过程中的衰减。目前在产业中有两种方法进行载流子注入退火处理，即光注入退火和电注入退火。

电注入退火是早期普遍采用的方法，其工艺是将 200～400 片电池叠放在一起，在电极上加 0.5～1 倍 I_{mpp}（最大电流密度）的电流，在 110℃左右的温度下，退火 70 分钟。这一技术的主要优点是设备价格便宜，功耗低，但是由于每片电池的栅线电极的电阻及接触电阻有差异，导致同样的电流在每片电池上产生的载流子数量有差距，因而造成了再生效果有差别。

光注入退火是一种隧道式炉体，隧道内有光源照射到电池表面，一般采用 LED 光源，LED 的辐照强度通常能达到一个太阳辐照强度的光通量的 20～40 倍。一般辐照退火时的工艺温度在 200℃左右，由于采用了高光强和较高的退火温度，因此处理时间可以减少到数分钟，这种处理工艺的均匀性要比电注入退火高很多。因为这种工艺的载流子是光照产生的，与接触电极无关，这种处理方法很便捷，非常适合于大规模生产，与现有生产线的兼容性好。

4.4.11　电性能测试

太阳电池制作完成后，必须通过测试仪器测量其性能参数，其中伏安特性曲线是最为主要的参数，通过太阳电池的伏安特性曲线的测试，可以获得以下参数：最佳工作电压、最佳工作电流、最大功率（也称峰值功率）、转换效率、开路电压、短路电流、填充因子等。

太阳电池的 I-V 特性测试仪大致由光源、箱体及电池夹持机构、测量仪表及显示部分等组成。光源要求所发出光束的光谱尽量接近地面太阳光谱 AM1.5，在工作区内光强均匀稳定，并且强度可以在一定范围内调节。由于光源功率很大，为了节省能源和避免测试区内温度升高，多数测试仪都采用脉冲闪光方式。电池夹持机构要做到牢固可靠，操作方便，探针与太阳电池和台面之间要尽量做到欧姆接触，因为太阳电池的尺寸在向大面积大电流的方向发展，这就要求测试太阳电池时一定要接触良好。如尺寸为 156mm×156mm 的晶硅太阳电池的电流大约有 8A 左右，而单体太阳电池的电压只有 0.6V 左右，在测试时由于接触不好，即使产生 0.01Ω 的串联电阻，都会造成 0.01×8=0.08V 的电压降，这对太阳电池的测试是绝对不容许的。因此测量大面积太阳电池必须使用开尔文电极，也就是通常所说的四线制，以保证测量的精确程度。

太阳电池测试系统主要包括太阳模拟器、测试电路和计算机测试控制器三个部分。太阳模拟器主要包括电光源电路、光路机械装置和滤光装置三个部分。测试电路采用钳位电压式电子负载与计算机相连。计算机测试控制器主要完成对电光源电路的闪光脉冲的控制、*I-V* 数据的采集、自动处理、显示等。

4.5　高效晶硅太阳电池技术

不可避免的金半接触复合以及发射极重掺杂带来的俄歇复合、能带缩窄等问题，将商业化 p-PERC 太阳电池的理论效率限制在 24.5%以内。为了继续提升晶硅太阳电池的转换效率，亟须引入新的电池结构和技术。学术界和工业界开发出了各种各样的新型高效晶硅太阳电池技术，并展开了大量的研究工作。以下将对四种主要的高效晶硅太阳电池技术进行简要的介绍。

4.5.1　TOPCon 太阳电池

PERC 太阳电池中，沉积完背面叠层钝化膜后，通常使用激光进行局部开槽，然后采用丝网印刷工艺制作背电极。然而金属和硅之间的紧密接触会在带隙内形成大量电子俘获中心，金半接触界面的复合电流密度（$J_{0,met}$）通常大于 2000fA/cm^2，占到 PERC 太阳电池载流子复合损耗的 50%以上。尽管研究人员通过局部重掺杂、优化浆料和烧结工艺、减少金半接触面积等手段来降低 $J_{0,met}$，但仍需足够的金半接触面积来降低载流子传输损失。

而 TOPCon 技术则可以消除金半接触复合，大幅降低电学损失。图 4-33 为商业化双面 TOPCon 晶硅太阳电池的结构示意图。TOPCon 结构的钝化接触机理为：①作为隔离层的超薄 SiO$_2$ 层与体硅间的晶格匹配好，可以实现优异的表面钝化，同时光生电子隧穿 SiO$_2$ 层后被重掺杂多晶硅收集并输送到金属电极；②超薄 SiO$_2$ 层之上的重掺杂多晶硅可以重排硅表面的自由电子和空穴浓度，增强电子隧穿 SiO$_2$ 层的概率和选择性通过率；③全面积钝化接触使光生电子被正面 p-n 结分离后，只需要一维向下输运即可到达背面被收集，消除了 PERC 太阳电池中光生载流子的三维输运损失。

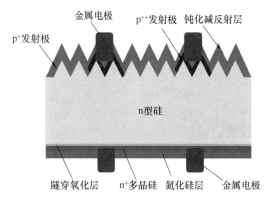

图 4-33　商业化双面 TOPCon 晶硅太阳电池结构示意图

4.5.2　HJT 太阳电池

由两种不同半导体材料组成的 p-n 结称为异质结。1991 年，日本三洋电机公司首次在 p 型非晶硅和 n 型单晶硅的 p-n 异质结之间插入一层本征非晶硅，形成 p-i-n 结构，由于异质结界面钝化效果良好，转换效率达到 18.1%，电池面积为 $1cm^2$。1997 年三洋公司实现了异质结电池的批量化生产，异质结晶硅电池的发展进入快速通道。

HJT 太阳电池的结构示意图如图 4-34 所示。HJT 太阳电池使用超薄的本征氢化非晶硅（Intrinsic Amorphous Silicon，i a-Si:H）对称钝化 n 型单晶硅，并在两侧的 i a-Si:H 层上分别沉积上 p a-Si:H 和 n a-Si:H 以实现载流子的选择性通过，最后在最外侧沉积透明导电氧化物（Transparent Conductive Oxide，TCO）和栅线电极完成载流子的收集和传输。在器件机理上，一方面，超薄 i a-Si:H 层极佳的化学钝化能力可以降低界面缺陷态密度（Interface Defect State Density，D_{it}）至 $1 \times 10^{10} eV^{-1} cm^{-2}$ 以下，同时可以隔绝金半接触复合损耗。另一方面，p a-Si:H 和 n a-Si:H 薄膜具备场效应钝化效果，可以对近表面的光生电子和空穴浓度产生排斥作用，进一步降低 S_{eff}。因此，HJT 太阳电池可以实现 750mV 的 V_{oc}，这已经非常接近于理论上俄歇复合限制下 761mV 的 V_{oc}。

在 HJT 太阳电池结构中，a-Si:H 和 TCO 薄膜在提供优秀钝化性能的同时也伴随着大量的光学寄生吸收损耗，并依然存在电极遮挡损失，因此光学损失比较严重。2014 年，松下公司提出一种将 HJT 概念集成到 IBC 太阳电池背面的新型技术，称为叉指状异质结（Heterojunction with Interdigitated Back Contact，HBC）晶硅太阳电池，其结构示意图如图 4-35 所示。

其特点是：在前表面，使用 PECVD 连续沉积高质量的 i a-Si:H、n a-Si:H 钝化层和 SiN_x:H 减反射层；在背面，使用 PECVD 和光刻技术在背面制造出图形化的 i/n a-Si:H 和 i/p a-Si:H 选择性钝化接触层，分别用于提取和传输光生电子、空穴。HBC 的器件结构充分吸收了 HJT 太阳电池优异的表面钝化优势和 IBC 太阳电池卓越的光学吸收优势，是目前实验室效率最高的太阳电池技术。日本 KANEKA 公司在 2017 年成功制备出转换效率为 26.7% 的大面积 HBC 太阳电池，具有 738mV 的 V_{oc}、$42.65 mA/cm^2$ 的 J_{sc} 以及 84.9% 的 FF，这仍保持着非聚光晶硅太阳电池的世界纪录。然而，HBC 太阳电池也继承了多次光刻图形化的复杂工艺流程、沉积 i/n/p a-Si:H 薄膜严格的工艺窗口以及高精度的隔离工艺等，给其商业化之路带来了难题。

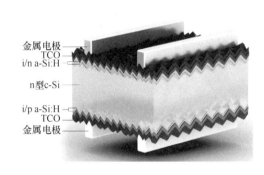

图 4-34　HJT 太阳电池的结构示意图

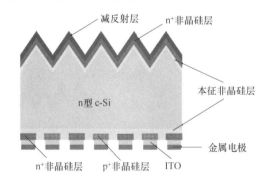

图 4-35　HBC 太阳电池结构示意图

4.5.3　IBC 太阳电池

无论是 Al-BSF 还是 PERC 太阳电池，受光面不仅起到吸收入射光的作用，还要被印刷上金属栅线，来承担收集和传输光生载流子的任务，这限制了其极限效率。为了消除受光面的栅线遮挡，Schwartz 和 Lammert 在 1977 年提出正面无金属化栅线的叉指背接触（Interdigitated Back-Contact，IBC）太阳电池概念，如图 4-36 所示。

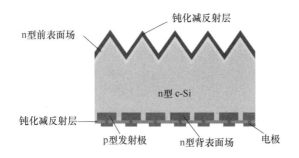

图 4-36　IBC 太阳电池结构示意图

其特点是：正面为全面积陷光纹理和减反射层，p 型发射极和 n 型背表面场呈交叉指状、周期性地排列在背面，光生电子-空穴对在背面内建电场中分离后全部从背面引出。IBC 太阳电池的优势为：①消除正面遮挡的同时避免了正面金半接触复合，给受光面的光学吸收和表面钝化留出更多的空间；②对背接触电极区域的栅线宽度和比例的要求降低，可以将栅线做宽，降低串联电阻，来获得极高的 J_{sc}。Khol T 等人通过优化正面 SiO_2/SiN_x:H/SiO_2 叠层膜的光学设计和钝化性能，配合背面铝电极反射场，实现了高达 $43.0mA/cm^2$ 的 J_{sc} 和 25.0%的转换效率。尽管 IBC 太阳电池是目前可量产商业化太阳电池中转换效率最高的技术，但受限于工艺烦琐、图形化要求高和掺杂工艺难度大等问题，制造成本居高不下，一直未能得以大规模推广。近年来，由于 IBC 结构的高度兼容性，可搭配新型钝化接触技术、非掺杂异质结技术和铜电镀技术等，它已经重新回到研究人员的视野中。

4.5.4　MWT 太阳电池

MWT（Metal Wrap Through）太阳电池，即金属缠绕式太阳电池，或称金属穿孔卷绕太阳电池。与常规太阳电池相比，MWT 太阳电池能够将电池正面收集的电子通过孔洞中填充的金属转移至电池背面，无须在电池正面制作"主栅"，因此电池表面就有更大的面积来收集光子并将其转化为电能，从而提高电池的转换效率。

MWT 太阳电池结构示意图如图 4-37 所示。MWT 太阳电池技术是采用激光钻孔、背面布线的技术消除了正面电极的主栅线，正面电极细栅线收集的电流通过孔洞中的银浆引到背面，这样电池的正负电极点都分布在电池的背面，有效减少了正面栅线的遮光，提高了转换效率，同时降低了银浆的耗量和金属电极-发射极界面的少子复合损失。金属电极绕通还可以实现双 p-n 结构，即通过金属化通道将前结和背结连接起来，共同收集载流子，提高分离和收集载流子的效率，对于少子寿命较低的硅衬底采用此种结构仍可获得较高的短路电流，降低了对 Si 材料的要求。

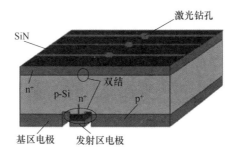

图 4-37　MWT 太阳电池结构示意图

参 考 文 献

[1] 丁兆明，贺开矿. 半导体器件制造工艺[M]. 北京：中国劳动出版社，1995.

[2] 王家骅，李长健，牛文成. 半导体器件物理[M]. 北京：科学出版社，1983.

[3] 赵富鑫，魏彦章. 太阳电池及其应用[M]. 北京：国防工业出版社，1985.

[4] 安其霖，曹国琛，李国欣，等. 太阳电池原理与工艺[M]. 上海：上海科技出版社，1984.

[5] 陈哲艮，郑志东. 晶体硅太阳电池制造工艺原理[M]. 北京：电子工业出版社，2017.

[6] 沈辉，杨岍，吴伟梁，等. 晶体硅太阳电池[M]. 北京：化学工业出版社，2020.

[7] 王文静，李海玲，周春兰，等. 晶体硅太阳电池制造技术[M]. 北京：机械工业出版社，2013.

[8] 沈文忠. 太阳能光伏技术与应用[M]. 上海：上海交通大学出版社，2013.

[9] 沈辉，徐建美，董娴. 晶体硅光伏组件[M]. 北京：化学工业出版社，2019.

[10] 丁建宁. 高效晶体硅太阳能电池技术[M]. 北京：化学工业出版社，2019.

[11] 沈文忠，李正平. 硅基异质结太阳电池物理与器件[M]. 北京：科学出版社，2014.

[12] 中国可再生能源学会光伏专业委员会. 2022 中国光伏技术发展报告[R]. 中国可再生能源学会光伏专业委员会，2022，7.

[13] GLUNZ S W, STEINHAUSER B, POLZIN J I, et al.Silicon-based passivating contacts: The TOPCon route[J].Progress in Photovoltaics: Research and Applications, 2021.

[14] YOSHIKAWA K, KAWASAKI H, YOSHIDA W, et al.Silicon heterojunction solar cell with interdigitated back contacts for a photoconversion efficiency over 26%[J]. Nature Energy, 2017, 2: 17032.

[15] ZHAO J, WANG A, GREEN M A.24.5% efficiency silicon PERT cells on MCZ substrates and 24.7% efficiency PERL cells on Fz substrates[J]. Progress in Photovoltaics: Research and Applications, 1999, 7(6): 471-474.

[16] GREEN M A.The path to 25% silicon solar cell efficiency: History of silicon cell evolution[J]. Progress in Photovoltaics: Research and Applications, 2009, 17(3): 183-189.

练 习 题

4-1 简述制备高纯多晶硅材料的方法。

4-2 简述直拉单晶硅工艺的主要步骤。

4-3 多晶硅定向凝固生长的方法有哪些？

4-4 简述 PERC 太阳电池的生产工艺流程。

4-5 太阳电池制作过程中制作绒面的目的和方法是什么？

4-6 简述太阳电池扩散制结的方法和原理。

4-7 晶硅太阳电池制备过程中去边刻蚀的目的和方法是什么？

4-8 为什么要在太阳电池表面制作减反膜？减反膜的常用材料是什么？

4-9 简述晶硅太阳电池钝化原理和技术。

4-10 晶硅太阳电池电极所用的材料分别是什么？起什么作用？

4-11 一般太阳电池性能测试需要测量哪些性能参数？

4-12 简述选择性发射极的作用。

4-13 简述光（电）注入退火增效机理。

4-14 高效晶硅太阳电池有哪些类型？结构特点如何？

4-15 提高晶硅太阳电池转换效率可采用哪些方法和手段？

第5章 晶硅光伏组件的制造

光伏组件是太阳电池经过封装工艺加工而成的。封装除可以保证光伏组件具有一定的机械强度外,还具有绝缘、防潮、耐候等作用,具体包括以下几个方面:

① 有足够的机械强度,能抵抗风沙及冰雹,能在运输过程中经受所发生的震动和冲击;

② 有良好的绝缘性,能够保证组件在雷雨天气不被雷电击穿;

③ 有良好的密封性,能够保护组件抵抗水汽、潮气等的侵入。

为了保证长期使用的可靠性,封装后的光伏组件必须经过一系列严格的电气性能和安全性能检测,国内外已经制定了完善的晶硅光伏组件的产品标准和检验标准,常用的有IEC61215、IEC61730、UL1703 等。

5.1 光伏组件的结构

单体太阳电池通常不能直接供电,主要因为太阳电池既薄又脆,机械强度差,容易破裂;大气中的水分和腐蚀性气体会逐渐氧化和锈蚀电极,使其无法承受露天工作的严酷条件。同时单体太阳电池的工作电压通常只有 0.6V 左右,功率很小,难以满足一般用电设备的实际需要,通常采用多个晶硅太阳电池串联和并联的组合方式得到所需的电压和电流,进而提供足够大的输出功率。所以单体太阳电池必须封装成光伏组件,为太阳电池提供机械、电气及化学等方面的保护,满足户外长期使用的需求。

光伏组件是指具有封装及内部连接的、能单独提供直流电输出的,不可分割的最小太阳电池组合装置。

在光伏组件封装前,要根据功率和电压的要求,对于太阳电池的尺寸、数量、排布、连接方式和接线盒的位置等进行设计计算。针对不同的应用场景,设计的晶硅光伏组件可以提供数瓦到数百瓦的输出功率。对地面晶硅光伏组件的一般要求是:工作寿命 25 年以上;有良好的绝缘性、密封性;有足够的机械强度和抗冲击性;紫外辐照稳定性好;封装效率损失小;封装成本低。

常规晶硅光伏组件结构示意图如图 5-1 所示。普遍采用封装材料(EVA)将上盖板(光伏玻璃)、太阳电池、下盖板(光伏背板)粘结在一起,周边采用铝边框加固,背面安装接线盒。

由于早期离网光伏系统多数采用铅酸蓄电池作为储能装置,最常用的铅酸蓄电池电压是 12V。为了使用方便,早期的晶硅光伏组件通常由 36 片太阳电池串联而成,其最佳工作电压为 17.5V 左右,这考虑了一般的防反充二极管和线路损耗,并且在工作温度不太高的情况下,可以保证蓄电池的正常充电。特别注意:在并网光伏系统中,36 片太阳电池串联的组件其工作电压并不是 12V,而是 17.5V 左右。

目前单块光伏组件正逐渐向着高功率、大尺寸方向发展,多数光伏组件的功率已超过 500W,通常采用 60 片或 72 片,整片或半片 182mm×182mm 或 210mm×210mm 尺寸的太阳电池串并联组合的方式。

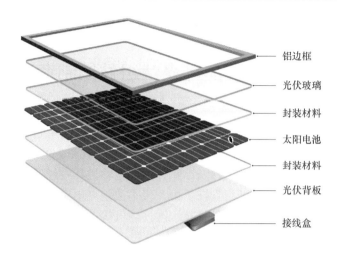

图 5-1　常规晶硅光伏组件结构示意图

标注（从上到下）：铝边框、光伏玻璃、封装材料、太阳电池、封装材料、光伏背板、接线盒

5.2　光伏组件封装材料

光伏组件封装材料主要包括焊带、助焊剂、光伏玻璃、密封材料、光伏背板、接线盒、铝边框和密封胶等。

1. 焊带

太阳电池之间的连接采用涂锡焊带，焊带要具有良好的导电性，降低因串联电阻带来的功率损失。焊带要有优良的焊接性能，在焊接过程中应保证焊接牢固，避免虚焊或过焊的现象，且软硬适中，要考虑电池厚度和焊接方法，避免产生裂片。

焊带一般都是以纯度大于 99.9% 的铜为基材，表面镀一层 10～25μm 的锡铅合金，以保证良好的焊接性能。焊带按照铜的基材分类可以分为：纯铜（99.9%）、无氧铜（99.95%）和紫铜三种焊带。焊锡层各种金属所占的比例为：60%Sn+40Pb、62%Sn+36Pb+2%Ag、96.5%Sn+3.5%Ag 等。涂锡焊带还分为含铅和无铅两种，它们的焊接温度不同，通常含铅焊带的焊接温度为 320～360℃，无铅焊带的焊接温度为 370～430℃。

根据不同使用功能分为互联条和汇流条。互联条主要用于单片电池之间的连接。汇流条则主要用于电池组之间的相互连接和接线盒内部电路的连接。

光伏组件在使用过程中受到高低温的影响，会在焊带处产生热应力，因此焊带对于整个组件的寿命和可靠性弥足关键。

2. 助焊剂

当涂锡焊带暴露于空气中时，表面会氧化产生氧化物，影响焊接效果。因此焊带使用前需要去除氧化物，同时保证焊带表面不会再次形成氧化物。

助焊剂主要有四大功能：①有助于热量传递，去除焊带表面氧化物及污染物；②浸润被焊接金属表面，保护金属表面不再被氧化；③降低焊锡的表面张力，促进焊料的扩展和流动；④有助于提高焊接质量。

助焊剂在使用过程中应避免残留，若助焊剂残留会腐蚀电池，降低电导性，影响 EVA 与电池的黏结，可能在主栅线产生连续性的气泡。

3. 光伏玻璃

光伏玻璃覆盖在光伏组件的正面，构成组件的最外层，是保护太阳电池的主要部分，因此要求其坚实牢固、抵抗冲击能力强和使用寿命长，同时透光率高，尽量减少入射光的损失，保护光伏组件不受水汽的侵蚀、阻隔氧气防止氧化、耐高低温、良好的绝缘性和耐老化性能、耐腐蚀性能。

光伏玻璃主要使用低铁超白钢化压花玻璃，一般厚度为 3.2mm，透光率在 90% 以上，铁含量低于 0.015% 可增加光伏玻璃的透光率。由于在实际应用时要经受冰雹等的冲击，所以必须有相当大的强度，通常将光伏玻璃进行化学或物理钢化。为了进一步减少反射损失，对光伏玻璃表面进行减反射工艺，采用绒面结构，利用特制的压花辊，在超白玻璃表面压制出特制的金字塔形花纹，增加与 EVA 的黏合力，以降低光伏玻璃的反射率，提高透光率。为进一步增加光伏玻璃的透光性，引入镀膜钢化玻璃，其以特种纳米涂料为主要原料经过高温处理得到，可见光透光率提高 2.5%。

除光伏玻璃外，有的采用聚碳酸酯、聚丙烯酸类树脂等作为封装材料，这些材料透光性好、材质轻，适用于任何不规则形状，加工方便。但是有些材料不耐老化，使用时间不长就泛黄，其透光率严重下降，且耐温性差，表面容易刮伤，因此其应用受到一定限制，目前主要用于小型组件。

4. 密封材料

在光伏玻璃与太阳电池及太阳电池与光伏背板之间，需要用密封材料进行黏合。光伏封装胶膜按照基体材料可分为 EVA、POE、PVB 胶膜等，当前胶膜市场仍然以 EVA 胶膜为主。POE 胶膜作为用于双玻组件中的新一代光伏胶膜材料备受关注。

EVA 胶膜在一定的温度和压力下会产生交联和固化反应，使太阳电池、光伏玻璃和光伏背板黏结成一个整体，不仅能提供坚固的力学防护，还可以有效保护太阳电池不受外界环境的侵蚀。EVA 胶膜是乙烯与醋酸乙烯酯共聚物，具有透明、柔软，熔融温度比较低、流动性好，有热熔黏结性等特征，这些都符合太阳电池封装的要求，但是其耐热性差、内聚强度低，容易产生热收缩而引起太阳电池破裂或使黏结脱层。

EVA 胶膜的性能对光伏组件的使用寿命及发电特性影响非常大。为了保证组件的可靠性，EVA 胶膜的交联度一般控制在 75%～95%。如果交联度太低，意味着 EVA 胶膜还没有充分反应，后续在户外使用过程中可能会继续发生交联反应，伴随产生气泡、脱层等风险。如果交联度太高，后续使用过程中会出现龟裂，导致电池隐裂等情况的发生。

除交联度外，EVA 胶膜的收缩率、透光率、体积电阻率等也是衡量其是否能满足组件生产和使用要求的关键因素，耐黄变性能、吸水率、击穿电压等也需要经过考核。

EVA 胶膜是光伏行业中传统组件使用最广泛的密封材料。但是在使用过程中 EVA 胶膜无法做到 100% 的阻水，水汽透过硅胶、光伏背板等渗透到组件内部，使 EVA 发生分解，产生自由移动的醋酸，而醋酸和玻璃表面析出的碱反应形成自由移动的钠离子，钠离子在外加电场的作用下，向电池表面移动，聚集到电池表面的减反射层从而导致组件功率降低，近而产生电势诱导衰减（PID）现象。

POE 即聚烯烃弹性体，是新一代胶膜材料。作为一种热塑性弹性体，具有塑料和橡胶的双重优势，拥有高弹性、高强度、高伸长率等优异的机械性能和良好的低温性能。POE 胶膜最大的优点是其透水率仅为 EVA 胶膜和硅胶的 1/8 左右，能够有效阻隔水汽，更好地保护太阳电池，抑制组件的功率衰减，其高体电阻率和低透水率是提高组件抗 PID 性能的重要特性之一。POE 胶膜玻璃黏结能力不如 EVA 胶膜，容易引起界面失效，而且层压时间长，工艺窗口在层压过程中容易引起气泡，造成外观不良。

5. 光伏背板

光伏背板位于光伏组件背面的最外层，是光伏组件的关键材料。组件的可靠性、使用寿命与光伏背板质量密切相关。光伏背板将组件内部与外界环境隔离，实现电绝缘，阻隔水汽，使组件能够在户外长时间可靠地运行。光伏背板材料应具有良好的机械稳定性、绝缘性、阻水阻氧性、耐紫外、耐老化、耐高低温、耐腐蚀等性能，以及良好的散热性。

光伏背板通常为三层结构，分为外层、中间层和内层。光伏背板外层要有良好的耐候性和耐久性，一般采用含氟材料或改性的 PET 聚酯材料。背板中间层要有良好的机械性能、电绝缘性能和阻隔性能，一般常用 PET 聚酯材料。背板内层要保证背板与密封材料的可靠黏结，需要具备优异抗紫外线能力、较高的光反射率和一定黏结强度。

由于含氟材料在耐候性、抗紫外线性、阻燃性和抗腐蚀性等方面都具有明显优势，因此，含氟背板可以更好地保证光伏电池的户外使用可靠性。目前市面上主流含氟背板使用的是氟系的 PVF 膜和 PVDF 膜，然而含氟材料回收难，存在环境污染的问题，氟碳聚合物具有坚固的化学结构，如填埋甚至在千年内都无法降解该成分，如果焚烧则会产生无色、有刺激性气味、有毒的氟化氢气体。因此，无氟背板应运而生，但其耐候性、长期户外使用的安全可靠性有待提升。

光伏背板按照其生产工艺可以分为复合型背板、涂覆型背板、共挤型背板。复合型背板的三层材料一般单独成膜，然后通过胶水加三层复合。涂覆型背板一般将中间的 PET 聚酯材料的上下两面使用涂层进行涂覆，采用的涂层多为含氟涂层。共挤型背板通过将数层聚合物材料同时从挤出机的模头挤出成型制成，一般要求这几种材料的加工性能相近。

6. 接线盒

接线盒是保证整个光伏发电系统高效、可靠运行的基础，由于光伏电站运营环境的特殊性，接线盒常年暴露在室外使用，其产品应具有抗老化、防渗透、耐高温、耐紫外线的特性，能够适应各种恶劣环境条件下的使用要求。接线盒主要为光伏组件发电提供连接和保护功能。

接线盒内部通过接线端子和连接器将光伏组件产生的电流引出并导入到用电设备中。为了尽量减小接线盒对组件功率的损耗，接线盒所用的导电材料要求电阻小，和汇流带引出线的接触电阻要小。

接线盒的保护作用包括三部分，一是通过旁路二极管防止热斑效应，保护电池及组件；二是通过特殊材料密封设计防水防火；三是通过特殊的散热设计降低接线盒的工作温度，减小旁路二极管的温度，进而降低其漏电流对组件功率的损耗。

接线盒主要由三大部分组成：接线盒盒体、电缆和连接端子。接线盒盒体一般由以下几部分构成：底座、导电部件、二极管、密封圈、密封硅胶、盒盖等。接线盒种类繁多，从是否灌胶看,有灌胶式和非灌胶式;根据接线盒内部汇流带的不同连接方式又可分卡接式和焊接式;还有一体式接线盒和分体式接线盒。一体式接线盒内有一个或多个二极管以及正负极电缆,一般一个组件只用一个接线盒即可。分体式接线盒包含有多个接线盒,每个接线盒里面有一个二极管,正负极电缆分布在不同接线盒上,因此一个组件至少要有两个接线盒。

光伏组件在运行过程中会产生热斑效应,在一定条件下一串联支路中被遮挡的太阳电池,将被当作负载消耗其他有光照的太阳电池所产生的能量,被遮挡的太阳电池将会发热。热斑使组件发热或局部发热,热量聚集导致组件性能不良或损坏。热斑处电池受到损伤,组件功率输出降低;导致焊点融化破坏封装材料严重降低组件的使用寿命,甚至导致组件报废,对电站发电安全造成隐患。

为了防止太阳电池由于热斑效应而遭受破坏,最好在组件的正负极间并联一个旁路二极管,以增加方阵的可靠性。通常情况下,旁路二极管处于反偏压状态,不影响组件正常工作。旁路二极管的工作原理是将二极管与若干片电池并联,在组件运行过程中,当组件中的某片或者几片电池受到乌云、树枝、鸟粪等遮挡物遮挡而发生热斑时,接线盒中的旁路二极管利用自身的单向导电性能给出现故障的电池组串提供一个旁路通道,电流从二极管流过,从而有效维护整个组件性能,得到最大发电功率,工作原理图如图 5-2 所示。

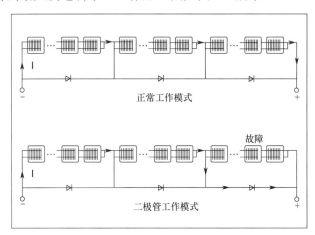

图 5-2　组件中旁路二极管工作原理图

7. 铝边框

为了增加组件的机械强度,通常要在层压后的组件四周加上边框,在边框上适当部位要有开孔,以便用螺栓与支架固定。边框材料主要采用铝合金,也可采用不锈钢和增强塑料等。铝合金边框通常要进行表面氧化处理,使其具有良好的耐腐蚀性。边框与组件之间要采用硅胶进行密封。根据使用场所的要求,有时也可用无边框组件。

组件的边框与有机硅胶结合,将电池、玻璃、背板等原辅料封装保护起来,使得组件得到有效保护,同时由于铝边框的保护,组件在运输、移动过程中更加安全和方便。

组件原辅料中,钢化玻璃受力不均匀容易产生爆碎,铝边框机械强度高,与有机硅胶结合,可以缓冲外力冲击,承受较大的外力,有效保护钢化玻璃及其封装的电池。在搬运及装箱运输过程中,更加方便、安全。

组件工作环境各不相同,由于组件暴露在环境中,遇到雷雨天气,容易被闪电击中。铝边框表面经过阳极氧化工艺处理，有一层致密的氧化膜，不但有较高的耐磨性，还有非常优异的绝缘性，可以有效提高整个组件的耐压性能，有效保护组件内部脆弱的电池。

8．密封胶

光伏组件的边框密封、接线盒粘接、接线盒灌封、汇流带密封等位置均需要使用密封胶，一般采用硅酮胶，不仅能满足长期的耐老化性能，而且还具有优异的粘接性能，对组件、系统的强度和安全有着非常重要的作用。密封胶根据使用时的固化方式可分为单组份和双组份密封胶。

5.3　光伏组件工艺流程

晶硅光伏组件常规生产工艺流程如图 5-3 所示。在整个工艺流程中，电池的焊接和层压是最关键的两个工序，它们直接影响光伏组件的成品率、输出功率和可靠性。

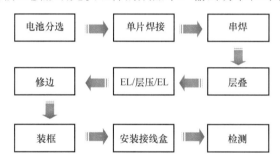

图 5-3　晶硅光伏组件常规生产工艺流程

1．电池分选

尽管电池在进入封装工序以前，已经按功率等参数进行分档，但为了避免有些电池性能衰减后效率或电流值低于同档其他电池，造成组件效率损失，应根据其性能参数进行再次分选，将性能一致或相近的电池组合在一起，以提高组件输出功率。

2．单片焊接

将焊带焊接到电池正面的主栅线上，以准备与其他电池串焊。焊带为镀锡铜带。目前焊接工序多采用自动焊接机，自动焊接有利于降低组件碎片率，提高焊接的可靠性和一致性。

3．串焊

串焊是指将若干焊接好的单个电池从背面互相焊接成一个电池串。通常是 10 片或 12 片为一串。焊接时要求连接牢固，接触良好，间距一致，焊点均匀，表面平整，电池片间距控制在 1.5±0.5mm。

4．层叠

将一定数量的电池串串联成一个电路并引出正负电极，然后自下而上依次铺设光伏玻璃、

EVA 胶膜、电池串、EVA 胶膜、背板（或光伏玻璃），构成光伏组件。铺设好后需进行一次
EL（电致发光）检测，检查是否有漏焊、虚焊、隐裂及黑斑等问题。

5. EL 检测

EL(Electroluminescent)是电致发光，用于检测电池（硅片）与组件的内部缺陷。叠层后、
层压前的 EL 检测就是检测所有半成品光伏组件。如果发现任何问题，可以在层压前简单地更
换坏的太阳电池。

6. 层压

层压是组件封装的关键工序，层压的好坏对于组件的使用寿命有直接的影响。将层叠好
的组件放入层压机内，通过抽真空将组件内的空气抽出，然后加热使 EVA 胶膜熔化，熔融的
EVA 在挤压的作用下，流动充满玻璃、电池和背板之间的间隙，同时排出中间的气泡，从而
将电池、玻璃和背板粘接在一起。

层压机一般包括上室和下室。层压时将铺设好的半成品放入层压机的下室，下室加热。
上室下室同时抽真空，达到真空度后上室逐渐充气加压。抽真空的目的是排出封装材料层与层
之间的空气和层压过程中产生的空气，消除组件内的气泡。加压的目的是在层压机内部造成一
个压力差，产生层压所需要的压力，有利于 EVA 胶膜在固化过程中更加紧密。

层压时间、加热温度、抽气真空度等是层压过程的主要参数，加热温度太高或抽气时
间过短，层压后的组件中可能出现气泡，会影响组件质量。层压后还要对组件进行一次 EL
检测。

7. 修边

层压时 EVA 胶膜熔化后由于压力而向外延伸固化形成毛边，所以层压完毕后应将其切除。
切除毛边后应再次进行 EL 检测，检验层压过程中产生的隐裂片和碎片，发现后应立即更换。

8. 装框

给组件安装铝边框可以增加组件的强度。铝边框与组件间的缝隙用硅胶填充，进一步密
封组件，延长组件的使用寿命。目前也有些双玻组件采用了无边框的设计形式。

9. 安装接线盒

将组件背板的引出线连接到接线盒里对应的正负极，并把接线盒黏结在背板上。在接线
盒中安装有旁路二极管，有效地缓解了热斑效应对整个组件性能造成的影响。

10. 检测

使用光伏组件模拟器对光伏组件的电性能进行测试，测试条件为标准条件，即 AM1.5，
25℃，1000W/m^2。

高压测试是在组件边框和电极引线间施加一定的电压，测试组件的耐压性和绝缘强度，
以保证组件在恶劣的自然条件（雷击等）下不被损坏。

5.4　高效组件技术

光伏制造产业链各环节均有各自提升发电效率的不同手段：在硅料、长晶、切片环节主要通过物理方式提升材料纯度；电池环节则通过各种镀膜、掺杂工艺提升效率；组件环节则通过各种不同的封装工艺在既有的电池效率前提下，尽量提升组件的输出功率或增加组件全生命周期内的单瓦发电量。高效组件技术主要包括：半片技术、叠瓦技术、多主栅（MBB）技术等。

1. 半片技术

对于半片技术，实际上就是将普通的太阳电池切成两半。不像常见的光伏组件那样具有 60 片或 72 片电池，而是变成了 120 个或 144 个半片电池，但同时保持与常规组件相同的设计和尺寸。半片技术一般都是采用激光切割法，沿着垂直于电池主栅线的方向将标准规格电池切成相同的两个半片电池，再进行焊接串联。与常规组件相同，半片电池封装也采用钢化玻璃、EVA 胶膜和背板进行封装。

常规的光伏组件通常包含 60 个串联的 0.5～0.6V 太阳电池。电压是串联增加的，因此 60 片光伏组件的工作电压为 30～36V。如果像常规组件中那样将半片电池连接在一起，它们将产生一半的电流和两倍的电压，而电阻不变。半片切割过程如图 5-4 所示。

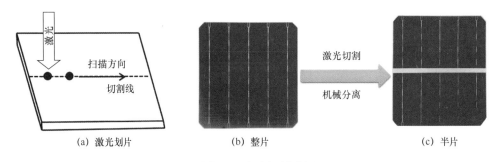

(a) 激光划片　　　　　　　　(b) 整片　　　　　　　　(c) 半片

图 5-4　半片切割过程

在设计上，半片技术一般会采用串并联结合的结构设计，相当于两块小组件并联在一起。一个半片电池的电压与一个整片电池的电压相同，但是数量增加了一倍，而两部分并联后的电压和单独每部分相同，因而总的输出电压相对于整片电池也没有改变。而半片电池因为只有常规电池的一半大小，因而每片电池的电流也只有常规电池的一半，将板型设计为上下两部分并联，输出电流又恢复到整片电池的电流值。半片电池的电阻只有整片的一半，并联的每一部分的电阻也只有整片组件的一半。只有一半电阻的部分再并联，总的回路电阻就只有原来的 1/4了。因此，半片电池组件消耗在内部回路上的内耗降低，相应的输出功率、发电量也就增加了。此外半片电池组件比常规光伏组件更好地抵抗了阴影的影响，这是因为半片电池组件不像常规光伏组件那样具有 3 个电池串，而是具有 6 个电池串，使其成为 6 串电池组件。尽管组件上的一小部分阴影（树叶、鸟粪等）会使整个电池串失效，但因为旁路二极管的设计使得该串不会影响整个电池组件，降低了阴影的影响，如图 5-5 所示。随着更大尺寸的硅片和大组件的普及，半片甚至三分片的组件发展将加快。

2. 叠瓦技术

常规晶硅光伏组件的电池基本都采用金属栅线连接。这种连接方式有 3 个比较明显的缺陷：一是金属栅线和电池间隙占用组件正面的接收光照的面积；二是金属栅线存在线损；三是由于热膨胀系数的差异，以及栅线受温度较大变化热胀冷缩容易发生断裂和腐蚀。这三种缺陷均对组件的转换效率和性能稳定性有较大的影响。

叠瓦技术是一种独特的电池连接技术，将太阳电池切片后，用特殊的专用导电胶材料将其焊接成串。电池采用前后叠片的方式连接，表面没有金属栅线，电池间也没有间隙，充分利用了组件表面的最大面积，减少传统金属栅线的线损，因此大幅提升了组件的转换效率，常规组件和叠瓦组件连接方式示意图如图 5-6 所示。在相同的面积下，叠瓦组件可以放置多于常规 PERC 单晶组件 13%以上的电池。SunPower 研发的叠瓦技术是目前市场上最具代表性的先进新技术之一，且已通过专利予以保护。

常规的金属栅线连接方式为线连接，而叠瓦组件电池之间为面连接，因此有效提升了电池间的连接力，使组件相对可靠。叠瓦组件采用无主栅电池和并联电路设计，在组件受部分遮挡时，功率衰减更小，因此在实际环境中可产生更多的电。改用前后叠片的面连接的组件，大大提高了连接的可靠性，消除了金属栅线断裂隐患，降低了金属栅线被腐蚀及电池隐裂的风险。

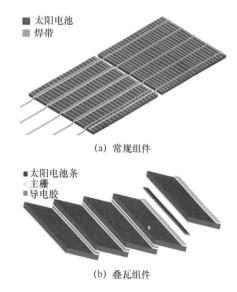

(a) 常规组件

(b) 叠瓦组件

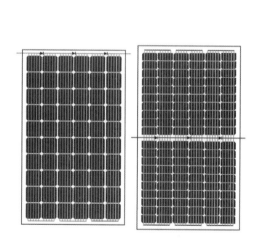

图 5-5 整片电池组件（左）和半片电池组件（右）

图 5-6 常规组件和叠瓦组件连接方式示意图

3. 多主栅技术

多主栅电池示意图如图 5-7 所示，多主栅技术（Multi-busbar，MBB）是通过提高太阳电池主栅数目，缩短电流在细栅上的传导距离，有效减少电阻损耗，提高电池效率，进一步提升组件功率输出。电池主栅数量从 2BB、3BB、4BB、5BB 到目前市场主流 MBB 的演变。MBB 技术具有高功率、高可靠、低成本的特点。①高功率：从光学角度讲，由于圆形焊带的遮光面积更少，使电池受光面积更大从而提升功率；从电学角度讲，由于电流传导路径缩短减少了内部损耗从而提升功率。②高可靠：由于栅线分布更密，多主栅组件的抗隐裂能力更强。通过标准 5400Pa 的机械载荷测试，隐裂造成常规 5BB 组件功率约 0.5%的衰减，而多主栅组件只有 0.1%的衰减。③低成本：多主栅技术除具备高效率及高可靠的特性外，还可通过降低银浆用量很好地控制成本。组件功率的上升可以抵消焊带和 EVA 胶膜的成本增加，组件功率的增加使组件获得增益。

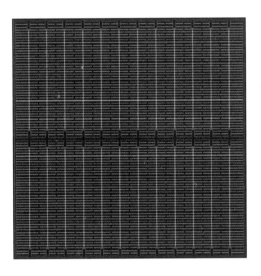

图 5-7　多主栅电池示意图

4. 无主栅技术

无主栅技术（Busbar-free）示意图如图 5-8 所示，使用的太阳电池正面仅印刷细栅线，通过不同的方法将多条垂直于细栅的栅线（主栅）覆盖其上，形成交叉的导电网格结构。无主栅电池的优势主要在于通过减少遮挡和电阻损失增加组件功率，通过使用铜线代替银主栅降低成本。由于铜线的截面为圆形，制成组件后可以将有效遮光面积减少 30%，同时减少电阻损失，组件总功率提高 3%。由于 30 条主栅分布更密集，主栅和细栅之间的触点多达 2660 个，在硅片隐裂和微裂部位电流传导的路径更加优化，因此由于微裂造成的损失被大大减小，产线的产量可提高 1%。更为重要的是由于主栅材料采用铜线，电池的银材料用量可以减少 80%。

图 5-8　无主栅技术示意图

5. 拼片技术

拼片技术指的是无缝互联，拼而不叠的组件设计技术。组件的正面采用的是特有的三角焊带，提高太阳光的利用率，提高了 I_{sc}，进而提高组件输出功率与电池功率总和的百分比（CTM）。通过拼片技术的组件 CTM 可以大于 1，这是由于三角焊带具有很好的光学结构，在减少焊带阴影遮挡的同时可以二次利用焊带反射的光线。扁焊带、圆形焊带和三角焊带的太阳光线反射路径图如图 5-9 所示。通过正面三角焊带的增益效果，在半片技术的基础上弥补了电池之间缝隙增大的不足，进而提升组件的整体发电量。

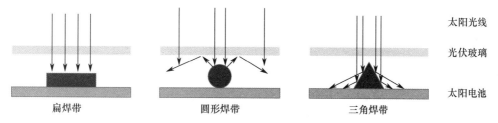

太阳光线

光伏玻璃

太阳电池

扁焊带　　　　　　　圆形焊带　　　　　　三角焊带

图 5-9　扁焊带、圆形焊带和三角焊带的太阳光线反射路径图

5.5　组件安全认证

光伏组件在进入市场之前，需要通过认证机构的相关认证，常见的第三方认证机构有中国的 CQC、CGC、CTC，日本的 JET，北美的 UL、CSA，欧洲的 IEC、TÜV、VDE、ITS 等。

针对光伏组件可靠性认证的标准目前主要有：国际电工委员会（IEC）主导制定的 IEC 系列标准，如 IEC 61215 和 IEC 61730；美国保险商实验室主导制定的 UL 系列标准，如 UL 1703。

5.5.1　主要认证标准

1. IEC 61215

IEC 61215-1（地面用光伏组件－设计鉴定和型式认可－第 1 部分：测试要求）、IEC 61215-1-1（地面用光伏组件－设计鉴定和型式认可－第 1-1 部分：针对晶硅组件测试的特殊要求）和 IEC 61215-2（地面用光伏组件－设计鉴定和型式认可－第 2 部分：测试程序）这三个标准在光伏检测认证领域有着极其重要的地位。IEC 61215:2021 的主要测试流程如图 5-10 所示，测试项目和测试条件一览表如表 5-1 所示。

2. IEC 61730

IEC 61730 是光伏组件安全鉴定，分为两个部分，IEC 61730-1（光伏组件安全鉴定－第 1 部分：结构要求）和 IEC 61730-2（光伏组件安全鉴定－第 2 部分：试验要求）。IEC 61730-1 规定了光伏组件电气和机械操作安全的结构要求。IEC 61730-2 规定了光伏组件的试验要求，以使其在预期的使用期内提供安全的电气和机械运行，对由机械或外界环境影响造成的电击、火灾和人身伤害的保护措施进行评估。IEC 61730 和 IEC 61215 的测试项目有很多是相同或相近的。

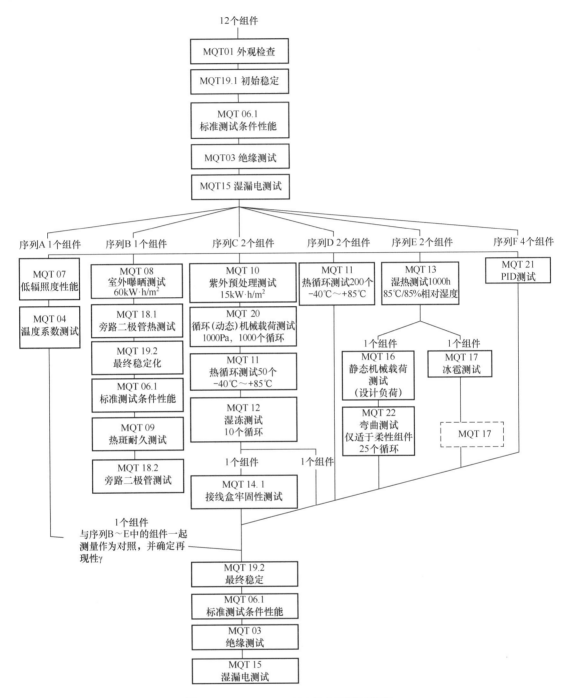

图 5-10　IEC 61215:2021 的主要测试流程

3. UL 1703

UL 1703（平面光伏电池板的 UL 安全标准）与 IEC 61730 类似，主要针对光伏组件的安全性进行测试，确保光伏组件在使用过程中的性能满足美国相关法律法规要求。UL 1703 的主要测试项目见表 5-2 所示。

表 5-1 IEC 61215:2021 测试项目和测试条件一览表

试验	名称	测试条件
MQT 01	外观检查	详见 IEC 61215-1 条款 8
MQT 02	最大功率测定	详见 IEC 60904-1
MQT 03	绝缘测试	IEC TS 60904-1-2 测试条件 500V~1.35×（2000+4×Vsys）之间的变化
MQT 04	温度系数测试	详见 IEC 60891，IEC 60904-10 的指导
MQT 06.1	标准测试条件性能	电池温度：25℃ 辐照度：1000W/m² 标准太阳光谱辐照度分布符合 IEC 60904-3 规定
MQT 07	低辐照度性能	电池温度：25℃ 辐照度：200W/m² 标准太阳光谱辐照度分布符合 IEC60904-3 规定
MQT 08	室外曝晒测试	太阳总辐射量：60kW·h/m²
MQT 09	热斑耐久测试	按照电池技术类别及 IEC 61215-2 规定，在最坏的热斑条件下进行照射
MQT 10	紫外预处理测试	波长在 280~400nm 范围的总紫外辐照 15kW·h/m²，其中波长为 280~320nm 的紫外辐照度占 3%~10%，组件温度 60℃
MQT 11	热循环测试	50 或 200 个循环，循环温度范围为-40~+85℃，在-40~+80℃升温阶段施加标准测试条件下的最大功率点电流，在接线盒上施加 5N 重力
MQT 12	湿冻测试	从+85℃（相对湿度 85%）到-40℃，10 个循环，监测组件电路连续性
MQT 13	湿热测试	在+85℃（相对湿度 85%）下 1000h
MQT 14	引线端强度测试	接线盒强度测试和线缆固定强度测试
MQT 15	湿漏电测试	按不大于 500V/s 的速度增加测试电压，达到 500V 或最大系统电压，保持该电压 2min，溶液温度 22℃±2℃
MQT 16	静态机械载荷测试	均匀施加设计载荷到前、后表面，保持 1h，循环三次最小测试载荷 2400Pa
MQT 17	冰雹测试	最小 25mm 直径的冰球以 23.0m/s 的速度撞击 11 个位置
MQT 18	旁路二极管测试	MQT18.1 旁路二极管热测试： 加热组件至 75℃，在 STC 条件下按 I_{sc} 通电 1h，测各旁路二极管的 V_D，将电流提升至 1.25 倍 I_{sc}，保持 1h； MQT18.2 旁路二极管功能测试； 在 25℃ 条件下测试电压、电流
MQT 19	稳定性能	开始时组件需要在户外进行不少于 10kW·h/m² 辐照预处理，之后在 STC 条件下测试预处理后的组件功率，再连续进行不少于 5kW·h/m² 的户外辐照预处理两次，再在 STC 条件下测试每次辐照预处理之后的组件功率，取三次试验的 P_{max}、P_{min} 和 $P_{average}$，按相关要求进行计算，若结果不满足要求，重新再进行三次预处理，直至满足相关要求。 按照 MQT02 测量输出功率三次 P1，P2，P3。 STC 输出功率由 MQT06.1 程序测定

表 5-2 UL 1703 的主要测试项目

标准条款	测试项目
UL1703-19	Temperature test（温度测试）
UL1703-20	Voltage and current measurements test（电压、电流和功率测试）
UL1704-21	Leakage current test（漏电流测试）
UL1703-22	Strain relief test（拉力测试）
UL1703-23	Push test（按压测试）
UL1703-24	Cut test（切割测试）
UL1703-25	Bonding path resistance test（接合路径电阻测试）
UL1703-26	Dielectric voltage-withstand test（耐电压测试）
UL1703-27	Wet insulation-resistance test（湿绝缘电阻测试）
UL1703-28	Reverse current overload test（反向电流过载测试）
UL1703-29	Terminal torque test（端子扭矩测试）

（续表）

标准条款	测试项目
UL1703-30	Impact test（冲击测试）
UL1703-31	Fire test（防火测试）
UL1703-33	Water spray test（喷淋测试）
UL1703-34	Accelerated aging test（加速老化测试）
UL1703-35	Temperature cycling test（温度循环测试）
UL1703-36	Humidity test（湿冻测试）
UL1703-37	Corrosive atmosphere test（气体腐蚀测试）
UL1703-38	Metallic coating thickness test （金属镀层厚度测试）
UL1703-39	Hot-spot endurance test（热斑耐久测试）
UL1703-40	Arcing test（电弧测试）
UL1703-41	Mechanical loading test（机械载荷测试）
UL1703-42	Wiring compartment securement test（布线稳定性测试）

5.5.2 可靠性测试项目

在上述标准中，除了测试和评估组件的外观、功率衰减等技术指标外，常见的测试项目有热循环测试、湿热测试、湿冻测试、紫外预处理测试、湿漏电测试、静态机械载荷测试等。

1. 热循环测试

热循环测试（Thermal Cycling Testing，TC）用以确定组件承受温度重复变化而引起的热失配、疲劳和其他应力的能力。热循环测试过程如图 5-11 所示。测试过程中，组件的温度在 $-40℃±2℃$ 和 $85℃±2℃$ 之间循环，温度变化速率不超过 $100℃/h$，在两个极端温度下，应保持至少 10min。一次循环时间一般不超过 6h，一般测试 200 个循环，称之为 TC200。很多高可靠性组件要求通过 400 或 600 个循环的测试，即 TC400 或 TC600。

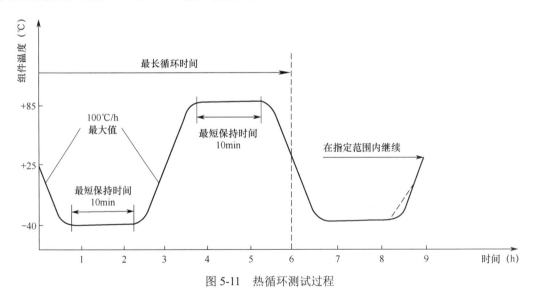

图 5-11　热循环测试过程

经过一定循环的测试后，将组件放置在温度为 $23℃±5℃$、相对湿度小于 75% 的环境下保持开路状态，1h 后进行检测。

2. 湿热测试

湿热测试（Damp Heat Testing，DH 或双 85）用以确定组件承受长期湿气渗透的能力。测试时环境温度为 85℃±2℃，相对湿度 85%±5%，测试时间为 1000～1048h。之后将组件放置在温度为 23℃±5℃、相对湿度小于 75%的环境下保持开路状态，2～4h 后检测是否有 IEC 61215-1 所述的严重外观缺陷，并进行湿漏电测试，应满足与初始测试同样的要求。

3. 湿冻测试

湿冻测试（Humidity Freeze Testing，HF）用以确定组件承受高温、高湿之后以及零下温度影响的能力。湿冻测试的温度循环如图 5-12 所示。测试过程中，组件的温度在-40℃±2℃和 85℃±2℃之间循环。在高温 85℃±2℃时，控制相对湿度 85%±5%，保持至少 20h；在低温 -40℃±2℃时，相对湿度不作要求，保持时长不超过 4h。在最高温度和最低温度之间，温度变化的速率不超过 100℃/h，一次循环为 24h，一般测试 10 个循环，称之为 HF 10。之后将组件放置在温度为 23℃±5℃、相对湿度小于 75%的环境下保持开路状态，2～4h 后检测是否有 IEC 61215-1 第 8 项所述的严重外观缺陷，并进行湿漏电测试，应满足于初始测试同样的要求。

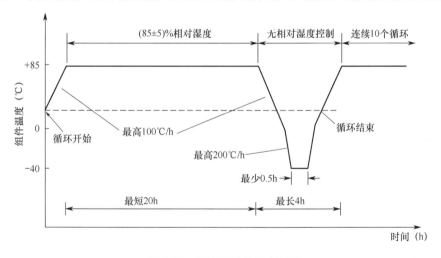

图 5-12　湿冻测试的温度循环

4. 紫外预处理测试

紫外预处理测试（UV preconditioning test）是在组件进行热循环/湿冻测试前，进行紫外辐照预处理，用以确定相关材料及粘连连接的紫外衰减。使用校准的辐射仪测量组件测试平面上的辐照度，确保波长在 280～400nm 的辐照度不超过 250W/m^2（约等于 5 倍自然光水平），且在整个测量平面上的辐照度均匀性达到±15%，选择位置的测量平面上与紫外光线相垂直，保证组件的温度范围在 60℃±5℃。在短路条件或加电阻负载的条件下，波长在 280～400nm 范围的紫外总辐照度为 15kW·h/m^2，其中波长为 280～400nm 应占 3%～10%。测试要求：无严重的外观缺陷、最大输出功率变化不超过测试前测试值的 5%、绝缘电阻应满足初始测试的相同要求、漏电电流应满足初始测试同样要求。

5. 湿漏电测试

湿漏电测试（Wet Leakage Current Testing，WLC）用以评价组件在潮湿工作条件下的耐绝缘性，如果湿漏电性能低，则组件在潮湿环境下长期工作会引发漏电等事故。

在测试过程中，将组件浸没在盛有溶液（电阻率不大于 $3500\Omega\cdot cm$，温度为 $22℃\pm2℃$）的容器中，其深度应有效覆盖组件所有表面，但接线盒引线入口需用溶液彻底喷淋，如果组件采用接插件连接器，则测试过程中接插件需用溶液浸泡。将组件输出端短路，连接到测试设备的正极，使用适当的金属导体将测试液体与测试设备的负极相连，以不超过 500V/s 的速度施加电压，直到 500V 或组件最大系统电压（取两者之较大值），保持该电压 2s，测试绝缘电阻。最后降低电压到零，将测试设备的引出端短路，以释放组件内部的电压。测试要求：对于面积小于 $0.1m^2$ 的组件，绝缘电阻不小于 $400M\Omega$；对于面积大于 $0.1m^2$ 的组件，绝缘电阻值乘以组件面积不小于 $40M\Omega\cdot m^2$。

6. 静态机械载荷测试

静态机械载荷测试（Static mechanical loading testing）用以测试组件承受风、雪或覆冰等静态载荷的能力。组件最小设计载荷取决于组件结构、适应的标准以及安装地点和气候，测试载荷一般应不小于 1.5 倍的设计载荷。通常采用最低风载 2400Pa，最低雪载 5400Pa。测试时将组件安装于支架上，在组件正面逐步将负载加到 2400Pa，保持此负载 1h，然后在组件背面逐步将负载加到 2400Pa，保持此负载 1h，如此为一个循环，整个测试要进行 3 个循环。在整个测试过程中，监测组件内部电路的连续性。测试结束后，组件经过 2～4h 的恢复期后，检验组件的外观，进行湿漏电测试。测试要求：在测试过程中无间歇断路现象；无严重外观缺陷；标准测试条件下，最大输出功率的衰减不超过测试前测试值的 5%；绝缘电阻应满足初始测试的同样要求。

参 考 文 献

[1] 沈文忠. 太阳能光伏技术与应用[M]. 上海：上海交通大学出版社，2013.

[2] 沈辉，徐建美，董娴. 晶体硅光伏组件[M]. 北京：化学工业出版社，2019.

[3] 中国可再生能源学会光伏专业委员会. 2022 中国光伏技术发展报告[C]. 中国可再生能源学会光伏专业委员会，2022，7.

[4] YAN J,YANG Y, CAMPANA P E, et al.City-level analysis of subsidy-free solar photovoltaic electricity price, profits and grid parity in China[J]. Nature Energy, 2019, 4(8): 709-717.

[5] SZE S M.Physics of Semiconductor Devices[J]. 2nd ed, Wiley, 1981.

[6] OLIVEIRA M, CARDOSO A D, VIANA M M, et al.The causes and effects of degradation of encapsulant ethylene vinyl acetate copolymer (EVA) in crystalline silicon photovoltaic modules: A review[J]. Renewable and Sustainable Energy Reviews, 2018, 81: 2299-2317.

[7] BRUCKMAN L S, WHEELER N R, MA J, et al.Statistical and domain analytics applied to PV module lifetime and degradation science[J]. IEEE Access, 2013, 1: 384-403.

[8] PINGEL S, FRANK O, WINKLER M, et al.Potential Induced Degradation of solar cells and panels [C]// Photovoltaic Specialists Conference (PVSC), 2010 35th IEEE.IEEE, 2010.

[9] WU Y, LIAO H.Corrosion Behavior of Extruded near Eutectic Al-Si-Mg and 6063 Alloys[J]. Journal of Materials Science & Technology, 2013, 29(4): 380-386.

[10] HE Y, DU B, HUANG S.Noncontact Electromagnetic Induction Excited Infrared Thermography for Photovoltaic Cells and Modules Inspection[J]. IEEE Transactions on Industrial Informatics, 2018, 14(12): 5585-5593.

[11] JEONG J S, PARK N, HAN C.Field failure mechanism study of solder interconnection for crystalline silicon photovoltaic module[J]. Microelectronics Reliability, 2012, 52(9): 2326-2330.

[12] OH W, JEE H, BAE J, et al.Busbar-free electrode patterns of crystalline silicon solar cells for high density shingled photovoltaic module[J]. Solar Energy Materials and Solar Cells, 2022, 243: 111802.

练 习 题

5-1 简述晶硅光伏组件的结构。

5-2 简述晶硅光伏组件的封装材料及其性能要求。

5-3 简述晶硅光伏组件封装工艺过程。

5-4 简述高效晶硅光伏组件技术。

5-5 简述晶硅光伏组件可靠性测试方法和要求。

5-6 简述晶硅光伏组件电气安全性测试。

第6章 薄膜太阳电池

6.1 概述

由于晶体硅太阳电池具有转换效率高，性能稳定等优点，我国从 1973 年开始光伏发电地面应用以来，晶体硅太阳电池一直占有主导地位。但是传统的晶体硅太阳电池需用大量硅材料，而硅材料和电池制备工艺复杂，耗能高，导致晶体硅太阳电池成本比较高；而薄膜太阳电池由于用材料少、工艺流程短、耗能少，因此成本低，受到了人们的青睐。特别是随着分布式光伏与建筑一体化的推广应用，加上物联网、电动汽车、智能机器人、无人机、平流层平台及卫星等移动能源的潜在市场需求进一步扩大，薄膜太阳电池更有其独特的优势。

1. 薄膜太阳电池的特点

与晶体硅太阳电池相比，薄膜太阳电池具有一系列突出的优点。

（1）生产成本低

由于反应温度低，可在 200℃左右的温度下制造，因此可以在玻璃、不锈钢板、铝箔、陶瓷板、聚合物等基片上淀积薄膜，易于实现规模化生产，降低成本。

（2）材料用量少

由于薄膜材料光吸收系数大，电池厚度可以极薄。如果使用晶体硅，为了充分吸收太阳光，需要的厚度为 150μm 左右，而使用非晶硅，只要 1μm 厚度就已足够，并且不像晶体硅需要切片，材料的浪费极少。

（3）制造工艺简单，可连续、大面积、自动化批量生产

生产方式通常采用等离子增强型化学气相淀积（PECVD）法、磁控溅射和涂布等方法，自动化程度高。制作工艺可以连续在多个淀积室或多片在一个淀积室内完成，从而实现大批量生产。

（4）制造过程消耗电力少

薄膜太阳电池采用气体分解法制备非晶硅，所需基板温度仅 200～300℃，且放电电极所需的放电功率密度较低，因此与晶体硅太阳电池相比，薄膜太阳电池消耗电力少。

（5）高温性能好

当太阳电池工作温度升高时，其输出功率会有所下降。而薄膜电池由于温度系数比较低，其输出功率受温度的影响比晶体硅电池要小得多。例如一座容量为 1MW 的单晶硅电池光伏电站，在太阳电池的温度达到 65℃时，输出功率只有 800kW，而如果采用相同功率的 CdTe 电池，在同样的温度下，输出功率约为 900kW。

（6）弱光响应好

由于非晶硅太阳电池在整个可见光范围内光谱响应范围宽，在实际使用中对低光强有较好的适应性，而且能够吸收散射光，与相同功率的晶体硅太阳电池相比，非晶硅太阳电池的发电量大。

（7）适合与光伏建筑一体化、移动能源等结合

薄膜太阳电池可以根据需要制作成不同的透光率、色彩的 BIPV 组件，代替玻璃幕墙；也可制成以不锈钢或聚合物为衬底的柔性电池，适合于建筑物曲面屋顶等处使用；还可为小型仪器、电脑、机器人、电动汽车、无人机、平流层平台、卫星及空间站等移动设备使用。

薄膜太阳电池主要有以下缺点。

① 转换效率偏低，相同功率所需要光伏组件的面积增加。

已规模化生产的非晶硅、CIGS 及碲化镉光伏组件的转换效率大约只有晶体硅光伏组件的一半左右，与晶体硅太阳电池相比，要占较大面积，这在安装空间有限的情况下，将会受到限制。

② 稳定性差，对于非晶硅、钙钛矿等太阳电池，由于有光致衰减特性，其转换效率在强光作用下有逐渐衰退的现象，这在一定程度上影响了这种低成本电池的应用。

2. 薄膜太阳电池的分类

按照所使用的光电材料分类，薄膜太阳电池通常可分为：硅基薄膜太阳电池（包括非晶硅电池、纳米硅电池和多晶硅薄膜电池）、碲化镉（CdTe）太阳电池、铜铟镓硒（CIGS）太阳电池、砷化镓（GaAs）薄膜太阳电池、钙钛矿太阳电池、染料敏化太阳电池（DSSC）和有机薄膜太阳电池（OPV）等。目前仅硅基薄膜太阳电池、碲化镉太阳电池和铜铟镓硒太阳电池已经大批量商业化生产，其他均处在研发、中试阶段。近年来钙钛矿太阳电池异军突起，是近 10 年来光电转换效率提高最快的技术，研究机构、企业及金融界都倾注了大量资源，有望在近年内解决稳定性和产业化问题，成为薄膜光伏技术中与晶体硅光伏技术相比最有竞争力的技术。

6.2　非晶硅太阳电池

6.2.1　非晶硅太阳电池发展简史

20 世纪 70 年代，非晶硅薄膜最初由 R.C.Chitteck 等通过 PECVD 法沉积获得。1976 年，RCA 实验室的 Cave 与 Chris Wronski 制作了转换效率为 2.4% 的第一块非晶硅太阳电池。1979 年，Usui 和 Kikuchi 报道，在原有的非晶硅薄膜制备技术基础上，通过增加氢稀释度，获得氢化纳米硅薄膜（nc-Si:H）。1980 年日本三洋电器公司利用非晶硅太阳电池制成袖珍计算器。经过 20 世纪 80 年代的研究开发，非晶硅太阳电池的转换效率和稳定性有了明显突破，1988 年与建筑材料相结合的非晶硅太阳电池投入应用。

20 世纪 90 年代开始，为解决转换效率和稳定性问题，叠层非晶硅太阳电池得到了发展，$1m^2$ 以下的、转换效率为 6% 左右的非晶硅太阳电池组件成为主流。2006 年下半年，全球最大的半导体设备供应商美国应用材料（Apply Materials）公司借助其在薄膜晶体管液晶显示器（TFT-LCD）产业主要设备 PECVD、PVD 的优势，采用 8.5 代 TFT-LCD 设备进军薄膜光伏产业，集成推广容量为 40MW 的单结非晶硅太阳电池整套集成生产线，使 $5.72m^2$ 光伏组件的转换效率达 6%。2008 年更推出了同一组件尺寸的容量为 65MW 的非晶硅/纳米硅叠层太阳电池生产线。世界上最大的非晶硅电池组件是美国应用材料公司的 SunFab 生产线生产的 8.5 代 2.2m×2.6m 的非晶硅/纳米硅太阳电池，其转换效率为 8%，稳定功率接近 458W。同时，瑞士欧瑞康（Oerlikon）[其薄膜光伏业务已出售给日本东京电子公司（Tokyo Electron Ltd）]、日本

真空（ULVAC）和韩国周星（JUSUNG）等均凭借自身在 TFT-LCD 行业的经验，提供 5 代整套集成生产线，生产出转换效率为 8%～12%、规格为 1.1m×1.3m 或 1.1m×1.4m 的非晶硅/纳米硅太阳电池组件；而汉能集团 2011 年 9 月开始通过认购铂阳太阳能股份后获得控股权，取得美国 EPV 公司技术改进后的非晶锗硅太阳电池生产线集成技术，转换效率在 8%左右，部分生产线仍在运行。

由于氢化非晶硅合金是一种性能复杂的半导体材料，相关的理论在丰富完善，无论是材料理论、电池研究及工艺过程，非晶硅、纳米硅薄膜及其叠层太阳电池技术更多地应用于异质结太阳电池（HJT-Hereto-junction with Intrinsic Thin-layer Solar Cell）及钙钛矿光伏技术。

6.2.2　非晶硅太阳电池结构

1. 单结非晶硅太阳电池

在非晶硅材料中，硅原子按照一定的键长和键角相互间以无序方式结合形成四面体结构。在这种结构中存在许多悬挂键，氢原子可以与悬挂键结合使之钝化，形成氢化非晶硅（a-Si:H），器件质量级的非晶硅薄膜中氢含量在 5%～15%。

常用太阳电池材料的光吸收系数如图 6-1 所示，氢化非晶硅材料光吸收系数大（见图 6-1 中的圆圈线），具有较高的光敏性，其吸收峰分布与太阳光谱峰分布相近，有利于太阳光的利用，故适合制作薄膜太阳电池，但其本身也存在一些难以克服的问题：首先，其光学带隙在 1.7eV 左右，这一带隙的材料主要吸收可见光波段的太阳光，对长波段的太阳光不敏感，这限制了非晶硅太阳电池转换效率的提高。其次，氢化非晶硅材料在光照后产生亚稳态，光电导和暗电导会明显下降，即存在光致衰退效应（Steabler-Wronski 效应，简称 S-W 效应），从而导致非晶硅太阳电池在光照下转换效率会降低，稳定性较差。针对非晶硅太阳电池的光致衰退问题，人们进行了长期的研究，并取得了显著进步，通过改善非晶硅材料的性能、优化电池陷光结构，欧瑞康公司制备的非晶硅太阳电池的转换效率已达 11.0%以上。

单结非晶硅太阳电池分为 n-i-p 型和 p-i-n 型两种类型，由入射光入射顺序决定，如果入射光从 n 层到 i 层再到 p 层，即为 n-i-p 型，反之则为 p-i-n 型。p-i-n 型非晶硅太阳电池通常沉积在透明性较好的玻璃或耐高温塑料衬底上；而 n-i-p 型非晶硅太阳电池通常沉积在不透明或透光性较差的塑料或不锈钢衬底上，具体结构如图 6-2 所示，p-i-n 型非晶硅太阳电池能带图如图 6-3 所示，图中能带内部的斜线表征带尾态。由于带尾态的存在，非晶硅电池会产生一些无效光生载流子。因为 p 层收集空穴，而空穴的迁移率较低，以 p 层作为迎光层，缩短了光生空穴向 p 层传输的距离，所以，在非晶硅太阳电池中，一般使用 p 层作为电池的窗口层，即太阳光的入射层。

2. 非晶硅叠层太阳电池

非晶硅叠层电池是利用不同带隙材料的分光技术，组成的多结电池，其可提高不同光谱光子的有效利用率，且转换效率高于单结电池。同时由于多层结构，每结的厚度可以相对较薄，从而提高了电池的稳定性。理想情况下，非晶硅叠层太阳电池的开路电压等于各个子电池开压之和；而短路电流等于各子电池中电流最小的一个。因此，非晶硅叠层太阳电池的匹配设计对获得高的转换效率至关重要。填充因子由各子电池的填充因子和它们电流的差值决定。在两个子电池的连接处是顶电池的 n 层与底电池的 p 层相连，这是一个反向 p-n 结，光电流以隧道复合的方式流过，为了增加隧道效应，提高载流子的迁移率是最为有效的方法，在实际器件中通常采用纳米 p 层与纳米硅 n 层组合。

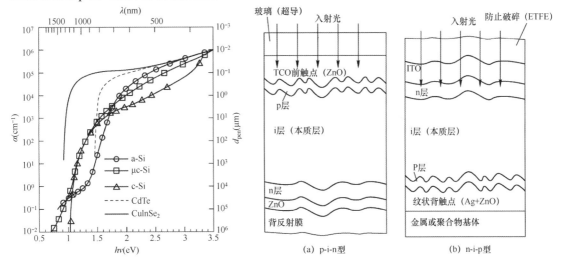

图 6-1　常用太阳电池材料的光吸收系数　　　图 6-2　p-i-n 与 n-i-p 型非晶硅太阳电池结构示意图

（1）非晶硅/非晶硅双结叠层太阳电池

这种结构在制备过程中，通过调节顶电池与底电池中本征层的沉积参数（主要为温度与氢稀释度），使禁带宽度有所不同；由于非晶硅的禁带宽度调整范围较小，为了使底电池有足够的电流，底电池的本征层要比顶电池厚得多，顶电池与底电池的本征层厚度分别为 100nm 与 300nm 左右，带隙分别为 1.8eV、1.7eV 左右。相应的电池结构示意图与量子转换效率（QE）曲线如图 6-4 所示，能带图如 6-5 所示。

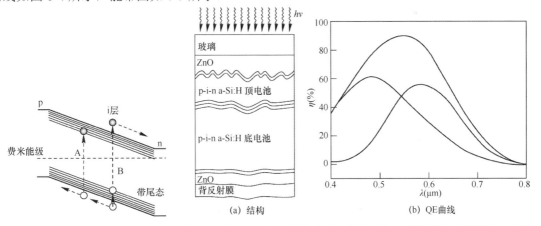

图 6-3　p-i-n 型非晶硅太阳电池能带示意图　图 6-4　非晶硅/非晶硅双结叠层太阳电池结构示意图与 QE 曲线

（2）非晶硅/非晶硅锗双结叠层太阳电池

为了提高底电池的长波响应，非晶硅锗合金是理想的本征材料，锗的掺入可降低非晶硅薄膜的带隙，通过调节等离子体中硅烷与锗烷的比例来调节材料的禁带宽度，对于非晶硅锗双结叠层结构的底电池，其最佳锗硅比为 15%～20%，相应的禁带宽度为 1.6eV 左右，相应结构如图 6-6 所示。

（3）非晶硅/纳米硅双结叠层太阳电池

纳米电池带隙接近 1.1eV，长波响应与稳定性方面比非晶硅锗都要好，非晶硅/纳米硅双结叠层太阳电池结构示意图与 QE 曲线如图 6-7 所示。

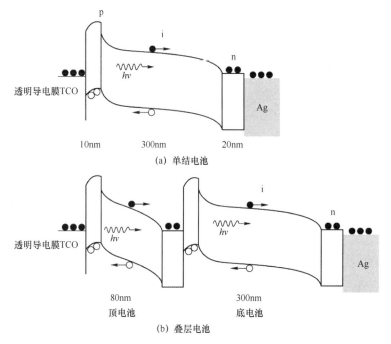

图 6-5　非晶硅/非晶硅双结叠层太阳电池能带图

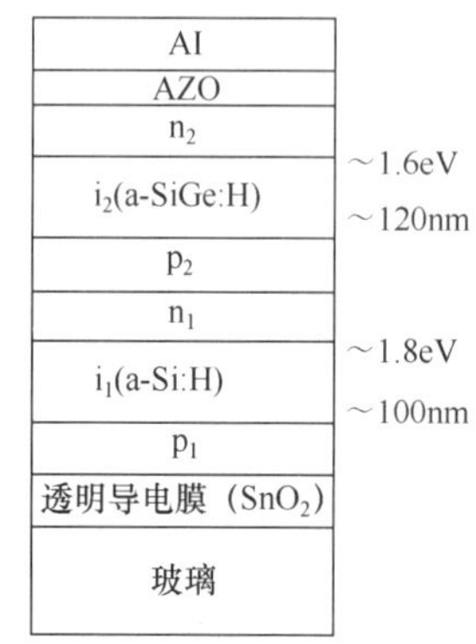

图 6-6　非晶硅/非晶硅锗双结叠层
太阳电池结构

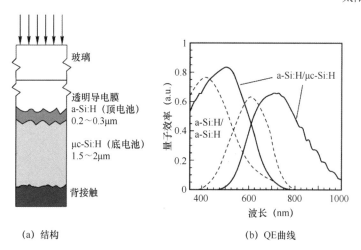

图 6-7　非晶硅/纳米硅双结叠层太阳电池结构示意图与 QE 曲线

　　纳米硅太阳电池的电流相对非晶硅太阳电池高很多，故在制备非晶硅/纳米硅双结叠层太阳电池时，为了使非晶硅太阳电池不至过厚，通常在两结电池中间加入一层 ZnO 中间增反层（如图 6-8 所示），以增强电流匹配，且中间反射层的折射率对电池的 QE 影响较大。通过优化中间反射层的折射率，日本钟渊化学公司获得的非晶硅/纳米硅双结叠层太阳电池的转换效率为 14.7%（J_{sc}=14.4mA/cm^2、V_{oc}=1.41V、FF=72.8%），组件转换效率达到了 13.2%。

　　非晶硅/纳米硅双结叠层太阳电池的纳米硅薄膜需要 1μm 以上的厚度，而现有的工艺纳米硅的沉积速率较慢，Sanyo 公司研发了一种等离子体局域化（LPC-CVD）设备（原理图参见

图 6-9），这种设备可获得高沉积速率、高性能的纳米硅薄膜，采用锥形喷嘴排布、高沉积压强（大于 1000Pa），沉积过程等离子体重叠，使沉积速率达 4.1nm/s，沉积过程上部将 SiH_2 等基团快速抽出，利于获得高性能纳米硅。采用此技术，Sanyo 在 1.1m×1.4m 大小的组件上获得 11.1%（V_{oc}=161.7V、I_{sc}=1.46A、FF=72.4%、P_m=171W）的初始转换效率，10%的稳定转换效率，且纳米硅部分沉积速率达到 2.4nm/s。

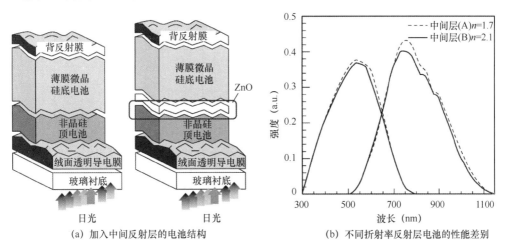

(a) 加入中间反射层的电池结构　　　　(b) 不同折射率反射层电池的性能差别

图 6-8　加入中间反射层电池结构及不同折射率反射层电池的性能差别

非晶硅/纳米硅双结叠层太阳电池是高效硅薄膜电池的主要结构类型。首先，这种电池结构的转换效率比常规的非晶硅/非晶硅双结叠层太阳电池的转换效率高；其次是电池的稳定性好。

（4）非晶硅/非晶硅锗/非晶硅锗三叠层太阳电池

该电池通过三层结构，可进一步有效利用太阳光，其光谱响应覆盖 300～950nm 的光谱区，填充因子也比单结电池的高。对于三叠层太阳电池，一般将顶电池的电流设计为三个电池中最小的，由此来限制三结电池的短路电流，提高三结电池的填充因子，三叠层结构可有效提高电池的转换效率及稳定性，其电池结构如图 6-10 所示。

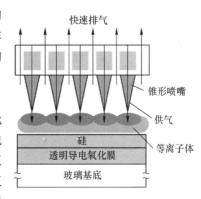

图 6-9　LPC-CVD 设备原理图

（5）非晶硅/非晶硅锗/纳米硅三叠层太阳电池

利用此结构，电池的光谱响应可延伸到 1100nm，可获得最高转换效率。相对硅锗三叠层，此结构的特点表现为其短路电流与填充因子比较高，并且可以提高电池的稳定性。

美国的 Uni-solar 公司采用此结构获得了 16.3%的高转换效率硅基薄膜太阳电池，其 I-V 曲线及 QE 曲线如图 6-11 所示，高转换效率的获得主要通过在非晶硅锗与纳米硅两结电池之间采用一层"双重作用"的 n 层组成 p-n 隧穿结，此 n 层为一高电导的 nc-SiO$_x$:H 层，在作为 n 层的同时，此材料还作为光反射层，以增加中间非晶硅锗电池的光吸收，改善了电池的电流匹配。

（6）非晶硅/纳米硅/纳米硅三叠层太阳电池

利用非晶硅/纳米硅/纳米硅三叠层结构可以有效地提高电池的稳定性，Uni-solar 公司利用此结构获得电池的初始转换效率为 14.1%，光照 1000h 后的稳定转换效率为 13.3%。制备此结构的困难在于中间电池的电流很难与顶电池和底电池相匹配，为了克服此困难，在中间电池与底电池之间插入半反射膜，从而将部分光反射到中间电池中，提高中间电池的电流。Sharp 公司利用此结构，使大面积电池的稳定转换效率提高到 10%。

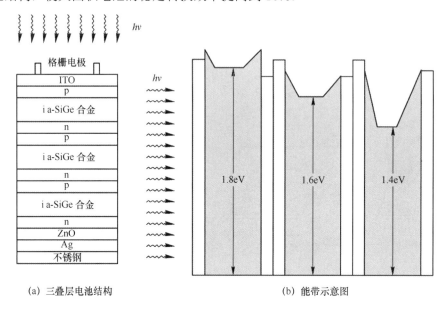

(a) 三叠层电池结构　　　　　　　　(b) 能带示意图

图 6-10　非晶硅/非晶硅锗/非晶硅锗三叠层太阳电池结构示意图

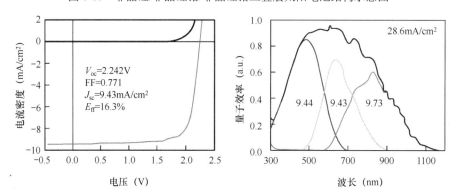

图 6-11　Uni-solar 公司非晶硅/非晶硅锗/纳米硅三叠层太阳电池 I-V 曲线及 QE 曲线

6.2.3　非晶硅太阳电池的制造

以非晶硅双结叠层太阳电池为例，其主要工艺流程大致如图 6-12 所示。

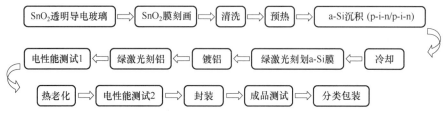

图 6-12　非晶硅双结叠层太阳电池工艺流程图

6.2.4　非晶硅太阳电池的产业化情况

近年来，以非晶硅为代表的硅基薄膜太阳电池技术进展缓慢，转换效率维持在 10%左右，与晶体硅光伏产品相比竞争力较弱，只能错位竞争。

专攻薄膜技术的汉能薄膜发电集团，2016 年采用改进铂阳（即原来的 CHRONA 或 EPV）PECVD 技术，旗下的禹城汉能 100MW 非晶硅/非晶硅锗太阳电池生产线生产规格为 1245mm×635mm，标称功率为 60～65W 的非晶硅太阳电池组件；日本东京电子（原欧瑞康 Oerlikon）应用 PECVD 技术，生产了近百兆瓦的非晶硅/非晶硅锗/非晶硅锗三结叠层电池组件和非晶硅/纳米硅双层玻璃封装的组件，规格为 1300mm×1100mm，标称功率为 110～130W。

6.3　碲化镉（CdTe）太阳电池

碲化镉太阳电池价格低廉，尽管转换效率不及晶体硅太阳电池，但是要比非晶硅太阳电池高，性能也比较稳定。虽然人们很早就开始研究碲化镉太阳电池，但以前因为镉元素有毒性，不敢贸然大量应用。后来证明，无论是在生产还是使用 CdTe 太阳电池的过程中，只要处理得当，不会产生特殊的安全问题。在美国 First solar 公司推动下，近年来已经成为发展最快的薄膜电池，目前在薄膜电池中产量最多、应用最广，受到了广泛的关注。

1963 年，Cusano 宣布制成了第一个异质结 CdTe 太阳电池，结构为 n-CdTe/p-Cu$_{2-x}$Te，转换效率为 7%，但此种结构 pn 结匹配较差。1969 年，Adirovich 首先在透明导电玻璃上沉积 CdS、CdTe 薄膜，发展了现在普遍使用的 CdTe 太阳电池结构。2015 年 First solar 公司制备了转换效率为 22.1%的 CdTe 太阳电池。2021 年 9 月 First solar 公司宣布创造了新的纪录，制备了经 NREL 检测面积为 23582cm^2、开路电压为 220V 等级、转换效率为 19.5%的 CdTe 太阳电池组件。

6.3.1　CdTe 材料与电池特点

从 CdTe 的物理性质来看，这种太阳电池的主要特点可以归纳如下：

① CdTe 是一种 II-VI 族化合物半导体，为直接带隙材料，可见光区光吸收系数在 10^{4}cm^{-1} 以上，只需要 1μm 就可以吸收 99%以上（波长<826nm）的可见光，厚度只要单晶硅的 1/100。因此 CdTe 可以制作薄膜电池，吸收层材料用量少，成本低，能耗也明显减少。

② CdTe 最重要的物理性质是其带隙宽度为 1.5eV，由理想太阳电池的转换效率与能带宽度关系表明，CdTe 与地面太阳光谱匹配得非常好。与 CdTe 能隙非常相近的 GaAs（砷化镓）太阳电池已经实现了 25%的转换效率，相信 CdTe 太阳电池的转换效率还能得到一定提升。

③ CdTe 材料是一种二元化合物，Cd-Te 化学键的键能高达 5.7eV，而且 Cd 元素在自然界中自然形态稳定，在常温下化学性质稳定，熔点为 321℃，而电池组件使用时一般不会超过 100℃，因此在正常使用中 CdTe 不会分解扩散，加上 CdTe 不溶于水，在使用过程中稳定安全。

④ Cd$_{1-x}$Te$_x$ 合金的相位简单，温度低于 320℃时，单质镉（Cd）与碲（Te）相遇后所允许存在的化学形态只有固态 CdTe（Cd：Te=1：1）和多余的单质，不会有其他比例的合金形态存在。所以生产工艺窗口宽，制备出来的半导体薄膜物理性质对制备过程的环境和历史不敏感，产品的均匀性和良品率高，非常适合大规模工业化生产。

⑤ 在真空环境中当温度高于 400℃时，CdTe 固体会出现升华，直接通过固体表面形成蒸汽。但是当温度低于 400℃或者环境气压升高时，升华迅速减小，这一特性，除了有利于真空

快速薄膜制备，如近空间升华（CSS）、气相输运（VTD）外，还保证了 CdTe 在生产过程中的安全性。因为一旦设备的真空或高温环境被破坏，CdTe 蒸汽会迅速凝结成固体颗粒或块状，不会扩散到空气中危害人体。

⑥ CdTe 太阳电池温度系数小、弱光发电性能好。由于半导体能隙等随温度的变化会引起太阳电池转换效率的降低，因此同样标定功率的 CdTe 太阳电池与晶硅太阳电池相比，在相同光照环境下，平均全年可多发 5%～10%不等的电能。

CdTe 太阳电池采用的窗口层 CdS 及吸收层 CdTe 与电极间的能带匹配是影响其转换效率和稳定性的重要因素。

6.3.2　CdTe 太阳电池的结构

CdTe 太阳电池可采用同质结或异质结等多种结构，目前国际上通用的为 n-CdS/p-CdTe 异质结构，在这种结构中，n-CdS 与 p-CdTe 异质结晶格失配及能带失配较小，可获得性能较好的太阳电池。CdTe 太阳电池结构如图 6-13 所示。

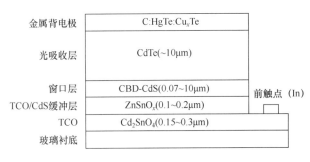

图 6-13　CdTe 太阳电池结构示意图

电池的转换效率可以通过 TCO 前电极得到提高，其中 Cd_2SnO_4 是高透光、低电阻的 TCO，可有效改善电池的透光性及电极接触，从而提高了电池的短路电流及填充因子等性能，但是其成本比传统的 SnO_2 导电玻璃高，考虑到性价比的问题，目前产业上主要使用 SnO_2 导电玻璃。ZTO（$ZnSnO_x$）为 CTO/CdS 缓冲层，为一种高透光、高电阻的材料，传统的电池采用 $ZnSnO_4$ 作为缓冲层，ZTO 与 $ZnSnO_4$ 有相近的带隙宽度（≈3.6eV）和电阻率（退火后 1～10Ω·cm），但是 ZTO 经退火后透光性会得到进一步改善。使用 ZTO 作为缓冲层，电池在 CdS 较薄时 CdTe/TCO 的局域化会降低，这是因为 ZTO 有高的带隙与导电性，与 CdS 相匹配，且 ZTO 能较好地阻挡后期的蚀刻处理，降低电池内部产生短路。在使用其他 TCO 的同时，TCO/CdS 缓冲层还可使用本征 ZnO 等。

经过长期的实验与理论研究发现，CdS 是与 CdTe 搭配最优的异质结材料，CdS 的常用制备方法有化学水浴（CBD）、溅射、高真空气相沉积（HVE）等，作为窗口层，在电池应用中 CdS 的厚度应控制在 100nm 左右，而此厚度又不能较好地晶化，在沉积完的 CdS 层表面进行 $CdCl_2$ 或真空热处理可使 CdS 再结晶，改善其与 CdTe 的接触，减小晶格失配。

6.3.3　CdTe 太阳电池的制造

1. CdTe 太阳电池的工艺流程

CdTe 太阳电池一般制备在玻璃衬底上，工艺流程如图 6-14 所示，主要为制备 TCO（或直接购买 SnO_2 导电玻璃）、沉积 TCO 缓冲层、制备 CdS、制备 CdTe、制备金属缓冲层及金属电极等，此外，还有激光划线、层压等工序。制备过程中，除 CdS 与 CdTe 的制备需特定设备完成，其他制备环节的设备均可与硅薄膜的设备通用。限于篇幅，在此只对 CdTe 太阳电池的制备方法作简单介绍。

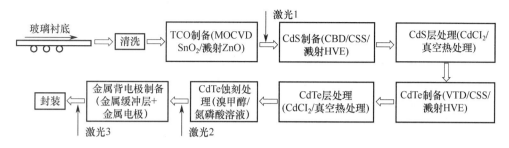

图 6-14　CdTe 太阳电池的工艺流程图

2. CdTe 薄膜制备工艺

对于 n-CdS/p-CdTe 薄膜，常用的制备方法有近空间升华（CSS）法、气相输运沉积（VTD）法、溅射、高真空蒸发（HVE）、电沉积等，已被证明具有商业化生产 CdTe 薄膜的方法有 CSS、VTD 和磁控溅射常用的 CdTe 薄膜制备工艺示意图如图 6-15 所示。

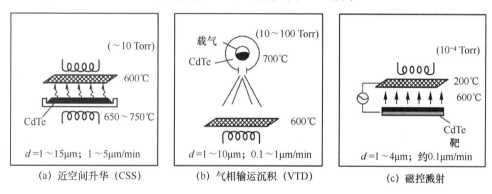

图 6-15　常用的 CdTe 薄膜制备工艺示意图

（1）气相输运沉积（VTD）

First Solar 公司的核心工艺技术是气相输运沉积（VTD），其原理是将半导体粉末通过预热的惰性气体载入真空室，并在滚筒式蒸发室中充分气化，成为饱和气体，然后通过蒸发室的开口喷涂到较冷的玻璃基板上形成过饱和气体并凝结成薄膜。其优点是：

① 不需要打开真空室添加或更换原料，生产时由载气从真空室外送入，生产维护的时间和成本少。

② 沉积速度快，既可满足快速生产的要求，又节省半导体原料，原料利用率目前已达到将近 90%。

③ 容易实现大面积的均匀生长，获得高成品率。

缺点是这种技术对于饱和蒸汽压随温度变化大，化学成分和结构随温度变化小的材料才能适用。

该技术的专利被 First Solar 公司严密保护。一些公司也在进行自主研发，以 VTD 原理为基础，成功发展出了常压气相输运沉积（Atmospheric Pressure VTD）的工艺，可以节省真空设备方面的硬件成本。也有公司开发出同时向竖立放置的两块平行玻璃板进行 VTD 镀膜的工艺，应用同样设备产能可以提高一倍，这种改良的 VTD 工艺降低了制造成本。

（2）近空间升华（CSS）

与 VTD 工艺相比，CSS 可以做到更快速的薄膜沉积。Cd 和 Te 从 CdTe 衬底上的再蒸发限制了在高于 400℃温度的衬底上沉积 CdTe 的速率和利用率。这可以通过在更高的气压（≈1Torr）下沉积来改善，但是从源到衬底的物质迁移受扩散限制控制，所以源和衬底必须十分接近。在近空间升华（CSS）中，将 CdTe 源材料盛在一个舟里，舟和衬底盖起到辐射加热器的作用，将热量传递到 CdTe 源和衬底，舟和衬底之间的隔热片起隔热的作用，因此可以在沉积过程中维持舟与衬底之间的温度梯度。

该工艺的缺点是：通常不易控制 CdTe 薄膜的厚度，导致厚度达到 10nm 左右，远大于实际需要的 1nm 用量的情况；制备薄膜的颗粒大（直径 5～10nm），不宜于制备超薄电池；高效电池制备的工艺需要使用酸腐蚀的工艺，获得富 Te 的表面层，并形成 Cu_xTe 过渡背电极层，降低了半导体原料的利用率，增加了工艺复杂性。要达到良好的大面积均匀性，每次填料时对源表面的平整性和大面积源舟的加热均匀性都有一定工艺要求；由于原材料消耗快，源与基板之间的距离很近，需要频繁打开真空设备更换或添加原料，增加了维护的时间和成本。

CSS 工艺的技术资料已经公开，NREL 使用该方法制备出了高转换效率的小面积电池。此工艺的改良方法目前在美国由 Abound Solar 公司成功商业化，于 2009 年成功生产出了具备竞争力的电池组件。

（3）磁控溅射

该工艺通过射频磁控溅射化合物靶的方法沉积 CdTe 薄膜。Cd 和 Te 的传输是通过 Ar^+ 离子对 CdTe 靶的轰击和随后扩散到衬底并凝聚的过程实现的。这种工艺是目前正在商业化使用的 CdTe 制备工艺中温度最低的，通常情况下，沉积是在衬底温度低于 300℃和在近似 10^{-4}Torr 气压条件下进行的。

与 VTD 和 CSS 相比，磁控溅射工艺有工艺简单（不需要化学腐蚀）、设备容易获得、薄膜平整、颗粒小、均匀性强、沉积速度容易控制等优点，适用于超薄（不大于 1nm）CdTe 太阳电池的生产，使得 CdTe 光伏技术同样适用于建筑一体化（BIPV）光伏组件的应用。其缺点是沉积速度比较慢，不适用于较厚的 CdTe 薄膜生产。

此外还有物理气相沉积（PVD）、高真空蒸发（HVE）等。

当前，全球碲化镉太阳电池实验室转换效率纪录达到 22.1%，产业化组件最高转换效率达 19.5%，产线平均转换效率为 15%～19%；2022 年我国小面积（小于 $1cm^2$）CdTe 太阳电池实验室最高转换效率约 20.6%。表 6-1 列出了 CdTe 太阳电池及组件的最新转换效率纪录。

表 6-1　CdTe 太阳电池及组件的最新转换效率纪录

机构	面积（cm^2）	V_{oc}（V）	J_{sc}/I_{sc}（mA/cm^2/A）	FF（%）	转换效率（%）	检测机构	检测时间	种类
First Solar	1.0623 (ap)	0.8759	30.25	79.4	21.0 ± 0.4	NEWPORT	2014 年 8 月	CdTe 玻璃衬底电池
First Solar	0.4798 (da)	0.8872	31.69	78.5	22.1 ± 0.5	NEWPORT	2015 年 11 月	CdTe 玻璃衬底电池
First Solar	23582(da)	227.9	2.622(I_{sc}/A)	76.8	19.5 ± 1.4	NREL	2021 年 9 月	CdTe 组件

注：ap—窗口面积；da—有效面积；J_{sc}—短路电流密度。

6.3.4　CdTe 太阳电池产业化情况

目前全球最大的 CdTe 太阳电池生产厂家是美国的 First Solar 公司，也是全球十大光伏组件厂家中唯一的薄膜光伏企业，其 2022 年出货量约 7.8GW，2023 年上半年俄亥俄州工厂预计投产，增加 3.5GW 生产能力，预计 2023 年的出货量为 10.7GW，计划将在 2025 年产能将超过 20GW。Teledo Solar 2022 年产能为 100MW，计划 2023 年扩展到 300MW，2027 年产能达到 2.8GW。

全球主要 CdTe 组件（含 BIPV）的技术参数如表 6-2。

表 6-2　全球主要 CdTe 组件（含 BIPV）技术参数

单位	国家	2022 年产能	组件尺寸	冠军电池转换效率	商品组件转换效率	技术路线
First Solar	美国	7.8GW	$0.6 \times 1.2 m^2$	21.00%	16.20%	VTD
Teledo Solar	美国	100MW	$0.6 \times 1.2 m^2$	—	16.70%	VTD
龙焱能源	中国	130MW	$0.6 \times 1.2 m^2$	17.19%	16.70%	CSS
成都中建材	中国	100MW	$1.2 \times 1.6 m^2$	20.46%	15.10%	CSS
中山瑞科	中国	100MW	$0.6 \times 1.2 m^2$	19.00%	16.00%	VTD

6.4　铜铟镓硒（CIGS）太阳电池

目前商品化的薄膜太阳电池的转换效率不如晶体硅太阳电池，而且由于近年来后者的成本大幅度下降，因此薄膜太阳电池的发展受到了很大影响。目前在薄膜太阳电池中转换效率最高的是铜铟镓硒太阳电池，其性能稳定，可制成柔性太阳电池，在建筑一体化、移动电源等市场具有发展前景。

CIGS 太阳电池的发展起源于 1974 年的美国贝尔实验室，Wagner 等人首先研制出单晶 $CuInSe_2$（CIS）/CdS 异质结的太阳电池，1975 年将其转换效率提升至 12%。1983—1984 年，Boeing 公司采用三元共蒸法制备出转换效率高于 10% 的 CIS 薄膜太阳电池，从而使得薄膜型 CIS 太阳电池备受瞩目。1987 年 ARCO 公司在该领域取得重大进展，通过溅射 Cu、In 预制层后，采用 H_2Se 硒化工艺，制备出转换效率为 14.1% 的 CIS 薄膜电池。后来 ARCO 公司被收购后改称为 Shell Solar 公司，花费了十年的时间于 1998 年制备出第一块商业化的 CIS 组件。1989 年，Boeing 公司引入 Ga 元素制备出的 CIGS 薄膜太阳电池使开路电压显著提高。1994 年，美国可再生能源实验室制备的 CIGS 薄膜太阳电池的转换效率一直处于领先地位，在 2008 年制备出转化转换效率高达 19.9% 的薄膜太阳电池。该纪录在 2010 年由德国巴登-符腾堡州太阳能和氢能研究中心（ZSW）刷新为 20.3%，2016 年 5 月，德国 ZSW 宣布在玻璃衬底实现 CIGS 太阳电池 22.6% 的转换效率，创造了新的纪录。为提高薄膜太阳电池的转换效率，来自德国、瑞士、法国、意大利、比利时、卢森堡等欧洲 8 国 11 个科研团队组成了研究联盟，并宣布实施"Sharc25"计划，目的是将 CIGS 薄膜太阳能电池的转换效率提高到 25%。

6.4.1　CIGS 太阳电池的特点

铜铟镓硒太阳电池具有以下特点：

① CIGS 是一种直接带隙的半导体材料，最适合薄膜化。它的光吸收系数极高，薄膜的

厚度可以降低到 2μm 左右，这样可以大大降低原材料的消耗。同时，由于这类太阳电池中所涉及的薄膜材料的制备方法主要为溅射法和化学浴法，这些方法均可获得均匀大面积的薄膜，又为电池的低成本奠定了基础。

② 在 $CuInSe_2$ 中加入 Ga，可以使半导体的禁带宽度在 1.04～1.67eV 间变化，非常适合于调整和优化禁带宽度。如在膜厚方向调整 Ga 的含量，形成梯度带隙半导体，会产生背表面场效应，可获得更多的电流输出，使 p-n 结附近的带隙提高，形成 V 字形带隙分布。能进行这种带隙裁剪是 CIGS 系太阳电池相对于 Si 系和 CdTe 系太阳电池的最大的优势。

③ CIGS 可以在玻璃基板上形成缺陷很少、晶粒巨大的高品质结晶，而这种晶粒尺寸是其他的多晶薄膜无法达到的。

④ CIGS 是已知的半导体材料中光吸收系数最高的，光吸收系数可达 $10^5 cm^{-1}$。

⑤ CIGS 是没有光致衰退效应（SWE）的半导体材料，光照甚至会提高其转换效率，因此此类太阳电池的工作寿命长，实验结果表明比单晶硅电池的寿命长。

⑥ CIGS 的 Na 效应。对于 Si 系半导体，Na 等碱金属元素是要极力避免的，而在 CIGS 系半导体中，微量的 Na 会提高转换效率和成品率。因此使用钠钙玻璃作为 CIGS 的基板，除成本低，膨胀系数相近外，还有 Na 掺杂的考虑。

6.4.2　CIGS 太阳电池的结构

CIGS 太阳电池性能的提升很大部分得益于电池结构的不断优化，图 6-16（a）、（b）、（c）分别显示了早期、中期（1985 年）和当前的 CIGS 太阳电池的结构示意图。随着研究的不断深入，电池的吸收层、缓冲层以及窗口层均发生了变化。吸收层是太阳电池的关键部分，Ga 的掺入增加了吸收层的带隙宽度，提高了开路电压，同时通过控制其掺杂量的变化可形成梯度带隙，进而优化与其他膜层的带隙匹配，有利于光生载流子的顺利传输，因此 $CuIn_{1-x}Ga_xSe$ 发展为吸收层的主流材料，厚度在 1.5～2.0μm 范围内。高阻的 CdS 缓冲层会增加电池的串联电阻，因此不宜过厚，一般控制在 0.05μm 左右。窗口层一般由薄的本征 ZnO 层和厚的 TCO 层组成。

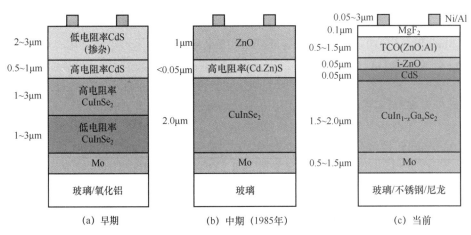

图 6-16　CIGS 太阳电池结构示意图

为了进一步提高电池性能，近年来又开发了几种类型：CIGSS 电池，其成分是 CuInGaSSe；

CZTSS 电池，其成分是 $Cu_2ZnSnS_4Se_4$；CZTS 电池，其成分是 Cu_2ZnSnS_4。

6.4.3　CIGS 太阳电池的制造

1. CIGS 太阳电池的工艺流程

CIGS 太阳电池一般制备在玻璃等刚性衬底或不锈钢等柔性衬底上，通常制备的工艺流程如图 6-17 所示。很多工序与其他电池类似，在此不作详细介绍，以下仅讨论 CIGS 薄膜的制备。

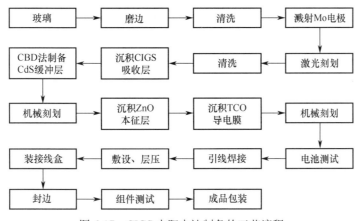

图 6-17　CIGS 太阳电池制备的工艺流程

2. CIGS 薄膜的制备

制备 CIGS 薄膜的方法有多种，大体分为真空沉积和非真空沉积两大类，如表 6-3 所示。

表 6-3　制备 CIGS 薄膜的主要方法

		预制层沉积（低衬底温度）		硒化/退火/再结晶（高衬底温度450℃~600℃）	
	方法		材料	预处理	硒化
真空沉积	溅射	含 Se 或非含 Se 下 Cu、In、Ga 顺序沉积的单质层、合金或化合物		无	在 Se/S、H_2Se/S 气下硒化
	蒸发				
非真空沉积	电沉积			有选择地通过 H_2 气退火净化	在 Se/S、H_2Se/S 气下再结晶
	喷涂	Cu、In、Ga、Se/S 化合物			
	印刷	Cu、In、Ga、O 化合物		黏合剂消除用 H_2 还原到合金	在 Se/S H_2Se/S 气下硒化

从目前的实验研究和产业化状况来看，主要是采用多元共蒸法和溅射加后硒化法。

（1）多元共蒸法

多元共蒸法是采用成膜时需要的多种元素作为蒸发源，通过加热蒸发源，使元素蒸发到衬底上，Cu、In、Ga 和 Se 蒸发源，提供成膜时的四种元素。图 6-18 所示为用多元共蒸法制备 CIGS 薄膜的示意图。原子吸收谱（AAS）和电子碰撞散射谱（EEIS）等用来实时监测薄膜成分及蒸发源的蒸发速率等参数，对薄膜生长进行精确控制。蒸

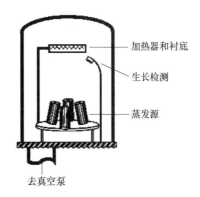

图 6-18　用多元共蒸法制备 CIGS 薄膜的示意图

发沉积包括三个基本过程：原材料的蒸发、原子或分子向基底的传输、蒸发原子或分子在基底上的凝聚。在多元共蒸法中，通过调节元素流量、基底温度和原材料纯度来控制薄膜质量。在单步共蒸法工艺中，所有元素同时凝聚在基底上生长成膜，而多步共蒸法则利用不同的蒸发顺序实现薄膜成分的梯度变化，能够影响生长过程中元素反应的路径，可以用于梯度带隙或缺陷工程。

高效 CIGS 太阳电池沉积时的衬底温度一般高于 530℃，而每个蒸发源的温度必须个别调整，以控制元素的蒸发速率，进而控制所沉积出 $CuIn_{1-x}Ga_xSe_2$ 薄膜的化学计量比。通常，Cu 靶的温度为 1300～1400℃，In 靶的温度为 1000～1100℃，Ga 靶的温度为 1150～1250℃，Se 靶的温度为 300～350℃。

Cu、In 和 Ga 在基板上的黏附系数相当高，所以利用 Cu、In 和 Ga 的原子流通量就可以控制薄膜组成及成长速率。In 与 Ga 的相对组成比例界定了带隙的大小。Se 具有很高的蒸气压和较低的黏附系数，所以挥发出来的 Se 的原子流通量必须大于 Cu、In 和 Ga 的总量，过量的 Se 会从薄膜表面再次蒸发。如果 Se 的量不足，便会导致 In 和 Ga 以 In_2Se 和 Ga_2Se 的形态损失掉。通过对 CIGS 薄膜生长动力学的研究，发现 Cu 蒸发速率的变化强烈影响薄膜的生长机制。根据 Cu 的蒸发过程，多元共蒸法工艺可以分为一步法、两步法和三步法。因为 Cu 在薄膜中的扩散速度足够快，所以无论采用哪种工艺，在薄膜的厚度中，基本呈均匀分布。

一步法就是在沉积过程中，保持四种蒸发源的蒸发速率和衬底温度不变，如图 6-19（a）所示。这种工艺控制相对简单，适合商业化生产，但是所制备的薄膜晶粒尺寸小且不形成梯度带隙。

两步法工艺又称 Boeing 双层工艺，衬底温度和蒸发速率曲线如图 6-19（b）所示。首先在衬底温度为 400～450℃时，沉积第一层富 Cu 的 CIGS 薄膜，该层具有小的晶粒尺寸和低的电阻率。第二层薄膜是在高衬底温度（550℃）下沉积的贫 Cu 的 CIGS 薄膜，这层膜具有大的晶粒尺寸和高的电阻率。在该工艺过程中，CIGS 薄膜表面被 Cu_xSe 覆盖，在高于 523℃时，该物质以液相存在，这将增大组成原子的迁移率，最终获得大晶粒尺寸的薄膜。

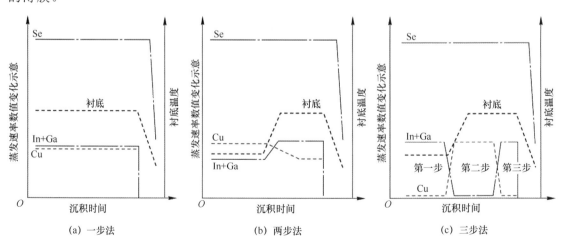

图 6-19　多元共蒸法制备 CIGS 工艺过程

　　三步法工艺过程如图 6-19（c）所示，第一步在衬底温度为 250～300℃时，用多元共蒸法使 90%的 In、Ga 和 Se 元素形成$(In_{0.7}Ga_{0.3})_2Se_3$预制层，Se/(In+Ga)流量比大于 3；第二步，在衬底温度为 550～580℃时蒸发 Cu、Se，直到薄膜稍微富 Cu 时结束；第三步在保持第二步衬底温度条件下，共蒸剩余 10%的 In、Ga 和 Se，在薄膜表面形成富 In 的薄层，并最终得到接近化学计量比的$CuIn_{0.7}Ga_{0.3}Se_2$薄膜，该工艺所制备的薄膜表面光滑、晶粒紧凑、尺寸大且存在着 Ga 的双梯度带隙，最终使得 CIGS 太阳电池转换效率较高。

　　（2）溅射加后硒化法

　　溅射加后硒化法将 Cu、In 和 Ga 溅镀到 Mo 电极上形成预制层，再使之与H_2Se或含 Se 的气氛发生反应，得到满足化学计量比的薄膜。该工艺对设备的要求不高，因此成为商业化生产的首选。但是在硒化过程中 Ga 的含量和分布不易控制，很难形成双梯度结构，因此，有时在后硒化工艺中加入一步硫化工艺，掺杂的部分 S 原子替代 Se 原子，在薄膜表层形成一层宽带隙的$Cu(In,Ga)S_2$。这样可以降低薄膜的界面复合，提高电池的开路电压。

　　该工艺的技术难点主要集中在硒化过程，硒化过程中容易因形成In_2Se和Ga_2Se而损失掉，使薄膜不同位置的元素产生失配，不利于薄膜保持均匀性。因此硒化工艺的控制尤为重要，如图 6-20 所示，硒化工艺过程分为低温段、快速升温段和高温段。低温段可有效防止表层形成致密 CIGS 薄膜近而影响内部硒化，使 Se 与底层预制层充分反应。快速升温段可避免In_2Se和Ga_2Se的挥发。高温段则有利于 CIGS 晶粒的充分生长。

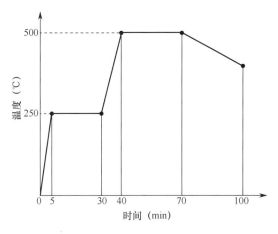

图 6-20　硒化工艺过程

6.4.4　CIGS 太阳电池产业化情况

　　由于 CIGS 太阳电池制备技术难度较高，不容易控制电池多元组分的原子配比，因而 CIGS 太阳电池产业化发展比较缓慢。但随着自动化技术的进步和研发的持续投入，2014 年 4 月汉能集团的 SOLIBRO 经权威测试机构确认创造了转换效率 21.0%的纪录，2016 年 5 月德国 ZSW 宣布在玻璃衬底实现了 CIGS 电池 22.6%的最高转换效率，刷新了当时的纪录。

　　2022 年我国玻璃基 CIGS 太阳电池（不小于$1cm^2$孔径面积）实验室最高转换效率为 22.9%。表 6-4 为各机构 CIGS 类太阳电池的转换效率纪录。

　　全球 CIGS 类太阳电池子组件最高转换效率是 19.2%，表 6-5 为各机构 CIGS 光伏组件子组件的转换效率纪录。

表 6-4　各机构 CIGS 类太阳电池的转换效率纪录

机构	面积（cm^2）	V_{oc}（V）	J_{sc}（mA/cm^2）	FF（%）	转换效率（%）	检测机构	检测时间	电池种类
Solar Frontier	1.043 (da)	0.734	39.58	80.40	23.35 ± 0.5	AIST	2018 年 11 月	CIGS 电池（无镉）
Avancis	665.4 (ap)	0.688	37.96	75.9	19.8 ± 0.5	NREL	2021 年 12 月	CIGSSe（110 个电池，子组件）
DGIST, Korea	1.1761 (da)	0.5333	33.57	63.0	11.3 ± 0.3	NEWPORT	2018 年 10 月	CZTSSe 电池
UNSW	1.113 (da)	0.7083	21.77	65.1	10.0 ± 0.2	NREL	2017 年 3 月	CZTS 电池
NJUPT	0.1072 (ap)	0.5294	33.589	72.9	13.0 ± 0.1	NREL	2021 年 6 月	CZTSe 薄膜电池（10% Ag）
UNSW	0.2339 (da)	0.7306	21.74	69.3	11.0 ± 0.2	NREL	2017 年 3 月	CZTS 薄膜电池（玻璃衬底）
NREL	0.09902 (ap)	—	—	—	23.3 ± 1.2	NREL	2014 年 3 月	CIGS 薄膜电池（15 倍聚光）

注：ap—窗口面积；da—有效面积；J_{sc}—短路电流密度。

表 6-5　各机构 CIGS 光伏组件子组件的转换效率纪录

机构	面积（cm^2）	V_{oc}（V）	J_{sc}（mA/cm^2）	FF（%）	转换效率（%）	检测机构	检测时间	种类
Solar Frontier	841 (ap)	48.0	0.456	73.7	19.2 ± 0.5	AIST	2017 年 1 月	CIGS（无镉，70 个电池）
Miasole	10858 (ap)	58.00	4.545	76.8	18.6 ± 0.6	FhG-ISE	2019 年 10 月	CIGS（大组件）

2010 年全球 CIGS 太阳电池产能为 712MW，2011 年有较大发展，其中 Solar Frontier 扩产至 1GW，至 2016 年全球产能 1.3GW 并保持至今。

2022 年我国量产的玻璃基 CIGS 光伏组件（面积为 1200×600mm²）最高转换效率约 17.6%，平均转换效率（面积为 1200×600mm²）约 15%。柔性 CIGS 小电池片（不小于 1cm² 孔径面积）实验室最高转换效率为 21.7%，柔性 CIGS 组件（不小于 0.5m² 开口面积）最高转换效率为 18.6%，量产平均转换效率为 15%。未来，在大面积均匀镀膜、快速工艺流程、更高效镀膜设备的开发和本土化、组件转换效率的提升、生产良率的提高、规模经济效益的发挥等因素带动下，CIGS 太阳电池生产成本有望进一步下降。

CIGS 太阳电池的主要生产厂商多分布在中国、日本、德国，所采取的技术路线主要是溅射加后硒化和多元共蒸发法，CIGS 太阳电池生产厂商所采用的技术路线情况如表 6-6 所示。

表 6-6　CIGS 太阳电池生产厂商所采用的技术路线情况

公司	生产厂所在国家	衬底	面积（mm²）	标称转换效率（最高转换效率）(%)	技术路线	产能（MW）	在建状态（MW）
淄博国民薄膜	中国	玻璃	1190×789.5	12.0～13.5	多元共蒸发	300	已建
山西汉能	中国	玻璃	1190×789.5	12.0～13.5	多元共蒸发	200	已建
上海电气 MANZ（Wurth Solar）	德国	玻璃	1200×600	13～15.0（15.1）	多元共蒸发	30	已建

（续表）

公司	生产厂所在国家	衬底	面积（mm²）	标称转换效率（最高转换效率）(%)	技术路线	产能（MW）	在建状态（MW）
中建材 Avancis	德国+中国	玻璃	1587×664	13.8~15.2（300×300mm²的为19.8%）	溅射加后硒化	300	计划 4 座工厂/总产能 1.5GW
Solar Frontier	日本	玻璃	1257×977	12.2~14.2（14.6）	溅射加后硒化	1100	已建（无镉，无铅）
淄博国民薄膜	中国	不锈钢	312×43.75	15.7~18.5	溅射加后硒化	300	已建

　　由于晶体硅光伏技术的迅猛发展，CIGS 太阳电池技术在光伏电站的优势逐渐失去，市场主要集中于 BIPV 和移动能源。2022 年产业化 CIGS 光伏组件主要指标如表 6-7 所示。

表 6-7　2022 年产业化 CIGS 光伏组件主要指标

名次	制造商	组件转换效率（%）	功率（W）	尺寸（mm²）	备注
1	淄博国民薄膜	12.0~13.5	100~120	1190×789.5	玻璃衬底
2	山西汉能薄膜	12.0~13.5	100~120	1190×789.5	玻璃衬底
3	Solar Frontier（日本）	12.2~14.2	150~175	1257×977	玻璃衬底
4	中建材 Avancis（德国）	13.8~15.2	145~160	1587×664	玻璃衬底
5	上海电气 MANZ（德国）	12.5~15.0	90~108	1200×600	玻璃衬底
6	淄博国民薄膜	12.0~13.5	200~230	1710×999	不锈钢衬底

　　中国在 CIGS 太阳电池生产领域发展较晚，目前有中建材、淄博国民薄膜、山西汉能薄膜等公司从事 CIGS 薄膜太阳电池的产业化工作。日本的 Solar Frontier 重心转向光伏电站的开发建设运营服务。

6.5　钙钛矿太阳电池（Perovskite Solar Cells）

　　钙钛矿太阳电池又称钙钛矿光伏电池（Perovskite-Based Photovoltaic Cells，PPCs）。有机-无机金属卤化物钙钛矿材料由于具备高光吸收系数、高载流子迁移率、低激子结合能以及平衡的双极性载流子传输等特性，满足作为高效太阳电池光吸收材料的诸多要求。因此，基于有机-无机金属卤化物钙钛矿材料的太阳电池凭借其高转换效率、易溶液法制备和低温工艺等优势成为光伏领域的前沿课题和研究热点。钙钛矿太阳电池（PSCs）发展迅速，自 2009 年面世以来，其理论优势突出，仅经过 13 年发展，其转换效率就从 3.8% 提升至 25.7%，理论极限转换效率（31%）高于晶硅电池（29.4%），且钙钛矿太阳电池可与多种类型电池叠层以进一步提升转换效率，双结叠层电池的理论极限转换效率为 46%。作为第三代太阳电池技术，钙钛矿太阳电池因其材料特性，相比于晶硅及其他薄膜太阳电池具备较强的理论优势，甚至有很多人认为钙钛矿太阳电池将取代硅基太阳电池的统治地位。

6.5.1　钙钛矿太阳电池发电原理及特点

1. 钙钛矿太阳电池发电原理

钙钛矿材料是一类有着与钛酸钙（$CaTiO_3$）相同晶体结构的材料的统称，是钙钛矿太阳电池的核心。它于 1839 年由 Gustav Rose 在乌拉尔山发现，后来由俄罗斯矿物学家 L. A. Perovski 命名。1926 年 Victor Goldschmidt 在研究公差因子时描述了钙钛矿晶体结构，于 1945 年正式发表了由钛酸钡的 X 射线衍射数据推导出的钙钛矿晶体结构。继 $CaTiO_3$ 之后，各种不同化学组分的与 $CaTiO_3$ 结构相同或相似的物质相继被发现，逐渐形成一个庞大的家族，统称为钙钛矿。

钙钛矿材料一般为立方体或八面体结构，通常用化学式 ABX_3 表示，其中 A 代表半径较大的阳离子，B 代表半径较小的阳离子，X 则代表阴离子。典型的钙钛矿晶体具有一种特殊的立方结构。如图 6-21 所示，在钙钛矿晶体的立方结构中，A 离子位于立方晶胞中心，被 12 个 X 离子包围成配位立方八面体；B 离子位于立方晶胞角顶，被 6 个 X 离子包围成配位八面体；X 离子居于立方体的 12 条边的中点；A 离子和 X 离子相近，共同构成立方密堆积，A 位、B 位、X 位均可替换，可选的材质种类众多，通过调控 A、B 和 X 位点的离子就可以得到不同种类的钙钛矿材料，同时也会使钙钛矿材料展现出一些不同的性质，比如光伏特性、磁性、铁电性、荧光特性和机械拉伸性等。

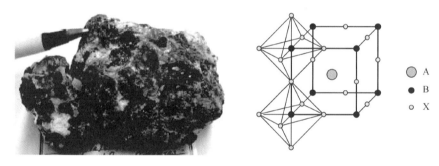

图 6-21　钙钛矿晶体及其晶体结构

20 世纪 80 年代，有机–无机复合型的钙钛矿材料开始出现。此类材料的结构特点是，ABX_3 中的阳离子 A 是一个有机小分子，B 和 X 则是无机离子。引入有机小分子之后，此类钙钛矿材料便能溶解在普通溶剂里，这种奇特的晶体结构让它具备了很多独特的理化性质，比如吸光性、电催化性等，在化学、物理领域得到更多应用。钙钛矿大家族里现已包括了数百种物质，从导体、半导体到绝缘体，范围极为广泛，其中很多是人工合成的，从而为材料的应用带来了许多便利。典型的有机–无机复合型钙钛矿有碘化铅甲胺（$CH_3NH_3PbI_3$）、溴化铅甲胺（$CH_3NH_3PbBr_3$）等，属于半导体，具有良好的吸光性。

钙钛矿太阳电池作为一种新型化合物薄膜太阳电池，是一种半导体异质结构光电器件。当光照在钙钛矿太阳电池上，太阳光强度大于作为钙钛矿太阳电池吸收层的钙钛矿材料的禁带宽度时，钙钛矿吸收光子产生电子–空穴对，钙钛矿太阳电池通过钙钛矿光吸收层、电荷传输层等半导体材料组成的异质结结构来有效分离和提取光生电荷。电子通过电子传输层（ETL）最后被上电极导电薄膜收集，空穴通过空穴传输层（HTL）最后被下电极收集，上下电极连接成电路产生光电流，实现由光能向电能的转换。图 6-22 及图 6-23 分别为典型钙钛矿太阳电池原理图和发电示意图。

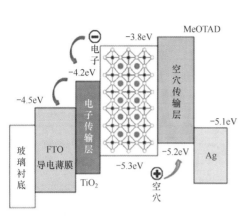

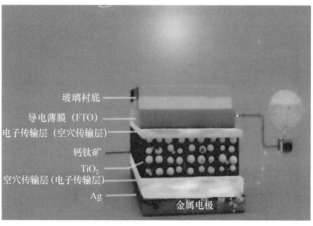

图 6-22 典型钙钛矿太阳电池原理图 　　图 6-23 典型钙钛矿太阳电池发电示意图

钙钛矿太阳电池作为全新一代的薄膜太阳电池，因其迅速飙升的光电转换效率成为了能源领域研究的新星。

2009 年日本桐荫横滨大学的宫坂力（Miyasaka）教授首次报道了将碘化铅甲胺和溴化铅甲胺应用于染料敏化太阳电池，诞生了第一块钙钛矿太阳电池并获得了 3.8% 的光电转换效率，开创了新型钙钛矿太阳电池技术的起点，从此拉开了对钙钛矿太阳电池研究的序幕。

通过不断改进钙钛矿材料的制备工艺、元素调控、界面优化以及电池结构等方式，推动了钙钛矿太阳电池的发展，钙钛矿光伏技术在很短的时间内异军突起，作为新一代的薄膜太阳电池代表，转换效率纪录被不断刷新，成为了新能源领域研究的新星。2013 年平面结钙钛矿太阳电池获得了 15.4% 的光电转换效率，2014 年转换效率达到 19.3%，2015 年达到 21.02%，2016 年达到 22.1%，2016 年钙钛矿/晶体硅叠层太阳电池转换效率达 25.5%，2018 年通过钝化钙钛矿表面缺陷态，减少表面缺陷，抑制非辐射复合，取得的钙钛矿单结电池转换效率达到 23.32%，2020 年达到 25.2%。

随着光伏应用市场的快速增长及光伏产业的高速发展，钙钛矿太阳电池以低成本、工艺简单等特点，掀起了研究高潮。国内数十家来自大学、研发机构和企业的研究团队在钙钛矿光伏的发展中贡献了重要研究成果，各项纪录也不断被刷新，2022 年钙钛矿太阳电池实验室光电转换效率如表 6-8 所示。

表 6-8　2022 年钙钛矿太阳电池实验室光电转换效率

太阳电池类型	日期	转换效率（%）	研究团队
钙钛矿/钙钛矿叠层太阳电池	2022 年 2 月	26.40	南京大学谭海仁团队和加拿大多伦多大学
p-i-n 型钙钛矿太阳电池	2022 年 2 月	24.00	华东师范大学方俊锋团队和中科院宁波材料技术与工程研究所
大面积钙钛矿太阳电池	2022 年 2 月	22.60（稳态）	澳大利亚国立大学
p-i-n 型钙钛矿太阳电池	2022 年 4 月	23.90	南京大学和多伦多大学
钙钛矿/钙钛矿叠层太阳电池	2022 年 6 月	28.00	南京大学现代工程与应用科学学院
新型钙钛矿/CIS 叠层太阳电池	2022 年 6 月	25.00	德国和比利时联合国际团队
钙钛矿/TOPCon 叠层太阳电池	2022 年 6 月	27.60	澳大利亚国立大学、北京大学和晶科能源
超薄超轻钙钛矿太阳电池	2022 年 6 月	20.20	北京大学
钙钛矿/晶体硅叠层太阳电池	2022 年 7 月	31.30	洛桑联邦理工学院（EPFL）和瑞士电子与微技术中心（CSEM）

（续表）

太阳电池类型	日期	转换效率(%)	研究团队
FAPbI$_3$钙钛矿太阳电池	2022 年 7 月	25.60	中科院半导体研究所
钙钛矿/晶体硅叠层太阳电池	2022 年 8 月	28.08	国家电投黄河公司
柔性钙钛矿太阳电池	2022 年 9 月	23.60	清华大学电气工程系电力系统国家重点实验室
钙钛矿/钙钛矿叠层光伏组件	2022 年 10 月	24.50	仁烁光能

钙钛矿太阳电池自 2009 年第一次面世到如今，其转换效率提升速度是所有光伏技术中最快的。单结钙钛矿太阳电池最高转换效率已超过 23%，并且还有增长的趋势。图 6-24 为

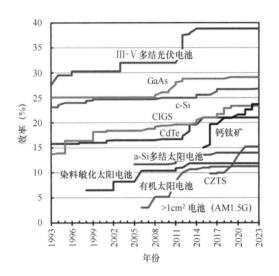

1993—2023 年各种类型太阳电池的最高转换效率进展曲线图。自 2015 年开始，钙钛太阳电池转换效率增加最快，平均每年增长 1 个百分点，受到肖克利-奎瑟极限的限制，其单结极限转换效率为 31%。

图 6-24　1993—2023 年各种类型太阳电池的最高转换效率进展曲线图

2. 钙钛矿太阳电池的特点

钙钛矿太阳电池比晶硅太阳电池具有耗材少、光电转换效率高、可低温工艺、产业链短、总投资少和成本低的优点；与其他化合物薄膜电池的主要区别是作为吸收层的材料不同，具有原料易获取、可迭代、成本低的优点。

钙钛矿作为核心材料，决定了该类型太阳电池具备以下 5 个特点。

① 材料消耗少。钙钛矿材料是直接带隙材料，具有强吸光能力，钙钛矿仅需 0.2μm 的厚度就能实现饱和吸收。晶体硅是间接带隙材料，硅片厚度必须在 150μm 以上才能实现对入射光的饱和吸收。钙钛矿太阳电池对活性材料的消耗远远小于晶体硅太阳电池。

② 光电转换效率高。钙钛矿材料具有很高的载流子迁移率，即光照下材料中产生的正负电荷的移动速度快，电荷可以更快的速度到达电极；钙钛矿材料的载流子迁移率近乎完全平衡，即钙钛矿材料中电子和空穴的迁移率基本相同。而晶体硅的载流子迁移率是不平衡的，它的电子迁移率远远大于空穴迁移率，当入射光的光强高到一定强度时，电流的输出就会饱和，从而限制了晶体硅太阳电池在高光强下的光电转换效率。

③ 热温度系数小。钙钛矿晶体中的载流子复合几乎完全是辐射型复合，当钙钛矿中的电子和空穴发生复合时，会释放出一个新的光子，这个光子又会被附近的钙钛矿晶体重新吸收。因此，钙钛矿对入射的光子有极高的利用率，而且在光照下发热量很低。而晶体硅中的载流子复合则几乎完全是非辐射型复合，当晶体硅中的电子和空穴发生复合时，它们所带的能量就会转化成热能，不能被重新利用。

因此，钙钛矿太阳电池的光电转换效率理论上限显著高于晶体硅太阳电池。目前单晶硅太阳电池的最高转换效率为 25.6%，这个纪录已经保持了多年，未来很难有大的突破。钙钛矿

的辐射型复合特性则使其完全有潜力达到和砷化镓太阳电池一样高的转换效率水平，达到甚至突破 29%。

④ 工序少、低温工艺且对衬底要求低。钙钛矿材料的另一特点是溶解性，可配制成溶液，像涂料一样低温涂布在衬底上。对于高转换效率太阳电池来说，在转换效率超过 20% 的电池材料中只有钙钛矿是可溶解的。通过涂布法成膜并从溶液中析出的过程就是一个自发结晶的过程，从材料到组件工序少，这对于不同衬底及叠层电池等高性能太阳电池的制作提供了巨大的便利。

⑤ 材料制备简单。钙钛矿材料中 A 位、B 位、X 位均可迭代替换，可选用的材料种类众多。钙钛矿太阳电池相对于其他化合物薄膜电池（如 CdTe、CIGS 电池等）具有原料易获取、可迭代、成本低的优点。

由于钙钛矿材料具备上述特点，钙钛矿光伏组件具有转换效率高、材料消耗少、制造成本低、柔韧性好的特点，可以通过改变原料的成分来调节其带隙宽度，还可以将带隙宽度不同的钙钛矿层叠加在一起变成叠层钙钛矿太阳电池。

钙钛矿太阳电池产业链比晶体硅太阳电池短，钙钛矿太阳电池只有从材料到组件两个环节，而晶体硅太阳电池需要经硅料、硅片、电池、组件四个大环节，因此钙钛矿太阳电池总投资比晶体硅太阳电池低。

为进一步提高光电转换效率，通过多种类型电池的串联来减少光能的损失并打破单结电池的 S-Q 限制，钙钛矿太阳电池可与晶体硅太阳电池、CIGS 太阳电池等通过能带工程设计形成钙钛矿/晶体硅或者钙钛矿/CIGS 叠层太阳电池，大大提高了太阳全光谱的利用率，扩展了钙钛矿的应用领域。

目前，钙钛矿/晶体硅串联叠层太阳电池的光电转换效率超过 30%，钙钛矿/钙钛矿叠层太阳电池转换效率达到 28%。随着制造工艺、宽窄带隙钙钛矿和互连层的发展，这一纪录还将被打破，并可能在产业化上取得突破。

6.5.2 单结钙钛矿太阳电池

随着光伏产业的快速发展，人们对太阳电池的转换效率、成本和可靠性提出更高要求。钙钛矿太阳电池转换效率的不断刷新和突破，加之液态制造工艺和原材料的低成本趋势，学术界和产业界掀起了对钙钛矿太阳电池研究和投资的热潮。

钙钛矿太阳电池按结构分为只有一个 p-i-n 或 n-i-p 结的单结钙钛矿太阳电池、晶体硅（C-Si）太阳电池、铜铟镓硒（CIGS）太阳电池、钙钛矿太阳电池或有机太阳电池串并联形成的叠层钙钛矿太阳电池（或钙钛矿叠层太阳电池）。对于单结钙钛矿太阳电池来说，按入射光入射的顺序分，钙钛矿太阳电池分为 n-i-p 型（称一般结构或正向结构）钙钛矿太阳电池（入射光从 n 层首先进入，然后依次进入 i 层、p 层）和 p-i-n 型（称倒置结构或反向结构）钙钛矿太阳电池（入射光从 p 层首先进入，然后依次进入 i 层、n 层），单结钙钛矿太阳电池结构示意图如图 6-25 所示。两种类型结构相反，发电机理相似，都是钙钛矿晶体在光照射下形成电子和空穴对，分别注入电子传输层和空穴传输层并在电势作用下移动到电极以产生电能。n-i-p 型钙钛矿太阳电池分介孔结构和平面结构，介孔结构由透明电极、电子传输层（致密 TiO_2 层）、介孔 TiO_2 层、钙钛矿层、空穴传输层和背面电极组成［如图 6-25（a）］；当介孔 TiO_2 层被移除时，它变成平面结构［如图 6-25（b）］；p-i-n 型钙钛矿太阳电池由透明电极、空穴传输层（HTL）、钙钛矿层、电子传输层（ETL）和顶部的背面电极组成，如图 6-25（c）所示。早期研究介孔 n-i-p 型钙钛矿太阳电池较多，而近年来由于 p-i-n 型钙钛矿太阳电池光照稳定性较好，更多的研究团队开始研究该类型电池。

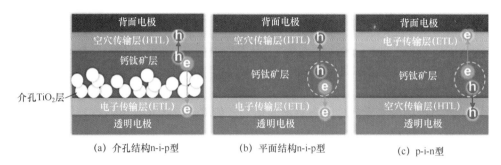

(a) 介孔结构n-i-p型　　(b) 平面结构n-i-p型　　(c) p-i-n型

图 6-25　单结钙钛矿太阳电池结构示意图

1. 平面结构 n-i-p 型钙钛矿太阳电池

n-i-p 型钙钛矿太阳电池由透明电极、电子传输层（ETL）、钙钛矿层、空穴传输层（HTL）和背面电极组成，其中电子传输层（ETL）/钙钛矿界面和钙钛矿/空穴传输层（HTL）等是影响电池性能的关键界面。平面结构 n-i-p 型钙钛矿太阳电池的示意图参见图 6-25（b）。

作为吸光层，钙钛矿薄膜的晶体质量在很大程度上主导了太阳电池的性能。钙钛矿薄膜通常使用溶液旋涂（包括一步法和两步法）工艺制备，一般会产生多晶膜。因此，薄膜形态的控制，包括晶粒尺寸、分布和空隙，对晶体质量至关重要。经过多年的发展，两步法因其更容易控制实验条件和相对优异的重现性，逐渐成为制备钙钛矿薄膜更受推崇的方法。

钙钛矿薄膜成膜通常可以分为三个步骤：前驱体、中间相和成核晶体生长。

钙钛矿薄膜通常由于溶液处理和在相对较低的温度下快速结晶形成较多的缺陷，一些缺陷倾向于形成浅层陷阱，其他缺陷则是潜在的深层陷阱。在前驱体溶液中添加具有特定结构的添加剂，包括无机盐等以钝化特定缺陷，同时调节钙钛矿结晶过程。特别是，可以同时钝化多个缺陷并发挥额外作用的多功能添加剂近年来受到特别关注。

为了进一步增加铯阳离子的掺杂量，一种 CsCl 增强的 PbI_2 前驱体方法被开发出来，其引入的氯化物成功地降低了成核密度并延缓了钙钛矿的形成，从而使钙钛矿晶粒尺寸增加了近两倍，薄膜质量更好。

2021 年，Hui 等人选择了一种常见的离子液体甲胺甲酸酯（MAFa）作为 PbI_2 的溶剂，在室温和高湿条件下制备了转换效率高达 24.1% 的钙钛矿太阳电池；Li 等人开发了液体介质辅助退火，实现了钙钛矿薄膜在各个方向的均匀加热，以阻隔大气中的杂质影响结晶过程。

2022 年，Bu 等人通过在一步法前体中用 N-甲基-2-吡咯烷酮（NMP）完全取代 DMSO 来消除反溶剂，制造了具有 23% 的转换效率和出色的长期热稳定性（85℃，500h 后约为初始转换效率的 80%）的未封装电池。

水解特性使得钙钛矿太阳电池的性能无法长期维持，是阻碍其发展的主要瓶颈。Zhao 等人将长链分子 PEG 引入钙钛矿前体中，首次制造了自修复钙钛矿电池：被水蒸气侵入损坏后，可以迅速恢复到原始状态和转换效率。

2022 年，Li 等人报道了一种由有机铵阳离子（iBA^+）和二硫代氨基甲酸酯阴离子（$BDTC^-$）组成的多功能添加剂，用于调节 FA-Cs 钙钛矿薄膜的结晶和缺陷，实现了转换效率为 24.25% 和良好操作稳定性（500h 后为初始转换效率的 90%）的钙钛矿太阳电池。

随着钙钛矿层质量的提高，研究重点转移到界面的优化上，以提高钙钛矿太阳电池的性能。载流子提取/注入、电荷转移/传输和复合与界面直接相关，界面是最容易形成缺陷的地方，而这些缺陷形成非辐射复合中心，能够钝化深部缺陷并减少非辐射复合的界面工程，有利于 V_{oc} 增量。钙钛矿太阳电池的性能对有害缺陷很敏感，这些缺陷容易积聚在块状钙钛矿薄膜的界面和晶界处。此外，电池的稳定性对界面也高度敏感。

界面工程不仅有效抑制了非辐射复合，而且通过调整电荷传输层和钙钛矿层之间的能级排列，提高了钙钛矿太阳电池的性能。

Tan 等人推断，低温平面钙钛矿太阳电池的性能和稳定性损失可能是由钙钛矿电子传输层（ETL）界面上存在的不完美界面和深层陷阱状态引起的，这可以通过钝化电子传输层（ETL）和钙钛矿吸收体之间的界面来解决。图 6-26 为 n-i-p 型钙钛矿太阳电池的横截面扫描电子显微镜（SEM）图像和纳米晶 n-i-p 型钙钛矿太阳电池示意图。

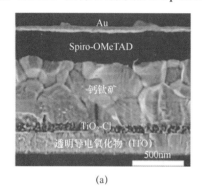
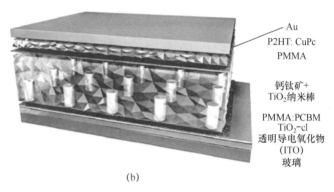

(a)　　　　　　　　　　　　　　　　(b)

图 6-26　n-i-p 型钙钛矿太阳电池的横截面 SEM 图像和纳米晶 n-i-p 型钙钛矿太阳电池示意图

随着钙钛矿太阳电池的发展，由于 SnO_2 的许多优点，例如，高电子迁移率以及与钙钛矿和电极的良好能级匹配，SnO_2 一直被用作电子传输层（ETL）。

2. 介孔结构 n-i-p 型钙钛矿太阳电池

韩礼元团队在 2013 年首次报道了一种可印刷的介孔结构 n-i-p 型钙钛矿太阳电池。它由 TCO 衬底上的 TiO_2/ZrO_2/碳的三重介孔层组成，而钙钛矿则填充在孔内，如图 6-27（a）所示。在该结构中，TiO_2 用作电子传输层（ETL）并提取电子，碳用于背面电极并提取空穴，ZrO_2 用作加载钙钛矿的支架和垫片以防止电子传输层（ETL）与背面电极直接接触，钙钛矿用作光吸收层和空穴传输层。相应层的能级图如图 6-27（b）所示，包括可印刷介孔结构 n-i-p 型钙钛矿太阳电池中的背面电极在内的所有功能层都通过溶液处理方法制备，生产流程示意图如图 6-27（c）所示。完全溶液处理工艺极大地降低了成本，使可印刷介孔结构 n-i-p 型钙钛矿太阳电池成为低成本光伏组件的最佳选择。可印刷介孔结构 n-i-p 型钙钛矿光伏组件是通过激光刻划将不同的功能层电隔离，又通过功能层的生长实现内部电连接从而达到降低组件电流、提高组件电压的目的来满足实际电力需求。图 6-27（d）为可印刷介孔结构 n-i-p 型钙钛矿光伏组件的互连方案图，图 6-27（e）为尺寸为 60cm×60cm 的可印刷介孔结构 n-i-p 型钙钛矿光伏组件照片，图 6-27（f）为由上述光伏组件组成的光伏发电系统照片。

除上述可印刷介孔结构 n-i-p 型钙钛矿太阳电池外，还存在其他一些类似的可印刷介孔结构 n-i-p 型钙钛矿太阳电池，在转换效率和稳定性方面也表现出良好的性能。Kim 等人采用 2D-钙钛矿作为具有可打印低温碳电极的电子阻挡层钙钛矿太阳电池，并实现了 18.5%的转换效率。为了进一步提高可印刷介孔结构 n-i-p 型钙钛矿太阳电池的转换效率，优化受空穴导体限制的电荷提取选择性至关重要。

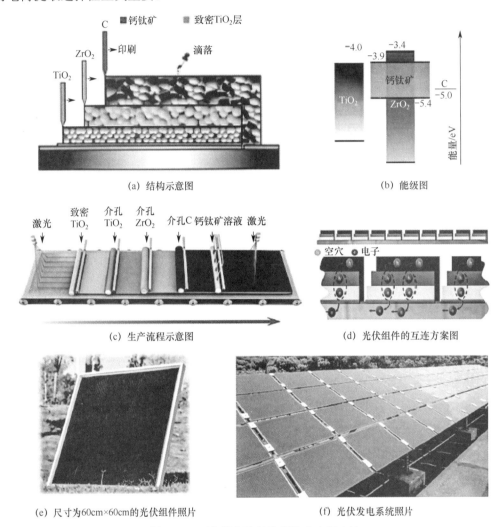

(a) 结构示意图

(b) 能级图

(c) 生产流程示意图

(d) 光伏组件的互连方案图

(e) 尺寸为60cm×60cm的光伏组件照片

(f) 光伏发电系统照片

图 6-27　可印刷介孔结构钙钛矿太阳电池

3. p-i-n 型钙钛矿太阳电池

由于常规 p-i-n 型钙钛矿太阳电池不存在高温烧结、潜在光催化 TiO_2 和掺杂有机转运材料，p-i-n 型钙钛矿太阳电池具有加工简单、温度低、柔韧性好、滞后小等优点，因此它与硅基太阳电池工艺兼容用于制备钙钛矿/晶体硅串联叠层电池。通过对体钝化和界面钝化的优化，p-i-n 型钙钛矿太阳电池的转换效率得到了极大的提高，小面积 p-i-n 型钙钛矿太阳电池的认证转换效率已达到 24.3%，图 6-28 为近十年 p-i-n 型钙钛矿太阳电池的转换效率纪录图。

在钙钛矿太阳电池中，钙钛矿薄膜是在光伏性能中起决定性作用的光吸收剂。具有高结晶度和低缺陷密度的均匀薄膜才能实现高转换效率。稳定的钙钛矿前驱体溶液是高质量钙钛矿薄膜的首要关注点。Huang 等人在钙钛矿薄膜中添加了盐酸苄基肼（BHC），将电池转换效率提高到 23.2%，Wu 等人利用甲基乙酸铵（MAAc）和硫代氨基脲同时调节形貌和晶体质量，窗口面积为 1.025cm^2 的钙钛矿太阳电池认证转换效率为 19.19%。

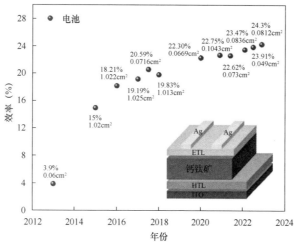

图 6-28　近十年 p-i-n 型钙钛矿太阳电池的转换效率纪录图

　　尽管性能大幅提高，但与 n-i-p 型比，p-i-n 型钙钛矿太阳电池面临的一个主要挑战仍然是转换效率低，钙钛矿/传输层界面应该是主要原因之一。

　　为了抑制界面复合，一种方法是去除或再生有缺陷的表面。鉴于钙钛矿表面的柔软性质，Huang 等人提出了一种用胶带剥离缺陷层的物理方法，并将器件转换效率提高到 22%。Zhu 等人开发了一种溶液处理的二次生长（SSG）技术来减少 p-i-n 型钙钛矿太阳电池中的非辐射复合，钙钛矿太阳电池获得了 1.21V 的 V_{oc}，转换效率接近 21%。

　　表面钝化是另一种广泛采用的抑制界面复合的方法。由于钙钛矿材料的离子性质，钙钛矿表面存在不同的带电缺陷，包括正、负甚至中性缺陷。Jen 等人设计了一种具有 R$_2$NH 和 R$_2$NH$_2^+$基团的哌嗪碘化物双功能分子，该分子充当电子供体和电子受体，以钝化钙钛矿中的不同缺陷。此外,钙钛矿薄膜的表面残余应力和n型性能也可以得到改善,转换效率高达 23.37%（认证转换效率为 22.75%）。

　　从界面异质结的角度，Fang 和 Li 等人通过富铅钙钛矿界面与六甲基二硅硫烷的表面硫化（SST）构建了坚固的钙钛矿/PbS 异质结，钙钛矿表面趋于 n 型，这个附加电场与 p-i-n 型钙钛矿太阳电池的内建电场方向相同，从而促进电子提取并抑制空穴向电子传输层的传输；此外，由于 S 和 Pb 之间的强结合，S 可以钝化界面缺陷；用 P$_3$CT 作为空穴传输层，PCBM 作为电子传输层，得到创纪录的 24.3% 的转换效率（认证转换效率为 23.5%），并具有出色的稳定性。Zhu 等人报道了通过使用二茂铁-双噻吩-2-羧酸酯（FcTc$_2$）修饰钙钛矿表面的 p-i-n 型钙钛矿太阳电池，可以获得 25.0% 的高转换效率（认证转换效率为 24.3%），这是目前报告的 p-i-n 型钙钛矿太阳电池的最高转换效率。

　　除顶界面外，底界面中存在的高密度缺陷会导致非辐射复合并影响电池性能。

　　为了进一步提高转换效率，界面工程，特别是钙钛矿/输运层界面的能级调节，可以提高钙钛矿太阳电池的 QFLS 并促进电荷提取，从而诱导更高的 V_{oc}。此外，还应关注钙钛矿薄膜的体钝化及表面钝化，抑制载流子复合并改善器件短路电流密度 J_{sc} 和 FF，这些方法可以使单结 p-i-n 型钙钛矿太阳电池的转换效率与 n-i-p 型钙钛矿太阳电池的相当。

6.5.3　钙钛矿叠层太阳电池

为提高钙钛矿太阳电池的转换效率，克服单结电池只吸收部分光子、低能量光子无法利用的现实，利用能带工程原理和钙钛矿材料带隙可调节特点开发叠层电池是最佳途径。双结串联钙钛矿太阳电池顶部的宽带隙钙钛矿太阳电池可以有效地利用高能紫外和蓝绿色可见光，底部的窄带隙电池可以采用晶体硅（c-Si）、铜铟镓硒（CIGS）、有机半导体太阳电池和钙钛矿太阳电池，有效利用低能红外光。因此，将上述高效子电池与串联技术相结合，可以打破传统单结电池的 S-Q 极限，实现太阳光谱的最大利用率。下面分别讨论钙钛矿/c-Si、钙钛矿/CIGS、钙钛矿/钙钛矿（全钙钛矿）和钙钛矿/有机半导体叠层太阳电池的研究进展。

1. 钙钛矿/c-Si 叠层太阳电池

晶体硅太阳电池经过数十年发展，具有近 95%的市场份额，其产业化成熟、组件转换效率高和长期可靠性强，是钙钛矿太阳电池串联集成的理想选择，推动钙钛矿太阳电池产业化。钙钛矿/c-Si 叠层太阳电池将晶体硅太阳电池作为底电池，将钙钛矿等功能材料通过薄膜沉积技术沉积到底电池上制备的钙钛矿太阳电池作为顶电池。晶体硅太阳电池的正面结构非常重要，它不仅会影响钙钛矿的晶体质量，还会影响电池的光吸收。目前已经开发了旋涂、刮刀涂布、蒸发、狭缝涂布四种钙钛矿薄膜沉积技术，可以实现小面积高效钙钛矿/c-Si 叠层太阳电池，这无疑将推动叠层钙钛矿太阳电池的商业化。

旋涂法适合于钙钛矿/前面抛光晶体硅叠层太阳电池和钙钛矿/双面绒面晶体硅叠层太阳电池，如 n-i-p 钙钛矿/前面抛光晶体硅叠层太阳电池、p-i-n 钙钛矿/前面抛光晶体硅叠层电池和 p-i-n 钙钛矿/双面绒面晶体硅叠层太阳电池。

与现有相对成熟的单结钙钛矿太阳电池溶液制造工艺兼容，旋涂法已成为单面抛光晶体硅太阳电池制备钙钛矿叠层太阳电池最常用的方法。p-i-n 型钙钛矿/正面抛光晶体硅叠层太阳电池具有很大发展潜力，其入射表面为 C_{60}，与 n-i-p 型钙钛矿太阳电池相比，寄生吸收更少。目前，钙钛矿/c-Si 叠层太阳电池改善转换效率的方法主要集中在解决光损耗、填充因子（FF）损耗、电流失配和 V_{oc} 损失。为了改善光捕获，Bush 等人引入了带有金属栅的顶透明电极，使叠层太阳电池的转换效率超过 25%。Kim 等人在 p 型 c-Si 上开发了 p-i-n 型钙钛矿太阳电池，该钙钛矿太阳电池与晶体硅太阳电池行业标准高温工艺兼容,通过控制钙钛矿的带隙和厚度实现电流匹配，并使用 PTAA 作为空穴传输层（HTL），使转换效率达到 21.19%。Chen 等人通过 MACl 和 MAH_2PO_2 添加剂的协同作用提高了钙钛矿晶粒的质量，使钙钛矿/c-Si 叠层太阳电池的转换效率达到 25.4%。Köhnen 等人报道了通过顶部接触和钙钛矿厚度优化，J_{sc} 增加到 $19.5mA/cm^2$ 以上，使叠层太阳电池转换效率达到 26.0%。Li 等人报道了添加 3mol%的 $CsPbCl_3$ 钙钛矿前驱体溶液的团簇可以在 Br 含量低于 15%时将钙钛矿带隙扩展到 1.67eV，从而减轻宽带隙钙钛矿的光致相分离。结合额外的 2mol% CsCl 以防止 NiO_x/钙钛矿界面处的氧化还原反应，p-i-n 钙钛矿/c-Si 叠层太阳电池的转换效率高达 27.26%。

为在工业化的双面制绒晶体硅电池上通过旋涂法制备更高质量的钙矿/晶体硅叠层太阳电池，2020 年，Hou 等人通过在平均金字塔尺寸为 2μm 的绒面晶体硅电池上旋涂制备了微米厚的钙钛矿太阳电池（认证转换效率为 25.7%）。Isikgor 等人提出了一种多功能钝化分子，即盐酸苯双胍，其富电子和贫电子部分可以同时钝化钙钛矿晶界和表面的阳离子和阴离子缺陷，钙钛矿/绒面 c-Si 叠层太阳电池的转换效率从 25.4%提高到 27.4%。2021 年 Aydin 等人开发了 C_{60}，将 a-NbO$_x$ 电子选择层锚定在双绒面晶体硅电池上以增强电子抽取，制备了转换效率为 27%的 n-i-p 型钙钛矿/c-Si 叠层太阳电池。2022 年亥姆霍兹-柏林中心（HZB）的研究人员在不影响钙钛矿薄膜质量的情况下在柔和的纳米绒面 c-Si 表面实现可行的光管理，并在底 c-Si 电池的背面施加带有介电缓冲层的反射层，以减少近红外波长的寄生吸收，制备了一种独立认证的转换效率为 29.80%的整片钙钛矿/c-Si 叠层太阳电池。最近，洛桑联邦理工学院（EPFL）的研究人员以 31.25%的转换效率打破了钙钛矿/c-Si 叠层太阳电池世界纪录。图 6-29（a）为钙钛矿/绒面硅叠层太阳电池断面示意图，图 6-29（b）为钙钛矿/绒面硅叠层太阳电池断面扫描电镜照片。

　　叠层太阳电池的户外性能受到关注。Liu 等人证明了通过咔唑添加剂的缺陷钝化和抑制相偏析实现的叠层太阳电池在约 $1cm^2$ 面积的认证转换效率为 28.2%，并且封装的电池在炎热潮湿的室外环境中衰减不超过 7%。De Bastiani 等人研究了封装的双面钙钛矿/c-Si 叠层太阳电池在炎热潮湿的室外环境中超过六个月的昼夜和长期演变，结果表明，电池性能的降低是由于钙钛矿内部的离子迁移，而界面改性是 FF 可逆变化的原因，FF 的不可逆损失与银金属顶部接触的腐蚀有关。

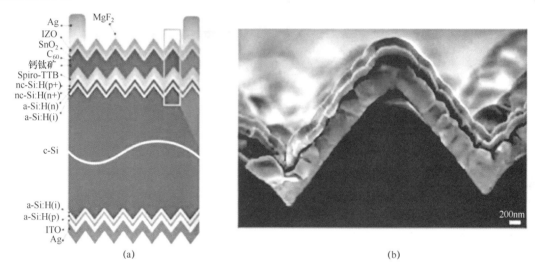

图 6-29　钙钛矿/绒面硅叠层太阳电池断面示意图和断面扫描电镜照片

　　真空沉积比旋涂工艺对晶体硅太阳电池的绒面金字塔规格要求低，因此更适合高效叠层太阳电池制备。2018 年，Nogay 等人提出了在微米级晶体硅绒面金字塔上、通过 CsBr 和 PbI$_2$ 共蒸发以及随后的旋涂有机卤化物溶液共形沉积钙钛矿吸收层，以实现最佳光管理，制备出转换效率为 25.4%的电池。Li 等人结合了蒸发和溶液处理技术，热蒸发的 CsBr 薄膜与钙钛矿界面处的残余 PbI$_2$ 反应，在绒面异质结上共形生长 p-i-n 型钙钛矿太阳电池，叠层太阳电池转换效率达到 27.48%，在氮气环境下长期稳定性超过 10000 小时。Mao 等人在双面绒面、工业级的硅电池上采用 NiO$_x$/2PACz 混合空穴传输层（HTL），制备了有效面积为 $1.2cm^2$、转换效率为 28.84%的两端子钙钛矿/晶体硅叠层太阳电池。

　　尽管刮刀涂布和狭缝涂布比真空沉积更适合大规模钙钛矿薄膜工艺，但仅有少数研究从事该方法制备叠层电池。Subbiah 等人使用狭缝涂布在有绒面的晶体硅底电池上制备钙钛矿叠层太阳电池的转换效率为 23.8%。2020 年，Chen 等人首先通过氮辅助闪化工艺在具有亚微米金字塔的双绒面异质结电池上制备了转换效率为 26% 的钙钛矿/c-Si 叠层太阳电池。2022 年，该组通过刮刀涂布法在平均金字塔尺寸为 0.43μm 的绒面晶体硅底电池上制备了微米级宽禁带钙钛矿薄膜，并且掺入三甲基苯基三溴化铵通过抑制碘化物间隙诱导的深层陷阱并增加载流子收集距离，制备了 V_{oc} 为 1.92V 和转换效率高达 28.6% 钙钛矿/c-Si 叠层太阳电池。

2. 钙钛矿/铜铟镓硒（CIGS）叠层太阳电池

2015 年托多罗夫等人报道了第一个钙钛矿/CIGS 叠层太阳电池，其转换效率为 10.9%，采用 ITO 作为互连层，将溶液处理的 CIGS 电池与 p-i-n 型钙钛矿太阳电池串联起来，并去除了氧化锌以减轻钙钛矿结构的不稳定性。但由于 CIGS 的市场占有率很小，以及在 CIGS 电池粗糙的表面沉积钙钛矿的技术挑战，钙钛矿/CIGS 叠层太阳电池的开发进展缓慢。直到 2018 年，Han 等人取得了显著的进展，通过在 CIGS 的粗糙表面沉积增厚的 300nm ITO 来定向分流并进行化学机械抛光以促进后续钙钛矿的沉积，将钙钛矿/CIGS 叠层太阳电池的转换效率提高到 22.4%。

尽管转换效率比钙钛矿/c-Si 叠层太阳电池低，由于 CIGS 带隙可调到约 1.1eV，适合作为叠层太阳电池的底电池。钙钛矿/CIGS 叠层太阳电池具有携带方便和抗辐射等优点，可用于柔性光伏组件和空间卫星应用，也成为其进一步发展的动力。

3. 钙钛矿/钙钛矿叠层太阳电池

基于钙钛矿的带隙可调性，可以实现全钙钛矿叠层太阳电池。全钙钛矿叠层太阳电池具有超高转换效率、低温制造工艺、与柔性基板的兼容性和低成本等优点，显示出巨大的潜力。一般采用宽禁带（Eg 为 1.7～1.8eV）钙钛矿作为顶电池吸收层，窄禁带（Eg 为 1.2～1.3eV）钙钛矿作为底电池吸收层。近年来，由于宽禁带钙钛矿及其电池界面工程开发，以及具有高 J_{sc} 的高效窄禁带钙钛矿太阳电池开发和采用有效互连层，全钙钛矿叠层太阳电池得到了显著的发展，二端子和四端子引出的太阳电池转换效率分别为 28.0%（认证）和 26.1%。

宽禁带钙钛矿顶电池采用的宽禁带钙钛矿通常含有高含量 Br，这加速了钙钛矿的结晶速率但导致小晶粒和晶界处的高密度缺陷。宽禁带钙钛矿太阳电池的 V_{oc} 较大，不仅因为体缺陷和界面处的非辐射复合，还因为光诱导相偏析和宽禁带钙钛矿及 CTL 之间能带不匹配。带隙工程、界面工程和尺寸工程等许多研究都致力于改善宽禁带太阳电池的 V_{oc} 和稳定性。

窄禁带钙钛矿底电池的吸收层是适合吸收近红外光的禁带宽度低至约 1.2eV 的钙钛矿层，由于吸收层和表面的大量缺陷以及 Sn^{2+} 易氧化为 Sn^{4+}，阻碍了全钙钛矿叠层太阳电池的性能改进。一般的解决方法是通过表面和体缺陷钝化、调节结晶过程和抑制 Sn^{2+} 氧化。

Zhao 等人采用通过 Cl 掺入的体缺陷钝化方法来扩大晶粒尺寸并减少钙钛矿薄膜中的电子无序，增大迁移率和抑制非辐射复合，达到 18.4% 的转换效率。为了获得高质量的厚窄禁带钙钛矿吸收层，Zhu 等人将硫氰酸胍（GASCN）引入钙钛矿前驱体中，显著改善了 1.25eV Sn-Pb 钙钛矿薄膜的结构和光电性能，在晶界处形成的钙钛矿钝化了晶界和表面的缺陷，导致接近 1μm 厚的钙钛矿薄膜的载流子寿命延长超过 1μs。因此，通过掺杂有机阳离子的增材工程，转换效率进一步提高到 22.1%。

最近，Zhao 的小组开发了一种通用的近空间退火（CSA）方法，与具有各种成分和带隙的钙钛矿兼容，通过减缓中间膜中的溶剂释放过程来控制钙钛矿的结晶过程，并在退火过程中使残留溶剂参与晶粒生长过程。

全钙钛矿叠层太阳电池的互连层在电学和光学上连接两个子电池，应满足具有高透射率、适当导电性和对底、顶电池的全面保护的主要要求。具有不同互连层的二端子钙钛矿/钙钛矿叠层太阳电池的结构如图 6-30 所示。参见图 6-30（a），采用浴丙丙啶（BCP）/Ag/MoO$_x$/ITO/PEDOT:PSS 作为互联层，其中 ITO 防止水性 PEDOT:PSS 和有机溶剂渗透现有层，BCP/ITO/PEDOT:PSS 可以很好地作为互连层来解决超薄 Ag 可能引起的不稳定性。

采用 ALD 处理的 SnO$_2$ 代替 BCP 层，更有效地防止溅射和溶剂造成的损坏。溅射 TCO 也遭受了低 NIR 透射率的影响。因此，SnO$_2$/Au(1nm)/PEDOT:PSS 互联层得到了进一步发展 [图 6-30（b）]。Huang 的小组通过去除钙钛矿/钙钛矿叠层太阳电池的 ITO 和 PEDOT:PSS 展示了简化的 C$_{60}$/SnO$_{1.76}$ 互连层 [图 6-30（c）]，SnO$_{1.76}$ 的双极性传输特性可同时作为顶部和底部电池的电子传输层（ETL）和空穴传输层（HTL）。此外，用电子束蒸发沉积的 NiO$_x$ 代替 PEDOT:PSS 进一步降低了溶剂的损伤，提高了叠层太阳电池的稳定性 [图 6-30（d）]。

(a) BCP/Ag(1nm) /MoO$_x$/ITO/PEDOT:PSS

(b) ALD SnO$_2$/Au/PEDOT:PSS

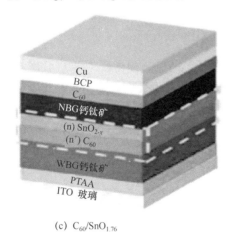

(c) C$_{60}$/SnO$_{1.76}$

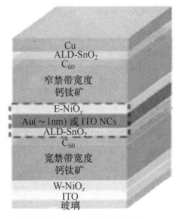

(d) ALD SnO$_2$/Au或ITO/E-NiO$_x$

图 6-30　具有不同互连层的二端子钙钛矿/钙钛矿叠层太阳电池的结构

受益于宽禁带钙钛矿、窄禁带钙钛矿和互连层的快速发展，钙钛矿/钙钛矿（又称全钙钛矿）叠层太阳电池取得了长足的进步。Yan 和 Zhu 等人通过调整两个子电池的带隙选择和提高两种钙钛矿吸收体的薄膜质量，实现了四端引出全钙钛矿叠层太阳电池的转换效率超过 25%，获得了 26.01% 的转换效率，这是迄今为止四端引出全钙钛矿叠层太阳电池转换效率的最高值，参见图 6-31。尽管四端引出全钙钛矿叠层太阳电池的转换效率高于两端引出全钙钛矿叠层太阳电池，但是，后者更具实用价值。

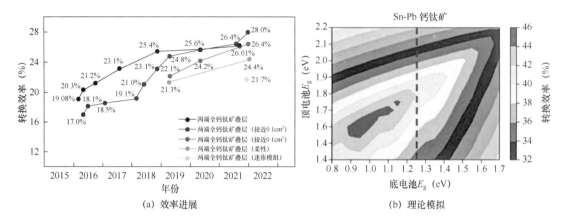

图 6-31　钙钛矿/钙钛矿叠层太阳电池的转换效率进展和理论模拟

尽管四端引出钙钛矿/钙钛矿叠层太阳电池研究已经取得了很大进展，但仍有一些关键问题有待解决，才能接近其 40% 以上的理论转换效率，期待不久的将来实现商业化。对于宽禁带钙钛矿顶电池，在前驱体中使用合适的添加剂抑制相偏析，选择具有能带匹配的 CTL 钝化界面提高电池 V_{oc} 和稳定性；对于窄禁带钙钛矿底电池，在具有抗氧化剂和还原剂的 Sn-Pb 钙钛矿膜中抑制 Sn^{2+} 氧化和具有多种表面钝化剂的厚（大于 1μm）窄禁带钙钛矿吸收层的生长，可以延长载流子扩散长度，从而大大提高近红外光谱响应；设计和沉积提供最小光损耗和电损耗的互连层，这些问题的解决可以推进钙钛矿/钙钛矿叠层太阳电池的高转换效率和稳定化。同时扩大所有功能层的刮刀涂布、狭缝涂布和真空沉积，也可促进钙钛矿/钙钛矿叠层太阳电池的产业化。

4. 钙钛矿/有机半导体叠层太阳电池

有机太阳电池（OSCs）中 NBG 小分子受体材料的研发，使钙钛矿/有机叠层太阳电池转换效率快速提升并引起广泛关注。近红外吸收有机光伏材料为叠层太阳电池中的底电池活性层提供了最佳选择。此外，在钙钛矿/有机叠层太阳电池中，钙钛矿顶电池可以过滤短波长紫外光，有效减轻紫外线对有机底电池的损伤。实验证明，为了获得更高的钙钛矿/有机叠层太阳电池的转换效率，宽带隙钙钛矿顶电池和窄带隙有机底电池的带隙应分别在 1.75eV 和 1.15eV 左右。具体是：①减少宽带隙钙钛矿顶电池中的非辐射电荷复合损耗和增加 V_{oc}；②拓宽吸收光谱波长范围，改善窄带隙有机底电池的光电流。

由于钙钛矿和富勒烯基 OSC 的吸收范围显著重叠，钙钛矿/有机叠层太阳电池表现出非常有限的优势。Aqoma 等人匹配了基于 CsPbI₂Br 的顶电池和基于 PTB7-Th:IEICO-4F 体异质结底电池作为活性材料的光吸收，并实现了 18.04% 的稳定转换效率。

为最大限度地减少光学和电损耗，需要钙钛矿/有机叠层太阳电池中 ICL 的设计和优化。Chen 等人展示了一种高性能 ICL，该层由夹在 BCP 层和 MoO_x 层之间的溅射 4μm 厚的氧化铟锌（IZO）层组成，与使用 BCP/Ag/MoO$_x$ 的 ICL 相比，性能显著提高。基于 IZO 的 ICL 表现出出色的 NIR 透射率，并最大限度地减少了有机底电池的电流损耗，钙钛矿/有机叠层太阳电池达到 23.60%的高转换效率（认证为 22.95%），且串联叠层电池表现出高稳定性，在连续 1个太阳光照下，在最大功率点运行 500h 保持 90%的初始转换效率。后来，Brinkmann 等人开发了一种基于厚度约为 1.5nm 的超薄 ALD 生长 InO$_x$ 层的 ICL，以避免使用通常会导致光学损耗的薄金属层，在 SnO$_x$ 和 MoO$_x$ 之间插入 InO$_x$ 显著改善了钙钛矿/有机叠层太阳电池的性能，制备了稳定转换效率为 24.0%的冠军串联叠层电池（由 Fraunhofer ISE CalLab 认证为 23.1%）。

6.5.4　钙钛矿太阳电池的产业化及其应用展望

尽管近年来大批研究团队从事钙钛矿太阳电池的研究，科技和产业界投入巨额资金和关注度，期望钙钛太阳电池尽快产业化，但钙钛矿光伏组件的转换效率提高缓慢。钙钛矿太阳电池产业化之路是否可行，路线图怎样，成本如何，这是大众关心的。

2013 年以来，随着钙钛矿光伏技术的快速进步，此项技术已经成为光伏学术界、投资界的热点，全世界很多大学和研究机构在从事钙钛矿光伏技术的研发。实验室转换效率与组件转换效率的较大差距说明，钙钛矿太阳电池技术从实验室到产业化仍有许多需要解决的问题。表 6-9为全球钙钛矿单结、叠层太阳电池和组件的转换效率纪录（AM1.5，1000W/m^2，25℃）。

表 6-9　全球钙钛矿单结、叠层太阳电池和组件的转换效率纪录（AM1.5，1000W/m^2，25℃）

研发机构	面积 （cm^2）	V_{oc} （V）	J_{sc} （mA/cm^2）	FF （%）	转换效率 （%）	检测机构和时间	说明
U.Sci.Tech., Hefei	1.062 (da)	1.213	24.99	78.4	23.7 ± 0.5	NPVM 2022/5	钙钛矿太阳电池
EPFLSion/NCEPU	26.02 (da)	1.127	25.61	77.6	22.4 ± 0.5	NPVM 2022/7	钙钛矿光伏组件（小型组件），8 个电池
UNIST/Ulsan	0.09597 (ap)	1.1790	25.80	84.6	25.7 ± 0.8	Newport 2021/11	钙钛矿太阳电池（薄膜）（未证实）
Oxford PV （牛津光伏）	274.22 (t)	1.891	17.84	79.4	26.8 ± 1.2	FhG-ISE 2021/11	钙钛矿/晶体硅叠层光伏组件（大），两端
EPFL/CSEM	1.1677 (da)	1.9131	20.47	79.8	31.3 ± 0.3	NREL 2022/6	钙钛矿/晶体硅叠层电池，两端
四川大学/EMPA	1.044 (da)	2.118	15.22	82.6	26.4 ± 0.7	JET 2022/3	钙钛矿/钙钛矿叠层电池，两端
南京大学	0.0495 (da)	2.125	16.42	80.3	28.0 ± 0.6	JET 2021/12	钙钛矿/钙钛矿叠层电池，两端
南京大学/ 仁烁光电	20.25 (da)	2.157	14.86	77.5	24.5 ± 0.6	JET 2022/6	钙钛矿/钙钛矿叠层电池（小组件），两端
HZB	1.045 (da)	1.768	19.24	72.9	24.2 ± 0.7	FhG-ISE 2020/1	钙钛矿/CIGS 叠层电池，两端
NUS/SERIS	0.0552 (da)	2.136	14.56	75.6	23.4 ± 0.8	JET 2022/3	钙钛矿/有机叠层电池，两端
Panasonic （松下）	804(da)	58.7	0.323	76.1	17.9 ± 0.5	AIST 2020/1	钙钛矿光伏组件，55 个电池

注：da—有效面积；ap—窗口面积；t—全面积。

1. 钙钛矿太阳电池的本征稳定性问题

尽管钙钛矿太阳电池的认证转换效率与晶体硅太阳电池的相当，但钙钛矿太阳电池要真正取代晶体硅太阳电池，还有很长的路要走，需要克服很多技术和非技术的困难。稳定性是钙钛矿太阳电池商业化的巨大障碍，如电池的稳定性不高，材料对空气和水的耐受性较差，钙钛矿材料存在遇空气分解、在水和有机溶剂中溶解的问题，导致电池循环寿命短，这些都严重阻碍了其产业化应用。以下从电池结构、离子迁移两个主要方面讨论钙钛矿太阳电池的本征稳定性问题。

钙钛矿太阳电池的吸收层、钝化层、载流子传输层和电极等每个功能层按工艺沉积，任何层的退化都会影响电池的稳定性。钙钛矿吸收层容易受到光照、热量和电偏置的影响，将导致深层缺陷形成、离子迁移、相偏析和化学反应。人们通过组份工程和增材工程等大量探索来稳定钙钛矿吸收层。

通过晶粒设计和优化配比，混合不同半径的阳离子可以有效地稳定光活性钙钛矿相。具有特定配比的 FAMACs 基钙钛矿具有热力学稳定性，其电池在 65℃ 下连续运行 1450h 后转换效率衰减不超过 1%。有报道在薄膜生长过程中加入添加剂，钙钛矿太阳电池在超过 70℃ 的阳光下运行 1800h 转换效率仅衰减 5%；氟化物与钙钛矿形成强相互作用，以实现相稳定，其电池在最大功率点跟踪条件下 1000h 转换效率仅衰减 10%。此外，采用 Eu^{3+}/Eu^{2+} 连续消除钙钛矿中 Pb^{2+} 和 I^- 分别分解为 Pb^0 和 I^0 的氧化还原损伤，从而提高了电池的运行稳定性。

据报道，由于钙钛矿的高活性，其表面易于产生缺陷。因此其原始表面显示出高复合速率，这对电池转换效率影响很大，还容易受到水和氧气的侵蚀，这进一步触发离子迁移和相分离。这些离子晶体盐和中性分子钝化层可修复表面缺陷、抑制离子迁移并保护钙钛矿免受潮湿和氧气的影响，对钙钛矿太阳电池稳定性至关重要。

卤化物盐广泛用作高效稳定的钙钛矿太阳电池的表面钝化剂，季铵卤化物首次用于有机-无机杂化钙钛矿（OIHP），并成功地提高了钙钛矿太阳电池的转换效率和稳定性。卤化物和阳离子的选择会显著影响电池性能，较长的烷基链长度可以显著提高耐湿性和热稳定性，在 1200h 湿热试验后电池转换效率衰减 5%。由于 MgF_x 的疏水性和较低的金属离子扩散率，钙钛矿太阳电池在 1000h 的湿热试验后的转换效率衰减低于 5%。

电子传输层（ETL）作为电子抽取和空穴阻挡材料，通过制备具有高稳定性和均匀致密的电子传输层，可以大大提高钙钛矿太阳电池的稳定性。早期使用 TiO_2 做钙钛矿太阳电池的电子传输层，由于 TiO_2 的光不稳定性，无机 SnO_2 逐渐被采用。Min 等人报道了通过将 Cl 键合的 SnO_2 与含 Cl 的钙钛矿吸收层偶联而在电子传输层/钙钛矿界面处形成夹层，从而成功减少了界面缺陷。这些电池在未封装的情况下连续光照 500h 后约保持其初始转换效率的 90%。在 p-i-n 型钙钛矿太阳电池中，无机电子传输层由于其固有的高稳定性也被用于替代有机电子传输层。Azmi 等人通过原子层沉积沉积了约 10nm 的 SnO_2 层以取代 BCP 层，在湿热测试条件下（在黑暗中暴露于 85℃，相对湿度为 85%）大于 1000h 后，电池转换效率衰减 5%。

空穴传输层（HTL）负责钙钛矿/空穴传输层界面处的高效空穴抽取。由于它的玻璃化转变温度低，且内部有吸湿性掺杂剂，所以为了提高空穴传输层的稳定性，Jeong 等人合成了氟化异构体类似物，通过 C-F 键的疏水性，提高了潮湿条件下的长期稳定性。聚合物基空穴传输层近年来也取得了长足的进步，Zhao 等人开发了双空穴传输层结构（PDCBT），未封装的电池在 65°C 下连续操作 1450h 后保持 99%的初始转换效率；Peng 等人将 P3HT 与另一种热稳定的空穴传输层铜酞菁（CuPc）混合，以制备具有优异空穴传输性能的高结晶薄膜。基于 P3HT:CuPc 的电池在湿热测试条件下 1009h 后保持接近 91.7%的初始转换效率。聚合物空穴传输层具有良好的内在稳定性和空穴传输性能，使高性能钙钛矿太阳电池具有较长的使用寿命。后续研究将集中在合成新的高效稳定的聚合物空穴传输层或高效稳定的 p 型掺杂聚合物空穴传输层。

作为钙钛矿太阳电池的集电器，电极沉积在载流子传输层，它们可以是金属、TCO 或碳基材料。由于电池工作过程中的扩散和反应使金、银、铜和铝等不稳定，即使金在反应性聚碘化物熔体存在下也会腐蚀，此外，钙钛矿中金属的存在通常会导致深层缺陷能级。为解决电极的稳定性问题，有报道带有 ITO 顶电极的双面电池实现了 16.1%的转换效率，并且在储存超过 2000h 后无衰减。另一种保护电极的方法是用金属（Bi，Ti，Cr）、金属氧化物、碳或 TCO 做阻挡缓冲层，阻挡层的厚度与串联电阻密切相关。此外，自组装单层或原位沉积的二维材料可以实现紧凑的薄层涂层，通过原位生长的双面石墨烯稳定的铜镍合金电极，电池在 85°C、相对湿度为 85%的条件下，1440h 后转换效率为 24.34%，衰减 3%。实际上相邻层中的添加剂也可以通过强大的化学配位延缓电极向内扩散；通过封装可以显著减轻电极材料在环境因素下的侵蚀，从而有效地阻挡氧气和水。表 6-10 为不同电极的典型钙钛矿太阳电池的稳定性测试结果。

表 6-10　不同电极的典型钙钛矿太阳电池的稳定性测试结果

器件结构	转换效率(%)	测试结果
ITO/PTAA/钙钛矿/C_{60}/BCP/Ag	25.0	在湿热测试条件下（温度 85°C，相对湿度 85%）大于 1000h 后，衰减 5%
ITO/NiO$_x$/钙钛矿/C_{60}/SnO$_2$/IZO/Ag	20.3	在湿热测试条件下（温度 85°C，相对湿度 85%）1008h 后，衰减 9%
FTO/SnO$_2$/钙钛矿/PTAA/Au	21.3	在湿热测试条件下（温度 85°C，相对湿度 85%）大于 1050h 后，衰减 7%
ITO/PTAA/钙钛矿/PbSO$_4$/C_{60}/BCP/Cu	19.44	在温度 65°C 和相对湿度 60%条件下，在最大功率点跟踪条件下大于 1200h，衰减 4%
FTO/c-TiO$_2$/mp-TiO$_2$/钙钛矿/spiro-OMeTAD/Ti-rGO	20.6	在 N_2 中，温度 60°C 下，在最大功率点跟踪条件下 1300h，衰减 5%
ITO/SnO$_2$/钙钛矿/spiro-OMeTAD/ITO	16	在 N_2 中，环境光下储存超过 2000h 后无明显衰减
FTO/NiMgLiO/钙钛矿/PCBM/BCP/Bi/Ag	18.72	在 N_2 中，温度 45°C 下，在最大功率点跟踪条件下大于 500h，衰减 4%
FTO/SnO$_2$/钙钛矿/PTAA/EVA/石墨烯/Cu-Ni/石墨烯	23.3	在湿热测试条件下（温度 85°C，相对湿度 85%）1440h 后，衰减 3%

钙钛矿离子迁移对电池稳定性的影响很大，它不能简单地通过电池封装技术来解决，是长寿命电池面临的一个重大挑战。

钙钛矿晶体中离子迁移的永久损失可能是由化学反应和向外逸出过程引起的。钙钛矿内的移动离子迁移到有机传输层是离子损失的另一个重要来源。移动物质（如 MA^+、FA^+、I^-、MA、FA、I_2）移动到有机传输层（螺旋体-OMeTAD、PCBM）甚至金属电极（金、银、铜），可以在钙钛矿层中引起不可逆的分解，这也对电极和传输层有害。使用内部离子封闭层抑制离子逸出对于提高钙钛矿太阳电池的稳定性至关重要。

离子迁移与其他衰减机制的相互作用使解决衰减问题更复杂，多种老化因素（照明、电场、热应力、湿度、氧气等）在电池工作期间同时作用，所以研究不同的衰变机制的关键是追踪不同老化因素下点缺陷的形成、迁移和有害作用。入射光对离子迁移的影响体现在以下 4 个方面：①局部电场的重建导致移动离子的重新分布；②由于有机阳离子和无机材料之间的氢键减少，晶格被"软化"；③光载流子通过屏蔽效应削弱了移动离子和晶格之间的库仑吸引力，离子在光照下移动的活化能降低；④光生空穴氧化 I 离子并促进 I 或 I_2 扩散，即混合卤化物钙钛矿中的光诱导相分离。

电偏置通过触发离子迁移导致热激活阱的形成，钙钛矿材料表现出疲劳特性，导致钙钛矿太阳电池转换效率衰减。

钙钛矿中的大多数移动离子是浅层陷阱，不会影响电池的转换效率。在存在 O_2 杂质的情况下，光照显著促进了有害 O_2 的形成，导致产生 H_2O 和挥发性 MA 分子。结果表明，这些活动不明显的浅层缺陷在钙钛矿太阳电池的长期运行中起着重要作用。

虽然研究钙钛矿太阳电池离子迁移问题的进展明显，然而，消除钙钛矿内部的移动离子仍然具有挑战性。

2. 钙钛矿太阳电池的组件技术问题

到目前为止，一些机构已经报告了小型钙钛矿太阳电池的转换效率超过 25.0%，预计在不久的将来将超过 26.0%。然而，小尺寸钙钛矿太阳电池对规模化生产和实际应用意义不大，因此，开发高效高稳定性的大面积钙钛矿光伏组件是商业化不可或缺的一部分，钙钛矿光伏组件的性能将决定钙钛矿太阳电池最终能否投放市场。美国能源部认为，对于纯钙钛矿光伏组件，面积不低于 $125cm^2$、转换效率高于 18% 才具备商业化竞争力。

大面积钙钛矿光伏组件的制备具有如下挑战性：首先是在大面积上沉积均匀和高质量的功能层上，包括电子传输层（ETL）、空穴传输层（HTL）和钙钛矿层，特别是钙钛矿薄膜的形成是在难控制的工艺条件下的结晶过程，缺陷和针孔将导致严重的非辐射复合甚至短路；其次，为了减少大面积薄膜的均匀性和电阻对电池性能的影响，一般通过分割和蚀刻技术将大面积电池分隔为多个串联或并联的子单元，将转换效率损失降至最低；最后，封装技术严重影响钙钛矿太阳电池的稳定性和可靠性。近年来取得的一些进展极大地推动了钙钛矿太阳电池向商业化发展。

（1）大面积功能层沉积

钙钛矿层作为钙钛矿太阳电池的核心，制备高质量的钙钛矿薄膜是成就高质量钙钛矿太阳电池的关键，所以必须调整钙钛矿的成核速率和晶体生长速率，以满足理想的结晶过程。根据 LaMer 模型，当前驱体溶液达到高于最小过饱和浓度的状态时，原子核将开始迅速形成，而原子核的数量将进一步决定最终薄膜的质量。然而，当使用非挥发性溶剂（如 DMF 和 DMSO）时，它们的自然蒸发速度太慢，无法快速成核，因此几乎无法产生致密薄膜。反溶剂浴萃取可与卷对卷（R2R）涂层制造技术结合使用，解决这个问题。Kim 等人开发了一种高通量 R2R 工艺，引入乙酸乙酯（EA）、氯苯（CBZ）或叔丁醇（tBuOH）作为环保型反溶剂，使用反溶剂浴来促进成核，然后将前驱体湿膜转化为钙钛矿干膜。它与非挥发性溶剂的低混溶性提供了更宽的加工窗口，有助于提高薄膜质量和可重复性。图 6-32 展示了采用 R2R 工艺制备柔性钙钛矿太阳电池的工艺流程。使用 R2R 凹版印刷的钙钛矿太阳电池的转换效率为 16.7%，对于完全 R2R 生产的钙钛矿太阳电池，转换效率为 13.8%。此外，Yang 等人在反溶剂浴中使用正己烷，并将二苯亚砜（DPSO）引入前驱体溶液中，该钙钛矿光伏组件实现了 16.63% 的认证转换效率，有效面积为 20.77cm^2。

图 6-32　采用 R2R 工艺制备柔性钙钛矿太阳电池的工艺流程示意图

此外，真空泵抽真空加速溶剂挥发，也是调节钙钛矿结晶的有效方法。

如上所述，调节前驱体溶液的结晶是钙钛矿太阳电池产业化中最关键的部分之一。而 Huang 等人开发了一种突破性的印刷方法，其中将 NMP 添加到钙钛矿墨水，PbI$_2$-NMP 的快速成核容易形成致密薄膜，因此，使用狭缝涂布技术制造了窗口面积为 17.1cm^2、认证转换效率为 19.3% 小型光伏组件。

尽管绝大多数中试规模工艺均采用溶液法，并一直刷新高效钙钛矿太阳电池的纪录，但不采用有毒溶剂的蒸发法也不可忽视，且与粗糙基材具有良好的相容性，并具有成熟的制造基础设施。最近，通过蒸发法制备的钙钛矿太阳电池的转换效率已提高至 24.42%，说明蒸发法具有可开发的潜力。

在单源气相沉积中，Liang 等人制备了具有 100cm^2 的大面积 MAPbI$_3$ 薄膜。同时，由于有机阳离子具有高挥发性，相应的钙钛矿薄膜通常具有较差的形貌和光电性能；Borchert 等人采用多源蒸发法制备了超过 8cm×8cm 基底的均匀 FAPbI$_3$ 钙钛矿薄膜，实现了 14.2% 的转换效率。此外，Yi 等人对钙钛矿薄膜采用顺序热蒸发沉积，制备具有更强优先取向度和更高结晶度的钙钛矿薄膜电池及窗口面积为 14.4cm^2、转换效率为 19.87% 的小型光伏组件，在 MPP 跟踪条件下老化 450h 后转换效率仅衰减 8%。

化学气相沉积（CVD）也是一种可产业化的气相方法，在制备大面积钙钛矿薄膜方面具有巨大潜力。Qi 等人在这一领域做了大量的研究，并在实验室规模上证明了它的可扩展性，制备出面积为 91.8cm^2、转换效率近 10% 的光伏组件。

除钙钛矿层外，电子传输层、空穴传输层和电极层在钙钛矿太阳电池中同样发挥重要作用。n-i-p 型钙钛矿太阳电池通常采用具有出色的电学和光学性能的金属氧化物材料（如 TiO$_2$、SnO$_2$、ZnO 和 Zn$_2$SnO$_4$）做电子传输层材料，它们显示出良好的耐光性、耐热性和防潮性。TiO$_2$ 是钙钛矿太阳电池中广泛使用的电子传输材料。制备大面积 TiO$_2$ 的方法有多种方法，如喷涂、丝网印刷和化学浴沉积。最大面积的基于 TiO$_2$ 的电子传输层的钙钛矿光伏组件达 3600cm^2，Jung 等人在 24.97cm^2 的面积上实现了 17.1% 的高转换效率。此外，一些研究专注于降低 TiO$_2$ 退火温度以便用于柔性基板，并降低能耗。Di Giacomo 等人报告了一种基于电子束蒸发 TiO$_2$ 层的大面积钙钛矿光伏组件，通过狭缝涂布法制备了有效面积为 151.875cm^2、转换效率为 11.1% 的组件。

最近，采用 SnO$_2$ 作电子传输层成为高效钙钛矿太阳电池的主流。SnO$_2$ 电子传输层通过化学浴沉积，可制备出转换效率超过 25% 的钙钛矿太阳电池。Huang 等人实现了在狭缝中吹扫

SnO_2 纳米晶薄膜，使得大面积（5cm×6cm）柔性钙钛矿光伏组件的转换效率超过 15%。Kim 等人使用聚合物黏合剂聚丙烯酸（PAA）来优化 SnO_2 量子点在绒面表面上的排列，使得大面积（64cm²）钙钛矿光伏组件达到 20.6%的转换效率。对于空穴传输层，螺环 OMeTAD 仍然是常见的选择。

p-i-n 型钙钛矿太阳电池首先沉积空穴传输层。Wang 等人通过 R2R 工艺在柔性衬底上沉积 NiO_x 纳米晶薄膜，采用氢碘酸浴将 Ni^{3+} 还原至 Ni^{2+} 状态形成碘化镍，加强界面电荷转移，15cm² 柔性钙钛矿光伏组件的转换效率为 16.15%。Du 等人采用 Ar^- 等离子体引发的氧化和 Brønsted 酸介导的还原反应的表面氧化还原工程，来优化真空沉积的 NiO_x 薄膜，并采用狭缝涂布方法在基板上沉积大面积钙钛矿薄膜，制备了面积为 156mm×156mm 的钙钛矿光伏组件，实现了 18.6%的转换效率，并具有出色的稳定性。最近，越来越多的高效钙钛矿太阳电池使用 PTAA 作为空穴传输层，但尺寸很小。

由于钙钛矿层易受溶剂的影响，p-i-n 型钙钛矿太阳电池通常采用热蒸发沉积 C_{60} 作电子传输层。利用该方法 Deng 等人制备出面积为 57.2cm²、认证转换效率为 14.9%的 p-i-n 型钙钛矿光伏组件。

高效钙钛矿光伏组件用金电极，但金电极占钙钛矿太阳电池材料成本的 76.6%，金的高价格和弱稳定性问题不利于降低成本和产业化。为了降低金属电极的成本，用 Ag 和 Cu 替代 Au。为消除金属扩散引起的电池稳定性问题的一种方法是制造阻隔层。另一种方法是用成本低、稳定性好、疏水性能好的碳材料代替金属电极。

此外，在钙钛矿光伏组件中，子电池间互连处的横向原子扩散也需要高度关注。

（2）组件设计与工艺

钙钛矿光伏组件产业化典型工艺如图 6-33 所示，与硅基薄膜、化合物薄膜光伏组件一样，一般采用薄膜组件产业化典型工艺，通过划线或印刷图形等内部集成方式实现子电池分割和互联。子电池串联一般通过线组三次刻划（P1、P2 和 P3）将大面积薄膜划分为数个窄的子单元并实现子电池串联连接。P1 分割底电极，P1 划线距离近导致子单元间更高的不均匀性，而 P1 划线距离远不能有效降低 TCO 薄层电阻；P2 分割功能层，并完整地暴露所覆盖的 TCO，降低顶电极和 TCO 之间的互连接触电阻，不损坏底电极的 TCO；P3 断开顶电极，阻断电荷水平转移。

钙钛矿光伏组件设计原则与集成型薄膜太阳电池设计原则一致。相同工艺水平下串联集成的钙钛矿光伏组件内 P1-P1 间线宽决定了组件的输出电流，P1、P2 和 P3 线组的数量决定了输出电压；具体 P1-P1 间宽度，及 P1、P2 和 P3 的尺寸等须根据组件的电池工艺水平以及设备精度和应用场景等综合设计。

通过上述刻划工艺使子电池内部串联的钙钛矿光伏组件可以实现较高的电压，但电流降低；一般子电池并联组件是采用直接在基板上沉积金属网格后制造功能层的方法，将子电池的阳极（阴极）与相邻子电池的阳极（阴极）连接起来，可以将组件电流增加，但电压基本不变。

在实现子电池串联和并联的电路中，刻划线的工艺对于获得高效组件至关重要，一般采用钢丝掩膜、机械刻划、化学腐蚀和激光刻划等方法，目前激光刻划最受推崇。首先，高精度激光刻划可以产生更细的线条，减少死区面积，降低互连接触电阻。

传统光伏组件的封装主要集中在阻碍水分和氧气进入的外部封装。然而，由于钙钛矿离子具有固有的不稳定性，例如与相邻层的化学反应、光衰减和离子迁移，因此钙钛矿太阳电池需要囊封技术进行初封装，旨在提高钙钛矿活性层和相关接触的本征稳定性，以延长其寿命并同时提高其性能。

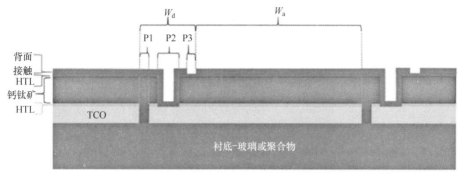

(a) 组件通过 P1-P2-P3 线组划刻实现子电池的串联示意图（"死区"宽度用 W_d 表示，有效区宽度用 W_a 表示）

(b) 子电池并联示意图

(c) 子电池串联和子电池串并联组合示意图

图 6-33　钙钛矿光伏组件产业化典型工艺

　　紫外光固化树脂因其无溶剂加工和高透明度的优点被用作钙钛矿太阳电池封装胶，即在钙钛矿太阳电池上涂覆紫外光固化树脂便于后续工序。

　　真空层压封装是一种成熟的封装技术，图 6-34（a）为典型的真空层压封装示意图。层压材料和钙钛矿太阳电池之间的相容性与组件边缘封装的防水同样重要，最有效的边缘密封剂是聚异丁烯（PIB），首次超过了 IEC61215:2016 标准的要求。

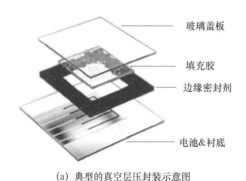

(a) 典型的真空层压封装示意图

(b) 钙钛矿光伏组件典型封装断面示意图

图 6-34　真空层压封装和接口封装

　　晶界是初封装的典型改性位点。Liu 等人将原位形成的非晶态二氧化硅应用于钙钛矿的晶界，以延迟从光活性相到非光活性相的相变，使其转换效率在大气环境储存 1000h 后保留 97%。另一种常见的方法是在钙钛矿的晶界处构建异质结，以降低缺陷密度并抑制离子迁移。

　　接口封装也是一种经常采用的方法。图 6-34（b）所示为钙钛矿光伏组件典型封装断面示意图，可见钙钛矿太阳电池的典型接口封装方法及其所有可能修改的接口。其中，第一部分：将电池与外部物理隔离；第二部分：减少紫外线的影响；第三部分和第五部分：提高钙钛矿的结构稳定性，因此，可以通过接口封装的协同效应系统地稳定光伏组件。

电极封装因为可以避免电池老化过程中的侵蚀也引起了广泛关注。Zai 等人采用一种缓冲夹心电极，将转换效率提高到 23.4%（认证），并且在 2000h 最大功率点跟踪情况卜仅损失了 3% 的转换效率。

钙钛矿光伏组件的封装除保护电池外还通过减缓钙钛矿组合物的溶解速率或部署基于自愈的封装来防止铅泄漏。

利用全无机钙钛矿材料 $CsPbBrI_2$ 带隙（1.89eV）与室内光源光谱（200～700nm）之间匹配，可以制备高性能钙钛矿太阳电池。Wang 等人使用多次熔炼再结晶方法研究了 $CsPbBrI_2$ 薄膜的形貌、组成和缺陷，获得了转换效率 33.50% 的钙钛矿太阳电池。

与刚性组件相比，柔性钙钛矿太阳电池由于与供电产品更容易结合，因此更适合室内应用。Chen 等人首次研究了室内柔性钙钛矿太阳电池，室内照明下的状态陷阱密度低，在 1062 lux 下表现出 31.85% 的转换效率。

因为室内光伏应用更容易与人接触，太阳电池的毒性是解决市场应用的关键问题。Yang 等人首次将无铅锡基钙钛矿用于室内钙钛矿光伏组件，这极大地扩大了无铅钙钛矿太阳电池在室内的应用。

总之，在开发合适的钙钛矿太阳电池封装工艺时，应综合研究材料、加工、方法及其组合，应通过技术进步揭示工作机制，尽快制定钙钛矿太阳电池及组件测试标准，便于比对和进行有实际意义的解释和分析。

3. 钙钛矿光伏组件产业化进展

到目前为止，小面积钙钛矿太阳电池的转换效率与晶体硅太阳电池的相当，最小组件的转换效率也超过了 20.0%，稳定性大大提高。此外，由于低温固溶涂层，钙钛矿太阳电池具有实现比晶体硅太阳电池更低成本的潜力，因此，世界上许多公司开始将钙钛矿太阳电池产业化，并专注于开发大面积组件和高效的制造工艺。随着产业发展和政府政策推动，越来越多的投资进入这一领域，多家公司已宣布建造 100 兆瓦的生产线，并将交付首个商业应用的组件样品。

我国政府也非常重视钙钛矿太阳电池的开发。2022 年国家能源局和科技部发布了"能源领域科技创新'十四五规划'"的通知，风能和太阳能技术的具体目标是建立大规模和高比例的可再生能源供应，包括鼓励高效钙钛矿太阳电池产业化。目前，几个国家级项目正在开发具有各种任务的钙钛矿太阳电池，如开发面积超过 $400cm^2$ 的钙钛矿/晶体硅叠层太阳电池子组件，要求其转换效率达 20%。一些著名的以晶体硅太阳电池为主业的光伏公司，如隆基、晶科、天合光能已经开始研究钙钛矿/晶体硅叠层太阳电池。此外，钙钛矿太阳电池初创企业也在快速发展。2021 年大约有 20 家初创公司从事钙钛矿太阳电池研发。

日本政府一直关注钙钛矿太阳电池的发展。最近，新能源和工业技术发展组织（NEDO）启动了国家项目（绿色创新项目），并投资 200 亿日元开发钙钛矿太阳电池。东芝、积水化学、Aisin、Kaneka 等著名企业与国家先进工业科学技术研究所、东京大学和京都大学等共同承担此项目，承诺到 2030 年将钙钛矿太阳电池商业化。到目前为止，东芝公司开发了刚性和柔性钙钛矿光伏子组件，转换效率分别为 11.6%（光照面积为 $802cm^2$）和 15.1%（光照面积为

$703cm^2$）；积水化学报道了通过宽度为 30cm 的 R2R 工艺制备的转换效率为 15%的柔性钙钛矿光伏组件，将户外耐用性提高到相当于 10 年，并为了实用化，正致力于建立 1m 宽度柔性衬底的 R2R 工艺，目标是在 2025 年实现商业化。R2R 工艺连续生产的钙钛矿太阳电池如见图 6-35 所示。此外，松下制备了转换效率为 17.9%的子组件（设计光照面积为 $804cm^2$）。

在欧洲，亨利·斯奈斯（Henry Snaith）创立的牛津光伏是钙钛矿太阳电池的先驱之一，该公司专注于钙钛矿/晶体硅叠层太阳电池的开发，生产的钙钛矿/晶体硅叠层太阳电池的转换效率达到 29.52%，并于 2021 年在德国建造了一条容量为 100 兆瓦的钙钛矿/晶体

图 6-35　R2R 工艺连续生产的钙钛矿太阳电池

（图片由积水化学工业株式会社提供）

硅叠层太阳电池生产线。Saule Technologies 专注于建设集成光伏（BIPV），并于 2021 在波兰弗罗茨瓦夫启动了生产线。Sol-liance（荷兰）在 2021 制备了稳定转换效率为 17.8%的宽带隙（1.69eV）钙钛矿太阳电池，与松下晶体硅底电池组合，四端引出的钙钛矿/晶体硅叠层太阳电池的转换效率达到了 29.2%；该公司还制备了转换效率为 18.6%的高近红外透过的钙钛矿太阳电池，与松下晶体硅底电池组合，四端引出的钙钛矿/晶体硅叠层太阳电池的转换效率达到了 28.7%。Specific（英国）开发了其试点生产线交付规模的产品。TubeSolar（德国）与巴登-符腾堡太阳能和氢研究中心（ZSW）合作，于 2022 年采用 R2R 工艺制备了转换效率为 14%的柔性钙钛矿太阳电池。Evolar（瑞典）正在筹备建设钙钛矿太阳电池生产线。

2022 年美国能源部（DOE）委托太阳能技术办公室（SETO）执行小型太阳能创新项目（SIPS）资助计划，遴选了 19 个项目资助总额为 600 万美元，用于太阳电池创新，其中 3 个项目基于钙钛矿太阳电池。此外，也有越来越多的公司致力于钙钛矿太阳电池的产业化，如 Swift Solar、Tandem PV、Cubic PV 和 EMC（美国）。EMC 的"GigaSpeed"基于 R2R 印刷工艺生产线，每年可生产相当于 4GW 的光伏材料。

韩国的 UniTest 钙钛矿太阳电池子模块转换效率达到 14.8%，并在 Saemangeum 工业综合体内投资了用于钙钛矿太阳电池的大规模设施。韩国的韩华 Q CELLS 正在大力投资包括钙钛矿/晶体硅叠层太阳电池在内的钙钛矿太阳电池研发，计划到 2025 年投资研发和制造设施 1.5 万亿韩元（12 亿美元）。

总之，通过单个和叠层组合的电池工程、组件技术升级和面向实际需求的稳定性项目，钙钛矿太阳电池技术越来越成熟。现在，钙钛矿太阳电池正处于工业化前夜，为加快工业化进程，n-i-p 型钙钛矿太阳电池由于超过了 25%的转换效率纪录，吸引了更多的关注，然而，改善螺环 OMeTAD 在高温环境中的稳定性从而提高 n-i-p 型钙钛矿太阳电池的稳定性是重中之重；尽管 p-i-n 型钙钛矿太阳电池的转换效率仍然低于 n-i-p 型钙钛矿太阳电池，但它运行稳定，与叠层太阳电池的兼容性好，因此应进一步优化钙钛矿和界面层来提高其转换效率。

未来的目标是在工业化生产规格上，钙钛矿/晶体硅叠层太阳电池转换效率超过 25%，稳定性超过 20 年，为此，应采用理论模拟和实验研究相结合的方式进行钙钛矿/晶体硅叠层太阳电池的光管理改善和界面层优化。此外，需要开发新的低成本技术在晶体硅太阳电池上沉积钙钛矿太

阳电池。虽然目前小面积（小于 0.1cm² ）单结钙钛矿太阳电池的转换效率与晶体硅太阳电池的转换效率相当，然而，将电池面积扩大到组件规格时转换效率显著降低。如图 6-36（a）所示，面积超过 1000cm² 的钙钛矿光伏组件的转换效率仍维持在 15% 左右，其制造成本从每平方米 87 美元到 140 美元，折算为平准化度电成本（LCOE）为每千瓦时 9 美分至 19 美分，而为了达到晶体硅太阳电池每千瓦时 3 美分的平准化度电成本，在 20 年的使用寿命中钙钛矿光伏组件的转换效率应达到 20% 以上，参见图 6-36（b）。为了实现这一目标，应不断创新，探索大面积高质量钙钛矿层和其他功能层的新制造工艺，以便在工业生产条件下控制所有功能层的结晶度和均匀性。稳定性是钙钛矿光伏组件商业化的巨大障碍。必须定量研究钙钛矿光伏组件室外退化模型，并相应地改进材料和电池构造，需要制定适用于分析钙钛矿光伏组件衰减机制的新测试标准。

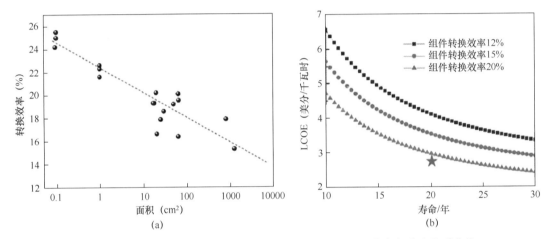

图 6-36　钙钛矿太阳电池的面积与转换效率关系曲线以及寿命与成本关系曲线

目前越来越多的公司正在进入钙钛矿光伏组件的工业化进程，行业组织应搭建平台加强产业界与学术界的沟通，了解产业界面临的紧迫问题，有助于学术研究人员明确研究方向和目标，加快钙钛矿光伏组件在改善户外稳定性和大规模制造方面的速度，钙钛矿光伏产业将迎来美好的明天。

4. 钙钛矿光伏组件市场应用

钙钛矿太阳电池具有低温加工、成本低、质量小、带隙从 1.2eV 到 2.6eV 可调、抗辐射能力强等特点，同时根据生命周期初步评估结果，钙钛矿光伏组件还具有对环境的影响较小、更短的能量回收期（EPBT）的优势。这些优势使得钙钛矿太阳电池与晶体硅太阳电池存在差异化应用场景，除将来与晶体硅太阳电池可以用于大功率规模化发电外，钙钛矿太阳电池在室内电子、外太空应用及建筑光伏一体化和汽车、移动能源等方面具有广阔的应用前景。

在智能化、网络化深入渗透进人们工作和生活的今天，包括物联网在内的数十亿自供电电子产品的电力需求缺口是钙钛矿光伏产品的独特市场之一。

室内光源的光谱不一，钙钛矿材料的可调带隙使其电池特别适用于室内应用，因此理论上选择具有匹配带隙的钙钛矿材料可以最大限度地提高钙钛矿太阳电池的室内转换效率。甲基碘化铅铵（MAPbI₃）作为首个带隙为 1.55eV 的钙钛矿太阳电池基础材料，逐渐取代了各种位点，并扩展出其他钙钛矿材料。钙钛矿的带隙调谐可以通过混合各种阳离子或阴离子的组份工程从红外（1.15eV）变为紫外线（3eV），因此越来越多的钙钛矿材料将代替阳离子和阴离子来制造高性能的室内用钙钛矿太阳电池。

室内用钙钛矿太阳电池一般采用大面积柔性衬底制造工艺，R2R 工艺连续生产使钙钛矿薄膜生产转换效率更高效，但该方法制备的电池转换效率低限制了发展。

刚性和柔性钙钛矿太阳电池之间的区别是衬底的不同。柔性钙钛矿太阳电池在便携性、兼容性、R2R 工艺连续生产（成本可能要低得多）和高功率重量比方面具有优势。在短短几年内，通过各种低温制备方法实现了钙钛矿薄膜的良好质量，在开发合适的界面和电极材料方面取得了巨大成就，柔性钙钛矿太阳电池的最高转换效率已超过 22.44%。

与刚性钙钛矿太阳电池相比，柔性钙钛矿太阳电池更适合与室内小型电子产品集成并提供电力，使其在室内应用方面前景广阔。

钙钛矿太阳电池以其高转换效率、高比功率（即重功率重量比）、与柔性基板的优异兼容性和优异的抗辐射性，使其成为下一代空间太阳电池的有力竞争者。

太空中的极端环境对钙钛矿太阳电池在太空中的应用提出特殊要求。空间环境具有超高真空和交变温度，以及 AM0 太阳光谱高达 $136.7mW/cm^2$ 的总辐射，特别是在 VanAllen 辐射带，还包括伽马（γ）射线、紫外线、X 射线、β 射线、质子、中子和电子的强辐射。空间环境的这些特性直接影响在空间工作的材料和设备的在轨服务性能和稳定性。具体而言，高能粒子辐射可在半导体中诱发晶格缺陷，并最终导致钙钛矿太阳电池性能下降，而空间发射成本在每千克 1500 美元至 30000 美元之间，因此，钙钛矿太阳电池在空间应用应满足高转换效率、高比功率、长期稳定性和抗辐射性等特定要求。图 6-37（a）为影响钙钛矿太阳电池性能的因素。

质子是空间中最常见的高能粒子之一，其质量约为电子的 2000 倍。因此，在兆电子伏特范围内的质子辐射对材料和电池威胁很大，对单晶硅、GaAs 太阳电池的输出性能产生了不利影响。2016 年，Neitzert 等人用能量为 68MeV 的质子轰击具有 ITO/PEDOT:PSS/MAPbI$_3$/PCBM/BCP/Ag 电池结构的 p-i-n 型钙钛矿太阳电池，将钙钛矿太阳电池的 V_{oc}、FF、J_{sc} 和转换效率与商用单晶硅太阳电池进行了比较。当施加不大于 $2×10^{11}pcm^{-2}$ 的剂量时，钙钛矿太阳电池衰减近零，而单晶硅太阳电池的 J_{sc} 降低了 30%；当质子辐射剂量大于 $2×10^{11}pcm^{-2}$ 时，钙钛矿太阳电池的 J_{sc} 和转换效率降低，而 V_{oc} 和 FF 保持不变。在较高的质子剂量水平 $10^{12}pcm^{-2}$ 和 $10^{13}pcm^{-2}$ 下，观察到钙钛矿太阳电池的 J_{sc} 和转换效率分别降低了约 10%和 40%。对于单晶硅太阳电池，在质子剂量仅为 $7×10^{11}pcm^{-2}$ 时，观察到 J_{sc} 降低了 40%。而在卫星相关轨道上累积 $10^{12}pcm^{-2}$ 的剂量通常最多需要 3 年时间。这些结果证实了钙钛矿太阳电池对质子轰击具有极大的耐受性，显示出作为空间光伏的巨大潜力。图 6-37（b）为 68MeV 质子辐射质子 p-i-n 型钙钛矿太阳电池示意图。

伽马射线是一种常见的空间高能射线，在电磁频谱中具有最短的波长和最高的频率。金属卤化物钙钛矿已通过将射线直接转换为电信号用于伽马射线检测。实验结果表明，钙钛矿比玻璃对 γ 射线辐射具有优越的稳定性。图 6-37（c）为辐射剂量为 2.3Mrad 的伽马射线持续照射 1535h 前（右面板）和后（左面板）的钙钛矿太阳电池（顶板）和 ITO 基板（底板）的照片。图 6-37（d）为实验用钙钛矿太阳电池的安装结构和飞行高度示意图。图 6-37（e）为载有钙钛矿太阳电池的高空气球应用的实验和设备。

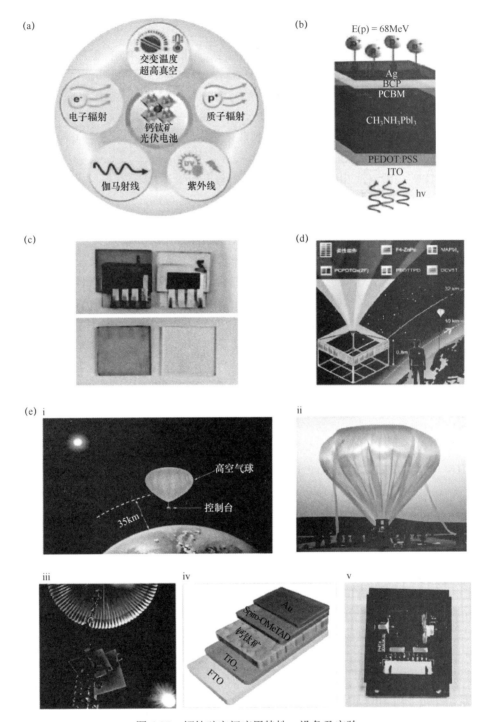

图6-37　钙钛矿空间应用特性、设备及实验

为了促进钙钛矿太阳电池的空间应用，已经在实验室模拟环境进行了大量研究，而真实环境测试无疑是必不可少的。Manca 和 Zhu 等人分别通过高空科学气球进行了钙钛矿太阳电池的空间飞行实验。第一次飞行实验通过高空气球到达 32km 的高度。实时跟踪钙钛矿太阳电池最大功率点的功率输出来评估电池的性能变化。Zhu 和合作者进行了另一项开创性的太空飞行实验，选用基于 $FA_{0.81}MA_{0.10}Cs_{0.04}PbI_{0.55}Br_{0.40}$ 的大面积规则介孔 TiO_2 钙钛矿太阳电池用高空气球带入 35km 高空，电池在 AM0 条件下 2h 后转换效率衰减不到 5%。

2020 年，Müller-Buschbaum 等人在到达 239km 的远地点的火箭上搭载钙钛矿太阳电池进行了实验。2021 年，国家可再生能源实验室的研究人员与美国国家航空航天局（NASA）的团队合作，向国际空间站发送了 8 个钙钛矿太阳电池，以评估钙钛矿太阳电池在太空中的潜在用途，并评估这些电池所用材料的耐久性。在此之前，美国国家航空航天局（NASA）已经证实，一个带封装的 $MAPbI_3$ 薄膜可以在国际空间站的太空环境中运行大约 10 个月，在轨道上几乎没有化学降解，钙钛矿太阳电池目前在空间应用中显示出巨大的潜力。然而，它离实际应用还有很长的路要走。科学家需要从机制探索和真实空间环境中的稳定性的角度进一步开展大量研究，以获得高度耐用的钙钛矿太阳电池。

钙钛矿太阳电池具备轻薄、透光性强、短波长吸光能力强、弱光效应好、可在刚性或柔性基材上制备的优点，除上述室内电子和空间应用外，其可与建材结合成为建筑光伏一体化组件应用于建筑领域，让建筑的外立面发电；可集成到电动汽车外面，发展车载光伏，边行进边充电，增加电动汽车续航能力；在帐篷、背包等消费品及室外机器人、无人机等移动能源领域的应用同样潜力巨大。全球钙钛矿光伏组件占光伏组件份额预测图如图 6-38 所示，也是对钙钛矿太阳电池未来发展的预测。

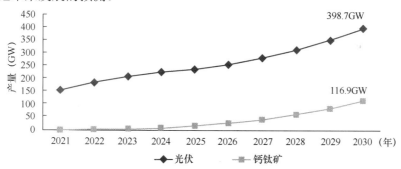

图 6-38　全球钙钛矿光伏组件占光伏组件份额预测图

钙钛矿太阳电池具有巨大的商业潜力，产业界正加快产业化布局。目前钙钛矿光伏组件中试转换效率为 15.5%，当产能扩大到 1GW 以上时，组件成本可达每瓦 0.7 元左右，可望同时实现和砷化镓电池一样高的性能以及比晶体硅太阳电池低的制造成本。近年的技术进展已经显示，钙钛矿光伏技术并没有难以逾越的原理性问题，钙钛矿太阳电池技术实现大规模商业化生产前景光明。

6.6　染料敏化太阳电池（Dye Sensitized Solar Cell，DSC）

染料敏化太阳电池是一种基于氧化还原反应的新型化学电池，其工作原理类似于植物的光合作用，由纳米多孔半导体薄膜、染料光敏化剂、氧化还原电解质、对电极和导电基底等几部分组成。

　　图 6-39 为染料敏化太阳电池的结构和原理示意图，上下两端是镀有透明导电膜的导电玻璃基底，中间是用纳米尺度的二氧化钛（TiO$_2$）制成的多孔半导体薄膜，它吸附了染料光敏化剂，并被注入了氧化还原申电解质溶液。当染料分子吸收太阳光后，电子脱离原先的基态跃迁至激发态，与二氧化钛发生氧化反应，将电子注入纳米多孔半导体的导带中，电子很快跑到表面被电极收集，通向外电路；而从另一端电极返回的电子被电解质中的离子捕获，处于氧化态的染料被电解质还原再生，送还给被氧化的染料分子，氧化态的电解质再在正极处接收电子被还原，电解质变成氧化态，使其重新回到基态，这就完成了电子的输运循环过程。这个循环过程只要有太阳光，并且与外电路接通，就能持续不断地进行下去。

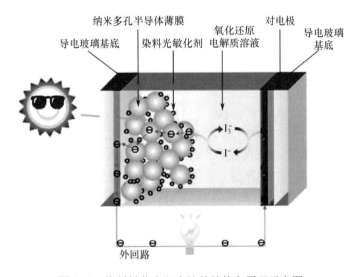

图 6-39　染料敏化太阳电池的结构和原理示意图

　　DSC 成为目前光伏行业十分活跃的研究领域之一，除了其在低成本、高转换效率以及未来可能产生巨大潜在市场的优势外，与目前已经商业化的薄膜电池动辄数亿元的资金投入相比，相对比较低的资本投入是更多投资者乐于投入的主要原因。

　　日本在 DSC 的基础研究和应用研究方面都处于世界领先地位。

　　经过了 20 多年的发展，DSC 太阳电池的技术和产业化水平取得了长足进步，但其发展仍面临一些瓶颈：首先，传统的 DSC 只能吸收波长小于 650nm 左右的可见光部分，而对太阳光谱中其他部分的光几乎没有利用，因此迫切需要开发出具有全光谱吸收特征的太阳电池；其次，DSC 的阳极大多使用 TiO$_2$ 纳米晶薄膜，由于其晶界位阻大、孔道空间狭窄等缺点严重阻碍了电子的传输和电解液的渗透，需要进一步完善阳极薄膜的结构，发展适合大面积生产的薄膜制备技术；最后，大面积 DSC 制造技术不成熟，电池稳定性不高，需要开发出高效、低成本、适用于大面积电池的制备技术，如固态电池和柔性电池等。因此，设计新型长激子寿命染料和电解质，提高电池转换效率和稳定性，发展全固态和柔性器件是 DSC 进一步走向实用化的主要任务，并有望在近期获得重大进展。表 6-11 为染料敏化太阳电池及小组件的转换效率纪录。

　　染料敏化太阳电池的主要优势是：原材料丰富、成本低、工艺技术相对简单，在大面积工业化生产中具有较大的优势，同时所有原材料和生产工艺都是无毒、无污染的，部分材料可以得到充分的回收，对保护人类环境具有重要的意义。然而，染料敏化太阳电池还需要提高转换效率，在性能稳定、密封可靠、使用方便等方面表现更好，所以要实现大规模实际应用，尚待时日。

表 6-11　染料敏化太阳电池及小组件的转换效率纪录

机构	面积 (cm^2)	V_{oc} （V）	J_{sc} （mA/cm^2）	FF （%）	转换效率 （%）	检测机构	检测时间	种类
Sharp	1.005 (da)	0.744	22.47	71.2	11.9 ± 0.4	AIST	2012 年 9 月	电池
Sharp	26.55 (da)	0.754	20.19	69.9	10.7 ± 0.4	AIST	2015 年 2 月	小组件（7 个电池串联）
Sharp	398.8 (da)	0.697	18.42	68.7	8.8 ± 0.3	AIST	2012 年 9 月	小组件（26 个电池串联）
EPFL	0.0963 (ap)	1.0203	15.17	79.1	12.25 ± 0.4	Newport	2019 年 8 月	

注：da—指定照明区域面积；ap—可视面积。

6.7　有机半导体太阳电池

有机半导体太阳电池简称有机太阳电池（Organic Solar Cells，OSCs），是由具有半导体性质的有机材料（如聚对苯乙炔、聚苯胺）等进行掺杂后制成 pn 结，利用其光生伏特效应而产生电压形成电流，实现太阳能发电的效果。图 6-40 为有机太阳电池的结构及原理示意图。

1958 年美国加州大学伯克利分校 Kearns 和 Calvin 将镁酞菁夹在两个功函数不同的电极之间，检测到了 200mV 的开路电压，成功制备出了第一个有机太阳电池。之后科学家们试验采用不同的有机半导体材料，但转换效率不高。

1986 年柯达公司邓青云博士创造性以四羧基花的一种衍生物作受体，铜酞菁（CuPc）作给体制备双层活性层，制备出转换效率高于 1%的双层异质结有机太阳电池。异质结为有机太阳电池打开新的研究方向，有机太阳电池逐渐成为科学家的研究热点。

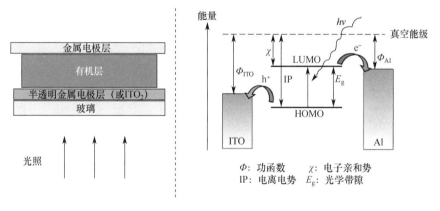

图 6-40　有机太阳电池的结构及原理示意图

1992 年，Sariciflci 等人发现，激子在有机半导体材料和富勒烯的界面上可以快速实现电荷分离，并且激子分离成的电子和空穴在界面上不复合，从而更利于电荷的收集并在 1993 年首次将富勒烯作为活性层中的受体材料应用于有机太阳电池中取得较高的转换效率，由此富勒烯在一段时间内成为有机太阳电池的主要受体材料。1995 年，诺贝尔化学奖得主 Heeger 等人首次提出体异质结结构（Bulk Heterojunction Structure）的有机太阳电池，创造性地将富勒烯衍生物（PCBM）和聚苯乙炔（MEH-PPV）溶液混合，通过旋涂法制备出具有三维互传网络结构活性层的转换效率为 2.9% 的有机太阳电池，从此体异质结有机太阳电池成为主流并快速发展。2003 年 Sariciflci 等人使用聚 3-己基噻吩（P3HT）作为给体，富勒烯衍生物（PC$_{61}$BM）为受体，制备转换效率为 3.5% 的体异质结有机太阳电池。随着加工工艺的不断改善和提高，基于富勒烯衍生物作为受体材料的有机太阳电池转换效率已经超过 10%。同时，性能优良的给受体有机半导体不断被开发，PCE 不断提高。国内外众多有机太阳电池领域的科研团队经过不懈努力，将有机太阳电池的转换效率提高到18%，科研工作取得巨大进展。

另外，McGehee 教授的研究报告表明，基于 P3HT/PC$_{70}$BM 和 PCDTBT/PC$_{70}$BM 体系的有机太阳电池各项参数均表现出良好的稳定性，经过理论模拟，有机太阳电池的理论寿命可达 7 年以上，其高转换效率及高稳定性充分展现出其商业应用前景。

有机太阳电池作为一种新兴高效太阳电池，近年发展迅速，2020 年 10 月上海交通大学刘烽教授团队联合北京航空航天大学团队，研制的小面积有机太阳电池的转换效率达到 18.2%，2022 年 5 月该团队将这一纪录提高到 19.6%。随着科学家对有机太阳电池的不断探索，高转换效率、高稳定性、可大规模生产的有机太阳电池必将很快问世，商业化前景可期。有机太阳电池最新的研发成果见表 6-12。

表 6-12　有机太阳电池最新的研发成果

机构	面积（cm^2）	V_{oc}（V）	J_{sc}（mA/cm^2）	FF（%）	转换效率（%）	检测机构	检测时间	种类
ZJU/Microquanta	19.31 (da)	0.8518	23.51	72.5	14.5 ± 0.3	AIST	2021 年 12 月	小组件（7 个电池）
Fraunhofer ISE	1.015 (da)	0.8467	24.24	74.3	15.2 ± 0.2	FhG-ISE	2020 年 10 月	电池
SJTU Shanghai/Beihang U.	0.0322 (da)	0.8965	25.72	78.9	18.2 ± 0.2	NREL	2020 年 10 月	薄膜
ZAE Bayern	203.98 (da)	0.8177	20.68	69.3	11.7 ± 0.2	FhG-ISE	2019 年 10 月	子组件（33 个电池）
Toshiba	802 (da)	17.47	0.569	70.4	8.7 ± 0.3	AIST	2014 年 2 月	组件

注：da—指定照明区域面积。

6.8　薄膜太阳电池市场及发展前景

2001—2022 年，薄膜太阳电池发展跌宕起伏。2001 年全球薄膜太阳电池市场规模只有14MW，只占光伏市场总额的 2.8%，2005 年市场规模首次超过 100MW，市场占比为 6%，2007 年为 10%，到 2009 年已经达到 2.141GW，市场占比为 16%～25%，2016 年翻了一番，规模超过 4GW，占整个光伏组件产量的 7%左右。近年来由于晶体硅光伏技术的进步，电池转换效率大幅提升，产业链逐步完善，组件价格降低，而薄膜太阳电池仅 CdTe 有较大增长。2010 年全球薄膜太阳电池产量前 10 名的企业中，只有美国的 First Solar、Teledo Solar 公司和我国龙焱、中建材和国民薄膜还在运营，因此薄膜太阳电池在全球光伏市场中所占份额逐步下降，到 2022 年市场份额和 2001 年相当。

薄膜太阳电池具有材料消耗少、制备能耗低、基底选择性适合与建筑及供电设备等结合的特点，目前能够大批量产业化的薄膜太阳电池主要是硅基、碲化镉（CdTe）、铜铟镓硒（CIGS）等，CdTe 太阳电池和 CIGS 太阳电池的实验室转换效率都超过了 22%，CdTe 组件的转换效率超过 16.4%；砷化镓（GaAs）薄膜太阳电池具有超高的转换效率，稳定性好，抗辐射能力强，在特殊的应用市场具备发展潜力，但由于目前成本高，市场有待开拓；可喜的是钙钛矿太阳电池实验室转换效率连创新高，与晶体硅太阳电池极限转换效率接近，稳定性在通过材料、工艺及封装形式改进中，处于实验室及中试阶段，期待产业化能尽早实现，凭借其价格低廉、温度系数小、弱光响应好、容易一体化等突出的优点，薄膜太阳电池将大有可为。

参 考 文 献

[1] 高元恺，叶奕鍠. 太阳能电池原理与工艺[M]. 哈尔滨：哈尔滨工业大学，1983.

[2] HAMAKAWA Y. Amorphous Semiconductor Technologies & Devices[M]. JAPAN TOKYO: OHMSHA, LTD. & NORTH-HOLLAND PUBLISHING COMPANY, 1984.

[3] 刘恩科，朱长纯，贾全喜，等. 光电池及其应用[M]. 北京：科学出版社，1989.

[4] 殷德生，王兆芳，胡汛，等. 并联电阻及光电流随正向电压变化对 a-Si：H 集成太阳电池填充因子的影响[J]. 太阳能学报，1990，11（2）：179-184.

[5] 于化丛，杨宏，胡宏勋，等. 大面积集成型 a-SiC:H/a-Si:H 叠层太阳电池的研制[J]. 太阳能学报，1995，16（3）：274-278.

[6] 杨宏，于化丛，胡宏勋，等. 带有缓变层的大面积集成型 a-Si:H 太阳电池的研制[J]. 太阳能学报，1994，15（3）：235-239.

[7] 杨宏. 带有缓冲层（CGL:C、CGL:B:C）的大面积（305mm×915mm）单结集成 P-I-N 型 a-Si:H（异质结）太阳电池的研制[D]. 西安：西安交通大学，1995.

[8] 于化丛. 大面积（2790cm^2）a-SiC:H/a-Si:H 叠层太阳电池的研制[D]. 西安：西安交通大学，1995.

[9] 杨宏，崔容强，于化丛，等. 带有 CGL:B:C 的大面积 a-Si:H 太阳电池的研制[J]. 西安交通大学学报，1996，30（6）：115-122.

[10] 于化丛，杨宏，王克俭，等. p/i 界面的缓变层对大面积（2790cm^2）a-Si:H 太阳电池性能影响的研究[J]. 太阳能学报，1997，18（4）：421-426.

[11] VETTERL O, FINGER F, CARIUS R, et al. Intrinsic microcrystalline silicon: A new material for photovoltaics[J]. Solar Energy Materials& Solar Cell, 2000(62): 97-108.

[12] 杨宏，王鹤，于化丛，等. 常压化学汽相沉积 TiOx 纳米光学薄膜及其用于太阳电池减反射膜的研究[J]. 太阳能学报，2002，23（4）：437-440.

[13] 雷永泉，万群. 新能源材料[M]. 天津：天津大学出版社，2002.

[14] MICHIO K, AKIHISA M. An approach to device grade amorphous and microcrystalline thin films fabricated at higher deposition rates[J]. Current Opinion in Solid State and Materials Science, 2002 (6): 445-453.

[15] 严陆光，崔容强. 21 世纪太阳能新技术[M]. 上海：上海交通大学出版社，2003.

[16] SHAH A V. Thin-film Silicon Solar Cell Technology[J]. Prog. Photovoltaic: Res Appl. 2004 (12): 113-142.

[17] YU H C, CUI R Q, WANG H, et al. Study of hydrogenated nano-amorphous silicon(na-Si:H) thin film prepared by RF magnetron sputtering with graded optical band gap (Eg opt) [J]. Journal of Materials Science，2005, 2005(40): 1367-1370.

[18] 于化丛. 氢化纳米硅（na-Si:H）薄膜太阳电池研究[D]. 上海：上海交通大学，2005.

[19] YU H C, CUI R Q, ZHAO C J, et al. 15th International Photovoltaic Science and Engineering Conference(PVSEC-15)（C）// China Solar Energy Society. Shanghai Jiao Tong University. The Computer Simulation of Graded Optical Band Gap(GBG) in na-Si:H Solar Cells by AMPS, October 10-15,2005,Shanghai. Shanghai: Shanghai Jiao Tong University Press, 2005: 1303-1304.

[20] CUI R Q, YE Q H, SUN T T, et al. 15th International Photovoltaic Science and Engineering

Conference(PVSEC-15)（C）// China Solar Energy Society. Shanghai Jiao Tong University. Solar Photovoltaic in Shanghai, October 10-15,2005, Shanghai. Shanghai: Shanghai Jiao Tong University Press, 2005: 357-358.

[21] YU H C, CUI RQ, MENG F Y, et al. 15th International Photovoltaic Science and Engineering Conference(PVSEC-15)（C）// China Solar Energy Society. Shanghai Jiao Tong University. The High Efficiency of the Graded Optical Band Gap na-Si:H Solar Cell Prepared by PECVD, October 10-15,2005,Shanghai. Shanghai: Shanghai Jiao Tong University Press, 2005: 1048-1049.

[22] YU H C, CUI R Q, ZHAO C J, et al. 15th International Photovoltaic Science and Engineering Conference(PVSEC-15)（C）// China Solar Energy Society. Shanghai Jiao Tong University. The n Type na-Si:H/p Type C-Si Heterojuction Solar Cell Prepared by PECVD, Octomber 10-15,2005,Shanghai. Shanghai: Shanghai Jiao Tong University Press, 2005: 513-514.

[23] ZHAO Z X., CUI R Q, MENG F Y, et al. Nanocrystalline Silicon Thin Films Deposited by High Frequency Sputtering at Low Temperature[J]. Solar Energy Materials & Solar Cells, 2005 (86): 135-144.

[24] SHINOHAR W.. 5th World Conference on Photovoltaic Energy Conversion [C]// World Conference on Photovoltaic Energy Conversion (WCPEC). Recent progress in thin-film silicon photovoltaic technologies, September 6-10 2010, Valencia, Spain, 2010: 6-10.

[25] 蓝仕虎, 赵辉, 杨娜, 等. 大面积纳米硅基薄膜太阳电池及制造设备的开发[J]. 太阳能学报, 2015, 36（5）: 1268-1273.

[26] European Commission Joint Research Centre. PV Status Report 2016[R].ISBN 978-92-79-63055-2.Publications Office of the European Union, 2016-11-28.

[27] 于化丛. 石墨烯透明导电薄膜的制备方法: 中国, ZL 201510227685.8 [P]. 2017-03-15.

[28] 晶怿能源科技（上海）有限公司. 渐变带隙纳米硅薄膜及渐变带隙纳米硅薄膜太阳能电池: 中国, ZL 201310125568.1 [P]. 2017-02-08.

[29] 全国太阳光伏能源系统标准化技术委员会. 地面用硅基薄膜光伏组件总规范. 20132236-T-339[S]. 晶怿能源科技（上海）有限公司, 西安交通大学, 中国电建集团江西省电力建设有限公司, 等, 2018-06-28.

[30] 赵颖, 王一波, 李海玲, 等. 中国可再生能源学会及光伏专业委员会. 2023中国光伏技术发展报告[C]北京: 2023.

[31] 江华, 等. 中国光伏行业协会, 中国光伏产业发展路线图（2022-2023）[C]. 北京: 2023.

[32] GREEN A M. Solar cell efficiency tables (Version 61) [J]. Prog Photovolt Res Appl. 2023,31(1): 3-16.

[33] 章诗, 王小平, 王丽军, 等. 薄膜太阳能电池的研究进展[J]. 材料导报, 2010, 24（5）: 126-131.

[34] Wu X. 17th European Photovoltaic Solar Energy Confernece [C]// European Photovoltaic Solar Energy Confernece (EPVSEC).16.5% efficient CdS/CdTe polycrystalline thin-film solar cell, October 22-26, 2001, Munach, Germany, 2001: 125-129.

[35] BATZNER D L. Development of efficient and stable back contacts on CdTe/CdS solar cells[J]. Thin Solid Films, 2001(387): 151-154.

[36] 欧阳良琦, 庄大明, 张宁, 等. 磁控溅射四元靶材法制备17.5%转换效率CIGS电池研究[J]. 太阳能学报, 2016, 37（11）: 2994-2998.

[37] 欧阳良琦, 庄大明, 郭力, 等. 串联电阻对不均匀铜铟镓硒电池性能的影响[J]. 太阳能学报, 2015, 36（7）: 1561-1566.

[38] 伍祥武. 铜铟镓硒薄膜太阳能电池应用研究与进展[J]. 大众科技, 2010（8）: 105-106.

[39] 易娜. 钙钛矿太阳能电池技术的进展[J]. 太阳能发电，2016（5）：1-5.

[40] LUO X, HAN L Y. Recent progress in perovskite solar cells: from device to Commercialization[J]. Science China Chemistry, 2022 (65): 2369-2416.

[41] JENG J Y, CHIANG Y F, LEE M H, et al. CH3NH3PbI3 Perovskite/Fullerene Planar-Heterojunction Hybrid Solar Cells[J]. Adv Mater, 2013, 25: 3727-3732.

[42] TAN H, JAIN A, VOZNYY O, et al. Efficient and stable solution-processed planar perovskite solar cells via contact passivation[J]. Science, 2017, 355: 722-726.

[43] PENG J, WALTER D, REN Y, et al.Nanoscale localized contacts for high fill factors in polymer-passivated perovskite solar cells[J]. Science, 2021, 371: 390-395.

[44] MEI A, LI X, LIU L, et al. A hole-conductor-free, fully printable mesoscopic perovskite solar cell with high stability [J]. Science, 2014, 345: 295-298.

[45] LI Z, LI B, WU X, et al. Organometallic-functionalized interfaces for highly efficient inverted perovskite solar cells[J]. Science, 2022, 376: 416-420.

[46] Zhao D, Chen C, Wang C, et al. Efficient two-terminal all-perovskite tandem solar cells enabled by high-quality low-bandgap absorber layers[J]. Nat Energy, 2018, 3: 1093-1100.

[47] CHEN S, XIAO X, GU H, et al. Iodine reduction for reproducible and high-performance perovskite solar cells and modules [J]. Sci Adv, 2021, 7(10), eabe8130.

[48] YU Z, YANG Z, NI Z,et al. Simplified interconnection structure based on C60/SnO2-x for all-perovskite tandem solar cells[J]. Nat Energy, 2020, 5: 657-665.

[49] GAO H, LU Q, XIAO K, et al. Thermally Stable All-Perovskite Tandem Solar Cells Fully Using Metal Oxide Charge Transport Layers and Tunnel Junction[J]. Sol RRL, 2021, 5:2100814.

[50] JIANG M L. FUNDAMENTAL STUDY OF SOLUTION PROCESSED INORGANIC HYBRID THIN FILM SOLAR CELLS[D]. Pittsburgh,: University of Pittsburgh, 2017.

[51] GREEN M, DUNLOP E D, HOH-EBINGER J, et al. Solar cell efficiency tables (Version 60) [J]. Prog Photovoltaics, 2022, 30:687-701.

[52] LEIJTENS T, BUSH K A, PRASANNA R, et al. Opportunities and challenges for tandem solar cells using metal halide perovskite semiconductors[J]. Nat Energy, 2018, 3: 828-838.

[53] QIN S, LU C, JIA Z, et al. Constructing Monolithic Perovskite/Organic Tandem Solar Cell with Efficiency of 22.0% via Reduced Open-Circuit Voltage Loss and Broadened Absorption Spectra [J]. Adv Mater, 2022, 34: 2108829.

[54] LIU Y, RENNA L A, BAG M, et al. High Efficiency Tandem Thin-Perovskite/Polymer Solar Cells with a Graded Recombination Layer [J]. ACS Appl Mater Interfaces, 2016, 8:7070-7076.

[55] KIM Y Y, YANG T Y, SUHONEN R, et al. Roll-to-roll gravure-printed flexible perovskite solar cells using eco-friendly antisolvent bathing with wide processing window [J]. Nat Commun, 2020, 11: 5146.

[56] BROOKS K G, NAZEERUDDIN M K. Laser Processing Methods for Perovskite Solar Cells and Modules[J]. Adv Energy Mater, 2021, 11: 2101149.

[57] YANG Z, ZHANG W, WU S, et al. Slot-die coating large-area formamidinium-cesium perovskite film for efficient and stable parallel solar module[J]. Sci Adv, 2021, 7: eabg3749.

[58] XU Y, WANG S, GU L, et al. Structural Design for Efficient Perovskite Solar Modules [J]. Sol RRL,

2021, 5: 2000733.

[59] ZHOU Y X, HU J H, JIANG M L, et al. Review on methods for improving the thermal and ambient stability of perovskite solar cells[J]. J. Photon. Energy, 2019,9(4): 040901.

[60] FU Z, XU M, SHENG Y, et al. Encapsulation of Printable Mesoscopic Perovskite Solar Cells Enables High Temperature and Long-Term Outdoor Stability[J]. Adv Funct Mater, 2019, 29:1809129.

[61] CHEACHAROEN R, ROLSTON N, HARWOOD D, et al. Design and understanding of encapsulated perovskite solar cells to withstand temperature cycling [J]. Energy Environ Sci, 2018, 11: 144-150.

[62] HAN G S, LEE S, JIANG M L, et al. Multi-functional transparent electrode for reliable flexible perovskite solar cells[J]. Journal of Power Sources, 2019, 435, 226768.

[63] MCKENNA B, TROUGHTON J R, WATSON T M, et al. Enhancing the stability of organolead halide perovskite films through polymer encapsulation[J]. RSC Adv, 2017, 7: 32942-32951.

[64] JIANG M L, WU Y X, ZHOU Y, et al. Observation of lower defect density brought by excess PbI2 in CH3NH3PbI3 solar cells[J]. AIP Advances 99, 2019, 085301.

[65] CAI M, WU Y, CHEN H, et al. Cost-Performance Analysis of Perovskite Solar Modules[J]. Adv Sci, 2017, 4:1600269.

[66] YANG S, XU Z, XUE S, et al. Organohalide Lead Perovskites: More Stable than Glass under Gamma-Ray Radiation[J]. Adv Mater, 2019, 31: 1805547.

[67] CARDINALETTI I, VANGERVEN T, NAGELS S, et al. Organic and perovskite solar cells for space applications [J]. Sol Energy Mater Sol Cells, 2018, 182: 121-127.

[68] HE J, JIANG S, JIANG M L, et al. Highly efficient perovskite solar cells fabricated in high humidity using mixed antisolvent[J]. J. Photon.Energy, 2021,11 (4): 045502.

[69] TU Y G, XU G N, YANG X Y, et al. Mixed-cation perovskite solar cells in space [J]. Sci China-Phys Mech Astron, 2019, 62: 974221.

[70] LAN F, JIANG M L, TAO Q, et al. Revealing the Working Mechanisms of Planar Perovskite Solar Cells With Cross-Sectional Surface Potential Profiling[J]. IEEE Journal of Photovoltaics,2018, 1(8): 125-131.

[71] 时红海，杨莉萍，沈沪江，等. 染料敏化太阳电池热效应的模拟与实验研究[J]. 太阳能学报，2016，37（10）：2472-2478.

[72] 戴松元，胡林华. 染料敏化太阳电池关键技术进展与待解瓶颈[N]. 摩尔光伏，2016，06（12）.

[73] 孙南海，李明伟，万家伟. 大面积有机聚合物太阳电池级联研究[J].太阳能学报，2016，37（1）：5-8.

练 习 题

6-1　与晶体硅太阳电池相比，薄膜太阳电池的优缺点有哪些？

6-2　简述目前实际应用和主要研究的薄膜太阳电池的种类。

6-3　多结叠层非晶硅薄膜太阳电池主要有哪些结构？画出对应的能带图。

6-4　大面积叠层硅基薄膜太阳电池组件设计主要考虑哪些因素？画出商用组件的子电池截面示意图。

6-5　简述 CdTe 薄膜太阳电池的优缺点。

6-6　目前商业化生产中沉积 CdTe 薄膜的主要方法有哪些？

6-7　简述 CIGS 薄膜太阳电池的优缺点。

6-8　目前商业化生产中沉积 CIGS 薄膜的主要方法有哪些?

6-9　染料敏化太阳电池的原理是什么?

6-10　简述钙钛矿太阳电池的特点及发展前景。

6-11　大面积钙钛矿薄膜太阳电池组件设计主要考虑哪些因素?画出商用组件的子电池截面示意图。

6-12　试述薄膜太阳电池的发展前景,大规模应用的优势和缺点是什么?

第7章　光伏发电系统部件

光伏发电系统需要多种部件协调配合才能正常工作，其中光伏组件是最主要的部件，除此之外，系统中所有的设备和装置等配套部件常常统称为平衡部件（Balance of System，BOS）。常见的平衡部件主要包括：

* 控制器；
* 二极管；
* 逆变器；
* 储能设备；
* 断路器、变压器及保护开关；
* 电力计量仪表及记录显示设备；
* 汇流箱、连接电缆及套管；
* 组件安装用的框架、支持结构及紧固件；
* 系统交直流接地及防雷装置等；
* 日照时数、风向风速等环境监测设备；
* 系统数据采集和监测软件系统；
* 跟踪系统。

在不同的应用条件下，平衡部件的具体内容会有差别，本章仅讨论一些主要的系统部件。

7.1　光伏方阵

一般情况下，单独一块光伏组件，无法满足负载的电压或功率要求，需要将若干组件通过串、并联组成光伏方阵，才能正常工作。

光伏方阵，又称光伏阵列，是由若干块光伏组件，在机械和电气上按一定的串、并联方式组装在一起，并且有固定的支撑结构而构成的直流发电单元。

如果一个光伏方阵中有不同的光伏组件或不同的光伏组件的连接方式，其中结构和连接方式相同的部分称为子方阵。

光伏组件的具体连接方式需要根据系统电压及电流的要求，来决定串、并联的方式。应该将最佳工作电流相近的光伏组件串联在一起。比如在连接水管时，一般情况下，可以将长短不一的水管连接在一起，但是内径要大致相同，否则流量将受到最小内径的限制。同样如果将工作电流不同的光伏组件串联在一起,总电流将等于最小的组件输出电流,这点必须加以重视。

目前光伏方阵中常用的是先串后并的连接方式。

在单串光伏组件功率不能满足需求时，需要将多串光伏组件进行并联后给负载供电，此时，需要尽可能保证每串光伏组件的串联数一致，即保证每串光伏组件的工作电压一致，从而尽可能减少由于并联失配带来的损失。

7.2　二极管

在光伏方阵中，二极管是很重要的元件，常用的二极管有两类。

1. 阻塞（防反充）二极管

在光伏方阵和储能蓄电池或逆变器之间，常常需要串联一个阻塞二极管，因为太阳电池相当于一个具有 p-n 结的二极管，当夜间或阴雨天，光伏方阵的工作电压可能会低于其供电的直流母线电压，蓄电池或逆变器会反过来向光伏方阵倒送电，因而会消耗能量和导致光伏方阵发热，甚至影响组件寿命。将阻塞二极管串联在光伏方阵的电路中，起单向导通的作用。

由于阻塞二极管存在导通管压降，串联在电路中运行时要消耗一定的功率。一般使用的硅整流二极管，其管压降为 0.6～0.8V；大容量硅整流二极管的管压降可达 1～2V。当系统的电压较低（如直流 100V 以下）时，也可以采用肖特基二极管，其管压降为 0.2～0.3V，但是肖特基二极管的耐压和电流容量相对较小，选用时要加以注意。

在实际的系统设计中，如果能够保证直流母线不会向光伏方阵倒送电，也可以不配置阻塞二极管，从而降低系统损耗和成本。

2. 旁路二极管

当光伏组件串联成光伏方阵时，需要在每个光伏组件两端都并联一个或数个二极管。这样当其中某个光伏组件被阴影遮挡或出现故障而停止发电时，在二极管两端可以形成正向偏压，实现电流的旁路，从而不至于影响其他正常光伏组件的发电，同时也保护被遮挡光伏组件避免承受到较高的正向偏压或由于"热斑效应"发热而损坏。这类并联在组件两端的二极管称为旁路二极管。目前旁路二极管一般封装在光伏组件的接线盒中，成为光伏组件的一部分（参见图 7-1）。

旁路二极管通常使用的是肖特基二极管，在选用型号时要注意其容量应留有一定裕量，以防止击穿损坏。通常其耐压容量应能够达到所并联光伏组件的最大开路电压的两倍，电流容量也要达到预期最大运行电流的两倍。

图 7-1　内置 2 个旁路二极管的光伏组件接线盒

7.3　储能设备

由于光伏发电要受到气候条件的影响，只有在白天有阳光时才能发电，且会受太阳辐射强度影响而随时变化，通常发电功率与负载用电规律不相符合，因此对于离网光伏系统必须配备储能装置，将光伏方阵在有日照时发出的多余电能储存起来，供晚间或阴雨天使用。即使是并网发电系统，如果该地区电网供电不稳定，而负载又很重要，供电不能中断，如军事、通信、医院等场所，也可配备储能设备。

从长远来看，太阳能发电在能源消费结构中所占份额将逐渐扩大，到 21 世纪中叶，将在能源供应中占重要地位。如何克服太阳能发电"日出而作，日落而歇"的工作特点，使之成为可靠、稳定的主体能源，必须解决在系统中大规模应用储能设备的问题。

7.3.1　主要储能技术

大规模储能技术按照储存的介质进行分类，常见的主要分为三类：机械储能、电化学储能、电磁储能。各种不同储能方式的储能特性均不相同，以下简要介绍各种储能技术的基本原理及其现状。

1. 机械储能

机械储能是将电能转换为机械能，需要时再将机械能转换成电能。目前实际应用的有以下几种。

（1）抽水储能

抽水储能是目前在电力系统中应用最为广泛的一种储能技术，其主要应用领域包括能量管理、频率控制以及提供系统的备用容量。截至 2021 年年底，全球抽水蓄能电站总装机容量规模达到了 180.7GW，占总储能容量的 86.3%。目前全球最大的抽水蓄能电站是河北丰宁抽水蓄能电站，创造四项世界第一：总装机 360 万千瓦，居世界首位；12 台机组满发利用小时数达到 10.8 小时，一次最大储能近 4000 万千瓦时，储能能力世界第一；地下厂房规模世界第一；地下洞室群规模世界第一。

抽水储能电站在应用时需要配备上、下游两个水库。在电网负荷低谷时段，抽水储能设备工作在电动机状态，将下游水库的水抽到上游水库，将电能转化成重力势能储存起来。电网负荷高峰时，抽水储能设备工作在发电机状态，释放上游水库中的水来发电。

抽水储能的释放时间可以从几小时到几天，一些高坝水电站具有储水容量，可以将其用作抽水储能电站进行电力调度。利用矿井或者其他洞穴实现地下抽水储能在技术上也是可行的，海洋有时也可以当作下游水库用，1999 年日本建成了第一座利用海水的抽水蓄能电站。

其优点是：技术上成熟可靠，容量可以做得很大，仅受水库库容限制。缺点是：建造受地理条件限制，需合适落差的高低水库，往往远离负荷中心；抽水和发电中有相当数量的能量损失，综合效率为 70%～80%，储能密度较差；建设周期长，投资大。

（2）飞轮储能

飞轮储能是将能量以动能形式储存在高速旋转的飞轮中。整个系统由高强度合金和复合材料的转子、高速轴承、双馈电动机、电力转换器和真空安全罩组成。电能驱动飞轮高速旋转，电能转变成飞轮动能储存。飞轮减速，电动机作为发电机运行，飞轮的加速和减速实现了充电和放电。飞轮储能原理如图 7-2 所示。

飞轮系统运行于真空度较高的环境中，其特点是几乎没有摩擦损耗、风阻小、寿命长、对环境影响小，适用于电网调频和电能质量保障。飞轮储能的一个突出优点是基本上不需要运行维护、设备寿命长（循环次数达 $10^5 \sim 10^7$），效率可达 90%，且对环境无不良影响。飞轮具有优良的循环使用以及负荷跟踪性能，它可以用于介于短时储能应用和长时间储能应用之间的场合。飞轮储能的缺点是能量密度比较低，保证系统安全性方面的费用很高，在小型场合无法体现其优势。

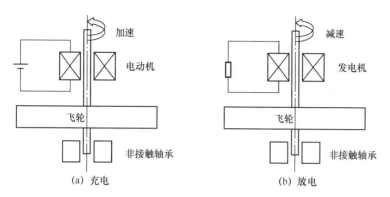

图 7-2　飞轮储能原理

美国、德国、日本等发达国家对飞轮储能技术进行了大量的研发工作。日本已经制造出世界上容量最大的变频调速飞轮储能发电系统（容量 26.5MVA，电压 1100V，转速 510 690r/min，转动惯量 $7.1 \times 10^5 kg \cdot m^2$）。美国马里兰大学也已研究出用于电力调峰的 24kW·h 的电磁悬浮飞轮系统，飞轮重 172.8kg，工作转速范围为 11 610～46 345r/min，系统输出恒压范围为 110～240V，全程效率为 81%。经济分析表明，运行数年后可收回全部成本。超大容量的飞轮一般采用超导磁悬浮技术，目前研究单位较多，有法国国家科研中心、意大利 SISE、日本三菱重工、美国阿贡国家实验室等。2023 年 1 月，中国坎德拉新能源科技（佛山）有限公司宣称，该公司自主研发的 1000kW/35kW·h 飞轮储能系统正式投产。该产品是目前全球商业化功率最大的飞轮储能系统，单机功率达 MW 级，额定功率充放电时间超过 120s。

（3）压缩空气储能

压缩空气储能是 20 世纪 50 年代提出的储能方法，由两个循环构成：一是充气压缩循环，二是排气膨胀循环。压缩时，双馈电动机起电动机作用，利用电网负荷低谷时的多余电力驱动压缩机，将高压空气压入地下储气洞；在电网负荷高峰时，双馈电动机起发电机作用，存储的压缩空气先经过回热器预热，再使用燃料在燃烧室内燃烧，进入膨胀系统中做功（如驱动燃气轮机）发电。压缩空气储能电站的建设受地形制约，对地质结构有特殊要求。德国、美国、日本和以色列都建成过示范性电站。

目前，压缩空气储能系统的形式也是多种多样的，按照工作介质、存储介质与热源可以分为传统压缩空气储能系统（需要燃烧化石燃料）、带储热装置的压缩空气储能系统、液气压缩储能系统。

2. 电化学储能

电化学储能通过电化学反应完成电能和化学能之间的相互转换，从而实现电能的存储和释放。自从 1836 年丹尼尔电池问世以来，电池技术得到了迅速发展。室温电池有铅酸电池、镍镉电池、镍氢电池、锂离子电池和液流电池，高温电池有钠硫电池。截至 2021 年年底，中国电池储能累计装机规模 5.12GW，占总储能容量的 11.8%。在各类电池储能技术中，锂离子电池占比达到 91%。

（1）铅酸电池

铅酸电池是指以铅及其氧化物为电极、硫酸溶液为电解液的一种二次电池（可充电电池），发展至今已有 150 多年历史，是最早商业化使用的二次电池。铅酸电池的储能成本低，可靠性好，效率较高（70%～90%），是目前技术最为成熟和应用最为广泛的电源技术之一。但是铅酸电池的循环寿命短（500～1000 周期），能量密度低（30～50W·h/kg），使用温度范围窄，充电速度慢，过充电容易放出气体，加之铅为重金属，对环境影响大，使其后期的应用和发展受到了很大的限制。目前，世界各地已建立了许多基于铅酸电池的储能系统。例如，德国柏林 BEWAG 的 8.8MW/8.5MW·h 的蓄电池储能系统，用于调峰和调频。在波多黎各用蓄电池储能系统可稳定岛内功率为 20MW 的电能 15min（5MW·h）。

近年来，全球很多企业致力于开发性能更加优良、能满足各种使用要求的改性铅酸电池，其中值得注意的是铅碳超级电池。铅碳超级电池由澳洲联邦科学与工业研究组织（CSIRO）发明，以常用的超级电容器碳电极材料部分或全部取代铅阳极，是铅酸蓄电池和超级电容器的结合体，具有充放电速度较快、能量密度较高、使用寿命较长等特点，可用于混合动力电动车、不间断电源（UPS）供电系统等。

（2）钠硫电池

钠硫电池是美国福特（Ford）公司于 1967 年首先发明的，是一种以金属钠为负极、硫为正极、陶瓷管为电解质隔膜的二次电池。在一定的工作温度下，钠离子透过电解质隔膜与硫之间发生可逆反应，形成能量的释放和储存。一般的铅酸电池、镉镍电池等都由固体电极和液体电解质构成，而钠硫电池则与其相反，它是由熔融液态电极和固体电解质构成的，其负极的活性物质是熔融金属钠，正极的活性物质是硫和多硫化钠熔盐。由于硫是绝缘体，所以一般将硫填充在导电的多孔炭或石墨毡里，固体电解质兼隔膜是一种被称为 Al_2O_3 的陶瓷材料，外壳则一般用不锈钢等金属材料。其比能量高，可大电流、高功率放电。

日本东京电力公司和 NGK 公司合作开发钠硫电池作为储能电池，其应用目标瞄准电站负荷调频、UPS 应急电源及瞬间补偿电源等，并于 2002 年开始进入商品化实用阶段，2021 年日本钠硫电池年产量达到 2850MW·h。这种电池的缺点是材料的成本高；此外，由于钠硫电池工作温度为 300～350℃，工作时需要采用高性能的真空绝热保温技术，这增加了运行成本，同时降低了系统可靠性。

钠硫电池已经成功用于电网削峰填谷、应急电源、光伏风力发电等可再生能源的稳定输出以及提高电力质量等方面。国外已经有上百座钠硫电池储能电站在运行。

（3）液流电池

液流电池一般称为氧化还原液流电池，是利用正负极电解液分开，各自循环的一种高性能二次电池，最早由美国航空航天局（NASA）资助设计，在 1974 年申请了专利。目前应用较多的主要是全钒液流储能电池，其工作原理是将具有不同价态的钒离子溶液分别作为正极和负极的活性物质，储存在各自的电解液储罐中。在对电池进行充、放电时，电解液通过泵的作用，由外部电解液储罐分别循环流经电池的正极室和负极室，并在电极表面发生氧化和还原反应，实现对电池进行充放电。

全钒液流储能电池（VRB）是一种环保及大容量可深度充放电的储能电池。VRB 不仅可以作为太阳能、风能等可再生能源的发电系统配套储能设备，而且还可以作为电网的调峰装置，提高输电质量，保障电网安全，已在日本、美国、加拿大和澳大利亚等国得到示范运行。目前全球最大的液流电池电站是位于中国大连的液流电池储能调峰电站，总建设规模为 200MW/800MW·h，于 2022 年年底投运电站一期工程，规模为 100MW/400MW·h。

（4）钠/氯化镍电池

钠/氯化镍电池是一种在钠硫电池的基础上发展起来的新型储能电池，它和钠硫电池有不少相似之处，如都是用金属钠作为负极，$\beta''\text{-Al}_2\text{O}_3$ 为固体电解质。不同的是，它的正极是熔融过渡金属氯化物（$NiCl_2$，$FeCl_2$）加氯铝酸钠，而不是硫。该电池工作温度稍低（$250\sim350℃$），也有高比能量和长寿命，无自放电，运行维护简单等优点，由于能在放电状态下装配，且能耐过充和过放，比钠硫电池有更高的安全性，缺点是比功率较低。

（5）锂离子电池

锂离子电池是目前全球发展最为迅速的二次电池，广泛应用于电动车、便携电子设备、电动工具和储能等领域。

锂离子电池内部主要由正极、负极、电解质及隔膜组成。一般以碳素材料为负极，以含锂的化合物作正极，没有金属锂存在，只有锂离子。依靠锂离子在正极和负极之间的移动来工作：充电时，Li^+ 从正极脱嵌，经过电解质嵌入负极，负极处于富锂状态；放电时则相反。在充放电过程中，锂离子在正、负极之间往返嵌入/脱嵌和插入/脱插，被形象地称为"摇椅电池"。

锂离子电池的优点有高能量密度、高能量效率（94%～98%）、循环寿命长（超过 6000 次）等。其突出的缺点是有衰退现象，与其他充电电池不同，锂离子电池的容量会缓慢衰退，与使用次数无关，而与温度有关。锂离子电池的安全问题表现为燃烧甚至爆炸，出现这些问题的根源在于电池内部的热失控。此外，过充、火源、挤压、穿刺、短路等一些外部因素也会导致安全性问题。

随着电动车和储能应用的快速增加，在 2021 年中国锂离子电池产量达到 $324GW \cdot h$，锂离子电池成本快速下降。如磷酸铁锂电池（LFP）每千瓦时成本已经在 1000 元人民币以下，成为全球储能系统的首选。

在锂离子电池储能系统的应用方面，中国的宁德时代、比亚迪和力神，海外的韩国三星和 LG 走在前面。

（6）钠离子电池

钠离子电池是一种很有发展潜力的新型二次电池，其工作原理与锂离子电池相似。在充放电过程中，Na^+ 在两个电极之间往返嵌入和脱嵌，充电时，Na^+ 从正极脱嵌，经过电解质嵌入负极，放电时则相反。

钠离子电池具有成本低、安全性能高、工作温区宽等特点，且钠离子电池具有钠资源储量丰富、电解液浓度更低的优势，不存在过度放电现象，在通信基站、电网储能和低速电动汽车等领域具备一定竞争力。

3. 电磁储能

（1）超导电磁储能

超导电磁储能系统（SMES）是利用置于低温环境的超导体制成的线圈储存磁场能量，低温由包含液氮或者液氢容器的深冷设备提供。功率变换/调节系统将储能线圈与交流电力系统相连，并且可以根据电力系统的需要对储能线圈进行充、放电。通常使用两种功率变换系统将储能线圈与交流电力系统相连：一种是电流源型变流器；另一种是电压源型变流器。功率输送时无须能源形式的转换，具有响应速度快（ms 级），转换效率高（不小于 96%）、比容量（1～10$W \cdot h$/kg）/比功率（104～105kW/kg）大等优点，可以实现与电力系统的实时大容量能量交换和功率补偿。但超导电磁储能技术的应用成本现在仍很昂贵，还没有形成商业化产品。

（2）超级电容器储能

超级电容器（SC）是近几十年发展起来的一种介于常规电容器与电化学电池之间的新型储能元件。它具备常规电容器的放电功率，也具备电化学电池储能电荷的能力。在电力系统中多用于短时间、大功率的负载平滑和满足电能质量峰值功率的场合，如大功率直流电动机的启动支撑、动态电压恢复等，在电压跌落和瞬态干扰期间提高供电水平。

上述各种储能技术在其能量密度和功率密度方面均有不同的表现，电力系统也对储能系统不同应用提出了不同的技术要求，很少有一种储能技术可以完全胜任电力系统中的各种应用场合，因此，必须兼顾双方需求，选择匹配的储能方式。

根据各种储能技术的特点，抽水储能、压缩空气储能和电化学电池储能适合于系统调峰、大型应急电源、可再生能源接入等大规模、大容量的应用场合。而超导电磁储能、飞轮储能及超级电容器储能适合于需要提供短时较大脉冲功率的场合，如应对电压暂降和瞬时停电、提高用户的用电质量，抑制电力系统低频振荡、提高系统稳定性等。

铅酸电池尽管目前仍是世界上用量最大的一种储能电池，但从长远发展看，已经不能满足今后电力系统大规模高效储能的要求。钠硫电池具有的一系列特点使其可能成为未来大规模电化学储能的一种方式，特别是液流电池。而锂离子电池在电动汽车的推动下也有望成为后起之秀，成为电化学储能的主流。这些储能技术的比较如表 7-1 所示。

表 7-1　几种储能技术的比较

	储能类型	典型额定功率	额定容量	特点	应用场合
机械储能	抽水储能	100～2000MW	4～10h	大规模，技术成熟，响应慢，需要地理资源	日负荷调节，频率控制和系统备用
	压缩空气储能	10～300MW	1～20h	大规模，响应慢，需要地理资源	调峰、调频，系统备用
	飞轮储能	5kW～10MW	1s～30min	比功率较大，成本高，噪声大	调峰、频率控制，UPS 和电能质量
电磁储能	超导电磁储能	10kW～50MW	2s～5min	响应快，比功率大，成本高，维护困难	输配电稳定，抑制振荡
	超级电容器储能	10kW～1MW	1～30s	响应快，比功率大，成本高，比能量低	定制电力及 FACTS
电化学储能	铅酸电池	1kW～50MW	几分钟到几小时	技术成熟，成本低，寿命短，涉及环保问题	电能质量、电站备用、黑启动
	液流电池	5kW～100MW	1～20h	寿命长，可深放，效率高，环保性好，能量密度稍低	电能质量、备用电源、调峰填谷、能量管理、可再生储能、EPS
	钠硫电池	100kW～100MW	几小时	比能量和比功率较高、高温条件、运输安全问题有待改进	电能质量、备用电源、调峰填谷、能量管理、可再生储能、EPS
	锂离子电池	1kW～1000MW	几分钟到几小时	比能量高，安全问题有待改进	电能质量、备用电源、调峰填谷、能量管理、可再生储能、UPS

注：来自北极星电力网。

目前所有这些储能技术还都无法满足太阳能和风力发电大规模应用需要，电力储能技术的发展还有很长的路要走。

7.3.2　磷酸铁锂电池

在 1997 年，美国古迪纳夫团队首次报道了磷酸铁锂电池（LFP），这是一种使用磷酸铁锂（$LiFePO_4$）作为正极材料，碳作为负极材料的锂离子电池。具有工作电压高、能量密度大、循环寿命长、安全性能好、自放电率小、无记忆效应的优点。单体额定电压为 3.2V，充电截止电压为 3.6～3.65V。

由于具有较低的固态氧化还原电势以及较高的结构稳定性和热稳定性，使得磷酸铁锂电池在安全性方面具有明显优势；此外，LFP 材料的主要金属元素为铁，储藏丰富、环境友好、成本低廉。在磷酸铁锂电池内部，由橄榄石结构的 $LiFePO_4$ 材料构成的正极，通过铝箔与电池正极连接。由碳（石墨）组成的电池负极，通过铜箔与电池的负极连接。中间是聚合物的隔膜，它把正极与负极隔开，锂离子可以通过隔膜而电子不能通过隔膜。电池内部充有电解质，电池由金属外壳密闭封装。

负极材料主要影响锂电池的充放电效率、循环性能。负极材料主要分为以下三类：碳材料（石墨类）、金属氧化物材料以及合金材料。好的负极材料的主要特点包括：比能量高；充放电反应可逆性好；与电解液和黏结剂的兼容性好；嵌锂过程中尺寸和机械稳定性好；资源丰富、价格低廉；在空气中稳定、无毒副作用等。现阶段，石墨材料是负极材料的主流，但常规石墨负极材料的倍率性能已经难以满足锂电池下游产品的需求；在动力电池方面，碳酸锂可能是新的发展方向；在消费类电子产品方面，需要提高电池的能量密度，以硅–碳（Si-C）复合材料为代表的新型高容量负极材料是未来发展趋势。

磷酸铁锂电池电芯，从外观上主要可以分为方形硬壳、圆柱形硬壳及软包三种形式，如图 7-3 所示；而从内部结构上则由正极、负极、隔膜、电解液、其他（外壳和引出端子等）组成。

方形硬壳　　　　　　圆柱形硬壳　　　　　　软包

图 7-3　常见磷酸铁锂电池电芯外观

7.3.2.1　磷酸铁锂电池充放电原理

磷酸铁锂电池的充放电反应是在 $LiFePO_4$ 和 $FePO_4$ 两相之间进行的。在充电过程中，$LiFePO_4$ 逐渐脱离出锂离子形成 $FePO_4$，在放电过程中，锂离子嵌入 $FePO_4$ 形成 $LiFePO_4$。

当电池充电时，锂离子从磷酸铁锂晶体迁移到晶体表面，在电场力的作用下，进入电解液，然后穿过隔膜，再经电解液迁移到石墨晶体的表面，而后嵌入石墨晶格中。与此同时，电子经导电体流向正极的铝箔集电极，经极耳、电池正极极柱、外电路、负极极柱、负极极耳流向电池负极的铜箔集流体，再经导电体流到石墨负极，使负极的电荷达到平衡。锂离子从磷酸铁锂脱嵌后，磷酸铁锂转化成磷酸铁。

当电池放电时，锂离子从石墨晶体中脱嵌出来，进入电解液，然后穿过隔膜，经电解液迁移到磷酸铁锂晶体的表面，然后重新嵌入到磷酸铁锂的晶格内。与此同时，电子经导电体流向负极的铜箔集电极，经极耳、电池负极极柱、外电路、正极极柱、正极极耳流向电池正极的铝箔集流体，再经导电体流到磷酸铁锂正极，使正极的电荷达到平衡。锂离子嵌入到磷酸铁晶体后，磷酸铁转化为磷酸铁锂。

7.3.2.2　磷酸铁锂电池的特点

磷酸铁锂电池相对于铅酸电池，具有循环寿命长、安全稳定、绿色环保、自放电率小等优点。

> 能量密度较高

据报道，2018 年量产的方形铝壳磷酸铁锂电池单体能量密度在 160W·h/kg 左右，2019 年一些优秀的电池厂家大概能做到 175～180W·h/kg 的水平，个别厂家采用叠片工艺，容量做得大些，甚至能做到 185W·h/kg。

> 安全性能好

磷酸铁锂电池正极材料的电化学性能比较稳定，这决定了它具有平稳的充放电平台，因此，在充放电过程中电池的结构不会发生变化，不会燃烧爆炸，并且即使在短路、过充、挤压、针刺等特殊条件下，仍然是非常安全的。

> 循环寿命长

磷酸铁锂电池 1C 循环寿命普遍达 2000 次，甚至达到 3500 次以上，而储能市场要求达到 5000 次以上，保证 8～10 年的使用寿命，这高于三元电池 1000 多次的循环寿命。长寿命铅酸电池的循环寿命在 300 次左右。

7.3.2.3　磷酸铁锂电池的梯次利用

一般来说，电动车退役磷酸铁锂电池仍有接近 80%的容量剩余，距离 60%彻底报废容量下限仍有 20%的容量，可用于比汽车电能要求更低的场合，如低速电动车、通信基站等，实现废旧电池的梯次利用。从汽车上退役下来的磷酸铁锂电池仍有较高的利用价值。动力电池的梯次利用流程如下：企业回收退役电池—拆解—检测分级—按容量分类—电池模块重组。在电池制备水平下，废旧磷酸铁锂电池的剩余能量密度可以达到 60～90W·h/kg，再循环寿命可以达到 400～1000 次，随着电池制备水平的提高，再循环寿命还可能进一步提升，与能量为 45W·h/kg、循环寿命约 500 次的铅酸电池相比，废旧磷酸铁锂电池仍然具有性能优势。而且废旧磷酸铁锂电池成本较低，仅为每吨 4000～10000 元，具有很高的经济性。

7.3.2.4　磷酸铁锂电池在储能市场的应用

磷酸铁锂电池具有工作电压高、能量密度大、循环寿命长、自放电率小、无记忆效应、绿色环保等一系列独特优点，并且支持无级扩展，适合于大规模电能储存，在可再生能源发电站发电安全并网、电网调峰、分布式电站、UPS 电源、应急电源系统等领域有着良好的应用前景。

根据国际市场研究机构 GTM Research 近日发布的最新储能报告显示，2018 年中国的电网侧储能项目的应用使磷酸铁锂电池用量持续增加。

1. 可再生能源安全并网

光伏发电受环境温度、太阳光照强度和天气条件的影响，呈现随机波动的特点。我国呈现出"分散开发，低电压就地接入"和"大规模开发，中高电压接入"并举的发展态势，这就对电网调峰和电力系统安全运行提出了更高要求。

同样，风力发电自身所固有的随机性、间歇性和波动性等特征，决定了其规模化发展必然会对电力系统安全运行带来显著影响。随着风电产业的快速发展，特别是我国的多数风电场属于"大规模集中开发、远距离输送"，大型风力发电场并网发电对大电网的运行和控制提出了严峻挑战。

因此，大容量储能产品成为解决电网与可再生能源发电之间矛盾的关键因素。磷酸铁锂电池储能系统具有工况转换快、运行方式灵活、效率高、安全环保、可扩展性强等特点，在国家风光储输示范工程中开展了工程应用，将有效提高设备效率，解决局部电压控制问题，提高可再生能源发电的可靠性和改善电能质量，使可再生能源成为连续、稳定的供电电源。

随着容量和规模的不断扩大，集成技术的不断成熟，储能系统成本将进一步降低，经过对其安全性和可靠性的长期测试，磷酸铁锂电池储能系统有望在风力发电、光伏发电等可再生能源发电安全并网及提高电能质量方面得到广泛应用。

2. 电网调峰

电网调峰的主要手段一直是抽水蓄能电站。由于抽水蓄能电站需建上、下两个水库，受地理条件限制较大，在平原地区不容易建设，而且占地面积大，维护成本高。采用磷酸铁锂电池储能系统取代抽水蓄能电站，应对电网尖峰负荷，不受地理条件限制，选址自由，投资少、占地少、维护成本低，在电网调峰过程中将发挥重要作用。

3. 分布式电站

大型电网由于运行环境和负荷状态复杂，难以 100%保障电力供应的质量和安全、效率，以及安全可靠性要求。对于重要单位和企业，往往需要双电源甚至多电源作为备份和保障。磷酸铁锂电池储能系统可以减少或避免由于电网故障和各种意外事件造成的断电，在保证医院、银行、指挥控制中心、数据处理中心、化学材料工业和精密制造工业等的安全可靠供电方面发挥重要作用。

7.3.2.5　磷酸铁锂电池的工作特性

1. 磷酸铁锂电池开路电压特性

电池开路电压 OCV（Open-circuit Voltage）是电池在未连入电路、无电流通过时正负极之间测得的电位差。电池的开路电压是电池静态条件下的一个主要特征量，能够较好地反映电池的实际剩余电量。

电池的荷电状态 SOC（State of Charge）指的是电池的剩余容量与完全状态时容量的比值。SOC = 1 代表电池完全充满，SOC = 0 代表电池完全放电。

图 7-4 是某磷酸铁锂电池不同温度下的 SOC-OCV 实际测试曲线。其开路电压随着电池 SOC 的增加而增加，但并非固定斜率的直线。该曲线线性度较差，存在较大的阶段性变化，可以看出磷酸铁锂电池低温环境下性能波动较大。

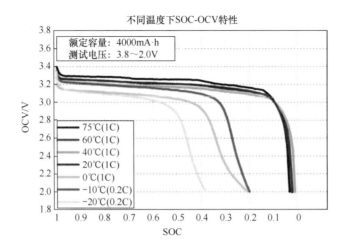

图 7-4　某磷酸铁锂电池不同温度下的 SOC-OCV 实际测试曲线

2. 磷酸铁锂电池容量特性

电池的容量可分为标称容量和实际容量。标称容量又称为额定容量，是指在环境温度为 25℃±2℃条件下，电池 1C 放电倍率放电至终止电压时所应提供的电量；实际容量则受放电倍率和环境温度影响很大。

（1）电池充放电倍率

电池充放电倍率是电池工作时的重要参数。通常定义电池一小时完全放电或充满电，其充放电倍率为 1C。如 2200mA·h 的 18650 电池在额定标称的 2200mA 电流下放电时，经过 1 小时放电完成，放电倍率为 1C。

充放电倍率=充放电电流/额定标称充放电电流；例如：额定容量为 100A·h 的电池用 20A 电流放电时，其放电倍率为 20A/100A=0.2C，也即经过 5 小时放电完毕。

（2）磷酸铁锂电池容量的放电倍率特性

磷酸铁锂电池的放电容量随放电倍率的增加而降低。这是因为随着放电电流增大，电池极化的趋势也越明显，从而导致电池内阻增大，放出的容量减少。但磷酸铁锂电池的倍率放电特性良好，即使按照 20C 放电，依然能放出 92%以上的电量，成熟生产工艺生产的电池放电比例更大。这也是磷酸铁锂电池相比铅酸蓄电池有优势的一个方面。

（3）磷酸铁锂电池容量的环境温度特性

磷酸铁锂电池的放电容量随着环境温度的升高实际放电容量变大。这主要是因为随着环境温度升高，电池内部的电解液黏度降低、活性增加，离子扩散能力增强，电池实际容量变大。但同时也可以看出来，磷酸铁锂电池的低温性能较差，低温时放电电压下降，放电时间变短，尤其放电容量缩减较大。

3. 磷酸铁锂电池循环寿命特性

电池的循环寿命是指在规定条件下，电池组在特定性能失效之前所能进行的充放电循环次数。一般定义连续 3 次放电容量小于电池额定值的 80%时，视为电池寿命终止。由于充放电过程中锂离子的消耗和正负极材料嵌入/脱嵌能力的下降会导致电池的充放电容量在使用中逐渐减小。电池的循环寿命受环境温度和充放电倍率的影响很大。同时，电池的循环寿命受放电深度影响较大，放电深度每下降 20% ，寿命增加 50%以上。如电池 100%放电寿命是 2000次，当其放电深度调为 80%时，其寿命将达到 3000 次以上。

图 7-5 是磷酸铁锂电池循环寿命的放电倍率特性曲线。电池放电容量整体上随循环次数的增加而降低；电池循环寿命随放电倍率的增加而降低，使用期间浅充浅放有利于延长电池的循环使用寿命。

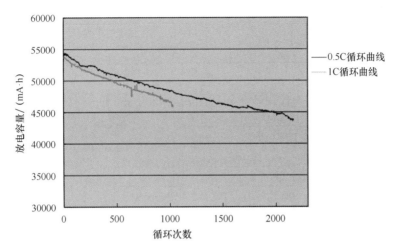

图 7-5　磷酸铁锂电池循环寿命的放电倍率特性曲线

环境温度也是影响电池循环寿命的一个重要因数。与额定工作温度相比，高温或低温条件下的电池循环寿命均有明显下降，建议磷酸铁锂电池在 0℃～45℃条件下使用。

7.4　锂离子储能系统

在锂离子储能系统的选择和设计时，考虑的因素主要包括以下方面。

- 防爆：锂离子电池组一旦出现热失控，电池组内气压急剧升高，这时候电池组就有爆炸的危险，所以防爆阀就成了冲破口，能够及时快速泄压。
- 维持锂离子电池组内外气压平衡：因为电池组在充放电过程中温度会有变化，导致电池组内气压变化，而防爆阀能够透气的同时又不漏水，所以能够保持包内气压一直和外界相同。
- 考虑锂离子电池组管理系统设计、过冲、过放、过温、测试精度、电池均衡等，要确保电池安全可靠都是要经过合理设计和市场印证的。
- 考虑储能锂离子电池组的机械结构设计：要考虑尺寸、重量、强度、抗震、散热/加热、防水、防尘等；要考虑电气设计、EMC 安规等因素。
- 电气特性：电池组的电压、容量、充放电率等。
- 经济特性：成本、保证条款和可用性。

7.4.1　磷酸铁锂电池储能系统分析

磷酸铁锂电池具有工作电压高、能量密度大、循环寿命长、绿色环保等一系列独特优点，并且支持无级扩展，组成储能系统后可进行大规模电能储存。如图 7-6 所示，磷酸铁锂电池储能系统（BESS）由磷酸铁锂电池组、锂电池管理系统（Battery Management System，BMS）、直流母线、变流装置（PCS）、变压器和中央监控系统等组成。

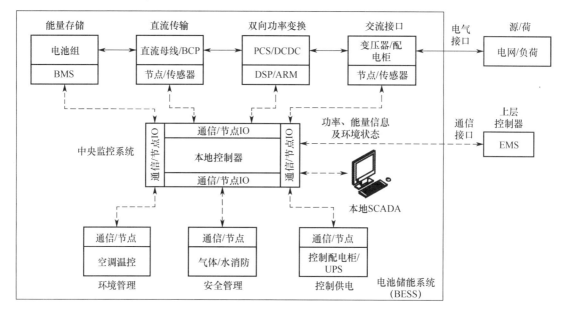

图 7-6　磷酸铁锂电池储能系统的组成

在充电阶段，间歇式电源或电网为储能系统进行充电，交流电经过变流装置整流为直流电向储能电池模块进行充电，储存能量；在放电阶段，储能系统向电网或负载进行放电，储能电池模块的直流电经过变流装置逆变为交流电，通过中央监控系统控制逆变输出，可实现向电网或负载提供稳定功率输出。

随着全球对清洁电力的不断追求，以风电、光伏为代表的新能源发电比例正迅速提高。而风能、太阳能的随机波动性对以化石能源为主的传统电力系统在消纳能力、灵活性与安全性方面都提出了挑战。电力系统在面对负荷随机波动的同时，也将不得不把新能源作为一种波动负荷进行平衡，通过调度常规电厂发电功率，增加热备用常规机组容量的方式来保障新能源发电的送出与消纳。

新能源结合储能系统，能够增强新能源发电的稳定性、连续性和可控性，使得电力系统获得了更快速、灵活的瞬时功率平衡能力，也使得新能源具备了能够向电网提供稳定性支撑的能力，是实现电网高比例新能源发电的必要支撑技术。具体体现在以下方面：

① 支撑大规模集中新能源并网接入，特别是在一些电网建设较为薄弱的系统末端。由于新能源发电功率的波动性会对电力系统的稳定运行产生危害，通过配置相应容量的储能系统，根据指令进行快速动态能量吸收或释放，能够平抑新能源出力波动，降低对电能质量的影响；结合新能源场站功率预测系统，可以有效提高新能源跟踪发电计划的能力，减少对热备用机组容量的需求，避免弃光弃风等现象；主动向电网提供系统阻尼，参与电网电压控制，抑制振荡。

② 提高分布式新能源的高效利用与友好接入，利用储能系统实现新能源发电在时间上的迁移，更好地迎合负载需求，实现就近消纳；削减等效负荷峰值，提高配电网线路与设备利用率，优化资源配置成本，增强了配电网对新能源接纳与传输能力。

③ 提高了新能源对电网提供支撑服务和实现故障穿越的能力，储能系统的配置与先进控

制算法的应用使得新能源电站能够具备与常规机组类似的参与 AGC、一次调频与调峰能力，更使得新能源电站能够在电网故障情况下，不会出现随意脱网，而是能够按照电网规定和需要提供一定的无功支持，帮助电网恢复正常。

7.4.2　储能锂电池管理系统（BMS）

磷酸铁锂电池储能系统必须匹配与成组形式相应的 BMS，以防止因电池生产制造过程中的缺陷以及储能系统使用过程中的滥用而导致的电芯寿命缩短、损坏，甚至在严重情况下发生的安全事故。基于成本和可扩展性的综合考量，一个完整的储能系统 BMS 由 Module BMS、Rack BMS 及 System BMS 组成，这对于由大量电芯串并联组成的大规模储能系统而言，三级 BMS 的设计从最大程度上避免了电芯电压的不均衡及其所导致的过充及过放。

储能锂电池管理系统 BMS 的主要功能包括状态监测与评估、电芯均衡、控制保护、通信及日志记录等。

① 状态监测与评估：包括对 Rack（电池簇）的总电压、电芯电压、电池电流、Module或电芯温度、环境温度等的测量，依据测得数据，进行电池水平相关参数评估，主要包括荷电状态 SOC、健康状态 SOH、电池内阻及容量等。状态监测是 BMS 的最基本功能，主要由 Module BMS 完成，也是后续进行均衡、保护和对外信息通信的基础，而参数评估，则是 Rack BMS 所具有的较复杂功能。BMS 状态监测详细内容如表 7-2 所示。

表 7-2　BMS 状态监测

Module BMS	Rack BMS	System BMS
❖　电芯电压	❖　电池组电压	❖　系统电压
❖　电芯温度	❖　电池组电流	❖　系统 SOC，SOH 等
	❖　电池组 SOC，SOH 等	❖　控制电源状态
	❖　开关盒状态	❖　故障告警信息
	❖　故障告警信息	❖　其他相关信息

② 电芯均衡：在保证电芯不会过充的前提下，留出更多的可充电空间。具体的均衡算法可以基于电压、末时电压或 SOC 历史信息；而均衡电路，以电阻形式消耗的被动均衡为主流方案。

③ 控制保护：Rack BMS 与 System BMS 的控制功能主要表现为通过对开关盒中接触器的操作，完成电池组的正常投入与切除；而保护功能主要是通过主动停止、减少电池电流或反馈主动停止、减少电池电流信息来防止锂离子电芯电压、电流、温度越过安全界限。

④ 通信：电池系统通过 System BMS 实现对外通信，通信协议可以采用 Modbus-RTU、Modbus-TCP/IP 及 CAN-bus 等。对外传输的信息除了前述的状态监测或评估信息外，还可以包括相关统计信息或安全信息，如电池系统电压、电流或 SOC；各 Rack 最大及最小电芯电压和温度；最大及最小允许充电和放电电流；Rack 故障和告警信息；开关盒内部开关器件和传感器信息等。

⑤ 日志记录：可以在储能系统 BMS 中内置存储设备，如用简单的 SD 卡，进行必要的电池运行关键数据的存储，包括电压、电流、SOC/SOH、最大和最小单体电压、最低和最高温度及报警与错误信息等。

7.5　光伏并网逆变器

近年来，随着光伏发电系统成本的快速下降，并网光伏系统已成为光伏应用的主流。光伏并网逆变器将光伏方阵输出的直流电能转换为符合电网要求的交流电能再输入电网，是并网光伏系统能量转换与控制的核心设备。

作为光伏方阵和电网之间的桥梁，光伏并网逆变器（简称逆变器）需要具备三方面的基本功能：一是高效地将直流电转换为交流电，包括最大功率点跟踪（MPPT）控制和逆变功能。二是将光伏系统输出的电能妥善地馈入电网，要求并网电流谐波低、电能质量高，且能适应电网电压幅值、频率等在一定范围内变化；此外逆变器还需要具备支撑电网稳定性的能力，如满足电网故障穿越能力和实时动态响应电网有功、无功调度，结合储能实现 VSG（虚拟同步发电机）功能等（以上这些要求可以从各个国家和地区制定的逆变器和并网标准中得到体现。由于技术发展迅速，也请读者密切关注该类标准的更新）。三是具备对光伏发电系统的各种保护功能，如孤岛保护、绝缘监测和电位诱发衰减（Potential Induced Degradation，PID）防护等。

光伏并网逆变器涉及电力电子技术、控制理论、光伏发电系统及电力系统等多个学科，其控制系统通常采用 DSP/ARM/FPGA 等高性能的控制芯片为核心，控制器接收来自直流侧以及电网侧的电流和电压采样信号，经过分析处理，通过最大功率寻优、电压电流调节及 PWM 波形发生等环节，向功率变换主电路发出控制指令，实现光伏电站的并网发电。

近年来，随着各种新型器件、新型拓扑结构和新型控制芯片及控制算法不断涌现，逆变器的各项技术指标不断提升，逆变器的最大转换效率已达到 99%，未来将达到 99.5%以上；MPPT 效率超过 99%，未来将达到 99.9%以上。逆变器的功率密度不断提高，单机功率增大，其发展历史如表 7-3 所示。

表 7-3　逆变器发展历史

	第一代	第二代	第三代	现代	下一代
年代（年）	2002—2007	2008—2011	2012—2016	2017—2022	2023—2026
功率器件/拓扑结构	小功率 IGBT、MOSFET/两电平	第三代 IGBT/两电平	第四代、第五代 IGBT/两电平、三电平	IGBT，SiC 器件/两电平、三电平	SiC，GaN 器件/三电平、多电平
电容器件	电解电容	电解电容	电解电容、薄膜电容	电解电容、薄膜电容	薄膜电容，无电解电容、低电容设计
处理器	单片机（96 系列）	DSP24 系列	DSP28 系列	双 DSP，200MHz 主频	ARM，DSP，500MHz 主频
最大效率	95%	97%	98.70%	99%	99.50%
欧洲效率	94%	96%	98.50%	98.7%	99%
MPPT 效率	97%	98%	99%	99.5%	99.90%
寿命	5～10 年	10～15 年	15～25 年	15～25 年	25～30 年

根据并网逆变器功率不同，可分为集中逆变器、组串逆变器和微型逆变器三种主要类型。集中逆变器单机功率从几百千瓦到几兆瓦不等，系统拓扑结构一般采用 DC-AC 一级变换，功率器件一般采用大电流 IGBT。集中逆变器的主要特点是单机功率大，最大功率点跟踪（MPPT）数量少、每瓦系统成本低。常用于大型地面电站、水面电站及大型屋顶电站。

组串逆变器单机功率为 3～300kW，系统拓扑结构多采用 DC-DC-AC 两级变换。组串逆变器的主要特点是单机功率小、应用灵活、最大功率点跟踪（MPPT）数量较多，通常一路或两路光伏组串配置一个 MPPT 单元，可以部分解决组件由于安装朝向不一致和各种遮挡引起的失配问题，主要用于复杂山丘电站及中小型分布式电站。

微型逆变器的功率一般为几百瓦，通常单块光伏组件就可配置一台微型逆变器。其特点是可以对单块光伏组件进行最大功率点跟踪（MPPT），体积轻，便于安装，并且由于不需要组件串联，系统直流电压低，安全性高。缺点是系统成本较高，单机功率低导致系统配置的逆变器数量多，主要应用在户用系统中。主要逆变器外形如图 7-7 所示。

　　(a) 集中逆变器　　　　　　　(b) 组串逆变器　　　　　　(c) 微型逆变器

图 7-7　主要逆变器外形

1. 光伏并网逆变器主要技术要求

光伏并网发电系统的运行对逆变器提出了较高的技术要求。主要包括：

① 要求逆变器输出满足电能质量要求。光伏系统馈入公用电网的电力，输出电流中谐波、直流分量等必须满足电网规定的指标。

② 要求逆变器在光照和温度等因素变化幅度较大的情况下均能高效运行。光伏发电系统的能量来自太阳能，而光照强度和温度随气候变化，所以工作时输入的直流功率变化比较大，这就要求逆变器能在不同的辐照和温度条件下均能高效运行。

③ 要求逆变器能使光伏方阵工作在最大功率点。光伏组件的输出功率与光照、温度等因素的变化有关，即其输出特性具有非线性关系。要求逆变器具有最大功率跟踪功能，即不论辐照、温度等如何变化，都能通过逆变器的自动调节实现光伏方阵的最大功率输出。

④ 要求逆变器具备良好的并网性能，适应各种复杂的电网环境，如电压幅值和频率异常，并具备电网故障（包括低电压、零电压、高电压）穿越能力，不仅保证在电网故障期间不脱网，同时在故障期间还需要输出一定的有功和无功功率，帮助区域电网恢复。

⑤ 要求逆变器具备一定的无功输出能力，以支撑电网稳定运行，并能实时快速响应电网有功、无功调度。

⑥ 要求逆变器能够与储能等其他能源构成多能互补系统。如在一些没有电网的场合，光伏发电系统通过配套储能构成微电网给负载供电，通过储能平滑光伏发电系统输出功率以提高电网友好性，结合储能实现 VSG（虚拟同步发电机）功能等。

⑦ 要求逆变器具有功率密度高、环境适应性强、可靠性高等特点，在高温、低温、湿热、多风沙等各种恶劣环境下均能稳定可靠运行。

2. 光伏并网逆变器的工作原理

光伏方阵输出的直流电必须转变成交流电后才能接入电网，图 7-8 所示为典型的单相并网逆变器原理图，系统由并网交流电感 L、功率管（$T_1 \sim T_4$）、直流储能电容 C、DSP 控制器等组成。并网运行时，电网侧电流正弦化控制过程如下：首先，直流给定电压 V_d^* 与反馈电压 V_d 相比较得到误差电压信号 ΔV_d，ΔV_d 经电压调节后输出电流幅值指令 I_m^*，其相位由与电网电压同步的单位正弦波信号 $\sin\omega t$ 获得，两者相乘得正弦电流指令信号 i_N^*，经电流调节器控制后，由 PWM 模式发生器输出控制信号以强迫输出电流跟踪输入电流，当 i_N 与 V_N 反相时，电能将从光伏方阵向电网馈送。

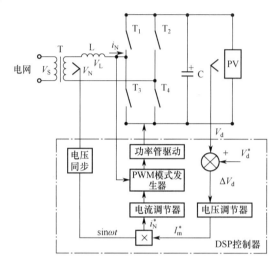

图 7-8　单相并网逆变器原理图

通常对于 100kW 以上的大、中型光伏并网系统，一般采用三相并网逆变器的方式，系统原理如图 7-9 所示。

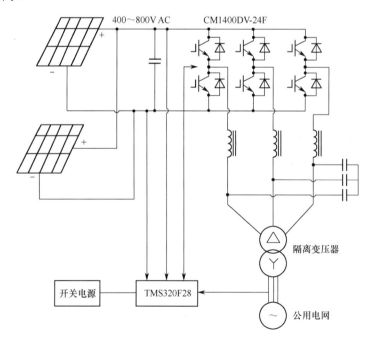

图 7-9　三相并网逆变器原理图

3．光伏并网逆变器的主要功能

（1）MPPT 控制功能

光伏组件的输出特性具有非线性特征，输出功率除了与电池内部特性有关外，还与辐照强度、温度和负载的变化有关。在不同的外界条件下，光伏组件可运行在不同且唯一的最大功率点上，光伏组件的 I-V 和 P-V 特性曲线如图 7-10 所示。因此，光伏系统需要寻找光伏组件的最大功率点，最大限度地将太阳能转换为电能。

光伏并网逆变器通过实时检测光伏阵列的输出功率，通过一定的控制算法，预测当前状况下光伏方阵可能的最大功率输出，从而改变当前的阻抗值，使光伏方阵输出最大功率。

MPPT 算法分析示意图如图 7-11 所示。假设图中曲线 1 和曲线 2 分别为光伏方阵两条不同光照强度下的输出特性曲线，A 点和 B 点分别为相应的最大功率点。假定某一时刻系统运行在 A 点，当光照强度发生变化，即光伏阵列的输出特性由曲线 1 上升到曲线 2。此时，如果保持负载 1 不变，系统将运行在 A' 点，这样就偏离了相应光照强度下的最大功率点。为了继续追踪最大功率点，应该将系统的负载特性由负载 1 变化至负载 2，以保证系统运行在新的最大功率点 B。

国内外对光伏发电系统的最大功率点跟踪（MPPT）控制技术已有很多研究，也发展出各种控制方法，常用的最大功率点跟踪方法有恒压跟踪法（CVT）、扰动观察法、电导增量法以及模糊逻辑控制算法等，这些方法各有优缺点，实际应用中可根据条件和需要选择合适的控制方法。

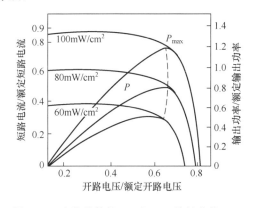

图 7-10　光伏组件的 I-V 和 P-V 特性曲线

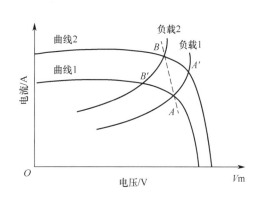

图 7-11　MPPT 算法分析示意图

（2）并网功能

光伏并网逆变器除了将光伏方阵输出的直流电转变成与电网电压幅值、频率、相位相同的、电能质量高的交流电接入电网并适应电网电压、频率在一定范围内的变化外，还需要具备一定的电网支撑能力，包括电网故障穿越能力、无功支撑能力、实时动态响应电网对光伏系统的有功/无功响应调度，以及结合储能实现 VSG（虚拟同步发电机）功能等。

电网故障穿越是指在电网发生故障的情况下，光伏发电系统不脱离电网而继续维持运行，直至故障解除，系统恢复正常平稳运行状态。电网故障期间，还需要逆变器能输出一定的有功和无功功率，以帮助恢复局部电网故障，提高电网稳定性。电网故障穿越主要包括低电压穿越和高电压穿越两个方面，具体要求如图 7-12 和图 7-13 所示。

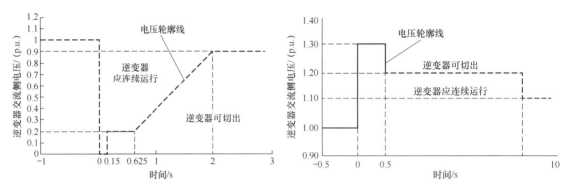

图 7-12　逆变器低电压穿越能力要求　　　　　　图 7-13　逆变器高电压穿越能力要求

随着光伏装机容量及其在电力系统中的比例不断增加，电力系统不仅要求光伏电站具有有功输出能力，还需要具有一定的无功输出能力，并能够快速响应电网的有功、无功调度，以对电网起到一定的支撑功能，提高电网运行稳定性。光伏并网逆变器无功容量和动态响应时间要求如图 7-14 所示，逆变器在输出额定有功功率 P_n 的同时，还需要输出 $0.48P_n$ 的无功功率 Q，且动态响应时间小于 30ms。

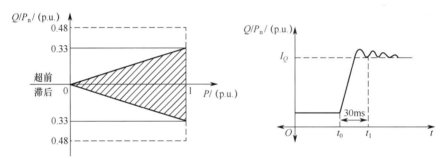

图 7-14　光伏并网逆变器无功容量和动态响应时间要求

光伏发电系统还可以结合储能实现 VSG（虚拟同步发电机）功能，即通过模拟同步发电机的本体模型、有功调频以及无功调压等特性，使光伏并网逆变器从运行机制和外特性上可与传统同步发电机相比拟，进一步提升光伏发电系统接入电网的友好性，VSG 系统结构如图 7-15 所示。

（3）系统保护功能

并网逆变器除了自身具有防雷击、过流、过热、短路、反接、直流电压异常、电网电压异常等一系列保护功能外，还需要具有光伏组件的 PID 防护、孤岛保护等功能。

① PID 防护。

存在于晶体硅光伏组件中的太阳电池与其金属边框之间的高电压可能会引发晶体硅光伏组件性能的持续衰减，这种现象称为电位诱发衰减（Potential Induced Degradation，PID）效应。PID 问题已成为影响光伏发电系统发电量的重要因素之一，特别是在温度高、湿度大的水面光伏发电系统和屋顶光伏发电系统中，发生 PID 的概率大大增加。因此除了光伏组件自身防护不断提高外，一般要求逆变器具备 PID 防护功能。

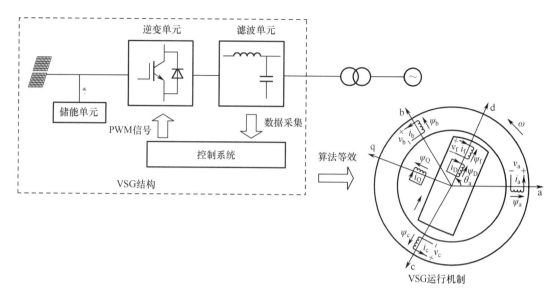

图 7-15　VSG 系统结构

常见的 PID 防护方法主要包含光伏发电系统负极接地和负极虚拟接地两种。负极接地是指将光伏方阵或逆变器的负极通过电阻或熔丝直接接地,使电池板负极对大地的电压与接地金属边框保持在等电位,以消除负偏压的影响。负极虚拟接地是通过检测光伏发电系统负极对地电位来调整交流对地虚拟中性点电位,从而提高负极对地电位,确保负极对地电位大于或等于地电位。

此外,利用组件 PID 的可逆性原理,在夜间光伏发电系统停止工作时段内,可以对光伏组件施加反向电压,修复白天发生 PID 现象的光伏组件。

② 孤岛保护。

孤岛现象是光伏发电系统在与电网并联,为负载供电时,当电网发生故障或中断的情况下,光伏发电系统继续独立给负载供电的现象。当光伏发电系统供电的输出功率与负载达到平衡时,负载电流会完全由光伏发电系统提供。此时,即使电网断开,在光伏发电系统输出端的电压与频率不会快速随之改变,这样系统便无法正确地判断出电网是否有发生故障或中断的情况,因而导致孤岛现象的发生。

孤岛现象将对系统产生一定的不良影响,如威胁维护人员的人身安全、损坏部分对频率变化敏感的负载、市电恢复瞬间由于电压相位不同产生较大的瞬时电流造成设备的损害等,因此需要逆变器具备孤岛保护功能。

常见孤岛保护方法包括被动式检测法和主动式侦测法两种。被动式检测法一般是检测公共电网的电压大小与频率的高低,作为判断公共电网是否发生故障或中断的依据,被动式检测法又分为电压与频率保护继电器检测法、相位跳动检测法、电压谐波检测法、频率变化率检测法、输出功率变化率检测法等;主动式侦测法是指在逆变器的输出端主动对系统的电压或频率加以周期性的扰动,并观察电网是否受到影响,以作为判断公共电网有否发生故障或中断的依据,又分为输出电力变动法、加入电感和电容器及频率偏移法等。

(4) 其他方面

光伏并网逆变器一般具有数据采集、记录和显示的功能,可以随时显示光伏发电系统的工作状态和发电情况。通常都具备 RS-485、以太网或 4G 等通信接口，通过通信线路进行数据传输，方便远程通信和监测。

在光伏并网发电系统中，根据具体情况，一般还需要安装隔离开关、漏电保护器、浪涌保护器等电气设备。有些大型光伏并网发电系统，还要配备升压变压器等装置。

在离网光伏发电系统中，如果是交流负载，则必须配备离网逆变器，这类逆变器不需要并网和孤岛保护，但仍需具备逆变、最大功率点跟踪等功能。

总之，现代的光伏并网逆变器是微电子技术、电力电子技术和光伏技术的结合，具备了安全并网的全部功能，而且随着电子技术的进步和元器件的不断改进，其效率、容量、功率密度和可靠性将会继续得到提高，为光伏大规模并网应用创造更好的条件。

参 考 文 献

[1] VERNON R. Stand-Alone photovoltaic systems a handbook of recommended design practices[R]. SAND 87-7023. 1988.

[2] DUNLOP J. Batteries and charge control in stand-alone photovoltaic systems fundamentals and application[R]. Florida Solar Energy Center, prepared for Sandia National Laboratories, Photovoltaic Systems Applications Dept, January 1997.

[3] KASZETA J. Handbook of secondary storage batteries and charge regulators in photovoltaic systems;final report[R]. SAND81-7135.2002.

[4] ANDERSSON B. Lead-acid battery guide for stand-alone photovoltaic systems[R]. IEA Task Ⅲ,Report IEA-PVPS 3-06: 1999.

[5] BALOUKTSIS A. Sizing stand-alone photovoltaic systems[J]. International Journal of Photoenergy, 2006, Article ID 73650: 1-8.

[6] KOUTROULIS E, KALAITZAKIS K. Novel battery charging regulation system for photovoltaic applications[J]. IEE Proc.-Electr. Power Appl., 2004, 151(2).

[7] RACHEL C. Utility scale energy storage systems[M]. State Utility Forecasting Group,June 2013.

[8] Kötz R, Carlen M. Principles and applications of electrochemical capacitors[J]. Electrochimica Acta, 2000, 45(15-16): 2483-2498.

[9] ESPINAR B, DIDIER M. The role of energy storage for mini-grid stabilization[R]. Report IEA-PVPS T11-02: 2011, July 2011.

[10] 全国能源基础与管理标准化技术委员会新能源和可再生能源标准化分委员会. 家用太阳能光伏电源系统技术条件和试验方法：GB/T 19064-2003[S]，2003.

[11] 刘凤君. 正弦波逆变器[M]. 北京：科学出版社，2002.

[12] 张兴，曹仁贤. 太阳能光伏并网发电及其逆变控制[M]. 北京：机械工业出版社，2012.

[13] 中国电力企业联合会. 光伏电站接入电力系统技术规定：GB/T 19965—2012 [S]，2012.

[14] 王东娇. 太阳能光伏发电控制技术研究[D]. 太原：中北大学，2010.

[15] 李钟实. 太阳能光伏发电系统设计施工与应用[M]. 北京：人民邮电出版社，2012.

[16] 张国月，钟皖生，吴越，等. 基于 MVPI 的三相光伏并网逆变器控制方法[J]. 太阳能学报，2014，35（8）：1435-1440.

[17] 王建华，嵇保健，赵剑锋. 单相非隔离光伏并网逆变器拓扑研究[J]. 太阳能学报，2014，35（5）：737-743.

[18] 余勇，年珩. 电池储能系统集成技术与应用[M]. 北京：机械工业出版社, 2021.

[19] 何栋. 磷酸铁锂电池的工作原理及其在通信基站中的应用[D]. 南京：南京邮电大学, 2018.

[20] 中国电力企业联合会. 光伏发电并网逆变器技术需求：GB/T 37408—2019[S]，2019.

练 习 题

7-1　光伏发电系统主要组成部件有哪些？分别有什么作用？

7-2　光伏系统中用到的二极管有哪两种？作用是什么？如何连接？

7-3　为什么光伏发电系统需要配备储能装置？

7-4　简述目前使用的主要储能技术有哪几种类型。

7-5　简述磷酸铁锂电池的放电特性和哪些因素有关。

7-6　储能系统的 BMS 由几级构成，分别完成什么功能？

7-7　简述储能系统主要由哪些部分组成。

7-8　并网逆变器的主要作用是什么？

7-9　并网逆变器的电网支撑能力包括哪些方面？

7-10　什么是 PID 效应？如何防护？

7-11　什么是孤岛效应？如何防止孤岛效应的产生？

第8章 聚光与跟踪

太阳电池的发电量与太阳辐照度有关。在一定范围内，辐照度越大，太阳电池的发电量也越大，所以采取聚光、跟踪等措施是增加太阳电池发电量的有效手段。

聚光太阳能发电分为聚光光伏发电（Concentrated Photovoltaic Power，CPV）和聚光太阳能热发电（Concentrated Solar Power，CSP）两大类，本章主要讨论聚光光伏发电。

8.1 聚光光伏发电

聚光光伏发电技术利用光学器件将直射的太阳光汇聚到太阳电池上，增加太阳电池上的辐照度，从而可以增加发电量。

在描述聚光系统的聚光程度时，常常用聚光比来进行比较，聚光比是指使用光学系统来聚集辐射能时，单位面积被聚集的辐射能量与其入射能量密度的比值，如聚光比为 1000，意思是太阳电池表面受到比普通阳光强 1000 倍的光照，常用"1000×"表示。一个 1000× 的聚光光伏系统，意味着只需要非聚光条件下千分之一面积的聚光太阳电池（假设转换效率未发生改变），就可以实现与非聚光条件下同样的发电功率。另外，常用的几何聚光比是指用来聚集太阳能的光学器件的几何受光面积与太阳电池的几何面积之比。但是由于光学系统存在像差和色差等因素，阳光通过聚光器还有反射、吸收和散射等损失，而且电池表面的光强是不均匀的，所以几何聚光比为 1000 时，实际的平均光强要小于普通光强的 1000 倍。

聚光光伏（发电）系统通常可按照聚光后比太阳光增加多少倍数分为低倍聚光系统、中倍聚光系统和高倍聚光系统 3 类，然而低、中、高的具体分类标准并不统一，而且随着技术的发展也在变化。原先一般认为聚光比在 2～10 为低倍聚光，聚光比在 10～100 为中倍聚光，聚光比在 100 以上为高倍聚光。而 GTM Research 的分类方法是：2～8 倍为低倍聚光，10～150 倍为中倍聚光，大于 200 倍为高倍聚光。现在（维基百科）一般认为，聚光比 2～100 为低倍聚光，100～300 为中倍聚光，300 以上甚至超过 1000 为高倍聚光。

由于聚光光伏系统要配备聚光与跟踪装置，系统较复杂，若应用于小型家用及商用光伏系统，则不具成本优势，而且会带来更多维护问题。聚光光伏系统更适用于光能充沛地区，最好是平均直射辐照度（DNI）大于 5.5～6kW·h/m²/d（或 2000kW·h/m²/y）的地区，装机容量在 1～1000MW 的大型光伏电站。

8.1.1 聚光光伏发电的优缺点

1. 优点

与晶硅太阳电池发电相比，聚光光伏发电具有许多优点。

（1）发电效率高

现在高倍聚光太阳电池的最高转换效率已超过 47%，即使低倍聚光太阳电池的转换效率也要比一般非聚光太阳电池的高很多。目前商业化的晶硅太阳电池的转换效率为 23% 左右，聚光太阳电池保持着光伏技术中最高的光电转换效率纪录。

（2）占用土地少

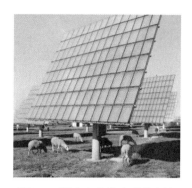

图 8-1　聚光光伏发电系统土地
综合利用

同样的发电量，聚光光伏系统占地面积仅仅是晶硅太阳电池发电系统的一半左右，如 Concentrix 公司的聚光光伏系统每兆瓦只需要土地 6～8 英亩[①]。而且土地还可以综合利用（如图 8-1 所示），如在电站范围内可放牧牲畜或种植作物。

（3）现场安装方便

由于集成度高，在现场安装非常方便，全套电站系统从审批程序结束到安装可以在很短时间内完成。

（4）可综合利用

对于高倍聚光电站，除供电外，冷却产生的热水，还可加以利用。

2. 缺点

（1）对光资源要求较高，需要在直射辐照度高的地区建设电站。

（2）聚光光伏系统（特别是高倍聚光系统）不能吸收太阳散射光，太阳直射光稍有偏离电池，就会使得发电量急剧下降，因此往往需要配备高精度太阳跟踪器。

（3）聚光太阳电池在工作时温度会升高，因此一般需要采取散热措施。

（4）由于聚光光伏系统真正实际应用的时间不长、规模不大，因此在技术上还需要进一步发展和完善。

8.1.2　聚光光伏部件

聚光光伏系统与常规光伏系统相比，平衡系统（BOS）等基本相同，只是前面的方阵形式不一样。一般平板式光伏方阵由光伏组件、支架和基座、连接电缆、汇流箱等组成，相对比较简单；而聚光光伏方阵，除这些组成外，还需要多种部件，下面分别介绍。

1. 聚光太阳电池

与一般的光伏系统不同，在聚光光伏系统中，太阳电池在高强度的太阳光和高温条件下工作，通过的电流要比普通电池大很多倍，所以对电池有特殊要求。

根据聚光程度不同，聚光光伏系统一般采用特制的单晶硅或III-Ⅴ族多结太阳电池，也有个别场合使用薄膜太阳电池。

（1）单晶硅太阳电池

由于单晶硅太阳电池性能稳定，价格相对便宜，所以在低倍聚光时，一般都采用转换效率较高的单晶硅太阳电池，以避免专门制作太阳电池而增加成本。在聚光条件下，对太阳电池性能有比较高的要求，要采取措施降低电池的串联电阻和隧道结的损失。

同时，聚光电池的栅线较密，典型的栅线约占电池面积的 10%，以适应大电流密度的需要。

---

① 1 英亩约等于 $4046.8 m^2$。

　　此外，由于经常处在强烈光照情况下，太阳电池容易产生老化，所以应该进行专门的设计制造。

　　（2）Ⅲ-Ⅴ族多结太阳电池

　　中、高倍聚光系统目前广泛使用Ⅲ-Ⅴ族多结太阳电池，所谓Ⅲ-Ⅴ族多结太阳电池是指采用化学元素周期表中第Ⅲ族和第Ⅴ族元素材料制作成的化合物半导体太阳电池。与硅基材料相比，基于Ⅲ-Ⅴ族半导体多结太阳电池具有极高的光电转换效率，比晶硅太阳电池高出一倍左右。Ⅲ-Ⅴ族半导体具有比硅优异得多的耐高温性能，功率温度系数小，在高辐照度下仍具有很高的光电转换效率，因此可以应用于高倍聚光技术，这意味着产生同样多的电能只需要较少的太阳电池。多结技术一个独特的方面就是可选择不同的材料进行组合，使它们的吸收光谱和太阳光谱接近一致，目前使用最多的是由锗、砷铟镓（或砷化镓）、镓铟磷 3 种不同的半导体材料形成 3 个 p-n 结。在这种多结太阳电池中，不但这 3 种材料的晶格常数基本匹配，而且每一种半导体材料具有不同的禁带宽度，因此可以分别吸收不同波段的太阳光光谱，从而可以对太阳光进行全谱线吸收，如上所述的锗、砷铟镓、镓铟磷等Ⅲ-Ⅴ族太阳电池的对应光谱为 300～1750nm，可以充分吸收太阳的辐射能量。图 8-2 所示是典型的三结Ⅲ-Ⅴ族太阳电池的量子效率对应曲线图。各类聚光太阳电池的转换效率纪录如表 8-1 所示。

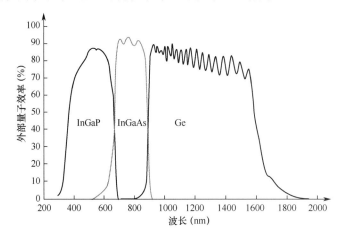

图 8-2　三结Ⅲ-Ⅴ族太阳电池的量子效率对应曲线图

表 8-1　各类聚光太阳电池的转换效率纪录

分类	效率	面积（cm²）	聚光比	测试中心时间（月/年）	研发单位及描述
单结电池					
GaAs	30.8 ± 1.9	0.0990(da)	61	NREL (1/2022)	NREL
Si	27.6 ± 1.2	1.00(da)	92	FhG-ISE (11/2004)	Amonix back-contact
CIGS（薄膜）	23.3 ± 1.2	0.09902 (ap)	15	NREL (3/2014)	NREL
多结电池					
AlGaInP/AlGaAs/GaAs/GaInAs	47.1 ± 2.6	0.099 (da)	143	NREL(3/2019)	NREL, 6J inv. metamorphic
GaInP/GaInAs; GaInAsP/GaInAs	47.6 ± 2.6	0.0452 (da)	665	FhG-ISE (5/2022)	FhG-ISE 4J bonded
GaInP/GaAs/GaInAs/GaInAs	45.7 ± 2.3	0.09709 (da)	234	NREL (9/2014)	NREL, 4J monolithic
InGaP/GaAs/InGaAs	44.4 ± 2.6	0.1652 (da)	302	FhG-ISE (4/2013)	Sharp, 3J inverted metamorphic
GaInAsP/GaInAs	35.5 ± 1.2	0.10031 (da)	38	NREL (10/2017)	NREL 2-junction (2J)

（续表）

分类	效率	面积（cm^2）	聚光比	测试中心时间（月/年）	研发单位及描述
小组件					
GaInP/GaAs; GaInAsP/GaInAs	43.4 ± 2.4	18.2 (ap)	340	FhG-ISE (7/2015)	Fraunhofer ISE 4J (lens/cell)
子组件					
GaInP/GaInAs/Ge; Si	40.6 ± 2.0	287 (ap)	365	NREL (4/2016)	UNSW 4J split spectrum
组件					
Si	20.5 ± 0.8	1875 (ap)	79	Sandia (4/1989)	Sandia/UNSW/ENTECH(12 cells)
三结	35.9 ± 1.8	1092 (ap)	N/A	NREL (8/2013)	Amonix
四结	38.9 ± 2.5	812.3 (ap)	333	FhG-ISE (4/2015)	Soitec
值得关注的案例					
Si（大面积）	21.7 ± 0.7	20.0 (da)	11	Sandia (9/1990)	UNSW laser grooved
发光小组件	7.1 ± 0.2	25 (ap)	2.5	ESTI (9/2008)	ECN Petten, GaAs cells
4 结小组件	41.4 ± 2.6	121.8 (ap)	230	FhG-ISE (9/2018)	FhG-ISE, 10 cells

注：ap—可视面积；da—指定照明区域面积。

资料来源：*Solar cell efficiency tables* (*Version* 61)。

为了追求更高的转换效率，有些研究所已在开发四结甚至五结太阳电池。无疑，四结或更多结的太阳电池将在光谱响应一致性及光谱范围扩展上具有更大的空间，对提高太阳电池的转换效率将更有效。NREL 已在研究转换效率为 50% 的多结电池。

2. 聚光器

聚光器有很多种类型，也有多种分类方法。

（1）按形状分

① 点聚焦型聚光器：使太阳辐射在太阳电池表面形成一个焦点（或焦斑）。

② 线聚焦型聚光器：使太阳辐射在太阳电池表面形成一条焦线（或焦带）。

（2）按成像属性分

① 成像聚光器。

根据光学原理，通过聚光光学系统，将光线聚焦在一个极小的区域，在光线汇聚处能清晰地呈现物体的像。在 1979 年，Welford 和 Winston 提出光伏聚光器的目标并不是再现太阳精确的像，而是要最大限度地收集能量，而成像聚光器并不是理想的光伏聚光器。

② 非成像聚光器。

非成像聚光器设计的最终目的是要在单位面积上获得最大强度的光，其实质是一个光学"漏斗"，它要求大面积的入射光被折射或反射后，能集中到小得多的面积上以达到聚能的目的。太阳光通过聚光器后可达到相当于或超过太阳的亮度。而成像光学系统通常不能达到理想聚光水平。O'Gallagher 等人在 2002 年发表的报告中指出：根据理论和实践的分析，在非成像聚光器中，太阳入射角在 0°～42.2° 时，聚光器可收集到全部太阳能量。因此，非成像光学系统应用于太阳能聚光器不仅可以得到很高的聚光比，还能获得较大的接收角及较小的体积，非常适合作为非跟踪式的静态聚光器应用。

（3）按聚光方式分

聚光器按聚光方式可分为反射式聚光器、折射式聚光器和平板波导聚光器三种，以下分别作详细介绍。

① 反射式聚光器。

反射式聚光器将太阳光线通过反射的方式聚集到太阳电池上。由于反射方式的不同，又可分为以下两种。

槽形平面聚光器。槽形平面聚光器通常利用平面镜做成槽形，平行光经过槽形平面镜反射后集中到底部的太阳电池上，如图 8-3 所示。它能够增加投射到太阳电池表面的太阳辐照强度，可得到聚光比的范围为 1.5～2.5。镜子的角度取决于倾角和纬度及组件的设计，通常是固定的。

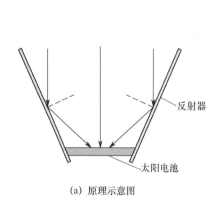 

（a）原理示意图　　　　　　　　　　　　　　（b）实物图

图 8-3　槽形平面聚光器

抛物面聚光器。平行光经过抛物面聚光器的抛物镜面反射后可汇集到焦点上，如图 8-4 所示。如在焦点位置放置太阳电池，就可将入射的太阳光汇集到太阳电池上，可增加投射到太阳电池表面的辐射强度。虽然制作抛物镜面要比平面镜复杂，但是其聚光效果要好得多，所以现在低倍聚光发电系统中，很多都采用抛物面聚光器。

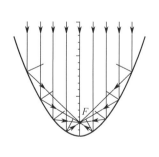 

（a）原理示意图　　　　　　　　　　　　　　（b）实物图

图 8-4　抛物面聚光器

为了进一步提高聚光比，有的也采用二次抛物面聚光的方法，平行太阳光入射到第 1 个比较大的 1#抛物面聚光镜上后，将太阳光聚集在第 2 个比较小的 2#抛物面聚光镜的焦点上，然后经过第 2 个聚光镜将太阳光反射到太阳电池上，这样经过 2 次反射，可进一步提高太阳辐射强度。图 8-5 为二次抛物面聚光原理图。

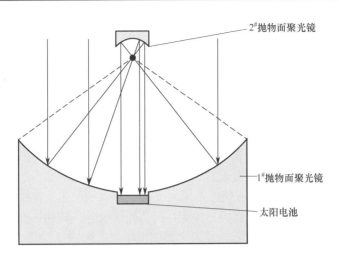

图 8-5　二次抛物面聚光原理图

后来 Welford 和 Winston 等人又对抛物面聚光器进行了改进，研发了复合抛物面聚光器（Compound Parabolic Concentrator，CPC）。二维 CPC 几何图形由多段抛物线组成，可以进一步提高聚光的效果。

除槽形平面和抛物面聚光外，还可以将抛物面聚光镜做成碟式，如图 8-6 所示。这样可以将大型的抛物面划分为多个小面积的反射区域，如此每个反射区域所代表的曲面极为平滑，非常近似为平面，大大降低了每个反射小平面的加工难度和成本。

此外还有双曲面聚光器等形式。

图 8-6　碟式抛物面聚光器

② 折射式聚光器。

折射式聚光器是将太阳光线通过折射的方式聚集到太阳电池上，以达到增强太阳辐照强度的目的。

折射式聚光器可以是传统的连续透镜，也可以是菲涅耳型透镜。众所周知，普通的球面凸透镜就可以聚光，但一般用于太阳电池的聚光器装置比较大，若使用普通球面凸透镜，其厚度将变得非常大。为了减少厚度和减轻质量，节省材料，通常采用菲涅耳型透镜，它是利用光在不同介质界面发生折射的原理制成的，具有与一般透镜相同的作用。

菲涅耳型透镜具有以下优势。

· 当口径很大时菲涅耳透镜可以制作得薄且轻。

- 用菲涅耳型透镜做聚光器比采用传统镜片可以有更大的口径，即菲涅耳型透镜可以具有很低的菲涅耳数。
- 制作菲涅耳型透镜的材料可以是塑料或者是有机玻璃，不仅比玻璃便宜轻便，而且方便批量生产。

实际应用的菲涅耳型透镜是将凸透镜进行连续分割、连接组合而得到的，一般由有机玻璃注塑成型或用普通丙烯酸塑料或聚烯烃材料模压成薄片状。镜片的表面一面为光面，另一面由一系列具有不同角度的同心菱形槽构成，截面呈锯齿形，它的纹理是利用光的折射原理并根据相对灵敏度及接收角度要求来进行设计的，从而满足了短焦距和大孔径的要求，菲涅耳型透镜聚光器如图 8-7 所示。菲涅耳型透镜也是聚光光伏发电系统的主要部件，一方面对太阳光进行聚焦，另一方面对光伏组件也起到保护作用，它是光伏组件外罩的一部分。基于成本和户外可靠性考虑，现在 HCPV（聚光太阳能）大多数采用折射式聚光器。

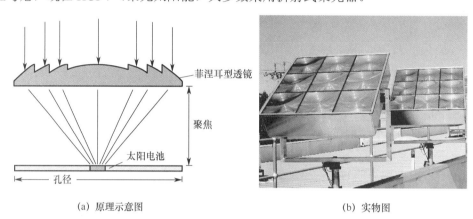

(a) 原理示意图　　　　　　　　　　　　　　　　(b) 实物图

图 8-7　菲涅耳型透镜聚光器

优质的菲涅耳型透镜必须具备表面光洁、纹理清晰、质量轻、透光率高和不容易老化等特点，其厚度一般在 1mm 左右。透光率、光斑均匀性、焦距、像差、工艺一致性、抗紫外线、抗风沙刮擦能力等，都是评估菲涅耳型透镜性能的重要指标。

菲涅耳型透镜有点聚焦和线聚焦两种形式，其对应的跟踪系统类型可以分别为二维跟踪和一维跟踪，根据不同的应用场合可选取不同的聚焦方式及跟踪形式。

③ 平板波导聚光器。

平板波导聚光器一般采用两级光学系统，第一级系统为基于全内反射的入口抛物面微结构，起到收集光线并聚集的效果；第二级系统为锲形平板。第一级系统的聚集光线在第二级系统的锲形平板内部多次全反射到达第二级系统的一端，其原理图如图 8-8 所示。

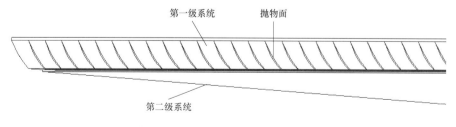

图 8-8　平板波导聚光器的原理示意图

平板波导聚光器由于采用了多次内反射来折叠光路，相较于前述反射式及折射式的聚光器，平板波导聚光器的整体厚度将大为降低。在保持高聚光倍数的前提下，依然可以实现较小的系统厚度，甚至做到无边框等。图 8-9 所示为 Morgan Solar 公司的 Sun Simba 产品实物图，是平板波导聚光器。

图 8-9　Morgan Solar 公司的 Sun Simba 产品实物图

平板波导聚光器可采用玻璃或者光学级塑料进行加工，因为该类型产品设计精细，对加工要求极高，在该技术商业化之前，平板波导聚光器的价格较高。

3. 太阳跟踪器

随着聚光比的提高，聚光光伏系统能接收到光线的角度范围会变小，为了保证太阳光总是能够精确地到达聚光电池上，一般情况下，对于聚光比超过 10 的聚光系统，为保证聚光效果，应采用跟踪系统。尤其是高倍聚光系统，只要太阳光稍微偏离电池，其发电量就会急剧下降。聚光比越大，跟踪太阳的精度要求就越高，当聚光比为 1000 时，要求跟踪精度误差小于±0.3°甚至±0.1°，太阳跟踪器跟踪误差示意图如图 8-10 所示，所以高倍聚光系统必须配备高精度的跟踪装置。太阳跟踪器已经成为高倍聚光系统的关键部件之一，据统计，高倍聚光系统失效的原因大多数与太阳跟踪器发生故障有关。

太阳跟踪器的具体分类、结构等见 8.2.1 节。

4. 散热部件

在聚光条件下，光伏组件的温度会上升，由于太阳电池功率的温度系数是负值，温度升高时，太阳电池的功率会下降。为减小因太阳电池的升温而造成的效率损失，必须考虑散热问题，应采取适当措施，使太阳电池的温度保持在一定范围以内。通常以达到常温条件下转换效率 80%作为指标，由此决定太阳电池温度上限，对晶硅太阳电池来说，其温度上限约为 100℃。对于Ⅲ-Ⅴ族聚光太阳电池，其温度上限可稍高一些。

如果聚光太阳电池的温度较高，就要采取散热措施，散热方式分为主动散热和被动散热。主动散热就是通过主动工作元件（通常采用通水冷却）完成热量散出；被动散热就是不借助任何主动工作元件，仅靠空气对流和热辐射来完成热量散出。图 8-11 是聚光太阳电池的两类散热系统，左边是加散热器被动散热，右边是加冷却液主动散热。

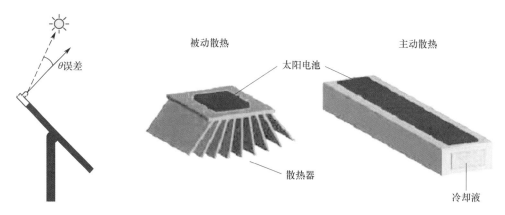

图 8-10　太阳跟踪器跟踪误差示意图　　　　　图 8-11　聚光太阳电池的两类散热系统

聚光光伏发电技术由于能量密度高，在经过高效太阳电池光电转换后，仍然有大量热量需要散出。在进行聚光光伏发电系统散热设计时，需要重点考虑热容和热阻两个问题，还要计算需要处理的热量（要按照直射光 1000W/m² 来计算），同时要考虑在光伏系统没有并网发电这样的极限条件下，芯片的工作温度仍然要符合芯片及其封装部件的要求。

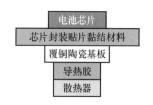

图 8-12　典型聚光器被动散热结构

由于主动散热在成本和维护方面有许多限制，所以目前聚光行业很多都采用被动散热方式。提高散热效率要遵循散热规律，尽量减少导热层，以减小接触热阻。目前典型聚光器被动散热结构如图 8-12 所示，使得芯片热量依次通过如下介质层：电池芯片→芯片封装贴片黏结材料→覆铜陶瓷基板→导热胶→散热器，再通过表面热交换或者热辐射到外界。

在有些场合，高倍聚光仅仅采用被动散热的方法可能效果并不显著，这时就要采取通水冷却等方法。通水冷却需要专门配置供水和循环设备，如需要有水源，要配置管道、阀门和水泵等设备，需要增加一定投资，但是在有些情况下也可以综合利用。例如，在美国 Dallas 机场 1982 年建造的 25kW 聚光系统中，除发电功能外，均采用主动散热方式通水冷却太阳电池，产生的热水可供给附近的宾馆使用。

8.1.3　聚光光伏系统

在世界石油危机的推动下，1976 年美国政府编制预算 125 万美元，开展聚光太阳能技术的研究，以后经费逐年增加，到 1981 年达到了 620 万美元。在政府项目的支持下，美国 Sandia National Laboratories 于 1976 年研发了功率为 1kW 的光伏方阵，其光电转换效率为 12.7%，该光伏方阵后来被称为 Sandia1（Sandia1 聚光系统如图 8-13 所示）。该系统采用了点聚焦菲涅耳型透镜，聚光比为 50×，采用通冷水散热，双轴跟踪，聚光晶体硅太阳电池以及模拟闭环追踪控制系统，其中菲涅耳型透镜、双轴跟踪和模拟闭环追踪控制系统在现在的聚光光伏系统中仍被广泛应用。在 20 世纪 70 年代末，Ramón 按这个概念发展的原型机采用 SOG 点聚焦菲涅耳型透镜，聚光比为 40×，晶体硅太阳电池的直径为 5cm，应用散热片被动散热（Ramón 聚光系统如图 8-14 所示）。不久之后，Spectrolab 也研制出了转换效率为 10.9%，聚光比为 25× 的 10kW 聚光光伏系统。后来在德国、意大利、西班牙出现了功率从 500W 到 1kW 的各种复制品，它们在某些部件方面有所改善，但是由于成本过高，并没有得到商业化应用。

图 8-13　Sandia1 聚光系统

图 8-14　Ramón 聚光系统

1. 低倍聚光光伏发电系统（LCPV）

低倍聚光光伏发电系统（简称聚光系统）是以时角不跟踪为前提而设计的，这类聚光系统多采用晶硅太阳电池作为发电芯片，聚光器的形式基本采用槽形平面反射式，通常在太阳电池侧面或四周设置几块反光镜，以增加电池表面接收的太阳光。反射式聚光器低聚光倍数较低，如能配备简单的跟踪装置，也会增加聚光效果，对于要求不高、误差不敏感的场合可以采用单轴跟踪器，即在东西方向跟踪。由于聚光倍数比较低，一般不必配备专门的散热器。

很多生产企业对于低倍聚光系统进行了长期研发，为了和普通平板固定式光伏方阵系统进行竞争，采取多种不同的技术路线，多数采用反射式聚光器，如 SunPower 公司采用聚光比 7×，并且配备跟踪器；Skyline High Gain Solar 公司采用聚光比 10× 的复合抛物面聚光器并带有跟踪器；Abengoa Solar NT 公司采用聚光比为 1.5× 和 2.2× 的反射平面镜并带有跟踪器；JX Crystals 公司采用聚光比 3×；Megawatt Solar 采用聚光比 20×。Solaria 公司则采用聚光比 2× 的折射式聚光器并带有跟踪器的形式。

SunPower 公司 1985 年就开始从事聚光系统的研发，后来推出的 C-7 型低倍聚光系统（如图 8-15 所示）每台功率为 14.7kW，系统电压为 1000V，由 108 块 136W 组件组成，组件效率为 20.1%。利用抛物面聚光比 7×，材料是热浸镀锌钢板和不锈钢玻璃镜面，采用免维护轴承，面向南北水平单轴跟踪，跟踪角度为-75°～+75°，可抗 40m/s 的大风。该公司声称，采用其 C-7 跟踪器与其他竞争技术相比，发电成本可降低 20%。

在中国上海鲜花港，由美国 JX Crystals 公司设计、安装了 SunPower 公司生产的容量为 125kW 的低倍聚光光伏发电系统，第 2 期工程完成后容量达到 330kW。在 2013 年，SunPower 公司在亚利桑那州立大学理工学院的校园建造了容量为 1MW 的低倍聚光电站，2014 年又在该州建成了容量为 7MW 的聚光电站。

西班牙 Sevilla 容量为 1.2MW 的低倍聚光电站，有 154 台双轴跟踪器（如图 8-16 所示），每台有 36 块光伏组件，反射式低倍聚光比为 1.5×～2.2×，转换效率为 12%，电站占地面积为 295 000m^2，每年发电 2.1GW · h。

2. 中倍聚光系统（MCPV）

在中倍聚光的范围内，可使用点聚焦型聚光器或线聚焦型聚光器。应用点聚焦型聚光器时，其性质与高倍聚光器的情况相同，采用双轴跟踪的效果较理想。采用线聚焦型聚光器时，将其焦线置于东西方向时能取得最好效果。中倍聚光技术在市场中的应用还不多。

图 8-15 SunPower 公司的 C-7 型低倍聚光系统

图 8-16 西班牙 Sevilla 低倍聚光电站

美国 Skyline Solar 公司的中倍聚光系统采用抛物面反射式聚光方阵，聚光比为 14×，图 8-17 为 Skyline Solar 公司的 14 倍聚光方阵。到 2011 年末，该公司的晶硅太阳电池的生产能力达到 100MW。2009 年安装量为 24kW，2010 年安装量为 83kW，在墨西哥的 Durango 建造的 500kW 聚光电站已经完成。

美国 Solaria 公司 2011 年在意大利的 Pontinia 建造了聚光光伏电站，容量为 585kW；2012 年在加利福尼亚州建造了 1.1MW 聚光电站，同年 3 月在意大利 Puglia 建造了聚光电站，使用单轴跟踪，容量为 2MW，同年 12 月在新墨西哥州建造了 4.1MW 聚光电站（其聚光方阵如图 8-18 所示），也是采用单轴跟踪系统；2012 年和 2013 年在意大利 Sardinia 先后建成了容量为 1MW 和 2MW 的两座聚光电站。

图 8-17 Skyline Solar 公司的 14 倍聚光方阵

图 8-18 Solaria 公司的 4.1MW 聚光电站的聚光方阵

3. 高倍聚光系统（HCPV）

通常高倍聚光系统由三部分组成：聚光组件、跟踪器和平衡部件。其中，平衡部件与常规的晶硅、薄膜太阳能发电系统基本相同。聚光组件由聚光电池、光学系统、散热系统、组件框架等部件组成。在高倍聚光的范围内，主要使用点聚焦非成像型聚光器。这种聚光器，太阳光入射角即使只有 0.5° 的变化，在太阳电池上的辐照度也会降低一半，因此配备精密的太阳跟踪装置十分必要。通常采用被动散热方式，因为它不需要使用冷却水，特别适合在炎热、干燥的地区使用。由于温度升高而使得电池转换效率降低的影响也要比其他技术低 3 倍。随着太阳电池芯片价格的不断下降，高倍聚光系统在效率和成本上具有很大优势，高倍聚光在全球聚光光伏市场中占有最大的份额，将会成为聚光技术的主要发展方向。

高倍聚光系统技术门槛较高且行业跨度大，涵盖半导体材料及工艺制造、半导体封装、光学设计制造、自动化控制、机械设计制造、金属加工等领域。HCPV 行业的产品包括多结电池片外延材料、光电转换芯片、光接收器组件、聚光器、双轴跟踪器等。

Concentrix 太阳能公司于 2005 年在德国的弗莱堡成立，是从 Fraunhofer 太阳能系统研究所分离出来的公司，专门从事聚光光伏（CPV）技术的研发和生产。2007 年，Concentrix 太阳能公司的 CPV 技术被授予德国经济创新奖。在 2008 年 9 月建成了容量为 25MW 的全自动生产线。在 2009 年 12 月该公司被法国 Soitec 集团收购，所以现在常用 Concentrix-Soitec 名称。Concentrix 太阳能公司聚光光伏发电技术使用菲涅耳型透镜，聚光比达 500×，并采用III-V族三结太阳电池（GaInP/GaInAs/Ge）。为了确保太阳光集中在聚光光伏组件上，采用双轴太阳跟踪系统，Concentrix 聚光技术的系统转换效率为 27%。2010 年，Concentrix 太阳能公司在美国新墨西哥州的 Questa 建造了容量为 1.37MW 的聚光光伏电站（如图 8-19 所示）。该公司的技术还在德国、西班牙、意大利、南非、埃及等国家进行推广。在 2011 年 10 月，Soitec 公司推出其专为电网级规模电站设计的第 5 代聚光光伏系统。Soitec 的"Concentrix"技术，包括一个容量为 28kW 的方阵设计、面积超过 $100m^2$ 的跟踪器。采用该技术后，系统转换效率提高到 30%，降低了平价上网（LCOE）的成本。

美国 Amonix 公司于 1994 年设计了第一套容量为 20kW 的高倍聚光系统，此后又陆续开发了 6 代系统，使效率和性能不断得到改进。新一代的系统为 Amonix 7700 聚光光伏系统（Amonix 7700 方阵如图 8-20 所示），它是当时世界上最大的基座安装式太阳能系统。其跟踪器宽度为 70 英尺[①]，高为 50 英尺，有 7560 个菲涅耳型透镜，汇集 500 倍太阳光到多结砷化镓太阳电池上。每台可以产生 60kW 的容量。据称 Amonix 7700 聚光光伏系统比其他太阳能技术更合理地使用土地：安装额定容量 1MW 只需 5 英亩土地，而其他太阳能技术却需要 10 英亩。有些 Amonix 系统（如位于加利福尼亚州波莫纳的系统）已经安全运行超过 12 年。2006—2008 年，在西班牙纳瓦拉共分 3 期安装了 Amonix 聚光光伏太阳能设备，总容量为 7.8MW。2008—2009 年，Amonix 公司在拉斯维加斯安装了第 7 套容量为 300kW 的聚光系统，采用III-V族多结聚光电池，转换效率为 25%，能效达到 2500kW·h/kW。在 2011 年 10 月，Amonix 公司宣布在新墨西哥州 Hatch 建成了容量为 5MW 的聚光电站，其由 84 个双轴跟踪器组成，每个跟踪器上安装组件的功率是 60kW，采用III-V族多结聚光电池，及双轴跟踪，该系统转换效率可达 29%，所发电力可供 1300 户家庭使用。在 2011 年，Amonix 公司在美国西南部安装了总容量为 35MW 的聚光发电系统。在 2012 年 5 月，在美国科罗拉多州阿拉莫萨的圣路易斯山谷建成了容量为 30MW 的聚光光伏电站，占地 225 英亩。该电站由 500 个 Amonix 7700 双轴跟踪器组成，升压到 115kV，可并入电网，并投入正常运行。

SolFocus 公司在美国加利福尼亚州 Victor Valley 学院安装了容量为 1MW 的聚光电站，由 122 个 SF-1100 方阵组成，每个方阵的容量为 8.4kW，占地 6 英亩，每年发电量为 $2.50×10^6kW·h$，大约可以满足该学院用电量的 30%。2012—2013 年，该公司先后在墨西哥、意大利、美国等国建造了 9 座容量在 1.0～1.6MW 的聚光电站。

中国三安光电科技公司 2010 年在青海格尔木完成了容量为 3MW 的聚光光伏太阳能示范项目，该项目使用聚光比为 500×的透镜，采用双轴跟踪系统，平均转换效率达到 25%。2012 年 11 月，在海拔 9000 英尺以上的格尔木建成了第 1 期 HCPV 电站，容量为 57.96MW，使用了 2300 台 CPV 跟踪器，每个跟踪器有 56 块组件，每块组件功率是 450W，采用了功率为 500kW 的逆变器 100 台。第 2 期总容量为 79.83MW，于 2013 年完成，使用了 3168 台 CPV 跟

---

① 1 英尺等于 0.3048 米。

踪器，每台跟踪器有 56 块组件，每块组件功率是 450W，采用功率为 500kW 的逆变器 120 台。两期总容量达到 136.79MW（如图 8-21 所示）。

图 8-19 Concentrix 太阳能公司的 CPV 电站

图 8-20 Amonix 7700 方阵

图 8-21 格尔木 136.79MW HCPV 电站

位于南非开普敦东北 150km 处的 Touwsrivier 的聚光光伏电站（如图 8-22 所示），容量为 44.19MW，投资 1 亿美元，占地面积 212 公顷。其采用 1500 个 Soitec CX-S530-II CPV 跟踪器，每个跟踪器有 12 个子方阵，每个子方阵上有 12 块组件，总功率为 2455W，配置了 60 台逆变器。该电站于 2014 年 12 月建成，所发电力可满足 23 000 个家庭使用。

位于美国科罗拉多州的 Alamosa 的聚光电站于 2012 年 3 月建成（如图 8-23 所示），容量为 35.28MW，占地 225 英亩。该电站采用 Amonix 7700 CPV 跟踪器 504 个，跟踪器尺寸是 70 英尺宽、50 英尺高，共有 7 个子方阵，每个子方阵功率为 10kW。配置交流容量为 70kW 的逆变器 504 台，年发电量为 76GW·h。

图 8-22 南非 44.19MW CPV 电站

图 8-23 美国 Alamosa 35.28MW CPV 电站

8.1.4　聚光光伏发电现状

根据 Fraunhofer ISE 2016 年 11 月 17 日的报告，聚光光伏发电当时的技术状态如表 8-2 所示。

表 8-2　聚光光伏发电的技术状态

商业产品	实验室纪录	效率
太阳电池	46.0 % (ISE, Soitec, CEA)	38%～43%
最小组件	43.4% (ISE)	
CPV 组件	38.9% (Soitec)	27%～33%
系统（交流）		25%～29%

资料来源：Fraunhofer ISE Progress in Photovoltaic。

2006—2015 年，全球共安装了容量在 1MW 以上的聚光光伏电站 54 座，分布在中国、美国、法国、意大利、西班牙等 12 个国家，到 2016 年全球 CPV 电站累计安装量为 360MW，聚光比 400 以上，商业 HCPV 系统瞬时效率达到 42%，2014 年 12 月，四结或以上的聚光电池实验室效率已经达到 46%，在室外运行条件下，CPV 组件效率已经超过 33%。经过认证 Fraunhofer ISE，Soitec 太阳电池效率的纪录达到 46.0%，最小组件的效率为 43.4%。2015 年 Soitec 在聚光标准测试条件下，CPV 组件效率为 38.9%，商业应用的 CPV 组件效率超过 30%。

根据行业调查和文献介绍，2013 年 10MW CPV 光伏电站的价格在€1400/kW～€2200/kW（包括安装在内），由此计算当时 CPV 电站的度电成本为€0.10/kW·h～€0.15/kW·h。即使考虑到市场发展存在很多不确定因素，由于 CPV 的技术进步，如果安装量继续增长，到 2030 年，预计包括安装在内 CPV 光伏发电系统的价格在€700/kW～€1100/kW，届时 CPV 电站的度电成本可降到€0.045/kW·h～€0.075/kW·h。

但是在 2009 年金融危机之后，特别是 2014 年后晶体硅太阳电池的成本大幅下降，使得聚光光伏发电的成本优势不复存在，聚光产业的发展受到了较大冲击。2015 年只有 Soitec 公司在法国、中国和美国安装了容量从 1.1MW 到 5.8MW 的 6 座聚光电站。此后一些大型 CPV 制造厂，如 Suncore、Soitec、Amonix、Solfocus 等纷纷停产，聚光光伏发电进入低潮。何时能够崛起，面临很多不确定因素，如果 HCPV 在技术上能够有进一步的突破，还可能在光伏发电领域重新占有一席之地。

8.2　太阳能跟踪器

太阳每天从东向西运动，高度角和方位角在不断改变。同时，在一年中，太阳赤纬角还在-23.45°～+23.45°之间来回变化。当然，太阳位置在东西方向的变化是主要的，在地平坐标系中，太阳的方位角每天差不多都要改变 180°，而太阳赤纬角在一年中的变化也有 46.90°，如果能将太阳电池方阵随时面对太阳，就能接收到更多的太阳辐射能量，从而增加光伏系统的发电效果，这就需要配置太阳能跟踪器。

太阳能跟踪器是用于将光伏组件对准太阳或引导太阳光至太阳电池的机械装置。以前太阳能跟踪器主要是为了满足聚光太阳能发电系统的需要，特别是对于高倍聚光系统（HCPV）

和太阳能热发电系统（CSP），跟踪器是必须配备的重要设备，近年来其在一般的太阳电池方阵上也得到了大量应用。

8.2.1 跟踪器的分类

太阳能跟踪器根据应用场合的不同可分成非聚光（PV）跟踪器及聚光跟踪器两种类型，又可以根据其跟踪轴的数量与方位、动力驱动类型、控制类型、驱动数量、跟踪支架上组件安装形式、跟踪最小单元的排布来进行细分。

1. 按应用场合分

（1）非聚光跟踪器

非聚光跟踪器是实现光线与光伏方阵之间入射角最小化的装置，光伏组件可接收直射光及各个角度的散射光。这意味着使用非聚光跟踪器可使方阵在没有正对太阳的情况下也能有效发电。非聚光跟踪器系统的作用是增加直射光部分的发电量，同时较固定式安装光伏系统增加了发电时间，从而增加了发电量。在非聚光光伏系统中，直射光束产生的能量同入射光与方阵的夹角呈余弦关系下降。精度为±5°的跟踪器能将直射光束中超过 99.6%的光用于能量转化。因此，对于非聚光系统一般不需要很高精度的跟踪器。

（2）聚光跟踪器

聚光跟踪器用于实现聚光光伏系统的光路工作。跟踪器使聚光组件对准太阳或聚焦太阳光到光伏接收器上。直射的太阳辐射光而不是散射光是 CPV 组件的主要能量来源。特别的光路设计使直射光聚焦在组件上，如果焦点没有准确保持，功率输出就会大幅下降。如果 CPV 组件聚光是一维的，就需要单轴跟踪器；如果 CPV 组件聚光是二维的，就需要双轴跟踪器。在聚光组件中，跟踪精度的需求通常与组件可接收的半角相关，如果太阳光指向误差小于组件可接收半角，一般来说组件功率可输出大于 90%的额定功率。

2. 按跟踪轴的数量与方位分

太阳能跟踪器根据跟踪轴的数量与方位可分成单轴跟踪器和双轴跟踪器两类。

（1）单轴跟踪器

单轴跟踪器的转动轴有一个自由度，有几种不同的实现方式，包括水平单轴跟踪器（如图 8-24 所示）、垂直单轴跟踪器（如图 8-25 所示）、斜单轴跟踪器（如图 8-26 所示）。水平单轴跟踪器的转轴相对地面是水平的，垂直单轴跟踪器的转轴相对地面是垂直的。在一天中跟踪器从东转到西，所有在水平和垂直之间的单轴跟踪器均为斜单轴跟踪器。斜单轴的倾斜角通常受限于减小风剖面的需要及减小抬高一头的离地高度的需要。极地对齐斜单轴跟踪器是一种特殊的斜单轴跟踪器，在这种方式中，倾角等于安装地点的纬度，这样跟踪器的转轴与地球的转轴对齐。

单轴跟踪器转轴通常与子午线对齐，也有可能在用更先进的跟踪算法的基础上对齐任一地面方位。在模拟系统时组件相对于转轴的方向很重要，水平于斜单轴跟踪器的组件表面一般平行于转轴，组件跟踪太阳时扫过轨迹相对于转轴呈圆柱形或者圆柱形的一部分。垂直于单轴跟踪器的组件表面一般与转轴形成一个角度，组件跟踪太阳时扫过轨迹呈对称于转轴的圆锥面。

图 8-24　水平单轴跟踪器

图 8-25　垂直单轴跟踪器

图 8-26　斜单轴跟踪器

① 水平单轴跟踪器。

水平单轴（简称平单轴）跟踪器因其结构简单实用、发电增益明显等特点，市场占比最高。平单轴跟踪器一般集成天文算法及逆跟踪算法，该方案控制逻辑简单，工程实用性较强。其中，天文算法是指基于日地关系，获取当地经纬度、时间等信息，计算太阳相对位置（即太阳光入射角），依据组件法向向量与太阳入射光夹角越小，组件接收到的辐照越多原则，求得平单轴理论跟踪角度。

具体计算过程为：第一步，根据项目地经纬度及所在地的平太阳时，计算当地真太阳时以及表明时间变化的时角和赤纬角。其中，时角是指日面中心的时角，即从观测点天球子午圈沿天赤道量至太阳所在时圈的角距离，以地球为例，单位时间地球自转的角度定义为时角，规定正午时角为 0，上午时角为负值，下午时角为正值，地球自转一周 360°，对应的时间为 24 小时，即每小时相应的时角为 15°；赤纬角是由于地球绕太阳运行造成的现象，是地球赤道平面与太阳和地球中心的连线之间的夹角。它随日期而变，即赤纬角随地球在运行轨道上的不同点具有不同的数值。赤纬角以年为周期，在+23°26′与−23°26′的范围内移动，成为季节的标志。第二步，计算太阳高度角和太阳方位角。其中，太阳高度角是指地平坐标系中对于地球上的某个地点，太阳光的入射方向和地平面之间的夹角；太阳方位角即太阳所在的方位，在地平坐标系中，指太阳光在地平面上的投影与当地经线的夹角。第三步，根据太阳高度角和太阳方位角可求太阳光在垂直轴向平面上与水平面的夹角，取余角后求得天文跟踪角度。

在早晚阶段，太阳高度角较低，按照天文算法计算得到的支架跟踪角度较大，导致阵列间产生阴影遮挡，造成发电损失，因此在早晚阶段采用逆跟踪算法，即随着太阳升起/降落，跟踪角度逐渐增大/减小，因与太阳运动方向相反，故称为逆跟踪。逆跟踪角度可根据太阳入射光线、阵列间距、阵列宽度等求得，保证前排阵列刚好不遮挡后排阵列。

同时，跟踪支架设置限位角保护，如 45°，因此平单轴跟踪器运行角度曲线如图 8-27 所示。

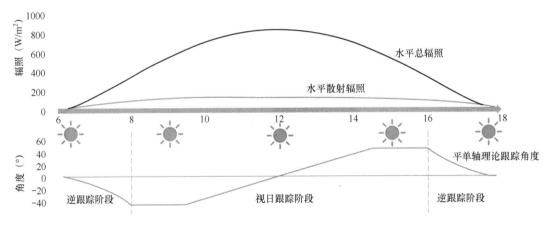

图 8-27　平单轴跟踪器运行角度曲线

② 斜单轴跟踪器。

斜单轴跟踪器一般情况下与南北方向轴线重合，但与地平面保持固定夹角（在北半球为北高南低，南半球则为南高北低），夹角大小与安装地点纬度大致相当或略小。因在高纬度地区太阳在一年四季内的高度角都较低，因此斜单轴跟踪轴南北方向保持一定倾角有利于减小组件上光线入射夹角，而平单轴跟踪器的光伏板垂直线与太阳光始终有一个夹角，而且纬度越高，入射角越大，在高纬度地区上斜单轴跟踪器相比平单轴跟踪器能更大幅度提高发电量。

（2）双轴跟踪器

双轴跟踪器有两个用于旋转的自由度，两个转轴通常互相垂直。固定于地面的轴称为主轴，固定于主轴上的可称为第二轴。与单轴跟踪器相比，双轴跟踪器同时跟踪太阳的方位角和高度角，可以获得更大的发电量增益。由主轴相对于地面方向来分类，通常的两种方式如下。

① 顶倾式双轴跟踪器。

顶倾式双轴跟踪器如图 8-28 所示,其主轴平行于地面,第二轴通常垂直于主轴。顶倾式双轴跟踪器的转轴一般与东西向纬线或南北向经线对齐,极向式双轴跟踪器就是其中之一。

② 方位角-高度角双轴跟踪器。

方位角-高度角双轴跟踪器如图 8-29 所示,其主轴垂直于地面,第二轴通常垂直于主轴。

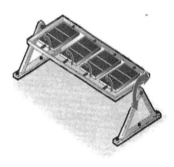

图 8-28　顶倾式双轴跟踪器

双轴跟踪器有两种常用的驱动与控制架构:分散式驱动与联动式驱动,有多种具体实现方式。在分散式驱动架构中,每个跟踪器和转轴均为独立驱动与控制;在联动式驱动架构中,一个驱动系统驱使多个转轴同时动作。这样可以在一个跟踪器中有多个相同的转轴或多个跟踪器排成一个阵列。

图 8-29　方位角-高度角双轴跟踪器

随着技术的成熟和国家上网电价补贴政策的促进,近年来,跟踪系统的应用也越来越广泛,尤其在领跑者计划中得到了广泛应用。跟踪系统的选择应符合下列要求:水平单轴跟踪系统宜安装在低纬度地区;倾斜单轴和斜面垂直单轴跟踪系统和双轴跟踪系统适宜安装在中、高纬度地区;容易对传感器产生污染的地区不宜选用被动控制方式的跟踪系统。

3. 按动力驱动类型分

太阳能跟踪器的动力驱动类型大致有三种。

(1)电力驱动

电力驱动系统将电能转化为交流电动机、直流有刷电动机或直流无刷电动机的旋转运动。电动机配上齿轮箱减速以达到高转矩。齿轮箱的最后一级传递直线运动或旋转运动以推动跟踪器的转轴。电力驱动是目前应用最为广泛的太阳能跟踪器类型,其驱动功能一般通过蜗轮蜗杆回转减速机或线性推杆实现。

(2)液压驱动

液压驱动系统采用液压泵来产生液压。液压经由阀、各种管道至液压马达及液压缸。液压马达及液压缸将按照预先设计好的机械运动传递给跟踪器需要的直线或旋转运动。

（3）被动驱动

被动驱动系统采用液压压差来驱动跟踪器转轴。压差由不同阴影制造的不同热梯度来得到，驱使跟踪器运动以使压差达到平衡。

4. 按控制类型分

（1）被动控制

被动式太阳能跟踪器通常依靠环境的力量产生流体密度变化，此变化提供的内力用来跟踪太阳。早期的跟踪器生产厂家之一 Zomeworks 公司使用的就是这种技术。

（2）主动控制

主动式太阳能跟踪器采用外部提供的电源来驱动电路及执行器件（电动机、液压等）使组件跟踪太阳，有开环和闭环两种方式。

① 开环控制。

开环控制是不采用直接感知太阳位置的传感器的跟踪方式，而采用数学计算太阳位置（基于一天内的时间、日期、地点等）来决定跟踪器的方向和倾角，并由此来驱动跟踪器的传动系统。开环控制并不是指执行元件本身不提供反馈控制，执行元件可以是带有编码器的伺服电动机，本身可能是采用 PID 及类似的控制器。开环控制指的是控制算法中没有实际跟踪误差的反馈。

② 闭环控制。

闭环控制是采用某种反馈（如光学的太阳位置传感器或组件功率输出的变化），来决定如何驱动传动系统和组件位置的主动跟踪方式，也是混合太阳位置计算法（开环的历法编码）和闭环的太阳位置传感器数据的主动跟踪方式。

早期还有定时控制，是以石英晶体为振荡源驱动步进机构，每隔 4min 驱动一次，每次立轴旋转 1°，每昼夜旋转 360° 的时钟运动方式。

5. 按驱动数量分

以目前应用最为广泛的水平单轴跟踪器为例，按照驱动数量可分为单点驱动系统和多点驱动系统两类。在降低度电成本的驱使下，单轴跟踪器的长度越来越长，目前最长的水平单轴跟踪器已超过百米，风荷载产生的扭转矩随着支架长度呈线性增加，仅在单个点位处设置驱动系统已无法满足对跟踪驱动力、抗风自锁保持力和结构扭转刚度的要求。因此，对超过一定长度的跟踪器而言，就需要在不同位置处设置多个驱动机构。

对多点驱动跟踪器而言，不同驱动单元（回转减速机或线性推杆）之间需要同步传动。实现多个驱动单元之间同步传动，一般仅一个驱动单元配置有电机模块，其余驱动单元通过传动杆来实现电机与驱动单元之间的动力传输，传动杆可保证多个驱动单元之间的同步性。

6. 按跟踪支架上组件安装形式分

根据安装形式分为跟踪支架檩条上的一块组件竖向安装（1P）、两个组件竖向安装（2P）、两个到四个组件横向（水平）安装（2H 或 4H）。对于双面系统，在 2P 配置中，扭矩管通常在组件之间放置较大的间隙。一些公司还提供了用于双面组件的 1P 跟踪器结构，并修改了扭矩管的几何形状和反射率。

7. 按跟踪最小单元的排布分

跟踪支架阵列的排布形式通常分为单排独立跟踪系统和双排或多排跟踪系统。在单排独立跟踪系统,每个跟踪器都是独立驱动和控制的,而在双排或多排的平单轴跟踪系统中,两个或更多的跟踪器是同时由一个单一驱动系统驱动的。大多数公司提供单排独立平单轴跟踪器,(如 Arctech、Array、Ideematec、FTC、Game Change、Grace Solar、Mountsystems、Nexans、NexTracker、Schletter、Soltec 等公司),而一些跟踪支架制造商销售单排独立跟踪和双排跟踪系统模型(如 TrinaTracker、PVH、Axial 等公司)。

8.2.2　太阳能跟踪器的组成

太阳能跟踪器一般由多个具有不同功能的子系统构成。主要的子系统包括支撑结构系统、驱动系统、传动系统、控制器等。支撑结构系统用于支撑组件并将结构重量和外荷载传递给地面,以水平单轴系统为例,一般由檩条、主梁、立柱、轴承、连接件和紧固件等构成。驱动系统不仅需要提供足够的驱动力以满足跟踪器在安全风速下的正常跟踪,而且需要提供足够大的自锁保持力来抵抗跟踪器在强风中产生的风致扭转效应。传动系统将驱动系统的动力输出转化为组件的机械跟踪动作,比如在平单轴跟踪器中,主梁不仅是支撑结构部件,也是最大的传动部件,其将驱动系统的转动或直线运动传递给每一块组件。控制器的功能是为驱动单元供电,并控制跟踪器按照一定规律产生机械运动来实现跟踪功能。

8.2.3　太阳能跟踪器的应用

太阳能跟踪器以前主要是作为聚光光伏发电(CPV)和太阳能热发电(CSP)配套部件使用的。近年来,由于采用太阳能跟踪器能够为固定式光伏方阵增加 15%～25%的发电量,越来越多的地面安装的光伏系统开始采用太阳能跟踪器。据统计,2015 年全球安装跟踪器的光伏电站容量为 5GW,2013—2016 年太阳能跟踪器的年安装量平均增长 83%。

全球太阳能跟踪器的供应商比较集中,在 2015 年 4 家供应商:NexTracker 公司、Array Technologies 公司、First Solar 公司和 Sun Power 公司所供应的太阳能跟踪器占全球的 72%。太阳能跟踪器市场主要是单轴跟踪器,用在高倍聚光系统的双轴跟踪器所占比例还不到 4%。

世界最大的单体安装太阳能跟踪器的电站是美国加利福尼亚州 Rosamond 的 Solar Star 电站,这是目前世界第 3 大光伏电站,容量为 579MW,于 2013 年开工,2015 年 6 月建成,共有 172 万块太阳能板,采用 Sun Power 公司的单轴跟踪器(如图 8-30 所示),增加发电量最多可达 25%。在 3 年安装过程中提供了 650 个工作岗位,还有 15 个全职运行维护人员就业岗位。

利比亚 AL-Jag bob 沙漠地区容量为 50MW 的双轴跟踪光伏电站占地面积 2.44km²,采用双轴跟踪器比固定方阵增加发电量 40%,年发电量为 128.5GW·h,平均组件转换效率为 16.6%,年减少 CO_2 排放量 85527t,系统能量偿还时间为 4 年。该电站有 50 个子方阵,每个子方阵包括 125 个跟踪器,每个跟踪器的功率为 8kW,总容量为 1MW,有 5000 块组件,组件总面积为 290 180m²。

中国最大的安装太阳能跟踪器的光伏电站是青海省的黄河水电共和水光互补电站,项目容量总规模为 2GW,其中容量为 60.5MW 的电站采用平单轴跟踪器(如图 8-31 所示),共使用了 1320 套单轴跟踪器。

根据 IHS Markit 统计和预测,全球太阳能跟踪器每年新增装机容量到 2030 年将超过 90GW。随着太阳能跟踪器技术的成熟和智能化对发电量增益的提升,太阳能跟踪器将成为光伏电站的首选支架类型。

图 8-30　美国 Solar Star 电站单轴跟踪器

图 8-31　青海容量为 60.5MW 的电站平单轴跟踪器

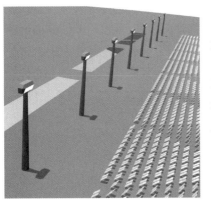

图 8-32　集中接收式聚光光伏系统

另外，有一种比较特殊的跟踪方式是中央塔式，其特点是太阳电池大面积相邻排列布置在中央发电塔顶部，通过控制四周分散布置的平面镜反射阳光汇聚到发电塔顶部电池方阵上实现聚光发电，这种集中接收式聚光光伏系统在澳大利亚已经建造了容量为 154MW 的光伏电站，如图 8-32 所示。电站建造费用 9500 万澳元由澳大利亚政府资助，发电成本预期 10 美分/kW·h。

综上所述，由于近年来晶硅太阳电池价格的大幅度下降，聚光光伏发电受到了很大影响，产业的发展进入了低谷。不过由于其本身具有的突出优点，在一些太阳直接辐射强度很高的地区仍然有相当大的市场需要，而且随着聚光系统的不断发展和改进，一旦实现技术进一步的突破，聚光光伏发电还有可能再创奇迹。

太阳能跟踪器原来是作为聚光太阳能发电系统的部件来配置的，能显著增加光伏系统的发电量，具有比较高的性价比。近年来，其开始应用于固定式平板方阵发电系统，且取得了很好的效果，因此得到了迅速推广，在地面安装的光伏系统中所占比例大幅增加。可以预期，随着技术的进步，太阳能跟踪器的性能将继续提高，使用范围和规模也将不断扩大，在光伏发电领域将发挥越来越大的作用，为光伏发电实现平价上网做出更大贡献。

参 考 文 献

[1] 翁政军，杨洪海. 应用于聚光型太阳能电池的几种冷却技术[J]. 能源技术，2008，29（1）：16-18.

[2] LEUTZ R, SUZUKI A. Nonimaging fresnel lenses- Design and performance of solar concentrators[M]. Berlin Heidelberg: Springer- Verlag, 2001.

[3] 田纬，王一平，韩立君，等. 聚光光伏系统的技术进展[J]. 太阳能学报，2005，26（4）：597-604

[4] 杨力，阴旭，陈强等. 大型菲涅耳透镜的设计和制造[J]. 光学技术，2001，27（6）：499-502.

[5] 王一平，李文波，朱丽，等. 聚光光伏电池及系统的研究现状[J]. 太阳能学报. 2011，32（3）：433-438.

[6] VISA I, DIACONESCU D, DINICU M V, et al. On the incidence angle optimization of the dual-Axis solar tracker[C]. 11th International Research/Expert Conference. September 5-9, 2007, TMT Hamammet, Tunisia, 2007: 1111-1114.

[7] HERMENEAN I S, VISA I, DUTA A, et al. Modelling and optimization of a concentrating PV-mirror system[C]. International Conference on Renewable Energies and Power Quality, March 23-25, 2010, Granada , 2010: 801-806.

[8] 俞容文. 高倍聚光光伏技术最新进展[J]. 能源与环境. 2019（6）：68.

[9] 高慧，陈国鹰，王聚波，等. 聚光太阳电池户外测试[J]. 电源技术，2010，32（2）:200-202.

[10] 舒碧芬，沈辉，梁齐兵. 聚光光伏系统接收器结构及性能优化[J]. 太阳能学报，2010，31（2）：185-190.

[11] ALDALI Y, AHWIDE F. Evaluation of a 50MW two-axis tracking photovoltaic power plant for AL-jagbob, Libya: energetic, economic, and environmental impact analysis[J]. International Journal of Energy and Environmental Engineering, 2013,7(12): 811-815.

[12] KHADIDJA B, DRIS K, Boubeker A, et al . Optimisation of a solar tracker system for photovoltaic power plants in saharian region,example of ouargla[J]. Energy Procedia, 2014,50: 610-618.

[13] KONG Y, Lu T, DAI B, et al. A method of array configuration for tracking photovoltaic devices[J]. International Journal of Control and Automation, 2015,8(2):131-136.

[14] CHAVES J, FALICOFF W, Dross O, et al. Combination of light sources and light distribution using manifold optics[C]. Society of Photo-Optical Instrumentation Engineers (SPIE) Conference September 11, 2006, .San Diego, California, 2006, 1: 63380M.1-63380M.10 .

[15] MINANO J, BENITEZ P, Chaves J, et al. High-efficiency LED backlight optics designed with the flow-line method[C]. Proceedings of SPIE-The International Society for Optical Engineering, August, 2005, San Diego, California, 2005, 5942: 6-17.

[16] 高亮，蔡世俊，高鹏，等. 跟踪式光伏发电系统的性能分析[J]. 半导体技术，2010，35（9）：932-938.

[17] 韩新月，屈健，郭永杰. 温度和光强对聚光硅太阳电池特性的影响研究[J]. 太阳能学报，2015，36（7）：1585-1590.

[18] FRAAS L, PARTAIN L. Solar cells and their applications[M]. Singapore, John Wiley & Sons, Inc, 2010:313-331

[19] 王子龙，张华，吴银龙，等. 三结砷化镓聚光太阳电池电学特性的研究与仿真[J]. 太阳能学报，2015，36(5)：1156-1161.

[20] 李烨，张华，王子龙. 一种高倍聚光光伏系统中太阳电池冷却的实验研究. 太阳能学报，2014，35(8)：1461-1466.

练　习　题

8-1　简述聚光光伏系统的优点及不足之处。

8-2　简述聚光光伏方阵的主要部件及其作用。

8-3　目前市场上应用的聚光太阳电池材料有哪几类？

8-4　简述折射式聚光器和反射式聚光器的工作原理。

8-5　哪些聚光光伏系统需要配备太阳能跟踪器？

8-6　太阳跟踪器的主要组成部分及跟踪控制方式有哪几种？

8-7　聚光光伏发电系统为什么需要散热，可以采取哪些方式散热？

8-8　聚光光伏发电系统有哪几类？分别采用了哪些种类的太阳电池和聚光器？

8-9　某聚光系统采用的菲涅耳透镜直径为 300mm，在标准测试条件下输出功率为 120W，求该聚光系统的转换效率。

8-10　简述太阳跟踪器的作用，在什么情况下采用跟踪器比较好？

第9章 光伏发电项目的建设

近年来，随着国家双碳、双控政策的实施，光伏发电系统的规模得到了迅猛的发展，应用形式也越来越广泛，除地面电站稳步推进外，屋顶分布式光伏装机规模也得到了快速增长。随着大基地建设、整县推进及乡村振兴等政策的推进和装机量的增长，储能、氢能及新型电力系统技术的不断成熟，新的光伏设备（如组件、逆变器及智能运维设施）也在不断更新换代，标志着光伏发电已经进入了以新能源为主体的新型电力系统的崭新阶段。新的应用场景也不断涌现（例如，水上漂浮光伏电站，大跨距预应力柔性光伏支架等），对光伏发电项目的设计、施工及验收提出了更高的要求。

9.1 光伏发电系统的设计

9.1.1 光伏发电系统的总体目标

1. 光伏发电系统的定义及分类

光伏发电系统与光伏电站的定义不同。光伏发电系统是指利用太阳电池的光生伏特效应，将太阳辐射能直接转换成电能的发电系统；光伏电站是指以光伏发电系统为主，包含各类建（构）筑物及检修、维护、生活等辅助设施在内的发电站。

光伏发电系统按是否接入公共电网可分为并网光伏发电系统和离网光伏发电系统。并网光伏发电系统又可按接入并网点的不同，分为用户侧光伏发电系统（接入配电网）和电网侧光伏发电系统（接入电力系统）。

根据《光伏发电站设计规范》（GB 50797—2012），综合考虑不同电压等级电网的输配电容量、电能质量等技术要求，我国光伏电站等级分类可按本期安装的额定容量划分如下：

（1）小型光伏发电站，额定容量小于等于 6MW；

（2）中型光伏发电站，额定容量大于 6MW 且小于等于 50MW；

（3）大型光伏发电站，额定容量大于 50MW。

依据电网接入相关规定：对分布式光伏发电系统，要求以 10kV 及以下电压等级接入电网，且单个并网点总装机容量不超过 6MW；对容量 6~50MW 的光伏电站，选用 20~110kV 电压等级接入电网；对容量超过 50MW 的光伏电站，一般选用 110kV 及以上电压等级接入电网。

根据是否允许通过公共连接点向公用电网送电，中小型光伏电站还可分为可逆和不可逆的接入方式。

2. 设计总体目标和要求

对于不同类型的光伏发电系统，设计的总体目标和要求各不相同。就并网光伏发电系统而言，主要工作在于如何使整个光伏发电系统在全年能够向电网输出最多的电能，所以设计的总体目标是尽量减少系统的能量损失，使光伏发电系统全年能够得到最大的发电量。

但是对于离网光伏发电系统，由于光伏发电系统的应用与当地的气象条件有关，同样的负载，在不同地点应用，所需配置的容量也不一样，光伏发电系统全年能够得到最大发电量往往并不是最佳选择。同时，还要考虑建设成本，所以要建成一个合理、完善的离网光伏发电系统，必须进行科学严谨的精细化设计，使得离网光伏发电系统既能充分满足负载的用电需要，又能使光伏方阵和蓄电池的容量配比最合理，做到可靠性与经济性的最佳结合。

此外，用作离网电源的风光互补发电系统，可以利用风能和太阳能各自的资源特点，充分发挥太阳能和风能发电的互补优势，进行优化组合，合理配置光伏发电和风力发电的容量以弥补单一能源的不足，从而降低系统的综合造价，提高系统供电的可靠性，同时保证供电质量。至于以柴油机作为备用电源的光伏/柴油机混合系统，应当充分发挥光伏系统的发电能力，只是在冬天太阳辐照量低或长期阴雨天时，才启动柴油机补充电力，这需要进行严格的优化设计，合理配备光伏发电系统和柴油机功率及蓄电池的容量。光伏发电系统也是微电网、多能互补系统和购售电相关业务的重要组成部分，同时适合参加碳交易和电量交易。

9.1.2 并网光伏发电系统的设计

设计是龙头，大中型光伏电站的建设需要进行一系列设计，包括光伏发电系统装机容量的计算和设计。设计是设备采买的依据，工程建设也要按图施工。

9.1.2.1 并网光伏发电系统的装机容量设计

1. 影响发电量的因素

影响并网光伏发电系统发电量的因素大体可以归纳成装机容量、能效比（或系统效率）和太阳辐照量三个方面。

1）并网光伏发电系统的装机容量

光伏发电系统或光伏电站的装机容量是指系统中所有光伏组件额定功率（组件背板铭牌上的标称功率）之和。光伏电站的申报容量通常采用装机容量（直流），现在也可以采用交流容量来申报。

显然，装机容量对于并网光伏电站的发电效果起决定性作用。在其他条件相同时，并网光伏电站装机容量（功率）越大，发电量也越大。

2）能效比（Performance Ratio，PR）

光伏发电系统的系统效率由两个因素决定：一是光伏方阵本身的转换效率，二是能效比。能效比是一个衡量光伏发电系统性能的重要指标，其定义是光伏发电系统输出给电网的电能与光伏方阵接收到的太阳能之比。它与光伏发电系统的容量、安装地点的太阳辐射情况及光伏方阵的倾角和朝向等条件无关。

$$PR = Y_f / Y_r \tag{9-1}$$

式中，Y_f 是光伏发电系统单位功率的发电量，有

$$Y_f = E_{PV} / P_0 \, (kW \cdot h/kW) \tag{9-2}$$

式中，E_{PV} 为光伏发电系统平均每年（或每月）的发电量（$kW \cdot h$）；P_0 为光伏发电系统的装机容量（kW）。

式（9-1）中 Y_r 是当地方阵面上的峰值日照时数（h），也就是光伏方阵面上接收到的太阳总辐照量，折算成辐照度 $1kW/m^2$ 下的小时数，有

$$Y_\mathrm{r} = H / G(h) \tag{9-3}$$

式中，H 为当地光伏方阵面上平均每年（或每月）的太阳总辐照量；G 为标准测试条件下，地面太阳辐照度，$G = 1000\mathrm{W/m}^2$。

并网光伏发电系统中 PR 的大小与系统设计、施工安装、设备及零部件质量、平衡部件（包括逆变器、控制设备等）效率、连接线路和其他损失，以及运行维护情况等因素有关，大致可以分为以下几个方面。

（1）组件失配损失

并网光伏发电系统的光伏方阵由大量光伏组件组成，即使全部采用相同功率的组件，各个组件的最佳工作电压和电流也不一定完全相同。原则上在将光伏组件串联连接成组件串时，应该事先经过分类，将工作电流基本相同的串联在一起，再将组件串中工作电压基本相同的并联在一起。但在实际安装时，往往由于组件数量很多和现场条件的限制，而且在全生命运行周期内，各个组件的衰减并不一致，通常会造成组件和组件串之间不匹配，从而导致组件的失配损失。

（2）电缆线损

电缆线损有直流线损和交流线损两部分。组件之间或组件到汇流箱、逆变器等都需要用电缆连接，由于电缆本身具有电阻，会产生电能损耗并导致电压下降。有些使用的连接电缆线径太细，加上有大量的连接点，安装时稍有不慎，就会造成接触不良，这些都会造成连接线路损耗。

（3）遮挡损失

在运行过程中，光伏方阵表面会沉积灰尘，由于并网光伏发电系统的光伏方阵倾角比较小，往往不能仅仅依靠雨水冲刷来清洁光伏方阵表面，有时还需要人工清洗或清扫。如果没有及时清洗，会影响光伏发电系统的发电量。此外，有些光伏方阵前面有树木或建筑物等物体遮挡，还有些系统由于设计不当，使得前、后排方阵间的距离太小，也都会造成遮挡损失。

目前，很多光伏组件都向大尺寸发展，往往串联的电池片很多，这样即使被遮蔽的面积不大，也会对输出功率造成很大影响。阴影对组件输出功率的影响如图 9-1 所示，左面两块组件被遮蔽后的输出功率大约减少 50%，右面一块组件的输出功率大约减少 100%，所以应该尽量避免对光伏方阵的遮挡。

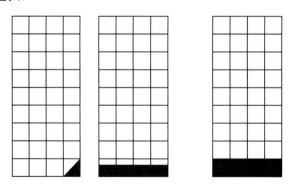

图 9-1　阴影对组件输出功率的影响

（4）温度影响

光伏组件的额定功率是在标准测试条件（STC）下测定的，如果在运行时，太阳电池的温度高于 25℃，则其输出功率将会比额定功率小，这种减小用组件的温度系数来衡量。

（5）平衡系统（BOS）的效率

在光伏发电系统中，除光伏方阵外，还有由控制器、逆变器、汇流箱、变压器等平衡部件组成的平衡系统，也会消耗能量。这些部件的效率越低，损失的能量越多。

（6）停机故障

由于停机检修、设备发生故障或操作失误等原因造成光伏发电系统部分或全部停机，影响光伏发电系统的连续稳定运行，也会降低系统的能效比。

（7）组件的隐裂

组件的隐裂是指电池片（组件）受到较大的机械或热应力时，可能在电池单元产生肉眼不易察觉的隐性裂纹。

裂纹对组件电性能的影响较小，而裂片对组件引起的功率损失则可能很大。组件隐裂严重时，会导致组件功率的损失，影响组件串及光伏方阵的发电量，需要在设计阶段尽量避免导致组件隐裂的因素，例如在柔性支架整体设计时采用刚性支撑。

（8）光伏组件的热斑效应

光伏组件的热斑效应是指在一定条件下，串联支路中被遮蔽的光伏组件被当作负载，消耗其他被光照的光伏组件所产生的能量，从而导致被遮挡的光伏组件发热的现象。被遮挡的光伏组件消耗了有光照的光伏组件所产生的能量，从而降低组件的输出功率，严重时会永久性破坏甚至烧毁组件。

为了避免热斑效应，可以在组件的正负极间并联一个旁路二极管，更重要的是在工程设计阶段尽量避免组件之间以及组件周围其他物体可能对组件造成的遮挡。

（9）PID 效应

PID（Potential Induced Degradation）效应是指组件电势诱导衰减（也叫电位诱发衰减）。PID 效应是光伏组件长期在高电压作用下，使玻璃、封装材料之间存在漏电流，大量电荷聚集在电池片表面，使得电池表面的钝化效果变差，易使产生的光生载流子复合，从而导致组件性能低于设计标准。PID 现象严重时，会引起整块组件功率衰减一半以上，从而影响整个组件串的功率输出。高温、高湿、高盐碱的沿海地区最易发生 PID 效应，在工程设计及设备选型时要有对策。

3）太阳辐照量

太阳辐照量是影响光伏发电系统发电量的另一个决定性因素。同样功率的光伏方阵，安装在不同地区，发电量就不一样。

光伏发电系统建成后，所发出的电能取决于运行时光伏方阵面上所接收到的太阳辐照量，如果能够得到运行期间的太阳辐射数据，就可确定光伏发电系统的发电量。然而，由于太阳辐射的随机性，一般无法精确预测以后运行时每天的太阳辐射情况，因此只能参考当地气象台站的历史气象资料。为了尽量接近实际情况，应该采用当地多年（至少 10 年，最好 20 年以上）太阳辐射量的数据取平均值。我国从 1953 年开始进行太阳辐射量的测量，1993 年前全国有 66 个气象台有水平面上太阳总辐射和散射辐射的测量数据，1993 年后全国就只有 17 个气象台进行这些数据的观测。1985 年以前记录太阳辐射量的单位用 cal/cm^2，1985 年及以后用 MJ/m^2。全国绝大多数地区都没有现成的长期太阳辐射数据可供直接应用，这已成为太阳能光伏和热利用设计的最大难题。所以在设计光伏发电系统时，通常都通过光伏发电系统计算软件附带的气象数据（如来自气象数据库 Meteonorm、NASA 等的气象数据）进行预测。

但是需要指出的是：NASA 所提供的数据与我国地面气象台实际测量的太阳辐射数据有一

定差别，NASA 提供的数据除在青藏高原一些地区偏小外，在我国大多数地区太阳辐射数据普遍偏大，所以在实际应用时要特别加以注意，而 Meteonorm 提供的数据更适合中国实际，但在有些地区数据偏小。

这些太阳辐照量资料通常提供的都是水平面上的太阳辐射资料，而光伏方阵通常是倾斜放置的，在发电量计算时需要将水平面上的太阳辐照量换算成倾斜光伏方阵面上的辐照量。具体计算方法可参照第 2 章的相关内容。

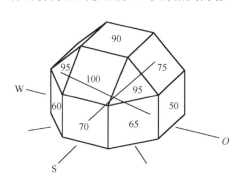

图 9-2　某地不同方位和倾角的方阵面上的
辐照量百分比示意图

对于不同方位各种倾角的光伏方阵面上的太阳辐照量百分比，曾有文献介绍按照图 9-2 的多面体确定，其实这是不正确的。该多面体各面的百分比仅仅是对于某个特定地点的示意图，其他地点由于纬度和直射辐照量与散射辐照量的比例不同，各地不同方位各种倾角的方阵面上的太阳辐照量百分比也不会一样，所以图 9-2 只能作为参考，千万不可生搬硬套。

现实中还发现一些设计甚至不进行倾斜面上太阳辐照量计算，而直接应用气象台提供的水平面上太阳辐照量数据。也有的笼统地乘上"方阵安装倾角、方位角系数"，而此系数是随意选择的，显然这些都是不合理的。

光伏方阵与地面的倾角不同，各个月份接收的太阳辐照量也不一样，因此在当地太阳辐照条件一定的情况下，可以通过跟踪系统（包括自动跟踪和手动跟踪两种）调整光伏方阵的倾角来增加接收到的太阳辐照量，从而提高光伏发电系统发电量。具体内容可参照《光伏电站太阳跟踪系统技术要求》（GB/T 29320—2012）的相关条文。

以上这些影响因素，多数可以通过选用高质量的部件、优化设计、精心加工安装、妥善维护等手段减少光伏发电系统发电量的损失。即使是无法通过人为方法加以控制的太阳辐照量，也可以通过仔细计算或试验，确定最佳倾角来增加全年照射在光伏方阵面上的太阳辐照量。如果光伏方阵倾角选择不当，即使差别 1%，对于一个兆瓦级光伏发电系统来说，每年都可能会损失上万千瓦时的发电量。

2. 并网光伏发电系统发电量的估算

（1）确定现场参数

现场参数包括光伏发电系统装机容量（功率）、当地气象及地理条件，多年水平面上的太阳辐射资料（至少 10 年）的各月平均值等。

（2）得出光伏方阵最佳倾角

如何最大限度地增加光伏方阵表面上所接收的太阳辐照量，是并网光伏发电系统设计时需要着重考虑的问题。由于并网光伏发电系统所产生的电能可以全部输入电网，因此，确定光伏方阵的倾角就比较简单，只要得到光伏方阵面上全年能接收到的最大辐照量所对应的倾角，就是光伏方阵的最佳倾角。

中国部分地区并网光伏发电系统朝向赤道的光伏方阵最佳倾角如表 9-1 所示。其中，当地月太阳平均辐照量根据国家气象中心发布的 1981—2000 年"中国气象辐射资料年册"统计整理得到，有少数地点统计的年份稍有出入。倾斜面上的太阳辐照量是根据 Klein 和 Theilacker 提出的公式计算得到的，表中的 φ 是当地纬度；β_{opt} 是光伏方阵的最佳倾角；$\overline{H}_T$ 是方阵面上全年平均太阳日辐照量。

表 9-1　中国部分地区并网光伏发电系统朝向赤道的光伏方阵最佳倾角

地区	φ（°）	β_{opt}（°）	$\overline{H}_T$（kW·h/m²/d）	地区	φ（°）	β_{opt}（°）	$\overline{H}_T$（kW·h/m²/d）
海口	20.02	10	3.892	西安	34.18	21	3.318
中山	22.32	15	3.065	郑州	34.43	25	3.881
南宁	22.38	13	3.453	侯马	35.39	26	3.949
广州	23.10	18	3.106	兰州	36.03	25	4.077
蒙自	23.23	21	4.362	格尔木	36.25	33	5.997
汕头	23.24	18	3.847	济南	36.36	28	3.824
韶关	24.48	17	2.993	西宁	36.43	31	4.558
昆明	25.01	25	4.424	玉树	33.01	31	4.937
腾冲	25.01	28	4.436	和田	37.08	31	4.867
桂林	25.19	16	2.983	烟台	37.30	30	4.225
赣州	25.51	15	3.421	太原	37.47	30	4.196
福州	26.05	16	3.377	银川	38.29	33	5.098
贵阳	26.35	12	2.653	民勤	38.38	35	5.353
丽江	26.52	28	5.020	大连	38.54	31	4.311
遵义	27.42	10	2.325	若羌	39.02	33	5.222
长沙	28.13	15	3.068	天津	39.06	31	4.074
南昌	28.36	18	3.276	喀什	39.28	29	4.630
泸州	28.53	9	2.528	北京	39.56	33	4.228
峨眉	29.31	28	3.711	大同	40.06	34	4.633
重庆	29.35	10	2.452	敦煌	40.09	35	5.566
拉萨	29.40	30	5.863	沈阳	41.44	35	4.083
杭州	30.14	20	3.183	哈密	42.49	37	5.522
武汉	30.37	19	3.145	延吉	42.53	37	4.054
成都	30.40	11	2.454	通辽	43.26	39	4.456
宜昌	30.42	17	2.906	二连浩特	43.39	40	5.762
昌都	31.09	30	4.830	乌鲁木齐	43.47	31	4.208
上海	31.17	22	3.600	长春	43.54	38	4.470
绵阳	31.27	13	2.739	伊宁	43.57	36	4.740
合肥	31.52	22	3.344	哈尔滨	45.45	38	4.231
南京	32.00	23	3.377	佳木斯	46.49	40	4.047
固始	32.10	22	3.504	阿勒泰	47.44	39	4.938
噶尔	32.30	33	6.348	海拉尔	49.13	44	4.769
南阳	33.02	23	3.587	黑河	50.15	45	4.276

　　对于有些光伏发电系统，特别是光伏与建筑一体化系统中，光伏方阵由于受到建筑物方向的限制，往往不能全部朝向赤道方向，会形成多个朝向不同的子方阵。方位角不同，光伏子方阵的最佳倾角也不一样，这时就要对每一种方位角的子方阵，分别计算其全年能接收到最大太阳辐照量所对应的角度，以此作为该子方阵的最佳倾角，并对应选择与之配套的逆变器等设备材料。

将倾斜面上太阳辐照量的单位换算成 $kW \cdot h/m^2 \cdot y$，即为全年峰值日照时数。但要特别注意，这并不是通常气象台所提供的日照时数。

（3）设定能效比

对于不同的光伏电站，实际使用情况千变万化，因此能效比（PR）也各不相同。国际能源署（IEA-PVPS）对于并网光伏发电系统做了大量的调查和分析，早期的并网光伏发电系统其 PR 为 60%～80%。目前，优质光伏电站中，PR 已经超过 80%，个别甚至超过了 90%。现在，对于按照最佳倾角安装的并网光伏发电系统，推荐用 PR = 80%（或 0.8）进行计算。若考虑双面发电组件，可推荐用 PR = 82%进行计算。

（4）计算公式

并网光伏发电系统每年的发电量可用下列简单的公式进行估算：

$$E_{out} = H_t \cdot P_0 \cdot PR \tag{9-4}$$

式中，E_{out} 为并网光伏电站全年输出的电能（$kW \cdot h/y$）；H_t 为光伏方阵面上全年接收到的太阳总辐照量（$kW \cdot h/m^2 \cdot y$）与标准测试条件下的地面太阳辐射强度（$G = 1000W/m^2$）相除后得到的峰值日照时数（h/y）；P_0 为光伏发电系统实际功率（kW）；PR 为能效比。

（5）得出并网光伏发电系统的发电量

将以上数据代入式（9-4），便可得出并网光伏发电系统的年发电量。同样也可以根据月平均太阳总辐照量，计算出光伏发电系统各月发电量。

如果光伏发电系统由不同朝向的若干子方阵组成，就要分别确定各个子方阵的最佳倾角及其所接收到的太阳辐照量，然后根据上述计算公式，求出各个子方阵的逐月发电量，相加后即为该光伏发电系统的全年发电量。

【例9-1】 计划在上海地区的厂房屋顶上建造一座 1MW 并网光伏电站，试估算完成后各月的最大发电量。

根据上海地区的气象资料，计算出不同倾斜面上的太阳辐照量并进行比较，得到上海地区在朝向正南时，全年能接收到的最大太阳辐照量所对应的倾角为 22°（如表 9-1 所示），此即为方阵最佳倾角。由此计算得出倾斜面上各个月份的平均太阳辐照量，同时依据上述公式，取 PR = 0.80，计算出并网光伏电站各个月份的发电量，结果如表 9-2 所示。

表 9-2 上海地区 1MW 并网光伏电站发电量

月份	水平面上太阳辐照量 H_0（$kW \cdot h/m^2/d$）	22°时倾斜面上太阳辐照量 H_t（$kW \cdot h/m^2/d$）	该月平均每天发电量 E_d（$kW \cdot h/d$）	该月平均发电量 E_m（$kW \cdot h/m$）
1 月	2.079	2.481	1985	61529
2 月	2.598	2.926	2341	65542
3 月	2.974	3.138	2510	77822
4 月	4.036	4.050	3240	97200
5 月	4.652	4.485	3588	111228
6 月	4.164	3.963	3170	95112
7 月	4.864	4.635	3708	114948
8 月	4.611	4.550	3640	112840
9 月	3.816	3.962	3170	95088
10 月	3.144	3.483	2786	86378
11 月	2.442	2.907	2326	69768
12 月	2.114	2.620	2096	64976

将各月平均发电量相加，即可得全年总发电量为 1052431kW·h。可见平均每 1W 装机容量，在上海地区如按最佳倾角安装，每年可以发电约 1.05kW·h。

但是还要注意，以上讨论没有考虑到太阳电池性能的衰减问题，太阳电池在工作一定时间后，由于电池性能的衰减，其输出功率会有所下降；此外，由于封装材料的老化等原因，也会造成光伏方阵输出功率的减小。通常认为，对于晶体硅太阳电池，其年性能衰减率 r 大约为 0.8%。但是，对于 N 型太阳电池和其他新型高效电池，其衰减率会更小一些；对于非晶硅等有些薄膜太阳电池，其衰减率可能更大一些。因此，在计算光伏发电系统在寿命周期 n 年内的发电量时，如以光伏电站建成时算作第 0 年，则光伏发电系统在寿命周期内的总发电量 $E_{\text{out},n}$ 应为

$$E_{\text{out},n} = \sum_{0}^{n-1} H_{\text{t}} \cdot P_0 \cdot \text{PR}(1-r)^n \tag{9-5}$$

【例 9-2】　在银川地区建造一座 10MW 晶体硅太阳电池光伏电站，若性能衰减率 $r=1\%$，能效比 PR=0.8，寿命周期为 20 年，如光伏方阵按最佳倾角安装，试计算历年发电量及总发电量是多少？

解： 由表 9-1 可知，银川地区的方阵最佳倾角是 33°，其倾斜面上的月平均每天的辐照量为 5098W·h/m^2，即每天的峰值日照时数为 5.098h，全年倾斜面上总的峰值日照时数为 1860.77h。PR = 0.8，$n = 20$，代入式（9-5）：

$$E_{\text{out},n} = \sum_{0}^{n-1} H_{\text{t}} \cdot P_0 \cdot \text{PR}(1-r)^n = \sum_{0}^{19} 1860.77 \times 10 \times 0.8 \times (1-0.01)^n$$

将 n 由 1～20 分别代入，可得历年发电量如表 9-3 所示。

表 9-3　银川 10MW 电站历年发电量（MW·h）

n	1	2	3	4	5	6	7	8	9	10
$E_{\text{out},n}$	14886.2	14737.3	14589.9	14444.0	14299.6	14156.6	14015.0	13874.9	13736.1	13598.8
n	11	12	13	14	15	16	17	18	19	20
$E_{\text{out},n}$	13462.8	13328.2	13194.9	13062.9	12932.3	12803.0	12674.9	12548.2	12422.7	12298.5

将 20 年相加，即可得总发电量为 271066.7MW·h。

3. 常用设计软件介绍

光伏电站的设计涉及因素很多，关系非常复杂，为了方便使用，已经开发出一些设计软件，目前国际上常用的光伏电站设计软件有 PVSystem、RETScreen 等，各设计软件特点对比如表 9-4 所示；对应的气象数据库有 Meteonorm、NASA 等，各气象数据库对比如表 9-5 所示。

表 9-4　常用的光伏电站设计软件对比

设计软件	软件特点	主要功能	气象数据库
PVSystem	PVSystem 是光伏电站设计的专业软件，功能全面，模型数据库的可扩充性很强，提供了初步设计、项目详细设计、数据库和工具等板块，并包括了广泛的气象数据库、光伏发电系统组件数据库，以及一般的太阳能工具等，比较适合于光伏发电系统的设计应用	（1）设定光伏发电系统种类：并网型、独立型、光伏水泵、直流电网等。 （2）设定光伏组件的排布参数：固定方式，光伏方阵倾角、行距、方位角等。 （3）架构建筑物对光伏发电系统遮阴影响评估，计算遮阴时间及遮阴比例。 （4）模拟不同类型光伏发电系统的发电量及系统发电效率。 （5）研究光伏发电系统的环境参数	Meteonorm/ NASA

（续表）

设计软件	软件特点	主要功能	气象数据库
RETScreen	一种基于 Excel 的可再生能源工程分析软件，用于评估各种能效、可再生能源技术的能源生产量、节能效益、寿命周期成本、减排量和财务风险，也包括产品、成本和气候数据库，可帮助决策者们快速而轻松地确定清洁能源、可再生能源项目的技术和财务可行性	该软件的功能比较强大，可对风能、光伏发电、小水电、节能和热电联产、生物质供热、太阳能采暖供热、地源热泵等各类应用进行经济性、温室气体、财务及风险分析，计算光伏发电系统发电量只是其功能之一，因此，设计能力要稍低于 PVSystem	NASA
SketchUp	SketchUp 中文名称为草图大师，是一个 3D 设计软件。它的主要特点是使用方便，而且可以直接嵌入至 Google Earth，非常方便。草图大师推出专门针对光伏电站设计的插件 Skelion	该软件在光伏发电系统设计中主要用于绘制光伏发电系统布置效果图、阴影分析、测量光伏方阵的排间距。模型建模完成后，可以方便地得出安装面的方位角、倾角等信息，而且可以一键排布光伏组件	无
PVSOL	PVSOL 是用来模拟和设计光伏发电系统的软件，它在数据库的建立方面做得比较出色，提供了欧美许多国家和地区详尽的气象数据，而且是以 1h 为间隔的。这些数据包括太阳辐照强度、指定地点 10m 高的风速和环境温度。所有数据均能够按日、周、月的时间间隔以表格或者曲线的形式显示出来。 除此之外，它还包含丰富的负载数据、150 种光伏组件、70 种蓄电池的特性数据、150 种离网系统和并网系统的逆变器特性数据。所有的数据都可以通过用户自己定义而得到扩展，增加了设计的灵活性	组件、逆变器等数据库由设备供应商定期更新，可自动选择最佳逆变器配置，自动生成升级版的气象数据，直观的三维阴影模拟，可由谷歌地图导入三维模拟，导出电气图及组件排布图到 CAD 软件中。 进行模拟后，会显示出详细的模拟报告，包括太阳辐射量、年发电量、光伏组件效率、系统效率、系统效率损失等。 此外，还可以进行光伏发电系统经济效益和环保效益的分析。在进行光伏发电系统设计时，PVSOL 软件将系统分成三种：离网系统、并网系统及混合系统，每种系统的设计方法都有所不同	Meteonorm
总　　结	综合比较，就功能及气象数据而言，PVSystem 气象数据库更准确，功能更全面		

表 9-5　常用的光伏电站设计软件配套气象数据库对比

气象数据	Meteonorm	NASA	SolarGIS
特点	Meteonorm 软件为商业收费软件，其数据来源于全球能量平衡档案馆（Global Energy Balance Archive）、世界气象组织（WMO/OMM）和瑞士气象局等权威机构，包含有全球 7750 个气象站的辐射数据，我国 98 个气象辐射观测站中的大部分均被该软件的数据库收录。此外，该软件还提供其他无气象辐射观测资料的任意地点的通过插值等方法获得的多年平均各月的辐射量	NASA 数据因其免费、快捷成了很多业主的首选，可以使用该软件查询到全球任何地方的气象、辐射数据，它是美国航空航天局（NASA）通过对卫星观测数据反演得到的分辨力在 3～110km 的太阳辐射数据。 NASA 地面辐照数据库首先通过卫星等手段得到大气层顶的辐射（Top of Atmosphereradiance），这一步的准确度较高。然后再通过云层分布图、臭氧层分布图、悬浮颗粒物分布等数据，通过复杂的建模和运算得到地表水平面总辐射数据，这一步的准确度受到很多因素的制约	SolarGIS 辐照数据库是商业收费软件。 该数据库可以提供覆盖全球 10 年以上的时间分辨力为月、日、小时及 30 分钟级别的详细数据，提供的参数包括水平面总辐照（GHI）、倾斜面辐照（GTI）、直接辐照（DNI）、散射（DIF）、温度（TEMP）等时间序列和典型气象年数据（TMYP90+P50），分辨力可以精确到 250m

（续表）

气象数据	Meteonorm	NASA	SolarGIS
对比	与 Meteonorm7.3 相比，Meteonorm 8.0 基于以下年份时间段提供了最新的气象数据。 ① 1996—2015 年：部分更新了辐射量数据年份，主要是使用了全球能量平衡档案馆（Global Energy Balance Archive，GBEA）的数据，但是目前国内除北京外，大部分地面气象站的数据更新非常慢或者已经不更新，所以国内可用的还是以 1991—2010 年的数据为主。 ② 2000—2019 年：气温、露点温度、风、降水和有降水天数。 ③ 亚洲地区采用了新的卫星数据，中国部分地区采用了向日葵卫星数据（Himawari，日本 2014 年发射，被誉为卫星中的劳斯莱斯），数据覆盖时间范围从 2019 年至 2020 年。 对于 7.3 和 8.0 版本，国内气象站及附近的水平辐射数据、GBEA 数据未更新，两个版本在这方面无差异；而远离气象站的站点数据则取决于卫星数据的差异，两个版本的差异就较为明显。 对于国内部分地区，Meteonorm7.3 和 Meteonorm8.0 的辐射数据有一定的差异。例如，北京使用 Meteonorm8.0，典型气象年的水平总辐射量为 1378kW·h/m^2，辐射数据时间范围为 1996 年至 2015 年，而 7.3 版本的水平总辐射量为 1365kW·h/m^2。数据时间范围为 1991 年至 2010 年，其中使用新版，水平总辐射量增加 1%。有些地区无论是 8.0 版本还是 7.3 版本，水平总辐射量均无变化，因为离气象站比较近或直接就采用了气象站的数据。例如，西宁的水平辐射量为 1578kW·h/m2。部分地区使用 Meteonorm8.0，水平总辐射量下降，例如苏州，1253kW·h/m^2 较 1279kW·h/m^2，降幅约 2%	NASA 数据收录的是该地区 1983—2005 年的月平均辐照量。 大部分情况下，NASA 数据比 Meteonorm 数据要偏高，最高超过 10%	SolarGIS 能够向客户提供过去 10 年到未来 10 年中的任何时段的辐照数据，可以基于此向客户提供从前期项目选址及规划、项目具体评估到后续项目管理维护等服务
总结	从时间角度讲，Meteonorm 数据更接近于中国的实际情况。 通过与我国多年气象站数据对比，NASA 数据偏高，Meteonorm 数据更接近于中国的实际统计数据。 我国国家级地面辐射观测站为 98 个，其中一级站 17 个（内容涵盖总辐射、直接辐射、散射辐射、反射辐射和净辐射），二级站 33 个（总辐射和净辐射），三级站 48 个（总辐射）。而 17 个直接辐射站的观测资料只能反映其所在地的时间变化特征，无法给出全国太阳能辐射的总体分布，无法满足工程应用中的精细化需要。 就目前发展趋势来看，我国的中东部以工业为主的城市和其他大城市等地面的太阳辐射量下降明显。因此，无论选用哪种来源的太阳能辐射量数据，均需要对数据库提供的辐射量数据进行修正和调整，以保证光伏发电量预估的准确性。 综合考虑，在选取数据库时，建议优先考虑采用实测数据，其次选用 Meteonorm 数据库或者多种数据来源配合使用		

资料来源：羲和电力有限公司培训材料。

作为两种常用的光伏设计软件，PVSystem 和 RETScreen 的计算原理基本相同。当采用相同的太阳能资源数据进行计算时，两种软件的计算结果几乎相同。但由于 RETScreen 和 PVSystem 都有自带的太阳能资源数据，两者差异较大。因此，当采用默认数据时，用两个软件计算的结果差异可能会比较大。

我国的太阳能辐射数据一共有三个数据库：①CMA 太阳辐射数据库 1（实测数据）；②CWERA 太阳能资源评估数据库 2（气候学方法推算）；③CWERA 太阳能资源评估数据库 3（卫星数据）。

通过对比 NASA 数据与我国气象站数据并进行分析后发现，在我国不同地区存在不同程度或高或低的偏差。对于我国中东部地区，云量较大，某些区域又受水体、降雪和高山的影响，因此地面辐射与 NASA 数据库值的差距比较大，尤其是阴雨天较多的地区，NASA 数据有可能高于实测数据 10%以上。

综合以上特点，结论如下：

① 在进行光伏发电系统设计时，PVSystem 软件或者 PVSOL 软件更适合国内使用，在进行三维设计模拟时，可选用 SketchUp 软件。

② 在选择数据库时，建议优先考虑采用项目地实测太阳辐射资源数据，其次选用 Meteonorm 数据库或者多种数据来源配合使用。

9.1.2.2 并网光伏电站与电网的连接

1. 光伏电站并网要求

并网光伏发电系统与电网的连接是一个重要环节，大中型并网光伏电站设计应符合《光伏发电接入配电网设计规范》（GB/T 50865—2013）、《光伏电站接入电力系统设计规范》（GB/T 50866—2013）、《光伏发电系统接入配电网技术规定》（GB/T 29319—2012）、《光伏电站接入电力系统技术规定》（GB 19964—2012）、《光伏发电系统并网技术要求》（GB/T 19939—2005）等标准要求，并参照《光伏电站电能质量检测技术规程》（NB/T 3200—2013）等进行检测。光伏电站的并网向当地交流负载提供电能和向电网发送电能的质量，在谐波、电压偏差、电压不平衡度、直流分量、电压波动和闪变等方面应满足以下并网要求。

（1）谐波和波形畸变

光伏电站接入电网后，公共连接点的谐波电压应满足《电能质量 公用电网谐波》（GB/T 14549—93）的规定，公用电网谐波电压限值如表 9-6 所示。

表 9-6　公用电网谐波电压限值

电网标称电压（kV）	电网总畸变率（%）	各次谐波电压含有率（%）	
		奇次	偶次
0.38	5.0	4.0	2.0
6	4	3.2	1.6
10			
35	3	2.1	1.2
66			
110	2	1.6	0.8

（2）电压偏差

光伏电站接入电网后，公共连接点的电压偏差应满足《电能质量 供电电压偏差》（GB/T

12325—2008）的规定，即 35kV 及以上公共连接点电压正、负偏差的绝对值之和不超过标称电压的 10%。20kV 及以下三相公共连接点的电压偏差为标称电压的±7%。

（3）电压波动和闪变

光伏电站接入电网后，公共连接点处的电压波动和闪变应满足《电能质量　电压波动和闪变》（GB/T 12326—2008）的规定。光伏电站单独引起公共连接点处的电压变动限值与电压变动频度有关，如表 9-7 所示。

表 9-7　电压变动限值

电压变动频度：r（次/小时）	电压变动：d（%）	
	LV、MV	HV
$r \leqslant 1$	4	3
$1 < r \leqslant 10$	3	2.5
$10 < r \leqslant 100$	2	1.5
$100 < r \leqslant 1000$	1.25	1

注：低压（LV）：$V_N \leqslant 1kV$；中压（MV）：$1kV < V_N \leqslant 35kV$；高压（HV）：$35kV < V_N \leqslant 220kV$。

光伏电站在公共连接点单独引起的电压闪变值，应根据光伏电站安装容量占供电容量的比例，以及系统电压，按照《电能质量　电压波动和闪变》（GB/T 12326—2008）的规定，分别按三级做不同处理，各级电压下的闪变限值如表 9-8 所示。

表 9-8　各级电压下的闪变限值

系统电压等级	LV	MV	HV
短时间闪变值：P_{st}	1.0	0.9（1.0）	0.8
长时间闪变值：P_{lt}	0.8	0.7（0.8）	0.8

注：（1）P_{st} 和 P_{lt} 每次测量周期分别为 10min 和 2h；
　　（2）MV 括号中的值仅适用于 PPC 连接的所有用户为同电压等级的场合。

（4）电压不平衡度

光伏电站接入电网后，公共连接点的三相电压不平衡度应不超过《电能质量　三相电压不平衡》（GB/T 15543—2008）规定的限值，公共连接点的负序电压不平衡度应不超过 2%，短时不得超过 4%。其中，由光伏电站引起的负序电压不平衡应不超过 1.3%，短时不超过 2.6%。

（5）直流分量

光伏电站并网运行时，向电网馈送的直流电流分量不应超过其交流额定值的 0.5%，对于不经过变压器直接接入电网的光伏电站，因逆变器效率等特殊因素可放宽到 1%。

（6）功率因数

大中型光伏电站的功率因数应能够在 0.98（超前）～0.98（滞后）范围内连续可调。在其无功输出范围内，大中型光伏电站应具备根据并网电压水平调节无功输出，参与电网电压调节的能力。小型光伏电站输出有功功率大于其额定功率的 50% 时，功率因数应不小于 0.98（超前或滞后）；输出有功功率在 20%～50% 之间时，功率因数应不小于 0.95（超前或滞后）。

2. 光伏发电系统的并网类型

（1）单机并网

对于小型并网光伏发电系统，可以将光伏组件经串、并联后，直接与单台逆变器连接，逆变器的输出端经过计量电表后，接入电网。同时，可以通过 RS-485/232 通信接口和计算机连接，记录和储存运行参数，光伏发电系统单机并网如图 9-3 所示。

这种类型的并网方式特别适合于功率在 1～5kW 之间的小型光伏发电系统，如屋顶上安装的户用光伏发电系统，可参照《家用太阳能光伏电源系统技术条件和试验方法》（GB/T 19064—2003）等进行检测。

（2）多支路并网

这种方式适合应用于系统装机容量较大，且整个光伏方阵的工作条件并不相同的情况，如有的光伏子方阵有阴影遮挡、各个光伏子方阵的倾角或方位角并不相同，或有多种型号、不同电压的光伏子方阵同时工作，这时可以采取每个光伏子方阵配备一台逆变器（或采用多路 MPPT 逆变器），输出端经过计量电表后接入电网。光伏发电系统多支路并网如图 9-4 所示。

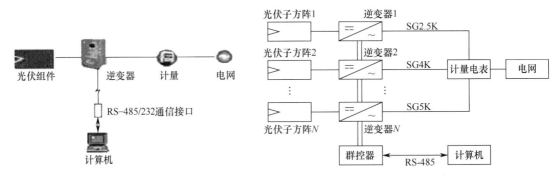

图 9-3　光伏发电系统单机并网　　　图 9-4　光伏发电系统多支路并网

所配备的并网逆变器可以有不同规格，再通过电力载波获取每台逆变器的运行参数、发电量和故障记录，也可通过 RS-485/232 通信接口与 PC 连接。这种类型的并网方式应用很广，特别是在光伏与建筑相结合（BIPV/BAPV）的系统中，屋顶的朝向可能不同，为了满足建筑结构的要求，常常会使得各个光伏子方阵的工作条件各不相同，因此适合采用这种连接方式，配套组串式逆变器。地面电站中依地势而建的光伏子方阵朝向不同或有个别光伏子方阵周边有可能局部遮挡的光伏电站也适宜采用多支路并网方式。

（3）并联并网

这种方式适用于大中型并网光伏发电系统，要求每个子方阵都具有相同的功率和电压的组件串并联，而且光伏子方阵的安装倾角也都一样。这样可以连接成多个逆变器并联运行，当早晨太阳辐射强度不大时，数据采集器先随机选中其中的一台逆变器首先投入运行。当照射在方阵面上的太阳辐射强度逐渐增加时，在第一台逆变器接近满载时再投入另一台逆变器，同时数据采集器通过指令将逆变器负载均分。在太阳辐射强度继续增加时，其他逆变器依次投入运行。当日落时，数据采集器指令逐台退出逆变器，逆变器的投入和退出完全由数据采集器依据光伏方阵的总容量进行分配，这样可最大限度地降低逆变器低负载时的损耗；同时由于逆变器轮流工作，不必要时不投入运行，从而大大延长了逆变器的使用寿命。光伏发电系统并联并网如图 9-5 所示。

在荒漠、戈壁等场所建设的光伏电站（例如，基地建设）或在空旷处安装的光伏发电系统都可以采用这种连接方式。

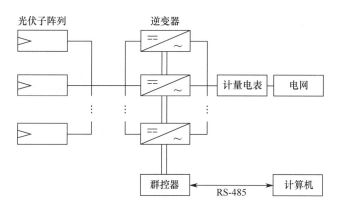

图 9-5　光伏发电系统并联并网

3. 光伏发电系统的并网方式

（1）小型并网光伏发电系统

例如，户用屋顶光伏发电系统，通常由光伏方阵通过汇流箱，接到直流防雷开关、并网逆变器、交流防雷开关，最后直接并入 220V/380V 电网，需要时可以配置部分数据收集、记录装置。这类并网光伏发电系统接入电网的方式有以下两种。

① "净电表计量" 方式。

这种方式在欧美普遍使用，适用于 "自发自用，余电上网" 方式。光伏发电系统输出端通常是接在进户电表之后（负荷一侧），其示意图如图 9-6 所示。光伏方阵所发电能，首先满足室内负载用电需要，如有多余时输入电网，在阴雨天和晚上则由电网给室内负载供电。在这种情况下，可以只配置一只电度表，在用户使用电网的电能时，电度表正转；在光伏发电系统向电网供电时，电度表反转。这样用户根据电度表显示的数字交纳电费时，就扣除了光伏发电系统所产生电能的费用。

这种方法还有一种类型，称为 "联网不并网"，也称为 "不可逆并网方式"，适用于单纯的自发自用方式，余电不上网。光伏方阵所发电能供自身负载使用，不够时可由电网补充。但是当光伏方阵所发电能，除自身负载使用外，如还有多余时，不允许输入电网，也就是只允许电网单向给负载供电，不能由光伏方阵向电网输电。这时光伏发电系统应配置逆向功率保护设备，当检测到逆流超过额定输出的 5% 时，逆向功率保护应在 0.5～2s 内将光伏发电系统与电网断开。不可逆并网方式不需要复杂的并网功能。

② "上网电价" 方式。

这种方式适用 "全部上网" 方式，光伏发电系统输出端通常接在进户电表之前（电网一侧），光伏发电系统所发电力全部输入电网，室内负载用电由电网另外供应，所以常常需要配备 "买入" 和 "卖出" 两只电度表，示意图如图 9-7 所示。

国外推广 "太阳能屋顶" 计划，政府采取专门的扶植政策，鼓励私人用户安装户用光伏发电系统。通常采用这种方式，用户屋顶光伏发电系统所发的绿色电能，由电网高价收购，而用户家庭所使用的电能，则由电网提供，按平价交纳电费。

（2）大中型光伏电站

大中型光伏电站通常跟常规发电厂一样，将所发电力全部送入电网。只是由于光伏组件数量众多，需要分成许多子方阵和配备很多汇流箱，有时需要多个直流配电柜。

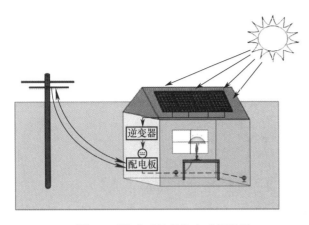

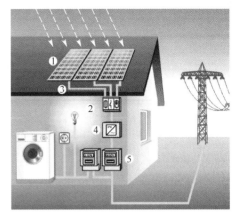

图 9-6　"净电表计量"方式示意图　　　　　图 9-7　"上网电价"方式示意图

光伏方阵发出的电能经直流配电柜后与逆变器相连,还要将逆变器输出的低压交流电经过交流配电柜后,再通过升压变压器并入高压电网。升压变压器应选择合适的连接方式以隔离逆变系统产生的直流分量和谐波分量,并且应在接入公共电网的光伏电站和电网连接处设置有明显断点的开关设备。光伏发电系统的交流侧还应配置接地检测,过压、过流保护,指示仪表和计量仪表。在交流和直流端都要配备防雷装置,此外还应配置主控和监视系统,其功能可以包括数字信号的传感和采集,以及必要的处理、记录、传输、显示系统数据,示意图如图 9-8 所示。

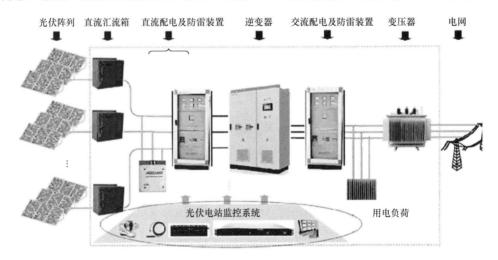

图 9-8　大中型光伏电站配置示意图

我国目前使用的地面光伏电站及集中上网的分布式光伏电站,采用的是"上网电价"方式,在 2020 年之前,国家通过标杆电价为光伏电力提供补贴（包括标杆电价下的竞价上网方式）；2021 年起普遍采用平价上网方式。

9.1.2.3　并网光伏发电系统设计的基本流程

（1）掌握基本数据

掌握光伏发电系统安装地点、当地的气象及地理条件、电网状况及用电负荷（消纳）等情况,测算光伏发电系统的容量规模等。

（2）站址选择及现场勘察

地面光伏电站站址宜选择在地势平坦的地区或北高南低的坡度地区，避开空气经常受悬浮物严重污染的地区和危岩、泥石流、岩溶发育、滑坡地段及地震断裂地带等地质灾害易发区，避让重点保护的文化遗址，不应设在有开采价值的露天矿藏或地下浅层矿区上。站址地下深层有文物、矿藏时，除应取得文物、矿藏有关部门同意的文件外，还应对站址在文物和矿藏开挖后的安全性进行评估。站址选择应尽量利用非可耕地和劣地，不应破坏原有水系，做好植被保护，减少土石方开挖量，并应节约用地，减少房屋拆迁和人口迁移。防洪、排洪区域不得建设光伏电站。站址选择应考虑电站达到规划容量时接入电力系统的出线走廊。

对位于山区的光伏电站需要进行防洪设计，需要采取防山洪和排山洪的措施，防排设施应按频率为 2%的山洪设计。

现场勘察应了解安装场地的地形、地貌，以及光伏方阵安装现场的朝向、面积及具体尺寸，观察有无高大建筑物或树木等障碍物遮挡阳光，大致确定是否需要分成若干个子方阵安装。特别是 BIPV 系统，更要详细了解现场的具体情况，以便确定各个子方阵的位置及对安装的朝向、倾角等的影响，还要规划安排辅助建筑的具体设置，以及接入电网的位置等。

（3）进行总平面布置

关于光伏电站的站区总平面布置，应贯彻节约用地的原则，通过系统优化，控制全站光伏区生产用地、生活区用地和施工用地的面积；用地范围应根据建设和施工的需要，按规划容量确定，宜分期、分批征用和租用。站区总平面设计应包括下列内容：①光伏方阵；②升压站（或开关站）；③站内集电线路；④就地逆变升压站；⑤站内道路；⑥其他防护功能设施（防洪、防雷、防火）；⑦维修人员的生活保障设施。

建筑物上安装光伏发电系统，不得降低相邻建筑物的日照标准。在既有建筑物上增设光伏发电系统，必须进行建筑物结构和电气的安全复核，并应满足建筑结构及电气的安全性要求。

（4）确定设备的配置及型号

光伏组件的设计选型要点：①依据太阳辐射量、气候特征、场地面积等因素，经技术经济比较确定。②太阳辐射量较高、直射分量较大的地区，宜选用晶体硅光伏组件或聚光光伏组件。③太阳辐射量较低、散射分量较大、环境温度较高的地区，宜选用薄膜光伏组件，包括异质结（HJT）等 N 型组件。④在与建筑相结合的光伏发电系统中，当技术经济合理时，宜选用与建筑结构相协调的光伏组件。建材型的光伏组件，应符合相应建筑材料或构件的技术要求。

汇流箱应按环境温度、相对湿度、海拔高度、污秽等级、地震烈度等使用环境条件进行性能参数校验。汇流箱应具有下列保护功能：①应设置防雷保护装置（浪涌保护器）。②汇流箱的输入回路宜具有防逆流及过流保护功能；对于多级汇流光伏发电系统，如果前级已有防逆流保护，则后级可不做防逆流保护。③汇流箱的输出回路应具有隔离保护措施。④宜设置监测装置。

按照有关技术规范，确定光伏发电系统中需要配置的交直流配电柜、防雷开关、升压变压器及数据采集系统等辅助设备所需的功能及采用的型号。

（5）选择合适的并网逆变器

选择逆变器时通常应考虑下列事项：

• 并网还是离网；

• 额定功率和最大电流；

• 逆变器转换效率；

- 现场环境评价；
- 尺寸和质量；
- 保护和安全功能；
- 保修期和可靠性；
- 成本和可用性；
- 附加功能（监测、充电器、控制系统、最大功率点跟踪等）；
- 标称直流输入和交流输出电压。

对于并网光伏发电系统，必须配备专门的并网逆变器，对其输出的波形、频率、电压等都有严格要求，并且要具有必要的检测、并网、报警、自动控制及测量等一系列功能，特别是必须具备防止孤岛效应的功能，以确保光伏发电系统和电网的安全。

用于并网光伏发电系统的逆变器性能，要求具有有功功率和无功功率连续可调功能，用于大中型光伏电站的逆变器还应具有低电压（或零电压）穿越功能。在湿热带、工业污秽严重和沿海滩涂地区使用的逆变器，应考虑潮湿、污秽及盐雾的影响；海拔高度在 2000m 及以上高原地区使用的逆变器，应选用高原型（G）产品或采取降容使用措施。

光伏发电系统中逆变器的配置容量应与光伏方阵的安装容量相匹配，逆变器允许的最大直流输入功率应不小于其对应光伏方阵的实际最大直流输出功率；同时，光伏组件串的最大功率工作电压变化范围应在逆变器的最大功率跟踪电压范围内。

对于一定装机容量的大中型光伏电站，因为逆变器有不同的规格和型号，如装机容量 3.15MW 的光伏电站，是选择功率比较大的 3.15MW 的逆变器 1 台，还是选择用几台小的组件串逆变器，如 225kW 的 14 台，这要从多方面来综合考虑。功率大的逆变器效率比较高，单位造价比较便宜，维护也相对容易；但是功率太大的逆变器，在投入或退出时，会对并网点电能质量产生比较大的影响，并且如果出现故障，造成停机，后果就比较严重，当然还要考虑产品质量是否可靠。

当然，各地条件不同，光伏电站的装机容量与逆变器的容量不一定一样，一般情况下光伏电站的装机容量要大于逆变器容量，比例系数为容配比，各地的辐照、安装方式（平铺、固定式、跟踪系统）、组件类型（单面、双面）等条件不同，选用的容配比也就不同，具体可参照《光伏发电系统效能规范》（NB 10394—2020）并结合项目实际情况选用。

总之，配备多大的并网逆变器，需要用几台，应该结合这些因素进行综合评估，以确定既安全可靠又经济合理的方案，最后决定并网逆变器的规格、型号。

（6）确定光伏发电系统的并网方式

对于大中型地面光伏电站一类的光伏发电系统，设计时可以采用多级汇流、分散逆变、集中并网的方式；分散逆变后一般就地升压，升压后集电线路回路数及电压等级应经技术经济比较后确定。

根据光伏发电系统容量等级，按照有关规范，确定光伏发电系统的并网方式，明确与电网连接的节点，落实拟接入变电站的位置及连接方法。

（7）决定光伏组件的串并联数量

光伏方阵中，光伏组件串的串联数可按下列公式计算：

$$N \leqslant \frac{V_{dc\,max}}{V_{oc}[1 + (t - 25)K_v]} \tag{9-6}$$

式中，N 为光伏组件的串联数（取整数）；$V_{dc\,max}$ 为逆变器允许的最大直流输入电压；V_{oc} 为光伏组件的开路电压；t 为光伏组件工作条件下的极限高温；K_v 为光伏组件的开路电压温度系数。

实际操作时依据逆变器的 MPPT 电压范围，计算出组件串的串联数是一个取值范围，串联数取值尽量接近最大串联数并取整，并核算组串的输出电压。串联数取高值才能确保在低温情况下，组件串的工作电压能够达到逆变器的 MPPT 电压范围。

（8）计算光伏方阵的最佳倾角

对于并网型光伏电站，根据当地长期水平面上太阳辐照量的数据，计算得到倾斜面上全年能接收到的最大太阳辐照量所对应的倾角，即为光伏方阵的最佳倾角，同时可得到全年和各个月份在倾斜光伏方阵表面上的太阳辐照量。

（9）进行工程现场总体设计，确定方阵布局

根据现场的大小和光伏组件的尺寸，以及光伏方阵的倾角等条件，确定光伏组件的安装方案，包括连接电缆走向及汇流箱的位置，落实防雷、接地的具体措施等。通常光伏方阵的最低点距地面的距离不宜低于 300mm。

（10）分析分布式接入容量对配电网的影响

在分布式光伏发电系统接入配电网时，如同一公共连接点有一个以上的光伏发电系统接入，就要总体分析对电网的影响。

（11）评估成本及效益

估算光伏电站的发电量，评估其发电成本、经济及社会效益，包括内部收益率。

9.1.3　离网光伏发电系统设计

离网光伏发电系统的优化设计就是要使光伏发电系统的配置能够恰到好处，做到既能保证光伏发电系统的长期可靠运行，充分满足负载的用电需求；同时又能使配备的光伏方阵和蓄电池的容量最小，节省投资，具有最佳的经济效益。在现阶段，光伏组件的价格还比较高，而且波动比较大，设计光伏发电系统时应根据负载的要求和当地的气象地理条件，依照能量平衡的原则，综合考虑各种因素。然而，由于离网光伏发电系统运行时涉及的影响因素很多，进行精确的设计计算相当困难，不少文献介绍的光伏发电系统设计方法不够完善，或者十分繁杂，有的没有充分结合不同地点不同应用场景的具体特点，设计并不合理，以至一些光伏产品（如某些太阳能路灯）或工程项目效率低下，无法长期稳定运行，甚至不能正常工作，所以采用科学的设计计算方法，进行设计优化，是建成一套技术可靠、经济合理的光伏发电系统的关键。

1. 离网光伏发电系统优化设计总体要求

建设离网光伏发电系统最重要的是容量设计，内容包括确定光伏方阵的容量和蓄电池的容量，以及决定光伏方阵的倾角。

在充分满足用户负载用电需要的前提下，尽量减小光伏方阵和蓄电池的容量，以达到可靠性和经济性的最佳结合，避免盲目追求低成本或高可靠性的极端倾向。当前尤其要纠正为了市场竞争，片面强调低投资，随意减小系统容量或选用低性能廉价产品的做法。

光伏发电系统和产品要根据负载的要求和使用地点的气象及地理条件（如纬度、太阳辐照量、最长连阴雨天数等）进行优化设计，设计前应充分掌握这两类数据。

光伏发电系统设计的依据是按月能量平衡。

2. 技术条件

1）负载性质

首先要确定是直流负载还是交流负载，是冲击性负载还是非冲击性负载，是重要性负载还是一般性负载。直流负载可由蓄电池直接供电，交流负载则必须配备逆变器。

不同类型的交流负载具有不同的特性，例如：

- 电阻性负载，如白炽灯泡、电子节能灯、电加热器等，其电流与电压同相，无冲击电流；
- 电感性负载，如电动机、电冰箱、水泵等，其电压超前于电流，有冲击电流；
- 电力电子类负载，如带电子镇流器的荧光灯、电视机、计算机等，有冲击电流。

电感性负载在启动时有浪涌电流，其大小按负载的不同而有所差别，持续时间也不一样。例如，电动机启动时的浪涌电流为额定电流的 5～8 倍，时间为 50～150ms；电冰箱启动时的浪涌电流为额定电流的 5～10 倍，时间为 100～200ms；彩色电视机的消磁线圈和显示器启动时的浪涌电流为额定电流的 2～5 倍，时间为 20～100ms。

实际负载的大小及使用情况可能千变万化，从全天使用时间上来区分，大致可分为白天、晚上和白天连晚上三种负载。对于仅在白天使用的负载，多数可以由光伏发电系统直接供电，减少了由于蓄电池充放电等引起的损耗，所以配备的光伏发电系统容量可以适当减小；对于全部晚上使用的负载，其光伏发电系统所配备的容量就要相应增加；白天连晚上使用的负载所需要的容量则在两者之间。此外，从全年使用时间上来区分，大致又可分为均衡性负载、季节性负载和随机性负载等。均衡性负载是指每天耗电量都相同的负载，为了简化，对于月平均耗电量变化不超过 10%的负载也可以当作平均耗电量都相同的均衡性负载。

2）几种日照的概念

在不同的使用场合，会用到不同的日照概念。

（1）可照时间

可照时间是指不受任何遮蔽时，每天从日出到日落的总时数，计算公式为

$$可照时间 = 2\omega/15° = \frac{2}{15}\arccos(-\tan\varphi\tan\delta)$$

式中，ω 为当地日出、日落时角；φ 为当地纬度；δ 为赤纬角。

可照时间是当地可能的最长日照时间。不同地点的日照时间与当地的纬度及日期有关，不需要测量，可以通过第 2 章太阳角计算公式得到。例如，上海地区冬至日的可照时间是 9.98h；9 月 22 日的可照时间是 11.91h。

（2）日照时数

日照时数是指在某个地点，太阳达到一定的辐照度（一般是 120W/m²）时开始记录，直至小于此辐照度时停止记录，期间所经历的小时数。所以气象台测量的日照时数要小于可照时间，而且不同年份在不同地点测得的日照时数是不同的。例如，上海地区 1971—1980 年实际测量的年平均日照时数是 1963.4h，平均每天 5.38h；同期拉萨地区的年日照时数是 3010.5h，平均每天高达 8.24h；而重庆地区年日照时数是 1117.6h，平均每天只有 3.06h。

（3）日照百分率

气象台提供的日照百分率，是指日照时数与可照时间的比值，即

$$日照百分率 = 日照时数/可照时间×100\%$$

（4）光照时间

在日出前和日落后，太阳光线在地平线以下 0°～6° 时，光通过大气散射到地表产生一定

的光照强度，这种光称为曙光和暮光。一般曙暮光时随纬度升高而加长，夏季尤为显著。

$$光照时间=可照时间+曙暮光时$$

（5）峰值日照时数

峰值日照时数是将当地的太阳辐照量，折算成标准测试条件（1000W/m^2，25℃，AM1.5）下的小时数，其示意图如图 9-9 所示，图中的曲线是当地实际太阳辐照度与时间变化的关系，太阳辐照度全天都在变化，曲线下的面积数值上与这一天的太阳辐照量相等。由于太阳电池的输出功率是在标准测试条件下得到的，所以应将曲线下的面积换算成高度为 1000W/m^2 对应面积相同的矩形，其宽度就是峰值日照时数。显然，在计算光伏方阵的发电量时应该使用峰值日照时数。

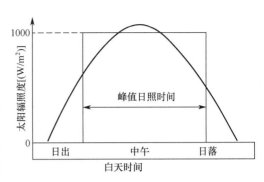

图 9-9　峰值日照时数示意图

例如，上海地区冬至日的可照时间是 9.98h，但并不是在这 9.98h 中太阳的辐照度都是 1000W/m^2，而是随时变化的，如测得在这一天累计的太阳辐照量是 2300W·h/m^2，则该天的峰值日照时数是 2.3h。

1981—2000 年拉萨地区平均峰值日照时数是 5.33h；同期上海地区的平均峰值日照时数是 3.46h；重庆地区的平均峰值日照时数是 2.44h。这几个地区可大致代表我国太阳辐照量高、中、低不同地区的峰值日照时数。

3）温度影响

众所周知，在太阳电池温度升高时，其开路电压 V_{oc} 会下降，输出功率会减小。

有些设计方法在最后确定方阵容量时，考虑太阳电池温度系数的影响，从而增大容量。例如，有文献介绍：由于温度升高时，太阳电池的输出功率将下降，因此要求系统即使在最高温度下也能确保正常运行，所以在标准测试温度下（25℃）方阵的输出功率为

$$P = \frac{I_m V}{1 - \alpha(t_{max} - 25^\circ)}$$

式中，P 为方阵输出功率；I_m 为方阵输出电流；V 为方阵电压；t_{max} 为组件最高温度；α 为组件功率温度系数。

上式相当于认为方阵全年都处在最高温度下工作，显然是个保守的方法。事实上，有的离网光伏发电系统中使用的 36 片太阳电池串联的组件，其方阵工作电压是 17V 左右，对 12V 蓄电池充电，除已经满足了蓄电池的浮充电压、阻塞二极管和线路压降的要求外，还考虑了夏天温度升高时电压要降低的影响，而且通常夏天太阳辐射强度较大，方阵发电量常有多余，可以部分弥补由于温度升高所减少的电能,因此在计算光伏方阵容量时可以适量再另外考虑温度的影响。

在特殊情况下，如为非洲等热带地区设计光伏发电系统时，一般只要增加系统的安全系数即可。只有在极个别情况下，才需要考虑增加光伏组件中串联电池的数量。不过，在温度较低时，蓄电池输出容量会受到影响，在冬天工作温度低于 0℃ 时应适当考虑保温。

4）蓄电池维持天数

蓄电池维持天数一般是指在没有光伏方阵电力供应的情况下，完全由蓄电池储存的电能

供给负载所能维持的天数。

通常维持天数的确定与两个因素有关：负载对电源的要求程度及光伏发电系统安装地点的最长连阴雨天数。一般情况下，可以将光伏发电系统安装地点的最长连阴雨天数，作为系统设计中使用的维持天数的参考，但还要综合考虑负载对电源的要求。对于负载对电源要求不是很严格的光伏系统，在设计中维持天数可取 3～5 天；而对于负载对电源要求很严格的光伏发电系统，在设计中维持天数常常取 7～12 天。所谓负载对电源要求不是很严格的系统，通常是指用户可以稍微调节一下负载需求，从而适应恶劣天气带来的不便，而负载对电源要求很严格的系统指的是用电负载比较重要，停止供电会带来严重的影响，例如，用于军事用途、通信、导航或重要的健康设施，如医院、诊所等。此外，还要考虑光伏发电系统的安装地点，如果在很偏远的地区，则需要设计较大的蓄电池容量，因为维护人员到达现场需要花费较长时间。

3. 光伏方阵倾角的选择

1）方阵应尽可能倾斜放置

为了使光伏方阵表面接收到更多的太阳辐射能量，根据日地运行规律，方阵表面最好是朝向赤道（方位角为 0°）安装，即在北半球朝向正南，南半球朝向正北，并且应该倾斜安装，理由如下：

① 能够增加方阵表面全年所接收到的太阳辐照量。

在北半球，太阳主要在南半边天空中运转，如将方阵表面向南倾斜，显然可以增加全年所接收到的太阳辐照量。

② 能改变各个月份方阵表面所接收到太阳辐照量的分布。

在北半球，夏天时太阳偏头顶运行，高度角大；而冬天则偏南边运转，高度角小。因此，如将方阵向南倾斜，可以使夏天接收到的太阳辐照量减小；而冬天接收到的太阳辐照量有所增加，也就是使全年太阳辐照量趋于均衡。这对于离网光伏发电系统特别重要，离网光伏发电系统由于充电要受到蓄电池容量的限制，夏天太阳辐照量大，蓄电池充足电后，光伏方阵发出的多余电能便不能利用，因此希望光伏方阵表面在各个月份接收到的太阳辐照量能尽量一致。

对于任何光伏发电系统，除了以下情况：①安装在交通工具（如汽车、船舶等）上的光伏方阵，由于方向经常改变，需要水平放置；②光伏建筑一体化项目，根据功能、安全及美观的角度，需要合适的安装角度；③地面电站或复合用需要依地势而建的场所等。其余场所的光伏电站都应当尽量将光伏方阵按照最佳倾角倾斜安装，当然在纬度角较小的地方（例如，靠近赤道）也可以平放安装。

2）最佳倾角的确定

确定离网光伏发电系统方阵的最佳倾角，首先要区分不同类型负载的情况。

均衡性负载供电的独立光伏发电系统方阵的最佳倾角，要综合考虑方阵面上接收到太阳辐照量的均衡性和极大性等因素，经过反复计算，在满足负载用电要求的条件下，比较各种不同倾角所需配置的光伏方阵和蓄电池容量的大小，最后才能得到既符合要求的蓄电池维持天数，又能使所配置的光伏方阵容量最小所对应的方阵倾角。计算发现，即使其他条件都一样，由于倾角不同，各个月份方阵面上太阳辐照量的分布情况各异，对于不同的蓄电池维持天数，要求的系统累计亏欠量不一样，其相应的方阵最佳倾角也不一定相同。

对于季节性负载，最典型的是光控太阳能照明系统，这类系统的负载每天工作时间随着季节而变化，其特点是以自然光线的强弱来决定负载工作时间的长短。冬天时负载耗电量大，因此设计时要重点考虑冬季，使方阵面上在冬季得到的辐照量大，所以所对应的最佳倾角应该比为均衡性负载供电方阵的倾角大。

总之，方阵安装倾角总的规律是：对于同一地点，并网光伏发电系统的方阵倾角最小，其次是为均衡负载供电的离网光伏发电系统，而为光控负载供电的离网光伏发电系统，冬天耗电量大，通常方阵的最佳倾角也比较大。

下面根据不同类型的光伏发电系统分别讨论其设计步骤。

4. 均衡性负载的光伏发电系统设计

1）确定负载耗电量 Q_L

列出各种用电负载的耗电功率、工作电压及平均每天使用时数，并计入系统的辅助设备，如控制器、逆变器等的耗电量；选择蓄电池工作电压 V，算出负载平均日耗电量 Q_L（A·h/d），并指定蓄电池维持天数 n（通常 n 取 3～7 天）。

2）计算方阵面上的太阳辐照量 H_t

方阵面上太阳辐照量的计算方法有多种，一种计算方法是：根据当地地理及气象资料，先任意设定某一倾角 β，根据第 2 章介绍的 Klein 和 Theilacker 所发表的计算太阳月平均日辐照量的方法，计算出该倾斜面上的太阳各月平均日辐照量 H_t，并得出全年平均太阳日总辐照量 $\bar{H}_t$。将 H_t 的单位转换成 kW·h/（m^2·d）表示，再除以标准辐照度 $1000W/m^2$，即

$$T_t = \frac{H_t}{1000(\text{W/m}^2)} = H_t(\text{h/d})$$

这样 H_t 在数值上就等于当月平均每天峰值日照时数 T_t，以后就以单位转化成 kW·h/（m^2·d）的 H_t 来代替 T_t。

3）计算各月发电盈亏量 ΔQ

对于某个确定的倾角，方阵输出的最小电流应为

$$I_{min} = \frac{Q_L}{\bar{H}_t \eta_1 \eta_2} \tag{9-7}$$

式中，η_1 为从方阵到蓄电池输入回路效率，包括方阵面上的灰尘遮蔽损失、组件失配损失、组件衰减损失、防反充二极管及线路损耗、蓄电池充电效率等；η_2 为由蓄电池到负载的输出回路效率，包括蓄电池放电效率、控制器和逆变器的效率及线路损耗等。

确定式（9-7）的思路是：在这种情况下，光伏方阵全年发电量正好等于负载全年耗电量，而实际状况是由于夏天蓄电池充满后，必定有部分多余能量不能利用，所以光伏方阵输出电流不能低于此值。

同样，也可由方阵面上 12 个月中平均太阳辐照量的最小值 $H_{t·min}$ 得出方阵所需输出的最大电流为

$$I_{max} = \frac{Q_L}{H_{t·min} \eta_1 \eta_2} \tag{9-8}$$

确定以上公式的思路是：全年都当作处在最小太阳辐照度下工作，因此任何月份光伏方阵发电量都会大于负载耗电量。由于有蓄电池作为储能装置，允许在夏天光伏方阵发电量大于

负载耗电量时给蓄电池充电储存能量，在冬天光伏方阵发电量不足时可供给负载使用，并不需要每个月份都有盈余，所以这是方阵的最大输出电流。

光伏方阵实际工作电流应在 I_{min} 和 I_{max} 之间，可先任意选取其中间的值 I，则各月方阵发电量 Q_g 为

$$Q_g = NIH_t\eta_1\eta_2 \tag{9-9}$$

式中，N 为当月天数；H_t 为该月倾斜面上的太阳辐照量。

而各月负载耗电量为

$$Q_c = NQ_L \tag{9-10}$$

从而得到各月发电盈亏量

$$\Delta Q = Q_g - Q_c \tag{9-11}$$

如果 $\Delta Q > 0$，为盈余量，表示在该月中系统发电量大于耗电量，方阵所发电能除满足负载使用外，尚有多余，可以给蓄电池充电。如果此时蓄电池已经充满，则多余的电能通常只能白白浪费，成为无效能量。如果 $\Delta Q < 0$，为亏欠量，表示该月方阵发电量不足，需要由蓄电池提供部分储存的电能。

4）确定累计亏欠量 $\Sigma|-\Delta Q_i|$

以 2 年为单位，列出各月发电盈亏量，如只有一个 $\Delta Q < 0$ 的连续亏欠期，则累计亏欠量即为该亏欠期内各月亏欠量之和；如有两个或两个以上的不连续 $\Delta Q < 0$ 的亏欠期，则累计亏欠量 $\Sigma|-\Delta Q_i|$ 应扣除连续两个亏欠期之间 ΔQ_i 为正的盈余量，最后得出累计亏欠量 $\Sigma|-\Delta Q_i|$。

5）确定方阵输出电流 I_m

将累计亏欠量 $\Sigma|-\Delta Q_i|$ 代入下式：

$$n_1 = \frac{\Sigma|-\Delta Q_i|}{Q_L} \tag{9-12}$$

得到的累计亏欠天数 n_1 与指定的蓄电池维持天数 n 相比较，若 $n_1 > n$，表示所考虑的电流太小，以致亏欠量太大，此时应增大电流 I，重新计算；反之亦然；直到 $n_1 \approx n$，即可得出方阵输出电流 I_m。

6）求出光伏方阵最佳倾角 β_{opt}

以上得出的方阵输出电流 I_m 是在任意指定的某一倾角 β 时，能满足蓄电池维持天数 n 的方阵输出电流，但是此倾角并不一定是最佳倾角，接着应当改变倾角，重复以上计算，反复进行比较，得出最小的方阵输出电流 I_{min} 值，这时相应的倾角即为光伏方阵最佳倾角 β_{opt}。

7）得出蓄电池容量 B 及方阵容量 P

这样可以求出蓄电池容量 B 为

$$B = \frac{\Sigma|-\Delta Q_i|}{DOD \cdot \eta_2} \tag{9-13a}$$

式中，DOD 为蓄电池的放电深度，通常取 0.3～0.8。

结合式（9-12）和式（9-13a）可知：

$$B = \frac{nQ_L}{DOD \cdot \eta_2} \tag{9-13b}$$

其实根据已知条件就可以求出所需要的蓄电池容量，以上复杂的运算过程主要是为了确定方阵的最佳工作电流，从而确定方阵容量 P 为

$$P = kI_m(V_b + V_d) \tag{9-14}$$

式中，k 为安全系数，通常取 $1.05\sim1.3$，可根据负载的重要程度、参数的不确定性、负载在白天还是晚上工作、温度的影响及其他所需考虑的因素而定；V_b 为蓄电池充电电压；V_d 为防反充二极管及线路等的电压降。

8）最终决定最佳搭配

如果改变蓄电池维持天数 n，重复以上计算，可得到一系列 $B\sim P$ 的组合。再根据产品型号及单价等因素进行经济核算，决定蓄电池及光伏方阵容量的最佳组合。最后还要将准备采用的光伏组件和蓄电池的数量进行验算，确定其串联后的电压符合原来的设计要求；否则，还要重新选择每个光伏组件和蓄电池容量，因此最终方阵容量往往不是整数。

综上所述，这些计算相当复杂，需要编制专门的计算机软件进行运算，离网光伏发电系统优化设计框图如图 9-10 所示。首先输入纬度、倾角、H、H_b，其中倾角为任意设定的一个角度，H 为水平面上日平均太阳辐射量，H_b 为水平面直射辐照日总量（注：H、H_b 具体定义可参照第 2 章）。通过倾角先估算光伏方阵电流最大值 I_{max}、最小值 I_{min}，先任意选取其中间值 I 为光伏方阵工作电流，通过 I 计算 Q_g、Q_c、ΔQ，确定累计亏欠量，若累计亏欠天数 n_1 与指定的蓄电池维持天数 n 相差大于等于 0.1，则需要增大光伏方阵工作电流 I 重新计算，直至 n_1 与 n 差值小于 0.1，可得光伏方阵输出电流 I。由于满足负载用电要求和维持天数的光伏方阵和蓄电池容量可以有多种组合，因此要找出满足以上要求的不同倾角时的方阵输出电流，并且反复进行比较，得到方阵最小输出电流所对应的倾角即为最佳倾角，从相应的方阵输出电流最小值即可确定光伏方阵的容量，再从维持天数可以求出蓄电池容量。

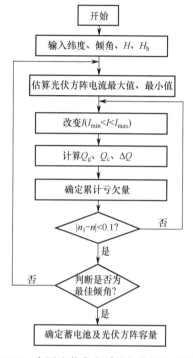

图 9-10　离网光伏发电系统优化设计方框图

9）实例分析

【例 9-3】 为沈阳地区设计一套太阳能路灯，灯具功率为 30W，每天工作 6h，工作电压为 12V，蓄电池维持天数取 5 天。求光伏方阵和蓄电池的容量及方阵倾角是多少？

解：首先计算负载每日耗电量：

$$Q_L = \frac{30W \times 6h/d}{12V} = 15A \cdot h/d$$

沈阳地区纬度是 41.44°，任意取方阵倾角 $\beta=60°$，算出各月份方阵面上的月平均太阳日辐照量 H_t，可得到全年平均太阳日总辐照量 $\bar{H}_t = 3.809kW \cdot h/m^2 \cdot d$，并找出 12 月的太阳日辐照量为最小 $H_{t\cdot min} = 2.935kW \cdot h/m^2 \cdot d$。

选取参数 $\eta_1 = \eta_2 = 0.9$，代入式（9-7）和式（9-8），得到

$$I_{min} = \frac{Q_L}{\bar{H}_t \eta_1 \eta_2} = \frac{15}{3.809 \times 0.9 \times 0.9}A \approx 4.86A$$

$$I_{max} = \frac{Q_L}{H_{t\cdot min} \eta_1 \eta_2} = \frac{15}{2.935 \times 0.9 \times 0.9}A \approx 6.31A$$

在最大和最小电流值之间任取 $I = 5.2A$。

由式（9-9）算出各个月份的光伏方阵发电量 Q_g，并列出各月负载耗电量 Q_c，从而求出各个月份的发电盈亏量 ΔQ，具体数值如表9-9所示。

表9-9　$\beta=60°$、$I=5.2A$时各月能量平衡情况

月份	H_t（kW·h/m²/d）	Q_g（A·h）	Q_c（A·h）	ΔQ（A·h）
1月	3.3467	436.98	465	-28.016
2月	4.1618	490.82	420	70.821
3月	4.4364	579.27	465	114.27
4月	4.2092	531.12	450	81.118
5月	4.1050	536	465	70.998
6月	3.8124	481.74	450	31.735
7月	3.4893	455.6	465	-9.4006
8月	3.6602	477.92	465	12.916
9月	4.2056	531.42	450	81.423
10月	4.0399	527.49	465	62.493
11月	3.3169	419.13	450	-30.871
12月	2.9347	383.19	465	-81.808
次年1月	3.3467	436.98	465	-28.016

由表9-9可见，当年7月、11月和12月及次年1月都是亏欠量，所以有两个亏欠期，其中7月亏欠量为-9.4006A·h，但是在8月就有盈余量12.916A·h，可以全部补足。因此，不必加入7月的亏欠量-9.4006A·h。全年累计亏欠量是11月到次年1月的亏欠量之和，即

$$\sum|-\Delta Q_i|=|-30.871-81.808-28.016|（A·h）\approx140.69A·h$$

再代入式（9-12），得

$$n_1 = \frac{\sum|-\Delta Q_i|}{Q_L} \approx 9.38$$

可见，结果比要求的蓄电池维持5天多得多，表示所取的方阵电流太小，因此要增加方阵电流，重新进行计算。不断重复以上步骤，最后得到结果为 $I=5.47565A$，各个月份的能量平衡情况如表9-10所示。

表9-10　$\beta=60°$、$I=5.47565A$时各月能量平衡情况

月份	H_t（kW·h/m²/d）	Q_g（A·h）	Q_c（A·h）	ΔQ（A·h）
1月	3.3467	460.15	465	-4.852
2月	4.1618	516.84	420	96.839
3月	4.4364	609.98	465	144.98
4月	4.2092	559.27	450	109.27
5月	4.1050	564.41	465	99.411
6月	3.8124	507.27	450	57.272
7月	3.4893	479.75	465	14.751
8月	3.6602	503.25	465	38.250
9月	4.2056	559.59	450	109.59
10月	4.0399	555.46	465	90.455
11月	3.3169	441.35	450	-8.6528
12月	2.9347	403.51	465	-61.495
次年1月	3.3467	460.15	465	-4.852

由表 9-10 可见，当年 11 月、12 月和次年 1 月还都有亏欠量，但是总亏欠量变为 $\sum |-\Delta Q_i|=$ 74.999 8A·h。

由此求出 n_1 = 4.999 天，与要求的维持天数 n = 5 天基本相符。因此，确定电流取：I_m = 5.4756 5A。

但是这仅仅是倾角 β = 60° 时满足维持天数的方阵电流，并不一定是方阵最小电流。接着应再改变倾角，用同样的电流比较累计亏欠量（或 n_1），直到得出与维持天数 n = 5 天基本相符的最小电流，该角度即为最佳倾角。最后得出 I = 5.4735 1A，相应的倾角是 β = 62°，各月的能量平衡情况如表 9-11 所示。

表 9-11　β = 62°、I = 5.47351A 时各月能量平衡情况

月份	H_t（kW·h/m²/d）	Q_g（A·h）	Q_c（A·h）	ΔQ（A·h）
1 月	3.3480	460.15	465	-4.846
2 月	4.1466	514.76	420	94.762
3 月	4.3920	603.74	465	138.74
4 月	4.1324	549.63	450	99.637
5 月	4.0143	551.73	465	86.730
6 月	3.7220	495.05	450	45.054
7 月	3.4128	469.06	465	4.058
8 月	3.5917	493.64	465	28.638
9 月	4.1526	552.33	450	102.33
10 月	4.0174	552.15	465	87.152
11 月	3.3153	440.95	450	-9.045
12 月	2.9386	403.88	465	-61.117
次年 1 月	3.3480	460.15	465	-4.846

最后得出：方阵工作电流 I_m = 5.4735 1A；方阵最佳倾角：β_{opt} = 62°。代入式（9-14）得到光伏方阵容量 P = 107.3W。

取 DOD = 0.8，代入式（9-13b），得到蓄电池容量 B = 104.2A·h。

实际可配置光伏组件容量为 110W，蓄电池容量为 105A·h/12V。

10）离网光伏系统容量讨论

① 一些文章在计算离网光伏方阵的容量 P 时，采用的公式为

$$P = k\frac{Q_L V \times 365}{H\eta_1\eta_2}$$

式中，P 为光伏方阵容量；Q_L 为负载每天耗电量；V 为蓄电池的浮充电压；H 为当地全年平均峰值日照时数；k 为安全系数；η_1 为输入回路效率；η_2 为输出回路效率。

实际上这是不合理的，因为：

- 公式中的 V 应该是方阵工作电压，除蓄电池的浮充电压外，还要加上到蓄电池的线路压降（包括防反充二极管的压降）；
- H 应该是方阵面上的太阳总辐照量，或单位换算成 kW·h/（m²·d）后的峰值日照时数，而不是当地全年平均日照时数；
- 上式表示全年方阵发电量等于负载耗电量，但是这还不够，因为在离网光伏发电系统中，通常在夏天有部分电能是浪费掉的，光伏方阵所发的电量不可能全部得到利

用。例如，表 9-11 中，2 月到 10 月的 $\Delta Q > 0$，11 月到次年 1 月的 $\Delta Q < 0$，全年相加后，$\sum \Delta Q_i = 617.24 A \cdot h$ 没有被利用，全部浪费掉了。

还有资料介绍用以下方法分别计算得到光伏组件的串联和并联数量：

并联组件数量=日平均负载（A·h）/库仑效率×组件日输出（A·h）×衰减因子

串联组件数量=系统电压（V）/光伏组件电压（V）

然后两者相乘得出光伏方阵的容量，也是属于这类只要求全年能量平衡，而没有考虑到离网光伏发电系统中夏天蓄电池充满后多余的能量不能被利用的事实，所以这种配置偏小，在冬天时无法保证正常运行。

② 在例【9-3】中，如改变蓄电池的维持天数 n，则可得到不同的方阵最佳倾角和需要配置的光伏方阵及蓄电池容量，计算结果如表 9-12 所示。

表 9-12　例【9-3】中不同维持天数的系统配置

维持天数 n（d）	2	3	4	5	6	7	8
方阵最佳倾角 β_{opt}（°）	64	64	62	62	62	62	62
光伏方阵容量 P（W）	115.5	111.5	108.5	107.3	106.0	104.8	103.6
蓄电池容量 B（A·h）	41.7	62.6	83.3	104.2	125.0	145.8	166.7

可见，在维持天数增加时，所需要配置的蓄电池容量增大，而与之配套的光伏方阵的容量可相应减小。然而，随着维持天数的增加，方阵容量减小得并不多，而蓄电池容量却增加较快，所以要根据负载的需要和当地连阴雨天数的情况，以及光伏发电系统的总投资等因素来综合考虑，并不是维持天数越多越好。

另外，维持天数不同，累计亏欠量也不一样，各个月份发电量的分布也有差别，所以方阵的最佳倾角也不一定相同。

③ 设计时还要特别注意，如果负载属于电感性负载，在启动时会产生较大的浪涌电流，如果配备蓄电池的容量较小，电压下降很大，可能造成负载无法正常启动，从而影响工作。因此，在带动电感性负载运行时，所配备的蓄电池和逆变器容量要适当加大。

5. 季节性负载的光伏发电系统设计

这类系统的负载耗电量随着季节而变化，不能当作均衡负载处理，如为太阳能冰箱供电时，夏天的耗电量比较大。

目前，应用得较多的是光控太阳能光伏照明系统。光控照明系统的特点是以自然光线的强弱来决定负载工作时间的长短。天黑开灯，天亮关灯，每天的工作时间不一样，因此负载耗电量也不相同，而且与太阳日照时间的规律正好相反。夏天日照时间长，辐照量大，灯具需要照明的时间短；冬天日照时间短，辐照量小，灯具需要照明的时间反而长，所以此类光控照明系统在太阳能光伏电源应用中的工作条件是最苛刻的，设计时需要特别注意。

设计时先估计需要照明的时间，由式（2-8）可知，从日落到日出之间的无日照小时数为

$$t = 24 - \frac{2}{15} \arccos(-\tan\varphi \tan\delta) \tag{9-15}$$

式中，φ 为当地纬度；δ 为太阳赤纬角。由于 δ 每天都在变化，所以 t 也每天都在变化。不同地区 t 的差别很大，如海口地区（$\varphi = 20.03°$），在夏至日（6 月 21 日 $\delta = 23.45°$）当天，$t = 10.1h$，冬至日（12 月 21 日 $\delta = -23.45°$）当天，$t = 13.2h$；而哈尔滨地区（$\varphi = 45.45°$），在夏至日当

天，$t = 8.5h$，冬至日当天，$t = 15.5h$。可见纬度越高，晚间需要照明的时间相差越大。

一般情况下，日出前半小时和日落后半小时内，天空尚有曙光和暮光，为了节约起见，可以不开灯。如负载的工作电流为 i，则负载日耗电量应为

$$Q_L = (t-1)i \qquad (9\text{-}16)$$

各月份耗电量为

$$Q_c = N Q_L \qquad (9\text{-}17)$$

式中，N 为当月天数。

显然，各个月份的耗电量都不相同，夏天少，冬天多，这是季节性负载的工作特点。

光控太阳能光伏照明系统的优化设计步骤与离网光伏发电系统的优化设计步骤基本相同，只是每天的耗电量 Q_L 不一样，所以设计时一开始不是确定每天的耗电量，而是得出工作电流 i，然后根据式（9-15）确定每天的工作时间 t，才能由式（9-16）求得各天的耗电量。

6. 特殊要求负载的光伏发电系统设计

衡量供电系统的可靠性通常可用负载缺电率（Loss of Load Probability，LOLP）来表示，LOLP 的定义为

LOLP ＝ 全年停电时间/全年时间

LOLP 的值在 0～1 之间，数值越小，供电可靠程度越高，如 LOLP=0，则表示任何时间都能保证供电，全年停电时间为零。即使是常规电网对大城市供电，也会由于故障或检修等原因，平均每年也要停电几小时，只能达到 $\text{LOLP}=10^{-3}$ 数量级。由于目前光伏电能价格较高，对于一般用途的系统，负载缺电率只要达到 $10^{-2} \sim 10^{-3}$ 即可。

然而，在一些特殊需要场合应用的系统，如为重要的通信设备、灾害测报仪器、军用装备等供电的离网光伏发电系统，有时确实需要满足不停电的要求。对于这类离网光伏发电系统，设计时要特别仔细，稍有不慎，其结果就可能影响光伏发电系统的长期稳定工作，产生严重后果，但也不能盲目地增加系统的安全系数，配置过大，从而造成大量浪费。

对于均衡负载要求 LOLP ＝ 0 的离网独立光伏发电系统，同样可以用上面提到的优化设计步骤，只是蓄电池的维持天数先用 $n = 0$ 代入，使得各个月份的方阵发电量都大于负载耗电量，即可确定光伏方阵的容量。不过要注意，计算光伏组件容量时考虑 $n = 0$，并不是光伏发电系统不需要蓄电池，显然在晚上和阴雨天必须由蓄电池维持供电。在计算蓄电池容量时，可参考当地的最长连续阴雨天数，确定合理的蓄电池维持天数 n，最后得出蓄电池的容量。

9.1.4　光伏发电系统的硬件设计

本章前面讨论的内容主要涉及光伏发电系统的软件设计，这是整个光伏发电系统设计中的核心部分。然而，要建成一个高效、安全、可靠的光伏发电系统，还需要一系列配套的硬件设计。

1. 站区布置

根据现场条件，确定光伏方阵的安装位置，要求布局合理、整体美观、连接方便，方阵面上尽量不要有建筑物或树木等遮荫，否则在遮荫部分，不但没有电力输出，还要额外消耗电力，长期工作时，可能会形成局部发热，产生"热斑效应"，严重时会损坏太阳电池。一般的光伏电站由于光伏组件数量很多，需要前后排列安装，为了使前排子方阵不挡住后

资料来源：NABCEP PV *Installer Resource Guide*。

图 9-11　前、后排子方阵距离不当的实例

排子方阵的阳光，前、后排（南北向）之间需要保留足够的距离。所以在现场总体布置设计时，需要确定前、后排子方阵之间的最小距离，首先应当知道遮挡物阴影的长度。

1）遮挡物阴影的长度

在安装方阵时，如果方阵前面有树木或建筑物等遮挡物，其阴影会挡住方阵的阳光，图 9-11 为前、后排子方阵之间距离太小，前排子方阵挡住后排子方阵阳光的实例，所以必须首先计算遮挡物阴影的长度，从而确定前、后排子方阵之间的最小距离。图 9-12 所示为求两排子方阵之间最小距离的示意图。

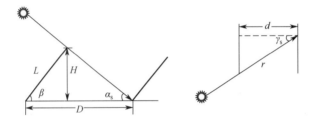

L—光伏方阵的高度；D—两排子方阵之间的距离；β—方阵倾角；α_s—太阳高度角；
γ_s—太阳方位角；r—太阳入射线水平面上投影在前、后排子方阵之间的长度

图 9-12　求两排子方阵之间最小距离的示意图

由图 9-12 可见，如遮挡物高度为 H，其阴影的长度为 d，由几何关系可知：

$$\frac{H}{r} = \tan\alpha_s , \quad r = \frac{H}{\tan\alpha_s}$$

由顶视图可见

$$\frac{d}{r} = \cos\gamma_s , \quad r = \frac{d}{\cos\gamma_s}$$

两式相等，即

$$\frac{H}{\tan\alpha_s} = \frac{d}{\cos\gamma_s}$$

因此有

$$d = \frac{H\cos\gamma_s}{\tan\alpha_s}$$

太阳高度角的正弦为

$$\sin\alpha_s = \sin\varphi\sin\delta + \cos\varphi\cos\delta\cos\omega$$

代入太阳方位角的余弦为

$$\cos\gamma_s = \frac{\sin\alpha_s\sin\varphi - \sin\delta}{\cos\alpha_s\cos\varphi} = \frac{(\sin\varphi\sin\delta + \cos\varphi\cos\delta\cos\omega)\sin\varphi - \sin\delta}{\cos\alpha_s\cos\varphi}$$

$$= \frac{(\sin^2\varphi - 1)\sin\delta + \cos\varphi\cos\delta\cos\omega\sin\varphi}{\cos\alpha_s\cos\varphi} = \frac{\sin\varphi\cos\delta\cos\omega - \cos\varphi\sin\delta}{\cos\alpha_s}$$

所以有

$$d = \frac{H\cos\gamma_s}{\tan\alpha_s} = H\frac{\sin\varphi\cos\delta\cos\omega - \cos\varphi\sin\delta}{\cos\alpha_s\tan\alpha_s} = H\frac{\sin\varphi\cos\delta\cos\omega - \cos\varphi\sin\delta}{\sin\alpha_s}$$
$$= H\frac{\sin\varphi\cos\delta\cos\omega - \cos\varphi\sin\delta}{\sin\varphi\sin\delta + \cos\varphi\cos\delta\cos\omega} = H\frac{\cos\omega\tan\varphi - \tan\delta}{\tan\delta\tan\varphi + \cos\omega}$$

对于遮挡物阴影的长度，一般确定的原则是：冬至日当天 9:00 至 15:00，后排的光伏方阵不宜被遮挡，因此用冬至日的赤纬角 $\delta = -23.45°$ 和 9:00、15:00 的时角 $\omega = 45°$ 代入可得

$$d = H\frac{0.707\tan\varphi + 0.4338}{0.707 - 0.4338\tan\varphi} \tag{9-18}$$

令 $d = Hs$

其中，
$$s = \frac{0.707\tan\varphi + 0.4338}{0.707 - 0.4338\tan\varphi} \tag{9-19}$$

式中，s 称为阴影系数，仅与当地纬度 φ 有关。当纬度 φ 从 0 逐渐增加时，开始阴影系数 s 增加比较慢，当纬度 φ 增加到 50° 以上时，s 迅速增加，达到 58.46° 时，s 变成无限大，以后成为负值。因为我国领土都处在北纬 58° 以内，所以确定阴影系数 s 的值并不困难。

2）两排方阵之间的最小距离

由图 9-12 可见，$D = L\cos\beta + d$，最后可得 $H = L\sin\beta$，则有

$$D = L\cos\beta + L\sin\beta\frac{0.707\tan\varphi + 0.4338}{0.707 - 0.4338\tan\varphi} \tag{9-20a}$$
$$= L\cos\beta + L\sin\beta \cdot s$$

只要知道当地的纬度，并且方阵高度和倾角确定，即可计算出两排方阵之间的最小距离。

【例 9-4】 计算安装在上海地区，方阵高度为 1.5m，倾角为 22° 的两排方阵之间的最小距离。

解：上海地区的纬度 $\varphi = 31.17°$，因此有 $\tan\varphi = 0.6037$。由于 $\beta = 22°$，$\cos\beta = 0.927$，$\sin\beta = 0.375$，代入式（9-20a）即可得 $D = 2.477$m。

有的资料介绍光伏方阵前、后排之间距离的计算公式（实际上是高度为 H 的物体的阴影长度）为

$$d = \frac{0.707H}{\tan[\arcsin(0.648\cos\varphi - 0.399\sin\varphi)]} \tag{9-20b}$$

式中，H 为前排子方阵最高点与后排最低位置的高度差；φ 为当地纬度。

当安装地点确定后，当地纬度一定，高度为 H 的障碍物的阴影长度也就确定。对于上海地区，根据式（9-20b）计算得到 $d = 1.904H$。

但是，这个计算式是不正确的，原因是在推导过程中混淆了方位角和时角的概念。应该用式（9-20a）计算得出对于上海地区 $d = 1.938H$。

可见，如果应用式（9-20b）计算，得出的两排方阵之间的距离偏小，在运行时会使得前排方阵挡住后排方阵的阳光。

3）光伏方阵布置

明确前、后排方阵之间的最小距离后，即可根据现场的实际大小、所采用的光伏组件的尺寸，按照方阵的最佳倾角，同时还要考虑光伏组件串、并联的线路连接等因素，反复进行排

列比较，最后得出合理的布局。

【例 9-5】 上海地区有一个东西方向的仓库，要求在楼顶安装并网光伏方阵，楼顶四周有高为 1.5m 的女儿墙，女儿墙内东西长 100m，南北宽 60m，所用晶体硅光伏组件由 72 片电池串联，每块功率是 180W，尺寸是 1.50m×0.81m。试问该楼顶可以安装的光伏方阵总功率是多少？如何布置？

解： 上海地区的纬度是北纬 31.17°，由上述可知，并网光伏方阵的最佳倾角是 22°。

考虑在高度方向采用单块组件安装的排列方式，先计算南北方向可以安装几排子方阵。

为了避免下雨时泥水溅射到方阵表面，以及地面可能积雪的影响，同时为了安装方便，光伏方阵不应紧贴地面安装。

① 考虑光伏方阵安装时，底部离开地面的高度为 0.3m，实际要考虑女儿墙影响的高度为 H=1.5m-0.3m=1.2m，这相当于把基准面提高了 0.3m。因此，由式（9-18）可知女儿墙的阴影长度为

$$d = H\frac{0.707\tan\varphi + 0.4338}{0.707 - 0.4338\tan\varphi} = 1.2 \times \frac{0.707\tan31.17 + 0.4338}{0.707 - 0.4338\tan31.17}\text{m} \approx 1.93\text{m}$$

这样，南北方向考虑女儿墙造成的阴影长度后实际可安装的长度为 60m-1.93m=58.07m。

② 计算两排光伏子方阵之间的距离。

为了避免南北向前排子方阵挡住后排子方阵的阳光，必须通过计算确定两排光伏子方阵之间的最小距离。

由于光伏组件的高度 L = 1.50m，倾角 β =22°，根据式（9-20a）有

$$D = L\cos\beta + L\sin\beta \times \frac{0.707\tan\varphi + 0.4338}{0.707 - 0.4338\tan\varphi} \approx 2.477\text{m}$$

因此两排方阵之间的距离取 2.5m。

光伏子方阵高度在南北方向的投影为

$$L\cos\beta = 1.5\cos22°\text{ m} \approx 1.39\text{m}$$

这样，两排子方阵之间的走道宽度有

$$d = 2.5\text{m} - 1.39\text{m} = 1.11\text{m}$$

这个距离，对于安装及维护、检修基本合适。

③ 计算安装光伏子方阵排数。

南北向可以安装的光伏子方阵排数为

$$N_1 = 58.07/2.5 \approx 23.23$$

取整数 23 排。

④ 计算每排子方阵中的组件数。

每块光伏组件的宽度是 0.808m，考虑到需要留有间隙和边框，宽度以 0.83m 计算。楼顶东西长 100m，在东西两边都有女儿墙遮挡，因此每边留有 2m 空隙。

此外，还要考虑东西方向长度为 100m，如果全部装满，会给安装和检修带来不便，中间应该至少留有 2 条宽度为 1m 的检修通道。

这样，东西方向可安装组件的长度为

$$100 - 2 \times 2 - 2 \times 1 = 94\text{m}$$

东西方向可安装组件数为

$$N_2 = 94/0.83 \approx 113.25$$

可取整数 113 块。

⑤ 计算安装的总功率。

总共可安装光伏组件数为

$$N = N_1 N_2 = 23 \times 113 = 2599$$

则总功率为

$$P = 2599 \times 180 = 467.82 \text{kW}$$

不过还要注意，这是能够安装的最大容量，不一定是实际的安装量。在计算具体安装的数量时，还要根据逆变器的输入电压及额定功率等要求，确定光伏组件串联的数量和并联的数量，两者的乘积不一定正好等于 N，这时就要根据组件串联的数量来调整组件并联的数量，使得两者乘积尽量接近于 N，在确定组件的并联数量后，最终确定安装的容量。

以上是以每一排子方阵在高度方向只安装一块组件的情况，也可以根据需要，在高度方向安装两块甚至更多块组件，但是这要重新计算两排子方阵之间的距离，反复进行子方阵的布置，同时要考虑线路连接等问题，还要特别注意子方阵支架设计，验算其机械强度、刚度等是否足够，以免遇到强风时出现事故，所以一块场地所能安装的光伏组件总容量，不能单纯计算可以容纳光伏组件的数量，还要全面考虑逆变器输入电压的要求、组件的安装和线路连接走向的情况等因素才能最终决定。因此，通常一个大中型光伏电站的容量并不恰好是整数。

4）方阵支架设计

方阵布置确定后，即可根据选定组件的尺寸、串并联数目和方阵倾角等条件，设计方阵支架及基座等支撑结构。

2. 配电房及电气设计

如果属于并网型光伏电站，需要合理进行配电房（包括配电间、变电站、开关站、升压站等）的布置，按顺序统一安排好直流配电（包括防雷）柜、控制器或并网逆变器、交流配电（包括防雷）柜、升压变压器等电气一次设备及测量、记录、储存、显示、通信等电气二次设备的位置，使其布局合理、接线可靠、操作方便，还要考虑与电网连接位置及方式等。对于预装式变电站或储能系统，在总图布置时要提前预留位置。如果属于离网光伏系统，需要使这些设备尽量与蓄电池靠近，但又能相互隔开，保证运行安全。

根据蓄电池的数量和尺寸的大小，对安放蓄电池的房间进行总体布置，合理设计蓄电池的支架及其结构，做到连接线路尽量短，排列整齐，干燥通风，维护操作方便。

根据优化设计得出的光伏方阵中组件的串、并联要求，确定组件的连接方式。当串、并联组件数量较多时，优先采用混合连接方式。当串联组件数量比较多时，应该在组件两端并联旁路二极管，同时还要决定阻塞二极管的位置及连接方法。

合理安排连接线路的走向，尽量采用最短的连接途径，确定汇流箱和接线盒的位置及连接方式，决定开关及接插件的配置。

对于比较重要的工程，应该画出电气原理及结构图（包括主接线图），以方便运行及维修检查。

3. 辅助设备的选配

1）蓄电池

根据优化设计结果，决定蓄电池的电压及容量，选择合适的蓄电池种类及型号、规格，再确定其数量及连接方式。

一般场合可以采用铅酸蓄电池，当工作条件比较恶劣时，有些场合也采用密封式阀控铅酸蓄电池等。

2）控制器

按照负载的要求和系统的重要程度，确定光伏发电系统控制器应具有的充分而又必要的功能，并配置相应的控制器。

控制器功能并非越多越好，否则不但增加了成本，而且增添了出现故障的可能性。

3）逆变器

对于交流负载，光伏发电系统必须配备相应的逆变器。离网光伏发电系统通常是将控制器和逆变器做成一体化，在有些情况下，一些并网光伏系统在光伏发电量不足时可由电网给负载供电，但在光伏发电量多余时不允许向电网送电，这时控制器和逆变器就要具有防止反向送电的防逆流功能或逆功率保护，以保证多余的光伏电能不送入电网。

4）防雷装置

分布式屋顶光伏所依附的建（构）筑物一般为三级防雷建筑物，应按照《建筑防雷设计规范》（GB 50057—2010）、《光伏电站防雷技术要求》（GB/T 32512—2016）、《光伏电站防雷技术规程》（DL/T 1364—2014）、《民用建筑太阳能光伏系统应用技术规范》（JGJ 203—2010）等的要求，设置接闪器、引下线并妥善接地。对于集中式电站（包括水上光伏电站），则要满足电站设计要求。

5）消防安全

光伏电站内应配置移动式灭火器，灭火器的配置应符合《建筑灭火器配置设计规范》（GB 50140—2005）和《火力发电厂与变电站设计防火规范》（GB 50229—2019）的相关规定和要求。当光伏电站内单台变压器容量为 5000kV·A 及以上时，应设置火灾自动报警系统，并应具有火灾信号远传功能。光伏电站火灾自动报警系统的形式为区域报警系统，各种探测器及火灾报警装置等的设备应符合《火灾自动报警系统设计规范》（GB 50116—2013）的有关规定和要求。

各类设备房间内火灾探测器的选择应根据安装部位的特点，采用不同类型的感烟或感温探测器，布置及选择要求应符合《火力发电厂与变电站设计防火规范》（GB 50229—2019）的相关规定和要求。

9.1.5　其他设计

光伏电站的精细化设计，需要考虑各种应用场景下的特殊要求，个别情况下针对先进技术和特殊环境条件还需要进行专题设计及专项论证。

1. 漂浮光伏电站

1）漂浮光伏电站的概述

漂浮光伏电站是利用浮体将光伏组件漂浮在水面进行发电。水体对光伏组件有冷却效应，可以抑制组件表面温度上升，从而获得更高的发电量。此外，将光伏组件阵列覆盖在水面上，还可以减少水面蒸发量，抑制藻类繁殖，保护水资源。迄今为止，国内外漂浮光伏发电系统集成领域相关技术发展迅速，与地面、屋面、渔光互补等类型的光伏发电技术相比，漂浮光伏发电技术有其特殊性。本节主要介绍内陆地区的漂浮光伏发电技术。根据水利部 2022 年 5 月 24 日印发《水利部关于加强河湖水域岸线空间管控的指导意见》，水面光伏电站的铺设地可选择的范围或将缩小为湖泊周边、水库库汊、池塘、蓄水池、采矿塌陷区形成的水域等，像湖泊周边、水库库汊这些对防洪影响较小的水域范围，交由地方来论证、决定。海上漂浮光伏开发前景规模巨大，但目前处于尝试性科研开发阶段，推广应用尚待探索。

　　2）设计要点

漂浮光伏发电的设计要点主要是：浮体选择、设备浮台、锚固系统、接地设计方案等。

（1）浮体选择

漂浮光伏电站施工案例如图 9-13 所示。

浮体支架一体式

浮体+支架式

滚塑浮箱+支架（集成浮箱）

浮管+支架

资料来源：羲和电力有限公司工程案例。

图 9-13　漂浮光伏电站施工案例

　　浮体形式虽然多样，但是通过近几年的市场检验，综合考虑浮体的使用性能及产能，主流浮体主要是浮体支架一体式及浮体+支架式，浮体材质主要采用高密度聚乙烯（HDPE），支架材质主要采用铝合金、镀锌钢、玻璃钢等材质。

（2）设备浮台

　　目前市场主流的设备浮台分别为钢浮台和混凝土浮台，如图 9-14 所示，两者的主要技术指标对比如表 9-13 所示。

钢浮台

混凝土浮台

图 9-14　浮台示意图

表 9-13　钢浮台与混凝土浮台主要技术指标对比

比较项	钢浮台	混凝土浮台
施工工艺	工厂预制加工	现场制备，对施工要求较高
使用的寿命	不耐腐蚀，电站运营期内产品质量难以保证	能够满足 25 年使用寿命要求
浮台防腐	热镀锌防腐，在空气和水面交界处是防腐的薄弱点	采用厚硅烷涂料，在酸性、碱性、盐溶液环境中均具有较稳定的化学性能，目前尚未有研究报道其环境安全威胁性
结构安全性	浮台与水面和空气交界处容易腐蚀，影响电站稳定性	内部有泡沫材料，突发条件下能够保证结构浮力
承载安全性	自重相对小，满载干舷高度与吃水深度相比约为 1：1，箱逆变平台重心较高，稳定性较差	自重相对大，满载干舷高度与吃水深度相比约为 1：2，箱逆变平台重心较低，稳定性较好

（3）锚固系统

锚固系统的设计输入资料包括水文资料、气象条件、地形、地质报告、浮体性能测试报告。浮体性能测试报告要求有浮筒拉耳及螺栓能够承受的受力值，计算方法可参考中国光伏行业协会标准 T/CPIA 0017—2019《水上光伏发电系统设计规范》的附录 A。

锚固系统示意图如图 9-15 所示。锚固点的布置主要有两种方式，浮筒参数及布置不变，$F_{方式1} \approx 0.5F_{方式2}$。

对浮筒及相关配件测试方式的建议：

① 测试螺栓最大受力值，涉及锚固系统用浮筒螺栓的加固方案；

② 模拟现场情况增加多角度斜向测试浮筒拉耳及螺栓的最大受力值。

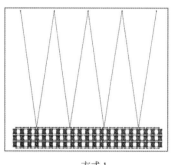
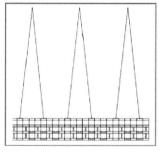

方式 1　　　　　　　　　　方式 2

图 9-15　锚固系统示意图

根据浮体拉耳承受拉力和锚点拉力，考虑安全可靠，应按照极限条件下每个锚点上承受的拉力设计锚固系统。抛锚距离：每个锚点按照水深 h 不同，水平抛锚距离为 Nh（N 取 3～6），角度约为（10°～20°）。抛锚密度：北侧每隔 3～6m 设置一个锚点，其余方向每隔 8～10m 设置一个锚点。两种锚固形式示意图如图 9-16 所示。

大抓力锚适用于淤泥层较厚水域。抓重比大，多用于作业平台的定位锚，如浮筒、浮标、灯船、浮船坞及浮码头等永久性系泊用锚。

定制地锚在浅水区、深水区均可应用，淤泥层较薄水域应用更为经济，须采用定制打桩设备，在超过 20m 的水域可采用混凝土锚块抛锚。

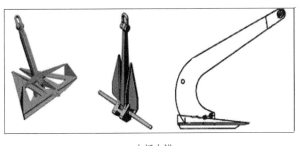

大抓力锚　　　　　　　　　　　　　　定制地锚

图 9-16　两种锚固形式示意图

（4）接地

① 厂区主接地网–铜包钢线。

铜包钢线是以钢线为芯体，在其表面上覆一层铜的复合线材，如图 9-17 所示。铜包钢线在性能上兼备了钢的高强度、耐高温软化的机械性能和铜导电率高、接触电阻小的电性能，因而具有传导效率高、材料成本低、抗拉断力大、质量轻、耐磨损的特点。

铜包钢线结构示意图　　　　　　铜包钢线成品示意图

图 9-17　铜包钢线示意图

铜包钢线适用于一般环境和潮湿、盐碱、酸性土壤及产生化学腐蚀介质的特殊环境等高要求的工作接地、保护接地、防雷接地、防静电接地的水平接地体。

铜包钢线主接地网在整个接地区域内每隔一段距离设置水中垂直接地极，并引致岸边接至垂直接地极，完成接地。

② 组件间等电位连接。

组件间通过组件接地孔经 YJVR $1×6mm^2$ 接地线缆进行等电位连接至两端通过 YJVR $1×16mm^2$ 线接至水平主接地网–铜包钢线，完成接地。

③ 逆变器及变压器接地。

逆变器及变压器通过 $1×16mm^2$ 线接至主接地网。

2．柔性支架

1）柔性支架技术的概述

光伏柔性支架是一种基于张力结构体系设计的光伏组件支撑结构，由拉索构成主要的受力构件，与传统刚性结构相比，柔性支架表现出明显的几何非线性特征。现在的主流技术是预应力悬索柔性光伏支架技术，又称预应力柔性支架技术或预应力悬索支架技术。光伏柔性支架技术解决了污水池面、荒山、滩涂、鱼塘等大跨度跨越难题，尤其适合荒地、荒山、鱼塘、垃圾填埋场、污水处理厂等复杂环境。

2）柔性支架技术进展

（1）非预应力柔性支架技术

非预应力柔性支架如图 9-18 所示，采用钢丝绳作为光伏组件的支撑，在大风状态下松弛度过大，不能满足光伏组件抗隐裂要求。跨距一般为 10～20m，以台州污水处理厂柔性支架项目为代表，2016 年投入运行，是国内首个应用于污水处理厂的柔性支架项目。

（2）普通跨距预应力柔性支架技术

跨距预应力柔性支架如图 9-19 所示，采用预应力钢绞线作为光伏组件的支撑，组件下方敷设单层索，在大风作用下，钢绞线协同组件上下振动。初始施加的预应力起到阻尼作用，避免组件的扭曲、变形而引起的隐裂，普通跨距 10～30m，适用于山地、荒漠、小型廊道等场景。

（3）大跨距预应力柔性支架技术

大跨距预应力柔性支架如图 9-20 所示，采用预应力钢绞线作为光伏组件的支撑，组件下方敷设双层索，分别为组件索和承重索。组件索无垂度，在大风作用下，柔性构件几乎无震荡，不会造成组件隐裂。大跨距预应力柔性支架技术跨距大于 30m，适用于渔光、农光、污水处理厂、大型廊道等场景，大跨距、边锚的设计以"羲和飞翼"技术为基础。

图 9-18　非预应力柔性支架　　图 9-19　普通跨距预应力柔性支架　　图 9-20　大跨距预应力柔性支架

3）预应力悬索柔性光伏支架的技术特点

该技术采用"悬、拉、挂、撑、压"的空间结构技术，以柔性预应力钢绞线及刚性撑杆整体组合连结，辅以固结中间梁柱及强力地锚，构成东西向大跨距（30～60m）桁架、组件带倾角无垂度光伏支架系统，有以下特点。

（1）应用场景丰富

该技术解决机耕农用地、污水池面、廊道、河道等高大跨度难题，尤其适合农光互补、渔光互补、大型养殖场、污水处理厂等各种环境。

（2）造型轻盈通透，提高土地利用率

造型轻盈美观，柱网简洁，高度空间提升便利，对原有地貌干扰小，地面可充分再利用。

（3）改变通风和光照布局，提升发电收益

阵列整体通风好，阳光漫反射均匀，提高双面组件发电效率。

（4）刚柔相济，提高安全性、耐久性

该技术突破早期柔性支架采用钢绳易引起强烈风振、造成组件隐裂的技术局限，应用预应力悬索并辅以承重索以及上下、前后撑杆体系，通过动平衡方式释放风载，提升抗台风能力，规避组件隐裂。

（5）专业施工技术，节约物料，施工工期可控

柔性支架空间结构合理，用钢材量少，自重轻；专利结构件、连接件安装高效；专业施工保证集成系统高品质、高性价比。

4）大跨距预应力悬索柔性光伏支架设计

结构型式为：每排组件下布置有 3 根预应力镀锌钢绞线或高钒索，其中 2 根为组件索 1 根为承重索。承重索通过撑杆体系与组件索形成结构整体。东西向端跨设置钢梁、桩柱一体及边拉杆支撑体系（又称边锚体系）；中跨设置钢梁与桩柱一体支撑体系。

荷载计算根据全国基本风压布置图及《建筑结构荷载规范》（GB 50009—2012），同时，考虑光伏支架的使用年限为 25 年，基础的使用年限为 50 年。支架及基础所考虑的荷载为：结构自重、预应力作用、风荷载、雪荷载、地震作用和温度作用。支架设计根据《建筑结构荷载规范》（GB 50009—2012）进行荷载效应设计。荷载状态下预应力拉索结构的变形不宜大于跨度的 1/50。大跨距预应力悬索柔性光伏支架设计示意图如图 9-21 所示。

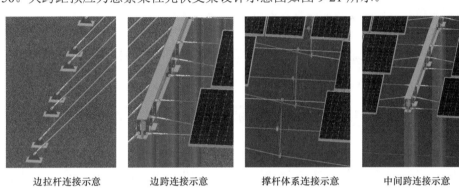

边拉杆连接示意　　　　边跨连接示意　　　　撑杆体系连接示意　　　　中间跨连接示意

图 9-21　大跨距预应力悬索柔性光伏支架设计示意图

3. 其他

光伏电站的设计和安装还要考虑温度的影响。对于光伏方阵，应尽量降低其工作温度，特别是在南方地区，设计时应考虑采取适当的降温措施，如组件之间保持一定间隔等。尤其在采用光伏与建筑一体化结构材料时，尽量不要紧贴屋面安装，应该留有一定空隙，以便通风降温。

蓄电池在环境温度降低时，输出容量会受到影响。对于一般的蓄电池，在 20℃ 以下时，温度每降低 1℃，容量要下降 1% 左右。尤其是在北方地区，冬天低温会对蓄电池容量产生严重影响，在设计时应该采取一定措施让蓄电池的环境温度保持在一定范围内，可采取加热、保温或埋入地下等措施。同时也要注意，并不是温度越高对蓄电池越好；温度过高，蓄电池的自放电会增加，极板消耗会加速。

除了以上设计以外，一般还需要进行标准化设计，包括备品、备件、包装、运输、施工、竣工验收等各道程序，有时还需要进行备用电源设计。

在完成设计后通常还需要进行人员培训，并提供有关文件、资料、图纸等材料，一般包括设计资料、安装手册、人员培训手册、运行维护手册、运行记录和质保承诺书等。此外还要根据需要提供备品、备件供应等设备材料清单。

最后，还要进行技术经济分析（包括成本核算及经济和社会效益分析等）。

9.2　光伏发电系统的施工

光伏发电系统是一种涉及多专业领域的现代电源系统。要建造一套合理、可靠而又经济实用的光伏发电系统，除了优化设计，使用高质量的设备材料以外，精心的施工安装和调试也是同样重要的。否则，轻则会影响光伏发电系统的发电效率或造成故障，重则可能发生人身或设备的安全事故，造成重大损失。

光伏发电系统的施工包括土建和安装两大类。土建工程包括土方工程、支架基础、场地及地下设施、建（构）筑物等；安装工程包括支架、光伏组件、汇流箱、逆变器和其他设备的安装，以及电气二次系统、防雷与接地、架空线路及电缆的安装等。

9.2.1　系统安装前的准备

大中型光伏发电系统安装前应具备以下条件。

（1）设备随机资料

设计文件；产品质量证明文件；产品合格证；产品出厂检验证书；有复检要求的材料应有复检报告等。

（2）施工技术文件

设计交底和图纸会审记录；相应的技术标准规范；施工图；设计变更；施工组织设计；专项施工方案等。

（3）开箱验收

① 光伏组件、支架、汇流箱、逆变器、变压器等设备及材料应符合设计文件和订货合同的要求。

② 开箱验收应在建设单位、监理单位、施工单位、厂家等相关人员参加下按照装箱单清点并检查。

（4）工序交接验收

① 控制室、配电房等附属建筑及设施均按规范要求已完工。

② 预留基础、预留孔洞、预埋件、混凝土浇制品、预埋管和设施都已完成，符合设计图纸和施工规范要求，并已验收合格。

③ 质量控制资料应完整。

（5）其他

① 施工单位的资质、特殊作业人员资质、施工机械、施工材料、计量器具等都已通过合格审查，并已取得相关的施工许可文件。

② 场地、电力、道路、通信等条件已能满足正常的施工需要。

③ 所有需要的设备和材料等都已经运送到现场，并得到妥善保管。

9.2.2　光伏方阵的安装

1. 光伏方阵安装前的准备

① 现场勘测核对。

在一般情况下，现场勘测核对包括以下内容。

- 在现场安装光伏方阵是否合适，了解测量安装场地的尺寸大小和朝向是否与设计相符。
- 光伏方阵前面是否有建筑物或树木遮挡。
- 光伏方阵在现场如何安装，前、后排光伏子方阵之间间隔的距离是否符合设计要求，预留基础、孔洞、预埋件等位置是否正确。
- 放置平衡系统（BOS）部件的位置是否合适。
- 检查光伏发电系统如何与现有的电网连接。

② 制订施工方案，准备设计施工图等文件资料，进行设计交底或召开设计联络会。

③ 平整场地，浇注基础和预埋件。基础和预埋件与地面之间必须可靠固定。应对地基承载力、基础的强度和稳定性进行验算。

④ 如果光伏方阵安装在屋顶，事先应对建筑物的结构设计、材料、耐久性能、安装部位的构造及强度等进行复核验算，确定屋顶的承载能力确实可以承受光伏方阵的质量及风压、积雪等额外载荷。

⑤ 对于光伏方阵的支架，应采用从钢筋混凝土基础中伸出的钢制热镀锌连接件或不锈钢地脚螺栓来固定。钢筋混凝土基础的主筋应锚固在主体结构内，当受到结构条件的限制，无法进行锚固时，应采取措施加大基础与主体结构的附着力。

⑥ 钢构基础和混凝土基础顶部的预埋件，应按设计的防腐级别涂上防腐涂料。在基础浇铸完工后，还应进行防水及排水处理，严禁出现漏水、漏雨等现象，应符合国家标准《屋面工程质量验收规范》（GB 50207—2012）的要求。

民用建筑光伏发电系统应用技术涉及规划、建筑、结构、电气等专业，实施时还应符合有关标准规范的相关规定，主要有《民用建筑设计通则》（GB 50352—2005）、《住宅建筑规范》（GB 50368—2005）、《通用用电设备配电设计规范》（GB 50055—2011）、《供配电系统设计规范》（GB 50052—2009）、《建筑电气装置》　（GB 16895.6—2000）、《民用建筑电气设计规范》（JGJ/T 16—2008）、《民用建筑太阳能光伏系统应用技术规范》（JGJ 203—2010）、《光伏发电站设计规范》（GB 50797—2012）等。

⑦ 在光伏发电系统施工过程中，不应破坏建筑物的结构和附属设施，不得影响建筑物在设计使用年限内承受各种载荷的能力。如因施工需要不得已造成局部破损，应取得设计单位的同意，并在施工结束时及时修复。

⑧ 根据光伏方阵的数量、安装尺寸和优化设计得出的光伏方阵倾角，加工光伏方阵支架和框架，其尺寸和材料应符合设计要求。应根据光伏组件的质量、支架大小、当地的风力及积雪等情况来确定光伏方阵的整体结构，要使光伏方阵具有足够的强度、刚度及稳定性。

光伏支架应采用热镀锌钢材、锌铝镁合金、铝合金或防腐性能较好的其他材料，在沿海或海岛上安装的光伏方阵，考虑到要防止盐雾的侵蚀，也可采用不锈钢材料。

⑨ 光伏组件和框架、支架及固定用的螺栓，可以连接电缆及套管、接线盒等配件都要在安装前全部运到现场。

⑩ 安装时所需要的工具装备和备件必须准备齐全。

2. 现场安装

地面电站光伏方阵安装作业指导书如下。

① 检查核实所有的基础及基座是否按照设计要求安装到位，间隔距离是否正确。

② 从运输包装盒中取出组件，并进行检查。在阳光下测量每个组件的 V_{oc}、I_{sc} 等技术参

数是否正常。如果安装前不进行检查，部分有故障或不合格组件被安装进光伏方阵，当巡检中发现光伏系统工作不正常时，要寻找出这块有故障的组件重新更换是费时费力的，所以应该在安装前对每块组件进行这项简单而有效的测试，根据容量按相应的比例进行抽查。

③ 在安装前对组件按照其技术参数进行分类，将最佳工作电流相近的串联在一起，最佳工作电压相近的并联在一起。由于大中型光伏电站往往有数十万块甚至上百万块组件，要进行分类配对并不容易，但至少要确保同一组件串由相同种类和功率的组件组成。

④ 安装时通常将组件正面向下，并排安放在清洁的非粗糙平台上，如需要时可将组件包装盒作为工作台。将组件接线盒的位置根据串并联要求排列，使得连接导线时方便操作。

⑤ 将安装支架安放在组件上面，使得支架的安装孔向下并且与组件的安装孔对准。

⑥ 用不锈钢螺栓、弹簧垫圈和螺母将安装支架与所有的组件都牢固固定。

⑦ 按照组件串并联的设计要求，用电线连接组件的正、负极，特别注意极性不要接错。电线连接的原则是：尽量粗而短，以减少线路损耗。在夏天安装时，电线连接不能太紧，要留有余量，以免冬天温度降低时造成接触不良，甚至拉断电线。光伏方阵输出的正、负极及接地线应用不同颜色的线缆连接，以免混淆极性，造成事故。

电线（电缆）颜色的定义通常如下。

- 直流线缆：正极（+）—棕色；负极（-）—蓝色；接地线—淡蓝色。
- 三相电（三相四线制）：A 相线—黄色；B 相线—绿色；C 相线—红色；N 线（零线、中性线）—淡蓝色；接地线—黄绿色。
- 单相电：相线—红色；零线—蓝色；地线—黄绿色。
- 装置和设备的内部布线—黑色。
- 用双芯导线或双根绞线连接的交流电路—红黑色并行，红色为火线，黑色为零线。

电线之间的连接必须可靠，不能随意将两根电线绞在一起。外包层不得使用普通胶布，必须使用符合绝缘标准的橡胶套。最好在电线外面套上绝缘套管。电线的连接应符合《家用和类似用途电器的安全　第 1 部分：通用要求》（GB 4706.1—2005）和其他相关标准的要求。

要用带保护皮的不锈钢夹子、绑带、鞍形夹或耐老化的塑料夹，将电线固定在保护管或光伏方阵支架上，以免由于长期风吹摇动而造成接触不良。

接线完毕后，盖上接线盒盖板。

⑧ 将带组件的安装支架用不锈钢螺栓、弹簧垫圈和螺母固定在基础底座上，需要时可进行焊接固定，焊接完成后，要做好防腐措施，但要注意避免组件受力产生扭曲。

钢结构的焊接应符合国家标准《钢结构工程施工质量验收规范》（GB 50205—2012）的要求。光伏方阵构件焊接完毕应进行防腐处理，防腐施工应符合国家标准《建筑防腐蚀工程施工及验收规范》（GB 50212—2014）和《建筑防腐蚀工程质量检验评定标准》（GB 50224—2010）的要求。

⑨ 检查倾角是否正确后，将 4 个底座与安装支架固定，务必牢固可靠，外观整齐。

⑩ 根据现场情况，也可以先安装光伏方阵支架，然后将组件安装到光伏方阵支架上，再连接线缆。

⑪ 如有多个光伏子方阵，接线可通过分线盒或汇流箱集中后输出。

⑫ 在山顶、雷击多发地区或重要的光伏发电系统都要安装避雷装置，并使光伏方阵处于保护范围内。光伏发电系统和并网接口设备的防雷和接地，按照《光伏电站防雷技术要求》（GB/T 32512—2016）、《光伏电站防雷技术规程》（DL/T 1364—2014）、《光伏（PV）发电系统

过电压保护—导则》（SJ/T 11127—1997）中的规定执行。

对于安装在屋顶的光伏方阵，应注意以下事项。

- 屋面上安装的与建材一体化的光伏组件，相互间的上下、左右防雨连接结构必须严格施工，严禁漏水、漏雨，外表必须整齐美观。
- 光伏方阵背面的通风层不得被杂物填塞，应保持通风良好。
- 钢结构支架与框架应与建筑物接地系统可靠连接，电气系统的接地应符合国家标准《电气装置安装工程接地装置施工及验收规范》（GB 50169—2006）的要求。
- 光伏发电系统的零部件应符合《建筑设计防火规范》（GB 50016—2014）相应的建筑物防火等级对建筑构件和附着物的要求，安装在屋顶的组件最低要求是耐火等级 C（基本防火等级）。
- 在建筑物上安装光伏发电系统，不应降低建筑物的防雷等级，应符合《建筑物防雷设计规范》（GB50057—2010）的要求。

对于漂浮式光伏电站的安装，应注意以下事项。

- 光伏站区在开工前应开展水下测绘等工作，根据设计要求清理水下障碍物，避免水位下降后尖锐物刺伤浮体、机械和船只。
- 组装平台宜在施工水域岸边或水中搭建 5°～10° 倾角的斜坡作为施工平台，斜坡表面无尖锐物等不良缺陷，确保浮体下水过程无破损现象出现。
- 运输设备的通道起点、终点及设备的边缘应设置防撞码头，防撞码头的搭设应牢固、稳定，采用的材料应弹性好、柔软度强，在水中不易腐蚀。
- 光伏方阵锚固点位置应放样精确，测量放线工作应符合国家现行标准《工程测量标准》（GB 50026—2022）的有关规定，并按照设计要求安装锚固点固定结构物，用浮球做好标识。
- 锚固点固定结构物采用混凝土锚块/水下锚桩时，施工应符合国家现行标准《预应力筋用锚具、夹具和连接器》（GB/T 14370—2015）、国家现行标准《锚杆锚固质量无损检测技术规程》（JGJ/T 182—2009）的有关规定。
- 应对浮体的外观、外型尺寸、水密性等进行现场抽检，确认满足设计要求。浮体拼装应按照设计图纸的规格、型号进行安装。浮体间的连接螺栓应按照设计图纸要求安装。连接好的漂浮系统子方阵应按照设计图纸在组装平台上安装。
- 组装好的浮体单元运输到安装的位置，如不及时锚固连接，在大风或大雨等恶劣天气下，浮体单元就可能发生较大位移，发生方阵挤压等危险事故。
- 安装在浮台上的集中式逆变器在就位前，应与箱式变压器、进出电缆、浮台一并调整重心位置，合理分配浮台荷载，保证设备安装后浮台四周吃水深度基本一致。
- 漂浮光伏方阵和设备浮台的水平接地体宜采用铜包钢绞线、接地电缆等材料，连接部位牢固可靠，规格型号满足设计要求。水深小于 10m 的光伏站区，垂直接地体宜固定到水底的土壤层，深度满足设计要求。漂浮光伏电站光伏方阵各组件之间的金属支架应相互连接成网格状，其边缘应就近与主接地网相连，接地电阻应不大于 4Ω。

对于光伏柔性支架（又称大跨距预应力柔性支架）的安装，应注意以下事项。

① 在光伏柔性支架安装前，应对构件的外形尺寸、螺栓孔位置及直径、连接件位置、焊缝、摩擦面处理、防腐涂层等进行详细检查，对构件的变形、缺陷，应在地面进行矫正、修复，合格后方可安装。

② 在光伏柔性支架安装过程中，现场进行制孔、焊接、组装、涂装等工序的施工时应符合现行国家标准《钢结构工程施工质量验收标准》（GB 50205—2020）的有关规定。

③ 拉索、拉杆、锚具的品种、规格、性能应符合国家现行标准的规定并满足设计要求。拉索、拉杆、锚具进场时，应按国家现行标准的规定抽取试件且应进行屈服强度、抗拉强度、伸长率和尺寸偏差检验，检验结果应符合国家现行标准的规定。

④ 柔性支架部件的安装规定：

- 安装顺序宜先从有柱间支撑的钢架开始，在钢架安装完毕后应将其间的拉索、支撑等全部安装好，并检查其垂直度、拉索的初始状态垂度，以此为起点向其他方向安装。
- 支架安装宜先立柱子，先根据图纸安装好立柱，做好三脚架，根据设计要求及现场情况调整标高至符合安装需求，并根据图纸要求拧紧力矩；其次，再根据图纸安装支柱间的连接杆，安装连接杆时应注意连接杆表面应放在光伏站区的外侧，并把顶丝拧至六分紧。
- 根据图纸区分前后横梁，以免混装。将前、后固定块分别安装在前后横梁上，注意勿将螺栓紧固。
- 支架前后底梁安装。将前、后横梁放置于钢支柱上，连接底横梁，并将底横梁调平调直，并将底梁与钢支柱固定。调平好前、后底梁后，再把所有螺丝紧固，紧固螺丝时应先把所有螺丝拧至八分紧后，再次对前后底梁进行校正。合格后逐个紧固。
- 对跨度大、侧向刚度小的构件，在安装前要确定构件重心，应选择合理的吊点位置和吊具，构件安装过程中宜采取必要的牵拉、支撑、临时连接措施。
- 根据图纸安装檩条。为了保证支架的可调余量，不得将连接螺栓紧固。调整首末两根檩条的位置并将其紧固。将放线绳系于首末两根檩条的上下两端，并将其绷紧。以放线绳为基准分别调整其余檩条，使其在一个平面内。预紧固所有螺栓。

⑤ 柔性拉索部件的安装规定：

- 拉索张拉前应确定以索力控制为主，结构位移控制为辅的原则。
- 拉索张拉过程中应检测并复核拉力、实际伸长量和油缸伸出量，每级张拉时间不应少于 0.5min，并作好记录。记录内容包括：日期、时间、环境温度、索力、索伸长量和结构位移的测量值。
- 拉索各阶段张拉后，应检查张拉力、拱度及挠度；张拉力允许偏差不宜大于设计值的10%，拱度及挠度允许偏差值不宜大于设计值的 5%，以上数值如果与现行国家标准规范有冲突以规范规定为准。
- 斜拉结构的拉索安装应考虑立柱、钢架等支撑结构与被吊挂结构的变形协调以及结构变形对索力的影响，施工时应以结构关键点的变形量及索力作为主要施工监控内容。
- 在索力、位移调整完成后，对于钢绞线拉索的夹片锚具应采取防松措施，使夹片在低应力状态下不致松动。应检查钢丝拉索端的连接螺纹咬合丝扣数量和螺母外露丝扣长度是否满足设计要求，并应在螺纹上加装防松装置。

3. 安全注意事项

① 安装人员在施工前必须通过安全教育。施工现场应配备必要的安全设备，并严格执行保障施工人员人身安全的措施。

② 严禁雨天带电施工，不得在雨天进行组件安装。

③ 屋面坡度在 10°以上时，应设置踏脚板，以防止人员或物件滑落。

④ 严禁施工人员站在光伏组件的玻璃面上作业，以避免造成光伏电池隐裂、玻璃损坏或施工人员从玻璃上滑落的情况。

⑤ 光伏方阵的输出两端不能短路。

⑥ 光伏发电系统的产品和部件在存放、搬运、安装等过程中，不得碰撞或受损，特别要注意防止组件表面受到硬物冲击。

⑦ 吊装光伏组件时，底部要衬坚硬垫木板或包装纸箱，严禁使用钢丝绳进行吊装，以免挂索损伤组件。吊装作业前，应安排好安全围护措施。吊装时注意吊装机械和物品不要碰到周围建筑和其他设施。

⑧ 在光伏方阵周围安装围栏并加装警示标识，以防动物侵入或人为破坏。

⑨ 水面作业的施工人员应培训上岗。岸边和水上作业人员应穿戴救生衣，救生衣等劳保用品应有合格检验标志，无损坏，并通过安全教育和溺水救护培训。

⑩ 水面作业时，工器具手持端应用传递绳固定在适当的位置，作业人员应随身携带工具包。

⑪ 水面作业的机械、船只应由专人负责，应配置安全护栏和安全标识，且无渗水、漏水等缺陷，设备应完好。水面施工区域内应设置禁止垂钓、禁止游泳等安全警示标牌。

⑫ 在户外进行柔性支架作业时，宜在风力不大于四级的情况下进行。在安装过程中应注意风速和风向，应采取安全防护措施避免拉索发生过大摆动。有雷电时，应停止作业。

⑬ 放索时，拉索应放在索盘支架上，以保证安全。牵引绳与索体之间宜采用旋转连接器连接，以便消除各种情况下的回转力矩。

⑭ 在安装过程中，应减少高空安装工作量。在起重设备能力允许的条件下，宜在地面组拼成扩大安装单元，对受力大的部位宜进行必要的固定，可增加滑轮组等辅助手段，应避免盲目冒险吊装。

9.2.3　控制器和逆变器等电气设备的安装

1. 技术要求

大中型光伏发电系统要设置独立或相对独立的配电房或控制机房，在机房内放置配电柜、仪表柜、并网逆变器、监控器及蓄电池（限于带有储能装置系统）等。

① 光伏发电系统的接线和设备配置应符合低压电力系统设计规范和光伏发电系统的设计规范。光伏发电系统的电气装置安装应符合国家标准《建筑电气安装工程施工质量验收规范》（GB 50303—2002）的要求。

直流线路的耐压等级、短路保护电器整定值、线路损耗应符合设计要求。额定载流量应高于短路保护电器整定值。

光伏发电系统与电网间在连接处应有明显的带有标志的可视断开点，应通过变压器等进行电气隔离。

电缆线路施工应符合国家标准《电气装置安装工程电缆线路施工及验收规范》（GB 50168—2006）的要求。

② 与建筑物结合的光伏发电系统属于应用等级 A 的系统，其设计应符合应用等级 A 的要求。

应用等级A是指：公众有可能接触或接近的、电压高于直流50V或功率在240W以上的系统。适用于应用等级A的设备应当是满足安全等级Ⅱ要求的设备，即Ⅱ类设备。

Ⅱ类设备是指：防电击保护不仅依靠基本绝缘，而且必须采用附加安全保护措施的设备（如采用双重绝缘或加强绝缘的设备）。这类设备的防电击保护既不依赖保护接地，也不依赖安装条件。

③ 逆变器与系统的直流侧和交流侧都应有绝缘隔离的装置。

光伏发电系统与公用电网并网时，应符合国家标准《光伏发电接入配电网设计规范》（GB/T 50865—2013）、《光伏电站接入电力系统设计规范》（GB/T 50866—2013）、《光伏发电系统接入配电网技术规定》（GB/T 29319—2012）、《光伏电站接入电力系统技术规定》（GB 19964—2012），以及《光伏发电系统并网技术要求》（GB/T 19939—2005）的相关规定。

光伏发电系统直流侧应考虑必要的触电警示，采取防止触电安全措施，光伏发电系统与公共电网之间应设置隔离装置，隔离装置应具有明显断开点指示及断零功能。

光伏发电系统在并网处应设置并网专用低压开关柜，并设置专用标识和"警告"、"双电源"等提示性文字和符号。

所有接线箱（包括系统、方阵和组件串等的接线箱）都应设警示标签，注明当接线箱从光伏逆变器断开后，接线箱内的器件仍有可能带电。

④ 绝缘性能。

光伏方阵、汇流箱、逆变器、保护装置的主回路与地（外壳）之间的绝缘电阻应不小于1MΩ，应能承受AC2000V，1min工频交流耐压，无闪络、无击穿现象。

⑤ 接入公用电网的光伏发电系统应具备极性反接保护功能、短路保护功能、接地保护功能、功率转换和控制设备的过热保护功能、过载保护和报警功能、防孤岛效应保护等功能。

2. 安装位置

对于中小型光伏发电系统，如果控制器和逆变器安装在室内，则事先要建好配电间。安装存放处应避开高腐蚀性、高粉尘、高温、高湿性环境，特别应避免金属物体落入其中。配电间的位置要尽量接近光伏方阵和用户，以减少线路损耗。控制器不能直接放在蓄电池上，因为蓄电池产生的腐蚀性气体会对控制器的电子元器件产生不良影响。

中小型控制器和逆变器可以根据要求固定在墙壁或摆放在工作台上，大型控制器和逆变器一般直接安放在地面，与墙壁之间要留有一定距离，以便接线和检修，同时也便于通风。注意不要让阳光直接照射在控制器和逆变器上。

如控制器和逆变器安装在室外，控制器和逆变器必须具备密封防潮等防护功能，满足IP等级要求。

3. 连接电线

应根据通过电流的大小，依照有关规范或生产厂家提供的数据，选择合适直径的绝缘电线。如直径太小，增加线路损耗，还可能使得电线过热，造成能量浪费和效率下降，严重时会使绝缘层熔化，从而产生线路短路，甚至造成火灾。直径太大，又会造成材料浪费。不同电线的承载能力可参考表9-14，具体要以实际计算数值及经济安全为原则进行选择。

表 9-14 不同电线的承载能力

截面积（mm²）	芯线数	直径（mm）	电流传输能力（A）
1	1	1.13	12
1.5	7	0.5	14
2.5	7	0.67	17
2.5	50	0.25	20
4	7	0.85	29
6	7	1.04	37
10	7	1.35	51
16	7	1.70	66

通常组件的串联可直接使用组件背面接线盒引出的电线，因为组件设计时就考虑了引出电线的直径足够承载组件输出的最大电流，然而并联时电线中所通过的电流会成倍增加，因此相应的电线直径要增大。

对于离网光伏发电系统的低压直流部分，特别要考虑电线线损（线路压降）。例如，一个 200W 的负载分别由 $220V_{AC}$ 和 $12V_{DC}$ 电源供电，$220V_{AC}$ 电源流过的电流是 0.91A，通过截面积 2.5mm² 的 10m 长电线产生的压降为 0.13V，对用电负载影响不大；而 $12V_{DC}$ 电源流过的电流是 16.7A，通过同样截面积和长度的电线所产生的压降为 2.44V，即通过此电线后，电压只有 9.56V，用电设备已不能正常工作，所以必须采取增大电线的截面积或其他技术措施。

4. 按次序接线

① 控制器：控制器和逆变器在开箱时，要先检查有无质保卡、出厂检验合格证书和产品说明书，外观有否损坏，内部连线和螺钉是否松动等。如有问题，应及时与生产厂家联系解决。

控制器接线时，开关平时应放在"关"的位置，接线时先连接蓄电池，再连接光伏方阵；在有阳光照射时闭合开关，观察是否有正常的充电电流流过；最后将控制器与负载相连接。

② 逆变器：将逆变器的输入开关放在"关"的位置，然后接线。接线时注意正、负极性，并要保证接线质量和安全。接完线后，首先测量从控制器输入的直流电压是否正常，如果正常，则可在空载情况下，打开逆变器的输出开关，使得逆变器投入工作。

连接无断弧功能的开关时，不允许在有负荷或能够形成低阻回路的情况下，接通或断开，防止因拉弧而造成事故。

9.2.4 电气一次设备的安装

电气一次设备的安装和施工规范，如表 9-15 所示。

表 9-15 电气一次设备的安装和施工规范

电气一次设备安装和施工	相关规范
高压电气设备的安装	《电气装置安装工程 高压电器施工及验收规范》（GB 50147—2010）
电力变压器和互感器的安装	《电气装置安装工程 电力变压器、油浸电抗器、互感器施工及验收规范》（GB 50148—2010）
母线装置的施工	《电气装置安装工程 母线装置施工及验收规范》（GB 50149—2010）
低压电气设备的安装	《电气装置安装工程 低压电器施工及验收规范》（GB 50254—2014）
分布式光伏发电站的电气设备安装	《建筑物电气装置 第 7-712 部分：特殊装置或场所的要求太阳能光伏（PV）电源供电系统》（GB 16895.32—2008）
储能系统的施工	除应满足设计文件及产品的技术要求外，还应符合下列要求：储能系统的施工应严格执行电力安规要求，做到一人安装、一人监护

储能系统接线时，施工人员应穿戴绝缘手套和绝缘靴，应断开电源、电池隔离开关、交流侧隔离开关和直流侧隔离开关。

储能电池的正负极应接线正确，不得将电池模组正负极短路。

9.2.5　电气二次设备的安装

电气二次设备的安装规范如表 9-16 所示。

表 9-16　电气二次设备的安装规范

电气二次设备的安装	相关规范
二次设备、盘柜安装及接线	符合设计要求以及《电气装置安装工程盘柜及二次回路接线施工及验收规范》（GB 50171—2012）的相关规定
通信、远动、综合自动化、计量等装置的安装	符合产品的技术要求
入侵报警系统、视频安防监控系统及出入口控制系统的施工	《安全防范工程技术标准》（GB 50348—2018）
直流系统的安装	《电气装置安装工程 蓄电池施工及验收规范》（GB 50172—2012）
环境监测仪等其他电气设备的安装	符合设计文件及产品的技术要求

9.2.6　防雷和接地

光伏发电站防雷系统的施工应按照设计文件的要求进行。

光伏发电站接地系统的施工工艺及要求除应符合现行国家标准《电气装置安装工程 接地装置施工及验收规范》（GB 50169—2006）、《光伏发电站防雷技术要求》（GB/T 32512—2017）及《光伏建筑一体化系统防雷技术规范》（GB/T 36963—2018）的相关规定外，还应符合设计文件的要求。

地面光伏系统的金属支架应与主接地网可靠连接；屋顶光伏系统的金属支架应与建筑物接地系统可靠连接或单独设置接地，并应校核原建筑防雷接地装置。

漂浮光伏方阵和设备浮台的水平接地线可沿浮体或浮台表面敷设，连接应牢固可靠，施工应符合设计要求。水中的垂直接地体宜采用防腐、导电性能较好的镀铜材料或合金材料，垂直接地体宜沉入水底，用铜芯软电缆作为引上线与水平接地网连接，并预留 2～3m 的余量。

光伏组件本体接地做法应按照产品说明书要求实施。

汇流箱、逆变器及盘柜等电气设备的接地应牢固可靠、导通良好，金属盘门应用裸铜软导线与金属构架或接地排可靠接地。

光伏发电站的接地电阻阻值应满足设计要求。

9.2.7　蓄电池组的安装

光伏发电系统通常使用的铅酸蓄电池，是以硫酸作为电解液，如果运输、安装或维护不当，则蓄电池具有潜在危险，所以从事蓄电池工作的人员必须先熟悉安装程序。现在，锂电池、钠电池甚至钒电池等新型储能形式也开始广泛使用，需要在施工前研究掌握其性能特点，按照操作手册安装调试。

1. 安装注意事项

在蓄电池安装之前，施工人员应除去手上和脖子上的金属装饰物，头戴非金属硬帽，穿着防护服装，包括防酸手套、围裙和保护目镜，不能站在蓄电池上工作。

在蓄电池旁边应有流动的清洁水源，以备皮肤或眼睛溅到酸液时，可及时进行冲洗急救。

2. 蓄电池室的设置

蓄电池室应尽量选择在距离光伏方阵较近的场所，对于大中型光伏发电系统，蓄电池室应与放置控制器和逆变器等电气设备的配电间隔开。

蓄电池室要求干燥、清洁，通风良好，不受阳光直接照射，距离热源不得小于 2m。室内温度应尽量保持为 10～25℃。

蓄电池与地面之间应采取绝缘措施，一般可垫木板或其他绝缘物，以免因蓄电池与地面短路而放电。如果蓄电池数量比较多，则可以安放在专门的蓄电池格架上。

蓄电池不得倒置，不得受任何机械冲击和重压，安放的位置应该方便接线和维护检修。

3. 连接线路

测量每个蓄电池的电压是否正常，在确认电解液体处于正常液面，蓄电池可以正常充满电后，才能连接线路。

按设计要求将蓄电池进行串、并联，注意正、负极不能接错。

在蓄电池极柱连线时必须特别注意，防止短路。如有金属工具或物体掉落在蓄电池极柱之间，会形成放电，产生很大的电流和火花，可能损坏设备或造成人身事故。

如有多只蓄电池串联，为了避免误触电和意外短路，一般在串联回路中留出一只与控制器连接的接线头先不接，待全部连接完毕，测量电压正常后方可与控制器连接。

蓄电池极柱与接线夹头之间必须紧密接触，否则由于接触不良会增加电阻，甚至造成断路，也可在各个连接点涂一薄层凡士林油膜，以防止锈蚀。

4. 配制电解液

有些蓄电池在使用前要进行初充电，而干荷蓄电池在加入电解液后即可使用。

配制硫酸电解液时，应将硫酸徐徐注入蒸馏水内，并用玻璃棒不断搅拌均匀，严禁将水注入硫酸溶液内，以免硫酸飞溅伤人。

蓄电池加完电解液后，要将加液孔的盖子拧紧，防止杂物落入蓄电池内。

安装结束时，要测量蓄电池的电压和正、负极性，并且检查接线质量和安全性。开口蓄电池要测量并记录电解液密度。

蓄电池安装完成后，要做好记录并归档。

9.2.8　光伏发电系统的调试

光伏发电系统的调试应符合国家标准《光伏发电站施工规范》（GB 50794—2012）的规定。

9.3　光伏发电工程的验收

光伏发电工程的验收分为单位工程、工程启动、工程试运和移交生产、工程竣工 4 个阶段。本节内容适用于通过 380V 及以上电压等级接入电网的地面和屋顶光伏发电新建、改建和扩建工程的验收。

光伏发电系统的验收应符合国家标准《光伏发电工程验收规范》（GB 50796—2012）、《光伏发电站施工规范》（GB 50794—2012）等的规定。

9.3.1　单位工程验收

光伏发电系统的单位工程分为土建工程、安装工程、绿化工程、安全防范工程和消防工程共 5 大类，单位工程由若干个分部工程构成。单位工程验收由建设单位组织，由建设、设计、监理、施工、调试等有关单位负责人及专业技术人员组成，并在分部工程验收合格的基础上进行。分部工程由若干个分项工程构成，分部工程的验收应由总监理工程师组织，并在分项工程验收合格的基础上进行。分项工程的验收由监理工程师组织，并在施工单位自行检查评定合格的基础上进行。

1. 土建工程

土建工程包括光伏组件支架基础、场地及地下设施和建（构）筑物等分部工程：
① 光伏组件支架基础的验收，包括混凝土独立（条形）基础、桩基础等；
② 场地及地下设施的验收，包括场地平整、道路、电缆沟、站区给排水设施等；
③ 建（构）筑物的逆变器室、配电室、综合楼、主控楼、升压站、围栏（围墙）等分项工程的验收，应符合国家标准《建筑工程施工质量验收统一标准》（GB 50300—2013）、《钢结构工程施工质量验收规范》（GB 50205—2020）和设计的有关规定。

2. 安装工程

安装工程包括支架安装、光伏组件安装、汇流箱安装、逆变器安装、电气设备安装、防雷与接地安装、线路及电缆安装等分部工程：
① 支架包括固定式支架和跟踪式支架。固定式支架的安装应符合国家标准《光伏发电站施工规范》（GB 50794—2012）和《钢结构工程施工质量验收规范》（GB 50205—2020）的有关规定；跟踪式支架的安装应符合国家标准《光伏电站太阳跟踪系统技术要求》（GB/T 29320—2012）和《钢结构工程施工质量验收规范》（GB 50205—2020）的有关规定。
② 防雷与接地的安装应符合《光伏电站防雷技术要求》（GB/T 32512—2016）、《光伏电站防雷技术规程》（DL/T 1364—2014）、《光伏（PV）发电系统过电压保护—导则》（SJ/T 11127—1997）、《电气装置安装工程　接地装置施工及验收规范》（GB 50169—2016）和《建筑物防雷设计规范》（GB 50057—2010）等的有关规定。
③ 线路及电缆的安装包括光伏方阵直流电缆、交流电缆及架空线路。

3. 其他单位工程

绿化工程、安全防范工程和消防工程三大类单位工程的要求如下：
① 绿化工程的场区绿化和植被恢复情况符合设计要求；
② 安全防范工程包括报警系统、视频安防监控系统、出入口控制系统等，其验收符合国家标准《安全防范工程技术规范》（GB 50348—2018）的规定；
③ 消防工程的设计图纸已由当地住建单位消防部门审核通过，建（构）筑物构件的燃烧性能和耐火极限应符合国家标准《建筑设计防火规范》（GB 50016—2014）的有关规定，安全出口标志灯和火灾应急照明灯具应符合国家标准《消防安全标志》（GB 13495—92）和《消防应急照明和疏散指示系统》（GB 17945—2010）的有关规定。

9.3.2　工程启动验收

工程启动具备验收条件后，施工单位应向建设单位提出验收申请，多个相似光伏发电单元可同时提出验收申请。建设单位在接收到验收申请后，根据工程实际情况成立工程启动验收委员会进行工程启动验收。

工程启动验收委员会由建设、监理、调试、生产、设计、政府相关部门和电力主管部门等有关单位组成，施工单位、设备制造单位等参建单位应列席工程启动验收。

9.3.3　工程试运和移交生产验收

工程启动验收完成并具备工程试运和移交生产验收条件后，施工单位向建设单位提出工程试运和移交生产验收申请。建设单位在接到验收申请后，根据工程实际情况成立工程试运和移交生产验收组。

工程试运和移交生产验收组由建设单位组建，由建设、监理、调试、生产运行、设计等有关单位组成。

在工程试运和移交生产验收阶段，设备及系统调试宜在天气晴朗、太阳辐射强度不低于 $400W/m^2$ 的条件下进行；光伏发电工程经调试后，工程启动开始无故障连续并网运行时间不应少于光伏方阵接收总辐射量累计达 $60kW \cdot h/m^2$ 的时间。

9.3.4　工程竣工验收

工程竣工验收在工程试运和移交生产验收完成后进行。建设单位在接收到验收申请后，根据工程实际情况成立工程竣工验收委员会。

工程竣工验收委员会由有关主管部门会同环境保护、水利、消防、质量监督等行政部门组成。建设单位、设计、监理、施工和主要设备制造（供应）商等单位应派代表参加竣工验收。

总之，大中型光伏发电系统的设计和施工是一项综合的系统工程，影响因素很多。在整个建设过程中尤其是针对 EPC 总承包项目，设计是龙头，为了保证光伏发电系统可靠、合理、安全、经济地运行，在设计时应该尽量全面地掌握现场的数据资料，采用先进可靠的优化设计方法，重视每一个环节，精心设计，合规采购，按图施工，不断优化提高，才能真正具备建成一个完善的光伏发电系统的条件。

参 考 文 献

[1]　马丁·格林. 太阳电池—工作原理、工艺和系统应用[M]. 李秀文, 译. 北京: 电子工业出版社, 1987.

[2]　沈辉, 曾祖勤. 太阳能光伏发电技术[M]. 北京: 化学工业出版社, 2005.

[3]　CHAPMAN R N. Development of sizing nomograms for stand-alone photovoltaic/storage systems[J]. Solar Energy, 1989, 43(2): 71-76.

[4]　CHAPMAN R N. Sizing handbook for stand-alone photovoltaic/storage systems[J]. Sandia Report SAND87-1087·UC-63, 1995.

[5]　陈庭金, 王履芳. 太阳电池发电系统设计新方法[J]. 太阳能学报, 1987, 8 (3): 263.

[6]　杨金焕, 葛亮, 陈中华, 等. 太阳能发电系统的最佳化设计[J]. 能源工程, 2003, 5: 25-28.

[7]　TSALIDES P H, THANAILAKIS A. A loss-of-load-probability and related parameters in optimum

computer-aided design of stand-alone photovoltaic systems [J]. Solar cells, 1986, 18: 115-127.

[8]　杨金焕，黄晓橹，陆钧. 一种独立光伏发电系统设计的新方法[J]. 太阳能学报，1995，16（4）：407.

[9]　GORDON J M．Optimal sizing of stand-alone PV solar power systems[J]．Solar Cells, 1989, 43(2): 71.

[10]　陆虎瑜，马胜红. 光伏·风力及互补发电村落系统[M]. 北京：中国电力出版社，2004

[11]　XIANGYANG G,MANOHAR K.Design optimization of a large scale rooftop photovoltaic system[J]. Solar Energy, 2005, 78: 362.

[12]　MELLIT A. Sizing of photovoltaic systems:a review[J]. Revue des Energies Renouvelables.2007, 10(4): 463-472.

[13]　CLAVADETSCHER L T, NORDMANN.Cost and performance trends in grid-connected photovoltaic systems and case studies[J]. Report IEA PVPS T2-06, 2007.

[14]　MARION B, ADELSTEIN J, BOYLE K, et al.Performance parameters for grid-connected PV systems [C]// IEEE Photovoltaic Specialists Conference. IEEE, 2005.

[15]　中华人民共和国住房和城乡建设部. 光伏发电站设计规范：GB 50797-2012[S].中华人民共和国住房和城乡建设部，中华人民共和国国家质量监督检验检疫总局，2012-06-28.

[16]　中国光伏行业协会标准化技术委员会. 水上光伏发电系统设计规范：T/CPIA 0017-2019[S].中国光伏行业协会，2019-09-27.

[17]　全国能源基础与管理标准化技术委员会新能源和可再生能源标准化分委员会. 家用太阳能光伏电源系统技术条件和试验方法：GB/T 19064-2003[S].中华人民共和国国家质量监督检验检疫总局，2003-04-15.

[18]　MESSENGER R A．Photovoltaic Systems Engineering[M].3rd ed. Crc Press，2003.

[19]　刘国忠，范忠瑶，牟娟，等. 不同安装倾角对光伏电站发电量的影响研究[J]. 太阳能学报，2015，36（12）：2973-2978.

[20]　宁玉宝，郑建勇，夏俪萌，等. 光伏电站综合出力特性研究与分析[J]. 太阳能学报，2015，36（5）：1197-1205.

[21]　BROOKS B, DUNLOP J. PV Installation professional resource guide[R]. North American Board of Certified Energy Practitioners, 2016.

[22]　North American Board of Certified Energy Practitioners.Study guide for photovoltaic installer certification[R]. North American Board of Certified Energy Practitioners, 2009.

[23]　BROOKS B, DUNLOP J. NABCEP PV Installer resource guide 12.11[R]. North American Board of Certified Energy Practitioners, 2011.

[24]　BOWER W. NABCEP PV installer job task analysis[R]. North American Board of Certified Energy Practitioners, 2011.

[25]　RALPH TAVINO.Maintenance and operation stand-alone of photovoltaic systems[R]. U. S sandia national laboratory photovoltaic systems assistance center, 1997.

[26]　VERNON RISSER V. Stand-alone photovoltaic systems a handbook of recommended design practices[M]. 1995.

[27]　GRAY D. A guide to photovoltaic system design and installation[R]. California Energy Commission Consultant Report, 2001.

[28]　中华人民共和国住房和城乡建设部. 光伏发电站施工规范：GB 50794-2012[S]. 中华人民共和国住

房和城乡建设部，中华人民共和国国家质量监督检验检疫总局，2012-06-28.

[29] 中华人民共和国住房和城乡建设部. 光伏发电工程施工组织设计规范：GB/T 50795-2012[S].中华人民共和国住房和城乡建设部，中华人民共和国国家质量监督检验检疫总局，2012-06-28.

[30] 中华人民共和国住房和城乡建设部. 光伏发电工程验收规范：GB/T 50796-2012 [S].中华人民共和国住房和城乡建设部，中华人民共和国国家质量监督检验检疫总局，2012-06-28.

[31] 上海市建设和交通委员会. 民用建筑太阳能应用技术规程（光伏发电系统分册）：DG/TJ08—2004B-2008[S]. 上海市建筑建材业市场管理总站，2008-11-24.

[32] 王长贵，王斯成. 太阳能光伏发电实用技术[M]. 北京：化学工业出版社，2005.

练 习 题

9-1　并网光伏电站的发电量主要与哪些因素有关？当建造地点和容量确定后，如何提高光伏电站的发电量？

9-2　为什么光伏方阵应尽量朝向赤道倾斜放置？

9-3　如何确定并网和离网光伏发电系统的最佳倾角？同一地点，通常哪个角度较大？

9-4　简述光伏发电系统设计的总体目标和一般流程。

9-5　有一通信用离网光伏发电系统，负载功率为 150W，每天工作 8h，蓄电池组放电深度 DOD 设计为 60%，安全系数取 1.2，为保证连续 5 个阴雨天负载仍能正常工作，需配备多大容量的蓄电池组？

9-6　某太阳能路灯，灯泡负载功率为 50W，工作电压为 12V，每晚开灯 8h，蓄电池放电深度为 50%，输出回路效率为 η_2=0.9，该地区最长阴雨天为 3 天，假定阴雨天前蓄电池处于充满状态，为保证阴雨天负载正常工作，蓄电池组容量至少应该为多少（A·h）？

9-7　容量为 1MW 的光伏电站，其能效比为 0.8，光伏方阵面上接收到的平均太阳辐照量为 $4kW·h/(m^2·d)$。请问该光伏电站的最大年发电量是多少？

9-8　在西宁地区建造一座 10MW 晶体硅光伏电站，若性能衰减率 r=0.8%，能效比 PR=0.8，寿命周期 25 年，光伏方阵按最佳倾角安装，试计算其历年发电量及总发电量。

9-9　我国 2016 年电力需求预计为 6.5 万亿千瓦时，如果利用面积为 130 万平方千米的戈壁建造光伏电站来完成这个指标，大约需要多大面积？［设定光伏发电系统的能效比为 80%，当地方阵面上平均太阳辐照量为 $8150MJ/(m^2·y)$，系统占地率为 $15m^2/kW$］

9-10　上海市部分海堤倾斜面正好朝南，海堤长度约 60km，海面以上海堤斜长 10m，如果全部用耐海水腐蚀的、组件效率为 15%的塑钢框架型太阳电池组件铺设海堤，估计年总发电量为多少千瓦时？设定光伏发电系统的能效比为 75%，海堤斜面上平均太阳辐照量为 $4800MJ/(m^2·y)$，海堤斜面的面积利用率为 95%。

9-11　有一用户购入 150W 光伏组件 20 块和一台 3kW 的并网逆变器，建造光伏用户系统。组件最佳工作电压为 19.2V，开路电压为 23V，逆变器耐压 400V，MPPT 工作范围为 170～300V。试问组件应如何串、并联才能达到安全、高效的设计目标？

9-12　客户要求光伏系统的输出功率为 180W，给 12V 的蓄电池充电。用 125mm×125mm 的电池片封装成组件，每片电池的最佳工作电压为 0.48V，最佳工作电流为 5.45A，封装和连接线路的损耗为 10%。试问：

（1）需要几块组件？如何连接？每块组件由多少电池片组成？

（2）画出简易电气连接图，并标出正、负极。

9-13 广州地区的纬度为 23.10°，光伏方阵前有棵高度为 10m 的大树，应考虑其阴影的长度是多少？

9-14 兰州地区的纬度是北纬 36.03°，光伏方阵高度为 1.6m，面积为 3m×3m，朝向正南以倾角 25° 安装，试求两光伏方阵之间的最小距离是多少？

9-15 漂浮光伏电站的锚固系统计算的输入资料是哪些？

9-16 宿县 10 年一遇的风压为 0.25kN/m²、50 年一遇的风压为 0.40kN/m²、100 年一遇的风压为 0.450kN/m²，试算 25 年一遇的风压为多少？

9-17 在漂浮光伏方阵锚固系统的计算中，不同风向光伏方阵的方阵修正系数是多少？

9-18 一般多长的跨距可以称为大跨距预应力柔性支架？

9-19 试计算确定公称直径 15.2mm、极限抗拉强度 1860MPa 的钢绞线拉索的抗拉力设计值是多少？

9-20 试计算确定公称直径 12.7mm、总长度 100m 的镀锌钢绞线，在 50kN 张拉力作用下的变形值是多少？

9-21 大型光伏系统应具备哪些条件才能开始安装？

9-22 简述光伏系统安装的顺序。

9-23 光伏系统安装时的安全注意事项有哪些？

9-24 太阳能电池光伏方阵的调试一般有哪些步骤？

9-25 光伏系统的调试主要包括哪些内容？

9-26 并网逆变器控制器调试过程中的性能测试主要包含什么内容？

9-27 光伏系统的日常维护主要包括哪些方面？

9-28 交直流的接地电阻及防雷接地电阻的阻值应为多少？

9-29 漂浮式光伏电站相对于普通光伏电站在安装时应注意哪些方面？

9-30 柔性支架部件的安装内容主要有哪些？

9-31 柔性支架光伏电站中拉索部件的安装内容主要有哪些？

第 10 章　光伏发电系统的应用

太阳能是安全可靠，方便灵活的可再生清洁能源，光伏发电系统的应用规模和范围在迅速扩大，正在由补充能源向替代能源过渡，在能源消费领域将起到越来越重要的作用。

10.1　光伏发电系统的分类

光伏发电系统的分类也是在逐渐发展的，开始主要分为空间系统和地面系统两大类。后来地面系统又分为并网系统、离网系统和混合系统三大类型。

近年来，根据光伏发电系统的应用形式、应用规模和负载形式，还可将光伏发电系统细分为小型太阳能供电系统，简单直流系统，大型太阳能供电系统，交流、直流供电系统，并网系统，混合供电系统，并网混合系统。

10.1.1　并网系统

1. 分布式并网光伏发电系统

分布式并网光伏发电系统特指在用户场地附近建设，运行方式以用户侧自发自用为主、多余电量上网，且以配电系统平衡调节为特征的光伏发电设施。光伏组件（又称"太阳能电池板"）通常安装在建筑物屋顶及其附属场地，也可以在用电设施附近的地面或相应的架构上。单个项目的容量通常不超过 6MW，光伏电力一般接入 10kV 以下的配电网，在发生意外时能继续供电，成为集中供电的重要补充。

这类光伏系统有很多优点：

- 光伏组件可以安装在建筑物上，这样就不必占用宝贵的土地资源。
- 可以实现就近供电，不需要长距离输送，减少了线路损耗。一般不需要另建配电站，降低了附加的输配电成本。
- 由于各系统相互独立，可自行控制，避免发生大规模停电事故，安全性高。同时当夏天用电量大时，正好发电量多，调峰性能好，操作简单，启停快速，便于实现全自动运行。
- 由于电力可以随时输入电网或由电网供电，光伏发电系统不必配备储能装置，这样不但节省了投资，还可以避免维护和更换蓄电池的麻烦。
- 由于不受蓄电池容量的限制，光伏发电系统所发电力可以全部得到利用。

分布式并网光伏发电系统起初是在一些发达国家实施的"太阳能屋顶计划"的推动下发展起来的，一般在住宅屋顶上安装 3～5kW 光伏发电系统（见图 10-1、图 10-2），与电网相连，光伏电力主要满足家庭用电的需要，有多余电力可输入电网。由于政策的扶植，分布式并网光伏发电系统发展非常迅速。

图 10-1　户用屋顶光伏发电系统　　　　图 10-2　上海 3kW 户用光伏发电系统

2. 集中式并网光伏发电系统

这类光伏发电系统通常都有较大规模，所发的电能，全部输入电网，相当于常规的发电站。由于是集中经营管理，可以发挥规模效应，采用先进技术，统一调度，所以相对发电成本较低。

近年来，由于技术的进步和光伏组件价格的降低，加上一些国家实施扶助政策，大型光伏电站开始大量兴建，规模也迅速扩大，形成了兴建大型光伏电站的高潮。1982 年年底，世界最大的光伏电站容量是 1MW，2005 年容量最大记录到 6.3MW，到 2019 年 3 月印度拉贾斯坦邦焦特布尔县巴德拉地区的"巴德拉（Bhadla）Solar Park"项目，其容量为 2245MW。2022 年 6 月，中国的海南州光伏园区项目光伏发电装机容量为 8430MW，打破 2245MW 的原纪录，成为全球最大装机容量的光伏发电园区和最大装机容量的水光互补发电站。

全球最大的 10 座光伏电站如表 10-1 所示。

表 10-1　全球最大的 10 座光伏电站

排名	容量（MW）	地点	名称	建成时间（年）
1	8430	中国海南	海南州光伏园区	2022
2	2245	印度拉贾斯坦邦	Bhadla Solar Park	2020
3	2200	中国青海格尔木	格尔木太阳能光伏电站	2021
4	2050	印度卡纳塔克邦	Pavagada Solar Park	2019
5	1650	埃及 Benban	Benban Solar Park	2019
6	1547	中国宁夏	腾格里沙漠太阳能电站	2021
7	1177	阿拉伯联合酋长国 Sweihan	Noor Abu Dhabi	2020
8	1013	阿拉伯联合酋长国 Saih Al-Dahal	Mohammed bin Rashid Al Maktoum Solar Park	2013
9	1000	印度安得拉邦	Kurnool Ultra Mega Solar Park	2017
10	1000	中国山西大同	大同太阳能领跑者基地	2016

可见世界各地兴建的光伏电站正在迅速向超大型方向发展，这反映了光伏发电的成本在不断下降，已经接近于与常规电力相竞争的水平。根据 Energy from the desert（IEA-PVPS Task8: 2015）光伏发展路线图的预测，到 21 世纪末，光伏电力将在全世界一次能源供应中占有 1/3 的份额。到 2100 年，光伏发电累计装机容量将达到 133TW，其中超大型光伏电站（VSL-PV）的装机容量将占全部光伏发电系统装机容量的一半（见图 10-3），超大型光伏电站将会在能源消费结构中，起到越来越重要的作用。

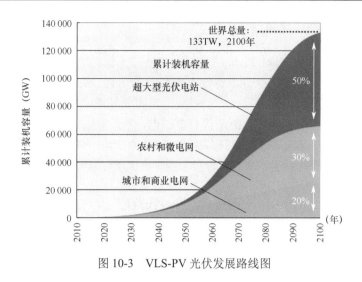

图 10-3　VLS-PV 光伏发展路线图

10.1.2　离网系统

离网系统又称独立光伏发电系统，是完全依靠光伏组件供电的光伏发电系统，系统中光伏组件是唯一的能量来源。离网系统一直是光伏系统最主要的应用领域，目前还在很多没有电网覆盖的地区发挥着重要的作用。直到 2000 年全球并网系统的装机量才超过了离网系统。

起初离网户用系统的光伏组件功率为 10～500W，主要是为远离公共电网的家庭提供基本的电力，满足照明、收听广播和收看电视等小功率电器的需求。最基本的小型户用光伏系统（见图 10-4）主要由光伏组件、蓄电池和控制器以及连接导线等组成，系统简单，有的甚至不用控制器。后来逐步发展成可为 2～3 只节能灯、一台 14 时黑白电视机供电。早期由于系统设计不够合理，元器件质量不过关或维护不当等原因，出现的故障比较多。后来经过逐步改进，已经成为成熟的光伏产品。随着经济的增长和生活水平的提高，用户要求户用光伏系统能为更多的家用电器（如彩电、冰箱等）供电，相应地，光伏组件的功率也发展到 500～1000W。

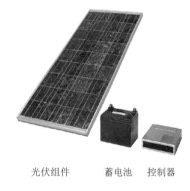

光伏组件　　蓄电池　控制器

图 10-4　小型户用光伏系统

最简单的离网系统是直联系统，光伏组件受光照时发出的电能直接供给负载使用，中间没有储能设备，因此负载只在有光照时才能工作。这类系统有太阳能水泵、太阳能风帽等。直联系统框图见图 10-5。

图 10-5　直联系统框图

10.1.3　混合系统

在离网情况下，将一种或几种发电方式同时引入光伏发电系统中，联合向负载供电的系统称为混合系统。

1. 光伏/柴油发电机混合发电系统

由于目前光伏发电系统的价格还较高，如果完全用光伏发电来满足较大负载用电的需求，离网系统必须在冬天最差的天气条件下也能支持负载的运行，这就要配备容量相当大的光伏组件和蓄电池。然而在夏天太阳辐射量大时，多余的电力只能浪费掉。为了解决这个矛盾，可以配置柴油发电机作为备用电源，平时由光伏系统供电，冬天太阳辐射量不足时启动柴油发电机供电，这样可以节省投资。当然这需要具备一定条件，如当地的冬天与夏天太阳辐照量相差很大，能够配备柴油发电机等设备，而且可以保证柴油的可靠供应，还要有操作和维护柴油发电机的技术人员等。

三种混合发电系统，可按项目需求，进行选择与搭配，混合发电系统拓扑图如图 10-6 所示。

① 离网系统：光伏发电+柴油发电机。

② 离网系统：光伏发电+柴油发电机+储能系统。

③ 并网微网系统：光伏发电+柴油发电机+储能系统+市电。

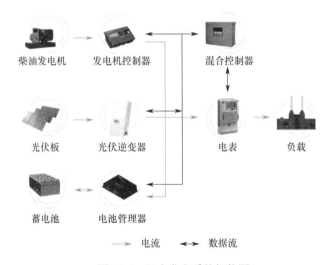

图 10-6　混合发电系统拓扑图

2. 风力/光伏混合发电系统

风能和太阳能都具有能量密度低、稳定性差的弱点，并受到地理分布、季节变化、昼夜交替等影响。然而，大体上太阳能与风能在时间上和地域上都有一定的互补性，白天太阳光最强时，风较小；黄昏太阳下山后，光照很弱，由于地表温差变化大而风力加强。在夏季，太阳辐照强度大而风小，冬季，太阳辐照强度弱而风大。光伏发电稳定可靠，但目前成本较高，而风力发电成本较低，但随机性大，供电可靠性差。如将两者结合起来，就能够取长补短，达到既能实现昼夜供电，又能降低成本的目的。当然由于光伏发电和风力发电各有特点，在系统设计时要充分掌握气象资料，进行仔细的优化设计，才能得到良好的使用效果。风力/光伏混合发电系统也常用来为路灯供电（见图 10-7）。

风力/光伏混合发电系统通常由风力发电机组、光伏组件、控制器、蓄电池、逆变器，以及交、直流负载组成，其示意图如图 10-8 所示。

图 10-7 风力/光伏混合发电系统

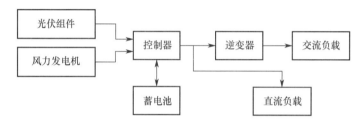

图 10-8 风力/光伏混合系统组成示意图

10.2 光伏系统的应用场景

10.2.1 光伏照明

太阳能光伏发电系统应用很广泛，对于小型用电设备，可以就近供电，不必远距离连接电网。照明电源已经开始大量推广应用，是目前光伏发电系统应用中数量最多的领域。

太阳能照明系统种类很多，目前应用最广泛的太阳能照明电源，类型包括：

① 小型照明灯具，如太阳能路灯（见图 10-9）、投射灯、庭院灯、草坪灯、手提灯具等。

② 大型照明系统，如机场跑道照明、宾馆室外照明、广告牌照明、公路隧道照明（见图 10-10）等。

图 10-9 太阳能路灯　　　　　　　　　图 10-10 公路隧道照明

③ 交通信号灯，如标志灯、警示灯、道钉等。

太阳能照明系统的特点是：白天负载基本上不消耗电能，在有阳光时将光伏组件发出的电能储存在蓄电池中，晚上供给灯具使用。

目前应用最多的是太阳能路灯、庭院灯和太阳能交通警示灯等，这类系统一般由光伏组件、蓄电池和控制器及灯座等组成，通常将所有部件集成在一起，由于是整体运输和安装，不需要架设输电线路或开沟埋设电缆，不破坏环境，安装使用非常方便，特别适合于公园、运动场、博物馆等场所使用。

10.2.2　光伏交通

交通运输作为国民经济中具有基础性、先导性、战略性的产业，清洁能源与公共交通设施相融合，不仅能有效降低公共交通运营成本，也将推动交通运输绿色低碳转型，让交通更加环保、出行更加低碳。

1. 光伏公路

美国的 Scott Brushaw 和 Julie 夫妇，早在 2006 年就提出了太阳能公路的概念，认为能用光伏组件替代传统沥青，从而充分利用太阳光照。同年，他们成立了一家称为 SolarRoadways 的公司，经过多年的研究改进，提出了特殊结构的光伏组件。这种外形呈六边形每边长为 30cm 的组件由 6 层构成，由上而下分别是钢化玻璃、LED 发光指示灯层、电路层、用可循环利用材料组成的基础地基层、泄洪层、蓄水层。每块组件一天可以发出 7.6W·h 的电能，此外还可由 LED 发光指示灯层提供各种路面指示系统，并且可以积累大量的电能，当遇到雪天，可以快速将积雪融化。最后还有一个重要的功能，就是太阳能公路可以作为一个巨大的无线充电设备，给在其上行驶和停泊的电动汽车进行无线磁感应充电。

图 10-11　美国太阳能公路原型

据称，一条一英里（约 1.6km）的四车道公路，每天所产生的电能足够支持 500 个家庭使用。如果把全美的公路和停车场都铺上光伏组件，将能产出约 $1.34×10^{10}$kW·h 的电能，这大约是 2009 年美国全国电力消费量的 3 倍。这种组件已经在车库中建成了面积为 3.7m×11m 的试验原型，进行测试（见图 10-11），并在美国 66 号公路上作了进一步试验。

虽然美国提出的太阳能公路前景诱人，但要大量推广，还存在不少障碍，首先是成本太高，最初每块光伏组件的成本是 6900 美元，这意味着，在美国铺设 29000 平方英里的太阳能公路，造价大约为 56 万亿美元，这将是个天文数字，同时还有使用寿命，维护成本等问题。

2021 年年底，全国首个高速公路边坡光伏试验项目在山东高速集团荣乌高速荣成至文登段成功并网。该项目建设中首次引入重量轻、可折弯的柔性组件，将为高速公路边坡光伏建设提供科研基础和数据支撑，推动高速公路边坡光伏项目建设标准规范的制定，助力山东省交通领域落实"碳达峰碳中和"战略，实现绿色低碳发展（见图 10-12）。

另一种同样兼具两种功能，而又不必占用土地，并且具有重大经济价值的光伏应用是光伏声屏障系统，将光伏组件安装在高速道路（如铁路、公路，城市轻轨，高架道路等）两旁，既能降低噪声，又能发电，一举两得，可以进一步降低光伏发电系统的发电成本。

欧美等国在 20 世纪 80 年代末就开始研究和建造光伏声屏障系统，1989 年，TNC Consulting AG 公司在瑞士 Chur 附近的 A13 高速公路旁，建造了世界上第一套光伏声屏障系统（见图 10-13）。

图 10-12　山东荣乌高速威海边坡光伏发电试验项目　　　图 10-13　世界第一套光伏声屏障系统

2. 光伏飞机

随着科技的进步，光伏组件的效率有了提高，价格也在不断下降，这为开拓新的光伏应用创造了条件。利用太阳能作为飞机的动力是人们长期以来的梦想，从理论上说，只要能追上地球自转的速度，永远暴露在阳光照耀下，太阳能飞机就能一直飞行下去，持续时间取决于部件的寿命极限。20 世纪末，人们就开始进行探索，先后研制了几架太阳能飞机。"太阳神"（Apollo）号太阳能飞机如图 10-14 所示，"西风"（Zephyr）号太阳能飞机如图 10-15 所示。

图 10-14　"太阳神"号太阳能飞机　　　　　图 10-15　"西风"号太阳能飞机

据环球网报道，2019 年 7 月，历时近两年研发，拥有我国自主知识产权的中大型太阳能驱动"墨子Ⅱ型"长航时光伏飞机首飞。"墨子Ⅱ型"设计翼展达 15m，采用 4 台电力驱动，光伏组件供电，并装有储能电池，在 6000～8000m 高空飞行，可以完全利用光能转换电能驱动，飞行过程中无任何废气排放。作为理论上的"永动机"，只要气象条件允许，光伏飞机在云层之上以较低速度巡航，日间边飞行边充电，只要 8 小时日照就能持续 12 小时夜航（见图 10-16）。

除了光伏飞机，在机场光伏也能充分利用起来。2019 年，北京大兴国际机场（参见图 10-17）北一跑道南侧区域及其货运区屋顶分布式光伏项目顺利并网发电，成为全球距离跑道最近、国内首个飞行区跑道旁铺设光伏的机场。此项目建设规模 5.61MW，并网运营后，预计每年可向

电网提供 $6.1×10^6$ kW·h 的绿色电力，相当于每年节约 1900 吨标准煤，减排 966 吨二氧化碳，减排 14.5 吨二氧化硫，并同步减少各类大气污染物的排放。

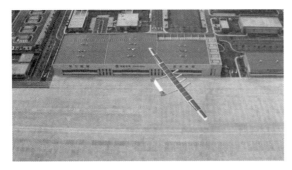

图 10-16　"墨子 II 型"光伏飞机　　　　　　图 10-17　北京大兴国际机场

3. 光伏游艇

据联合国统计：商船所排放的温室气体约占全球总排放量的 4.5%，利用清洁能源作为水上交通工具的动力，符合节能环保的要求。游艇的速度不快，船顶面积相对比较大，可以安装比较多的光伏组件，这些都为在船上应用光伏发电系统创造了条件。中国早在 1982 年举行的第 14 届世界博览会上就展出了"金龙号"太阳能游船，引起了广泛的关注。

目前世界上最大的完全用太阳能作为动力的豪华游艇是挂瑞士国旗的白色双体船"Tûranor"号（见图 10-18），它是在德国建造的，造价 1800 万欧元。船长 31m，宽 25m，重 95t，上面安装了 800 多块光伏组件，总面积 512m²，驱动两部 60kW 电动马达。储能装置是两个船体中质量达 8.5t 的锂离子电池，可在无光照条件下航行 72h，航速可达 25km/h，最多可搭载 50 名乘客。"Tûranor"号 2010 年 9 月 27 日从摩纳哥出发开始环球航行之旅，横渡巴拿马运河，经太平洋、印度洋、苏伊士运河和地中海，其航线接近赤道，以尽可能保证接收到充足的阳光，于 2012 年 5 月 4 日完成环球旅行，期间停靠了 28 个国家的 52 个城市。

图 10-18　目前世界最大的"Tûranor"号太阳能游艇

现在国际市场上已经有多款太阳能游艇出售，2011 年 11 月，中国厦门 CMC 游艇公司也建造了一艘长为 15m，宽为 6m 的游艇（见图 10-19），可承载 40 人。其动力全部来自安装在顶部的光伏组件，在灿烂阳光下，每平方米能够产生 200W 电能，可带动 2 台 7.5kW 的电动马达，航行最大速度为 9 节。

随着科技的进步，光伏组件的效率逐渐提高和成本不断下降，太阳能游艇有可能最早实现推广。

图 10-19　厦门 CMC 公司太阳能游艇

4. 光伏汽车

汽车是当代最普遍的交通工具，要消耗大量液体燃料，同时还造成了严重的空气污染，随着石油储量的逐渐枯竭，人们开始探索利用清洁的可再生能源作为动力，于是太阳能汽车也就应运而生了。各国已经制造出很多种太阳能汽车，第一届世界太阳能汽车挑战赛在 1987 年举行，以后每隔 3 年在澳大利亚举办一次，到 1999 年以后，每间隔一年举办一次。此赛事是目前世界上规模最大、赛程最长的太阳能汽车大赛，体现了目前太阳能汽车领域发展的最高水平，它的成功举办使清洁能源问题得到更广泛的关注及重视。

2015 年的世界太阳能汽车挑战赛在 10 月 17 日至 25 日举行（见图 10-20），有来自哥伦比亚、南非、伊朗、中国、瑞典、日本、美国等 25 个国家的 45 辆太阳能汽车参赛。从澳大利亚北领地首府达尔文出发，向南行驶，到达南澳大利亚州阿德莱德，全程长 3000km。比赛时间每天从上午 8 点到下午 5 点，比赛中有时气温超过 37.8℃，经过 5 天的艰苦拼搏，来自荷兰代尔夫特技术大学的"Nuna 8"太阳能汽车获得了冠军（参见图 10-21），该汽车质量只有 150kg，平均时速为 95～100km/h，这是该团队在这项赛事中的第 6 次夺冠。另一辆荷兰"Twente"太阳能汽车获得了亚军，只落后了 8 分钟。

图 10-20　太阳能汽车挑战赛即将开始　　图 10-21　"Nuna 8"太阳能汽车到达终点

由于汽车顶部的面积不大，而且方向会不断改变，光伏组件只能平铺安装，即使在白天，也经常有部分光伏组件照不到阳光，因此提供的电力有限，而且目前高效光伏组件价格十分昂贵，一般很难承受。另外，汽车本来是一项方便的交通工具，而太阳能汽车的使用和天气有关，如果长期遇到阴雨天，使用会产生问题，所以太阳能汽车要真正进入实际使用阶段，还有相当长的距离。

10.2.3　光伏农业

光伏农业是将光伏发电技术应用于现代农业生产中，在不改变原有土地性质和地形地貌的基础上，将光伏发电与农业种植、畜牧有机结合，实现"板上光伏发电，板下现代农业"的一种新型农业方式。在生态方面，具有显著的节能减排效益；在农业方面，创新了农业发展新模式；同时，推动当地能源结构优化，创造良好的社会和经济效益。

太阳能光伏大棚是在大棚的向阳面上铺设光伏发电装置的一种新型温室，它既具有发电能力，又能为经济作物提供适宜的生长环境。也可以根据需要，使用半透明的光伏组件，这样可以提供温室内的植物所需要的阳光和温度。

10.2.4　光伏建筑

据统计，现在住宅和商业建筑消耗的能源大约占总能耗的 20.1%，美国提出的目标是新建的建筑物要减少能源消耗 50%，并逐步对 1500 万栋建筑物进行改造，使其减少能耗 30%。其中重要的措施之一就是推广光伏与建筑相结合的屋顶并网光伏系统。同时近代提出的"零能耗建筑"观念，在一定程度上也只有光伏与建筑相结合才能实现。欧盟在 2016 年 12 月发表的 *BIPV Position Paper* 报告中也指出，建筑物和施工部门所排放的 CO_2 占全球排放量的 30%，要推广 BIPV 来实现到 2030 年温室气体排放量与 1990 年水平相比减少 40%的目标。

光伏与建筑相结合主要有两种方式。

1. 建筑附加光伏组件（BAPV）（见图 10-22）

将一般的光伏组件安装在建筑物的屋顶或阳台上，其逆变器输出端与公共电网并联，共同向建筑物供电，也可以做成离网系统，完全由光伏系统供电。BAPV 除了产生电能以外不增加任何附加价值，通常是在建筑施工完成后再进行安装的，这是光伏系统与建筑相结合的初级形式。

2. 建筑集成光伏组件（BIPV）（见图 10-23）

光伏组件与建筑材料融为一体，采用特殊的材料和工艺手段，使光伏组件可以直接作为建筑材料使用，既能发电，又可作为建材，能够进一步降低发电成本。

与一般的平板式光伏组件不同，BIPV 组件既然兼有发电和建材的功能，就必须满足建材性能的要求，如：隔热、绝缘、抗风、防雨、透光、美观，还要具有足够的强度和刚度，不易破损，便于施工安装及运输等，此外还要考虑使用寿命是否相当。根据建筑工程的需要，已经生产出多种满足屋顶瓦片、幕墙、遮阳板、窗户等性能要求的光伏组件。其外形不单有标准的矩形，还有三角形、菱形、梯形，甚至是不规则形状。也可以根据要求，制作成光伏组件周围是无边框的，或者是透光的，接线盒可以不安装在背面而在侧面。为了满足建筑工程的要求，已经研制出了多种颜色和不同透明程度的彩色光伏组件，可供建筑师选择，使得建筑物色彩与周围环境更加和谐。

图 10-22　建筑附加光伏组件　　　　　图 10-23　建筑集成光伏组件

　　由于光伏与建筑相结合有着巨大的市场潜力，各国很早就开始了研究开发。早在 1979 年，美国太阳联合设计公司（SDA）在能源部的支持下，研制出了面积为 0.9m×1.8m 的大型光伏组件，建造了户用屋顶光伏实验系统。并于 1980 年在 MIT 建造了有名的 "Carlisle House"，屋顶安装了 7.5kW 的光伏组件，并结合被动太阳房及太阳能集热器，除了供电外，还可提供热水和制冷。

　　20 多年前日本三洋电气公司研制出了瓦片形状的非晶硅光伏组件，每一块能输出 2.7W，但由于价格太贵，性能也不太稳定，未能推广应用。后来各国经过不断的开发改进，陆续推出了多种形式的 BIPV 产品。

　　武汉火车站的太阳能光伏并网发电项目是铁道部未来发展各火车站屋面光伏系统的重要的示范项目，同时也是湖北省内体量最大和装机功率最大的光电建筑一体化项目。武汉火车站地处青山杨春湖，是我国光电建筑在站房建设应用中璀璨的明珠，其顶棚由一个主翼和八个副翼构成，太阳能光伏发电项目建在九个翼棚上（见图 10-24）。

　　2018 年年底，广州地铁鱼珠车辆段 5MW 光伏项目建设完成并正式并网。该项目是目前国内规模最大的结合地铁交通的分布式光伏电站。项目年平均发电量能达到 $4.2×10^6 kW·h$，每年可替代 1623.45t 煤炭消耗，实现节能降耗、绿色可持续发展的目标（见图 10-25）。

图 10-24　武汉火车站光伏并网发电　　　　　图 10-25　广州地铁鱼珠光伏并网发电

　　光伏车棚+充电桩系统（见图 10-26）是一种光伏与建筑相结合中最为简便易行的方式，近几年越来越受到青睐。光伏车棚吸热性好，安装便捷，成本低廉，既充分利用原有场地，又能提供绿色环保的能源。在工厂园区、商业区、医院、学校等建设光伏车棚，可解决露天停车场夏日车内温度高的问题。

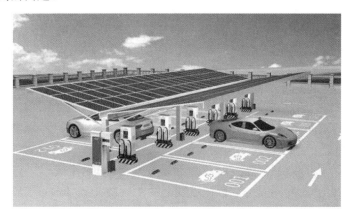

图 10-26　光伏车棚+充电桩系统

10.2.5　水面光伏

由于光伏发电需要占用土地资源，特别对于国土面积狭小的国家，发展光伏会受到一定限制，同样我国中东部地区土地较为稀缺，但可以利用湖泊、水库、鱼塘等闲置的水面建设光伏电站。所以近年来，水面光伏电站发展非常迅速。

水面光伏电站除了节省土地以外，还有不少优点，如：

- 可以提高发电效率，由于水体对光伏组件有冷却效应，可以抑制组件表面温度上升，
- 水面上反射辐射量较地面大，可以可提高发电量。
- 由于取水方便，可以经常清洗方阵表面，减小光伏电站的污秽损失。
- 安装平面很平坦，可以按最佳倾角安装，基本不存在因遮挡和朝向不一致而带来的失配问题。

据了解水面光伏电站要比安装在地面或屋顶的同等光伏电站发电量提高 10%～15%。

水面光伏组件的安装大致有两种类型，一种是用缆绳固定位置漂浮在水面上；另一种在水面不深时，可用打桩机将管桩固定，上面安装光伏组件。

日本京瓷公司很早就对水面光伏电站进行了研究和开发，在 2014 年就在 Yamakura Dam 建成容量分别是 1.7MW 和 1.2MW 两个水面光伏电站（见图 10-27）。韩国充分发挥了水面光伏电站的特点，建造了向日葵漂浮式光伏电站（见图 10-28），应用跟踪和旋转系统，跟踪太阳的运动，原型电站容量为 465kW，覆盖面积 8000m^2，应用了 72 片多晶硅电池组成的光伏组件 1550 块，据称发电量与地面固定安装相比要增加 22%。

图 10-27　日本 Yamakura Dam 水面光伏电站　　　图 10-28　韩国向日葵漂浮式光伏电站

目前世界最大的水面光伏电站是杭州风凌电力科技有限公司投资，由诺斯曼能源科技（北京）有限公司施工建造的浙江慈溪水面光伏电站（见图 10-29），容量为 200MW，覆盖水面面积 4492 亩，使用了 75 万多块光伏组件，320 台逆变器，160 台变压器。打桩钢管 13 余万根。在 2016 年 12 月 31 日开始并网发电，预计年发电量 2.2×10^6 kW·h，可节约标准煤 7.04×10^4t，减少 CO_2 排放 1.892×10^5t。

图 10-29　慈溪 200MW 水面光伏电站

10.2.6　其他应用场景

1. 光伏水泵

光伏水泵是无电干旱地区理想的抽水工具，它具有不需要连接电网，不消耗燃料，便于移动，安装方便，维护简单，工作寿命长，没有污染等优点。而且越是干旱，太阳光越强，光伏水泵抽水越多，正好满足要求，所以特别适合解决无电地区的人畜饮水和少量灌溉问题（见图 10-30）。

图 10-30　光伏水泵抽水

近年来，由于技术的发展，光伏水泵系统性能在不断改进，应用范围也在逐步扩大，随着光伏发电成本的不断降低，光伏水泵有着广阔的发展前景。

2. 太阳能风帽

太阳能风帽是另一种直联系统的类型，将光伏组件安装在凉帽顶部（见图 10-31），通过导线与小电机连接。在太阳照射下，光伏组件发出的电能可以驱动小电机，带动风扇转动，在炎热的夏天给室外工作的人员带来一丝凉意。

图 10-31　太阳能风帽

3. 石油、天然气管道阴极保护电源

石油、天然气常用管道进行长距离输送，金属管道的腐蚀现象普遍存在，每年因此要损

耗 10%～20%的金属材料。为了有效地保护金属管道,可将被保护金属管道进行外加阴极极化,以减少金属腐蚀,这种方法称为阴极保护法。现在主要采用的外加电流法,由直流电源、恒电位仪、辅助阳极和参比电极等组成,直流电源主要是根据阴极保护的要求提供所需要的直流电压和电流,通常将交流电经过降压整流得到直流电,这样就需要一套降压整流装置,也要消耗部分电能。在无可靠交流电源的地区,以前常用柴油机等供电,这样不但费用昂贵,还需要运输燃料,操作维护也很复杂,需要专业人员管理。光伏发电具有安全可靠、运行维护方便,特别适合无人值守等优点,而且提供的正好是直流电,不需要整流设备。现在不但在石油和天然气输送管线上已经普遍采用管道阴极保护光伏电源,如图 10-32 所示,在码头、桥梁、水闸等金属构件上也有很多采用光伏系统作为阴极保护电源,对于防止金属锈蚀发挥了重大作用,取得了明显的经济效益。

图 10-32　管道阴极保护光伏电源

4. 防灾救灾电源

为了预防自然灾害,常常需要在野外就地进行测量和观察,因此需要设置观测站,如地震观测站、水文观测站及森林防火观察站等。在观测站中,测量的仪器需要电源,有人管理的台站需要生活用电。设置的地点很多在高山峻岭或偏僻地区,往往缺乏可靠的电力供应,对于这种无人值守或用电量不多的场所,光伏发电往往就是最佳的选择,只要设计和配置得当,光伏发电完全可以满足观测站的用电需要,如图 10-33 所示为野外监测设备光伏电源,图 10-34 所示为森林防火观察站光伏电源。

图 10-33　野外监测设备光伏电源　　　　　图 10-34　森林防火观察站光伏电源

　　小型气象观测站由于用电量很少，已普遍采用光伏电源供电，如图 10-35 所示。有的气象台站，除了观测仪器用电以外，还要通信联系，都需要电源，华山气象站早期由于没有电力供应，原来收发报依靠人力手摇发电，劳动强度非常大。1976 年西安交通大学为华山气象站研制了一套小型光伏发电系统，其光伏电源如图 10-36 所示，光伏组件容量为 20W，从此收发报摆脱了繁重的体力劳动，光伏电源发挥了显著的效益。

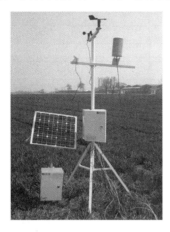

图 10-35　气象观测站光伏电源　　　　图 10-36　华山气象站 20W 光伏电源

10.3　空间光伏电站

　　太阳光经过大气层照射到地面时能量大约要损失 1/3，如将光伏组件安置在太空的地球静止轨道上，一年中只有在春分和秋分前后各 45 天里，每天出现一次阴影，时间最长不超过 72min，一年累计不到 4 天，也就是一年中有 99% 的时间可照到阳光。而在地面上，有一半时间是夜晚，而且白天除正午外太阳是斜射的。在太空每天能接收到的太阳能约为 $32kW \cdot h/m^2$，在地球上平均每天只能接收到 $2 \sim 12kW \cdot h/m^2$。所以如能在太空建立光伏电站，效果将会比地面上好得多。

　　早在 1968 年，美国工程师格拉泽就创造性地提出，在离地面 $3.6 \times 10^4 km$ 的地球静止轨道上建造空间光伏电站（Solar Power Satellite，SPS）的构想。设想利用铺设在巨大平板上的亿万片光伏组件，在太阳光照射下产生电流，将电流集中起来后，转换成无线电微波，发送给地面接收站。地面接收后，将微波恢复为直流电或交流电，就可送给用户使用。

　　20 世纪 70 年代末，全球发生石油危机，美国政府组织专家进行空间光伏电站的可行性研究。经过论证提出一个名为"1979 SPS 基准系统"的空间光伏电站方案，设想系统由 60 个发电能力各为 5GW 的空间光伏电站组成，每个长 10km，宽 5km，输出功率共 $3 \times 10^6 kW$，总质量 $3 \times 10^6 t$。光伏组件的一端连接一个直径为 1km 的微波发射天线。电站的姿态控制系统使光伏组件始终朝向太阳，指向机构使发射天线总是对准地球。光伏组件产生的电能通过微波发生器转换成微波，再经过天线向地面发送。微波的工作频率选用 2.45GHz 或 5.8GHz。地面接收天线覆盖面积约 1 万公顷，由很多半波偶极子天线组成，再将天线接收到的微波能量变换成交流电。由于地面天线的面积非常大，微波波束到达地面时的功率密度很小，微波束中心大约为 $20mW/cm^2$，边缘只有 $0.1mW/cm^2$。所以，微波束对人、畜和庄稼不会造成危害。理想的接收天线做成网格状，用柱子高高架起。网眼可以通过空气、阳光和水。这样天线下面的土地可以照常种植庄稼、放牧牛羊或作其他用途，不会过多占有土地。美国"1979 SPS 基准系统" 技术参数如表 10-2 所示。

表 10-2　美国 "1979 SPS 基准系统" 技术参数

系统组成	卫星数目（个）	60
	发电功率（GW）	60×5
	工作寿命／年	30
空间电站	单个卫星质量（10^7kg）	3～5
	尺寸	10km×5km×0.5km
	材料	碳纤维复合材料
	轨道	离地面 $3.6×10^4$km 静止轨道
能量转换系统	光伏组件材料	硅或砷化镓
电力输送系统	发射天线直径（km）	1
	频率（GHz）	2.45
	地面接收天线尺寸	13km×10km（椭圆）

由于整个系统过于庞大，需要大约 2500 亿美元的投资及 18000 人·年的在轨工作量（相当于 600 名航天员装配工在太空工作 30 年）。1981 年该研究中止。

1995—1997 年美国航宇局又组织专家开展了新一轮的研究论证，一共分析比较了 29 种不同方案，其中"太阳塔"和"太阳盘"两种方案被一致看好。问题还是在于投资巨大和有些技术问题尚待解决。

日本在 1987 年成立了 SPS 研究组，1993 年完成了"SPS 2000"卫星的模型设计，后来又推出多种 SPS 方案，其中分布式系绳卫星方案是由 100m×95m 的光伏组件单元板和卫星平台组成，在单元板和卫星平台间用 4 根 2～10km 长的系绳悬挂在一起，单元板质量 42.5t，由 25 块单元板组成子方阵，再由 25 个子方阵组成整个空间光伏电站。这个方案组装和维护很方便，但质量仍偏大。

后来有人提出在月球上就地取材，建造太阳能电站的设想，这样可以大大减少发射的成本。欧洲和中国也在对空间光伏电站进行大量的研究工作，发展空间光伏电站，除了需要大量资金以外，也还有不少技术方面的问题需要解决，但是随着社会的发展和科技的进步，这些问题将会逐步得到解决。可以设想，有朝一日，如能真正大量应用空间光伏电站，将有可能一劳永逸地解决人类的电力供应问题。

参 考 文 献

[1] JANET L S. Renewables 2016 Global Status Report[C]. REN21 Secretariat，2016.

[2] MICHAEL T, Eun Y S. Solar PV Costs and Markets in Africa[C]. International Renewable Energy Agency, 2016.

[3] ERIK H L. Pico Solar PV Systems for Remote Homes[C]. Report IEA-PVPS T9-12:2012, International Renewable Energy Agency, 2013.

[4] KEIICHI K, Tomoki E, Honghua X, et al. Energy from the Desert: Very Large Scale Photovoltaic Systems for Shifting to Renewable Energy Future[C]. IEA PVPS Final Report IEA-PVPS February 2015.

[5] MANSUR A, Ghassan H, Syed A S, et al. A review of solar-powered water pumping systems[J]. Renewable

and Sustainable Energy Reviews,2018, 87: 61-76.

[6] EMRAH B, Mustafa A, Arif H, et al. A key review of building integrated photovoltaic (BIPV) systems[J]. Engineering Science and Technology, an International Journal, 2017, 20 (3): 833-858.

[7] 杨金焕，崔容强，黄松令，等. 太阳能路灯[J]. 太阳能，1987（3）：4-5.

[8] 崔容强，赵春江，吴达成. 并网型太阳能光伏发电系统[M]. 北京：化学工业出版社，2007.

[9] FERRARA C, Wilson H R, Sprenger W. The Performance of Photovoltaic (PV) Systems[M], Woodhead Publishing, 2017, 235-250.

[10] FILIPPO Sgro. Efficacy and Efficiency of Italian Energy Policy: The Case of PV Systems in Greenhouse Farms[J]. Energies 2014, 7, 3985-4001.

练 习 题

10-1　光伏发电系统与建筑相结合有哪两种形式？请分别加以说明。

10-2　光伏建筑一体化的优点是什么？实施的难点在哪些方面？

10-3　光伏发电混合系统适合在什么情况下采用？目前常用的混合光伏发电系统有哪几类？

10-4　如果完全依靠光伏发电作为动力，你认为哪种交通工具比较容易实现，理由是什么？

10-5　你认为建造空间光伏电站的前景如何？

第 11 章　光伏发电的效益分析

在现代社会，没有电力供应就无法推动科技的进步，很难发展生产和改善人们的物质生活水平。在很多常规电网无法延伸到的地区，光伏发电系统的应用范围和规模正在日益扩大，为解决无电地区的生产和生活用电问题发挥了重要的作用，取得了重大的社会和经济效益。在一些地区，光伏发电已经达到可与常规电力价格相竞争的水平，这标志着太阳能发电已经进入一个崭新的时代，将在能源消费领域占有越来越大的份额。然而，对于当前如何评价光伏发电的实际效益，仍然有一些问题需要进一步深入探讨。

11.1　光伏发电的经济效益

现代发电方式有很多种，为了客观比较各种发电方式的经济效益，最重要的指标之一是发电成本（LCOE）。

发电成本是指生产单位电能（通常为 $1kW \cdot h$）所需要的费用，可以用下式表示：

$$\text{LCOE} = \frac{C_{\text{total}}}{E_{\text{total}}} \tag{11-1}$$

式中，C_{total} 是投入费用的总和；E_{total} 是实际生产电能的总量。

11.1.1　成本计算方法

一般都按照美国可再生能源实验室在 1995 年发表的 *A Manual for the Economic Evaluation of Energy Efficiency and Renewable Energy Technologies* 提出的公式：

$$\text{LCOE} = \frac{\text{TLCC}}{\sum_{n=1}^{N} \left[\frac{E_n}{(1+d)^n} \right]} \tag{11-2}$$

$$\text{TLCC} = \sum_{n=0}^{N} \frac{C_n}{(1+d)^n}$$

式中，E_n 是在第 n 年的能量输出；d 是贴现率；N 是分析周期；TLCC 是寿命周期总成本的现值；C_n 是在周期第 n 年的投资成本，包括视情况而定的财务费用、期望残值、非燃料的运行和维护费用、更换费用以及消耗能源的费用等。

RETScreen 的财务分析模型为了适应不同能源技术的需要，引用了很多金融教科书提出的标准金融术语，并作以下假设：

① 开始投资年是第 0 年；

② 计算成本和贷款从第 0 年开始，而通货膨胀率从第 1 年起计算；

③ 现金流的时间发生在每一年末。

基于避免净现值为零的观念来确定能源生产的成本，由此极端情况得到：

$$\text{NPV} = \sum_{n=0}^{N} \frac{\tilde{C}_n}{(1+r)^n} = 0$$

式中，NPV 是净现值；r 是贴现率；n 是第几年；$\tilde{C}_n$ 是税后现金流，由下式确定：

$$\tilde{C}_n = C_n - T_n$$

式中，T_n 是当年税金；C_n 是第 n 年的税前现金流，由下式确定：

$$C_n = C_{\text{in},n} - C_{\text{out},n}$$

式中，$C_{\text{in},n}$ 是现金收入，由下式确定：

$$C_{\text{in},n} = C_{\text{ener}}(1+r_e)^n + C_{\text{capa}}(1+r_i)^n + C_{\text{RE}}(1+r_{\text{RE}})^n + C_{\text{GHG}}(1+r_{\text{GHG}})^n$$

式中，C_{ener} 是能源（电力）销售年收入；C_{capa} 是容量增加产生的年收入；C_{RE} 是再生能源产品的年收入；r_{RE} 是再生能源增长率；C_{GHG} 是温室气体减排（CDM 指标销售）收入；r_{GHG} 是温室气体减排增长率。

在项目完成的最后一年，由于通货膨胀而引起支出的增长，应加在等式的右边。

现金支出 $C_{\text{out},n}$ 由下式确定：

$$C_{\text{out},n} = C_{\text{O\&M}}(1+r_i)^n + C_{\text{fuel}}(1+r_e)^n + D + C_{\text{per}}(1+r_i)^n$$

式中，$C_{\text{O\&M}}$ 是当年的运行和维护成本；r_i 是通货膨胀率；C_{fuel} 是当年燃料或电力成本；r_e 是能源增长率；C_{per} 是系统支付的定期成本；D 为当年债务偿还数，由下式确定：

$$D = Cf_d \frac{i_d}{1 - \dfrac{1}{(1+i_d)^N}}$$

式中，C 是项目初始投资成本的总数；f_d 是负债率；i_d 是有效债务年利率；N 是负债年数。

以上计算发电成本的方法对于各种发电技术都适用，但不同的发电方式影响的因素并不一样，因此涉及具体的内容也不相同。

SunPower 公司在 2008 年发表的白皮书，提出光伏并网发电成本的简化计算公式为：

$$\text{LCOE} = \frac{C_{\text{pro}} + \sum\limits_{n=1}^{N} \dfrac{\text{AO}}{(1+\text{DR})^n} - \dfrac{\text{RV}}{(1+\text{DR})^n}}{\sum\limits_{n=1}^{N} \dfrac{E_{\text{in},i} \times (1-\text{SDR})^n}{(1+\text{DR})^n}} \tag{11-3}$$

式中，C_{pro} 是系统初始投资；AO 是每年运行成本；DR 是贴现率；SDR 是系统衰减率；RV 是残值；N 是系统运行的年数。但是在公式中没有充分反映税收、补贴和其他一些有关因素的影响，后来 2010 年又发表了改进的公式：

$$\text{LCOE} = \frac{\text{PCI} - \sum\limits_{n=1}^{N} \dfrac{\text{DEP} + \text{INT}}{(1+\text{DR})^n}\text{TR} + \sum\limits_{n=1}^{N} \dfrac{\text{LP}}{(1+\text{DR})^n} + \sum\limits_{n=1}^{N} \dfrac{\text{AO}}{(1+\text{DR})^n}(1-\text{TR}) - \dfrac{\text{RV}}{(1+\text{DR})^n}}{\sum\limits_{n=1}^{N} \dfrac{E_{\text{in},i} \times (1-\text{SDR})^n}{(1+\text{DR})^n}} \tag{11-4}$$

式中，PCI 是工程造价减去任何投资税收抵扣或补贴；DEP 为折旧费；INT 是已付利息；LP 是支付贷款，TR 是税率。

K. Branker 等人研究和总结了以前对于光伏发电成本的研究，在 2011 年发表的 *A Review of Solar Photovoltaic Levelized Cost of Electricity* 中，提出 LCOE 现值之和乘以所产生的能量总和应该等于成本净现值，即

$$\sum_{t=0}^{T} \left[\frac{\text{LCOE}_t}{(1+r)^t} \times E_t \right] = \sum_{t=0}^{T} \frac{C_t}{(1+r)^t}$$

$$LCOE = \frac{\sum_{t=0}^{T} \dfrac{C_t}{(1+r)^t}}{\sum_{t=0}^{T} \dfrac{E_t}{(1+r)^t}}$$

　　净成本应包括现金流出，如初始投资（通过股本或债务融资），如果是债务融资，则需要支付利息、运营和维护费用（太阳能光伏发电没有燃料成本）。若有政府的激励措施，应计入现金流入。因此，计算净成本还应考虑融资、税收和激励措施，对于初始定义进行扩展修改。如果 LCOE 用于电网价格比较，它必须包括所有的费用（包括运输和连接费用等），所以未来的项目必须进行动态的敏感性分析。在没有考虑激励措施时，光伏系统的发电成本可用下式表示：

$$LCOE = \frac{\sum_{t=0}^{T} \dfrac{I_t + O_t + M_t + F_t}{(1+r)^t}}{\sum_{t=0}^{T} \dfrac{E_t}{(1+r)^t}} = \frac{\sum_{t=0}^{T} \dfrac{I_t' + O_t + M_t + F_t}{(1+r)^t}}{\sum_{t=0}^{T} \dfrac{S_t(1-d)^t}{(1+r)^t}} \qquad (11\text{-}5)$$

式中，T 为项目寿命周期（年）；t 为年份；E_t 为 t 年发电量；I_t 为系统 t 年的投资成本；O_t 为 t 年的维护成本；M_t 为 t 年的更换部件成本；F_t 为 t 年的利息支出；r 为 t 年的贴现率；S_t 为 t 年的发电量；d 为衰减率。

　　欧洲光伏技术平台指导委员会光伏 LCOE 工作组 2015 年 6 月 23 日发布的 *PV LCOE in Europe* 2014～2030 报告中，采用以下公式来计算光伏发电成本：

$$LCOE = \frac{CAPEX + \sum_{t=1}^{n}\left[OPEX(t) / (1 + WACC_{nom})^t \right]}{\sum_{t=1}^{n}\left[Utilisation_0 \cdot (1 - Degradation)^t / (1 + WACC_{real})^t \right]} \qquad (11\text{-}6)$$

式中，t 为时间（年）；n 为系统寿命周期（年）；CAPEX 为 $t = 0$ 时系统的总投资费用（€/kW）；OPEX(t) 为在 t 年的运行和维护费用（€/kW）；$WACC_{nom}$ 为初始投资的名义加权平均成本（每年）；$WACC_{real}$ 为初投资的实际加权平均成本（每年）；$Utilisation_0$ 为在第 0 年没有衰减的初始利用率（kW·h/kW）；Degradation 为系统标称功率的年衰减率（每年）。

$$WACC_{Real} = (1 + WACC_{Nom}) / (1 + Inflation) - 1$$

式中，Inflation 为年通胀率。

11.1.2 影响成本的因素

　　以上计算光伏发电成本虽然有多种形式，实际上总的原则还是如式（11-1）所示，总投入费用与系统总发电量之比。在实际进行发电成本计算时，由于牵涉到光伏发电产量和投资收益等财务分析，严格来讲，应按照金融财经专业的要求，进行寿命周期内逐年现金流的分析，影响因素相当复杂；如果只是粗略估算，可作些简化，如不考虑通货膨胀率等因素，大体分成以下两大部分。

　　① 投入部分。主要包括以下几个方面：

$$\sum C_{totel} = \sum C_{ini} + \sum C_{O\&M} + \sum C_{rep} + \sum C_{int} - \sum C_{CDM} - \sum C_{sub} \qquad (11\text{-}7)$$

式中，$\sum C_{totel}$ 是在工作寿命周期内项目总投资费用。现在普遍认为按照目前晶体硅光伏组件的技术水平，使用寿命可以达到 25 年，因此可将光伏电站的工作寿命周期定为 25 年，随着技术的进步，以后工作寿命周期将会逐步延长。

　　$\sum C_{ini}$ 是初始投资费用，包括：建造光伏电站过程中，所有设备、配套元器件、土地购置

（或租赁）、建造配套设施、土建（基础、配电房、中控室、宿舍、道路等）、运输、施工与安装，以及入网、设计、管理等其他相关费用。

$\sum C_{O\&M}$ 是运行、维护费用，包括原材料消耗、运行维护费、修理费、管理人员工资福利以及其他费用。

$\sum C_{rep}$ 是更换设备及另部件费用。系统中有些设备和另部件的工作寿命周期不到 25 年，因此在系统工作寿命周期结束以前，这些设备和另部件需要更换。例如一般逆变器的工作寿命周期是 10～15 年，因此在中间就需要更换一次。不过现在有些品牌的逆变器工作寿命周期已经可以达到 25 年，或者增加一些费用，可以延长质保到 25 年，这样就可不用考虑这部分费用。

此外还要考虑在工作寿命周期结束后，拆除、清理等善后工作的费用。

$\sum C_{int}$ 是信贷费用，建造大型光伏电站，需要很大的投资，一般需要向银行贷款，这就必须逐年向银行支付利息，严格来说还要考虑到贷款利率的变动及通货膨胀等因素。

公式（11-7）最后面两项，实际上是收入，由于光伏发电是清洁能源，减少了二氧化碳的排放，$\sum C_{CDM}$ 是进行 CDM 指标的交易所获得的收入；$\sum C_{sub}$ 是获得的政府补贴和税收抵扣或减免。

② 产出部分。

并网光伏电站的产出主要是按上网电价出售光伏电能所得的收益。这在很大程度上要取决于光伏电站的发电量，显然这与当地的太阳辐照条件和系统的性能比有关，具体计算可根据式（9-4）计算光伏电站年发电量为：

$$E = H_t \cdot P_0 \cdot PR$$

如考虑光伏组件存在衰减，在工作寿命周期内的总发电量按式（9-5）计算，即

$$E_{totel} = H_t \cdot P_0 \cdot PR \cdot \sum_{t=0}^{T} (1-d)^t$$

式中，d 为组件衰减率。

投入和产出相除，即可得到发电成本 LCOE，但这只是在工作寿命周期内能够达到收支平衡，收回投资的极限状况，并不是上网电价。光伏电站正式投产，获取利润时，要按照相关规定交纳各项税收。所以确定上网电价时，除了根据发电成本以外，还需要加上利润和税收。

【例 11-1】 拟在甘肃省兰州地区投资建造一座 20MW 光伏电站，资金来源是采取 20%权益资金，80%向银行贷款的融资方式，债务年限为 20 年，年利率为 4.9%。假定没有获得来自政府或其他方面的资助。为了简化计算，假设不考虑通货膨胀和利率变动等因素。系统能效比取 0.80，光伏组件的年衰减率为 0.8%。试问其发电成本是多少？

解法 1：先不考虑贴现率，进行大致的估算。

（1）基本数据

① 预期初始投资费用$\sum C_{ini}$，列为表 11-1。

表 11-1　20MW 光伏电站初始投资测算表

名称	单位	数量	单价（元）		合价（万元）		其他费用
			设备购置费	安装费	设备购置费	安装费	
光伏组件	W	20 000 000	1.9	0.12	3800	240	
支架	t	990	6500	2053.32	643.5	203.3	
逆变器及其他设备	套	18	200000	11487.52	360	20.7	

（续表）

名称	单位	数量	单价（元）		合价（万元）		其他费用
			设备购置费	安装费	设备购置费	安装费	
直流汇流箱	台	245	4500	521.48	110.3	12.8	
变压器及附件					500	102	
光伏电缆工程						581	
升压设备及安装工程					373	51	
控制保护设备及安装					553	74	
其他设备及安装工程					68	160	
发电设备基础工程及建筑						1834	
项目建设用地费							198
项目建设管理费							424
生产准备费							100
勘察设计费							96
其他税费							95
以上合计					6407.8	3278.8	913
总计					10599.6		

可见，初始投资需要约 1.1 亿元。以上只是大致测算，实际支出情况可能会有所出入。

② 光伏电站使用工作寿命周期为 25 年，运行、维护费用按照每年 100 万元计算。

③ 更换设备及另部件费用考虑逆变器需要更换一次，价格 500 万元。

④ 支付银行利息：项目自筹资金为初始投资的 20%，计 2200 万元，其余 8800 万元向银行贷款，还贷期 20 年，按年利率 4.9%计算。

⑤ 计算发电量数据：

兰州地区的经度为 103.73°，纬度为 36.03°，水平面上的年平均辐照量是 1401.6kW·h/m²。

如按并网光伏组件最佳倾角 25°安装，倾斜面上平均每天的辐照量为 4.077kW·h/m²/d（见表 9-1）。则当地倾斜面上的年平均峰值日照时数是 $H_t = 4.077(h/d) \times 365(d) = 1488.1(h)$。

（2）具体计算

系统的初始现金成本：$\sum C_{ini} = 2200$ 万元；

维护成本：$\sum C_{O\&M} = 25 \times 100 = 2500$ 万元；

更换设备成本：$\sum C_{rep} = 500$ 万元；

支付银行利息：贷款 8800 万元，年利率 4.9%，还贷期 20 年。运用 Excel 的 PMT 公式，求出在固定利率下，贷款每年的等额分期偿还额为 700.1 万元，总共利息为：

$$\sum C_{int} = 20 \times 700.1 \ 万元 = 14002 \ 万元$$

因此，光伏电站工作寿命周期内总投资费用为：

$$\sum C_{totel} = (2200 + 2500 + 500 + 14002) \ 万元 = 19202 \ 万元$$

由式（9-5），求出总发电量：

$$E_{totel} = H_t \cdot P_0 \cdot PR \cdot \sum_{n=0}^{N} (1-r)^n = 1488.1 \times 20 \times 0.8 \times \sum_{n=0}^{24} (1-0.008)^n = 541452.5 MW \cdot h$$

因此可得到：$LCOE = \dfrac{C_{totel}}{E_{totel}} = \dfrac{19202万元}{541452.5MW \cdot h} \approx 0.355元 / kW \cdot h$

解法 2：以上计算虽然比较简便，但是没有考虑到资金的时间价值问题，资金存放在银行可以有利息，也就是去年的 10 元钱比今年的 10 元钱价值要高一点，二者之间的差距就体现在贴现率，假设贴现率为 10%，则用 10/(1+10%) = 9，这表示今年的 10 元钱只相当于去年的 9 元钱。同理，10/(1+10%)^2=8.3，表示今年的 10 元只相当于前年的 8.3 元。所以应将项目工作寿命周期内各年的财务净现金流量，按照一个给定的标准贴现率折算到建设初期的现值之和，具体如下：

系统的初始现金成本：$\sum I_t$=2200 万元

假定年贴现率为 3%，由于项目寿命周期 25 年是从建成当年开始起算，所以积分上、下限分别以 0 和 24 计算。

维护成本现值为：$\sum_0^T \dfrac{O_t}{(1+r)^t} = \sum_{t=0}^{24} \dfrac{100}{(1+0.03)^t} = 1793.6$万元

在第 12 年更换一次逆变器 500 万元的现值为：

$$\sum_0^T \frac{M_t}{(1+r)^t} = \frac{M_t}{(1+r)^{11}} = \frac{500}{(1+0.03)^{11}} = 361.2\text{万元}$$

计算贷款利息：贷款额 8800 万元，还贷期 20 年，利率 4.9%，可利用 Excel 的 PMT 公式，求出在固定利率下，贷款每年的等额分期偿还额为 F_t = 700.1 万元，再根据 Excel 的 PV 公式求出现值：

$$\sum_0^T \frac{F_t}{(1+r)^t} = \sum_{t=0}^{19} \frac{700.1}{(1+0.03)^t} = 10728\text{万元}$$

由此可得出在工作寿命周期内光伏电站总投资的现值为：

$$\sum C_{\text{totel}} = 2200 + 1793.6 + 361.2 + 10728 = 15082.8 \text{ 万元}$$

期间光伏电站总发电量的现值为：

$$E_{\text{totel}} = H_t \cdot P_0 \cdot \text{PR} \cdot \sum_0^T \frac{(1-d)^t}{(1+r)^t} = 1488.1 \times 20 \times 0.8 \times \sum_{t=0}^{24} \frac{(1-0.008)^t}{(1+0.03)^t} = 393210 \text{MW} \cdot \text{h}$$

因此可得到：$\text{LCOE} = \dfrac{C_{\text{totel}}}{E_{\text{totel}}} = \dfrac{15\ 082.8\text{万元}}{393\ 210\text{MW} \cdot \text{h}} \approx 0.384\text{元}/\text{kW} \cdot \text{h}$

不过，这里还要再次强调，其中没有考虑固定资产的残值等因素，计算得到的只是光伏电站发电成本，而不是上网电价。

11.1.3　光伏发电成本的历史及展望

长期以来，在很多人的印象中都认为与常规燃烧化石燃料的火力发电厂相比，光伏发电成本很高，无法和常规发电相竞争，因此大规模应用光伏电力还遥遥无期。其实这种单纯比较发电价格的方法是不公平的，因为目前常规发电的价格并不反映实际的生产成本，为了减轻消费者的负担，各国政府都对能源工业进行了补贴。

根据能源观察集团（Energy Watch Group）估计，在 2008 年全球范围内的燃料和电力消费在 55000 亿～75000 亿美元，其中 8.5%～12.8%（6500 亿美元）来自补贴，即补贴化石燃料生产（约合 5500 亿美元），补贴化石燃料生产商（约 1000 亿美元）。如将一年对常规能源的补贴用于可再生能源，就可安装约 200GW 光伏发电系统。20 世纪末，有些国家（如德国等）为了推动光伏产业的发展，由政府补贴，实行高价收购光伏上网电力的政策，对于容量为 3～5kW

的户用屋顶光伏系统所输入电网的电能最高时以 0.57 欧元/kW·h 的价格收购，使得用户安装光伏系统成为有利可图的投资。这样促使光伏安装量得到了迅速扩大，德国后来成为世界光伏应用的先驱。

此外，还有很多间接的费用并没有包括在常规发电的成本中，如对于当地环境的影响和排放温室气体引起全球气候变化的代价，至今还很难量化并计入发电成本中。通过全年经济效益和投资回收周期分析，100%发电量自用经济模式下在雾霾污染情况下经济收益最多，投资回收周期最短，是最优的经济模型。减少的辐照度导致发电量的衰减，从而造成光伏系统运营商收入损失以及投资者收益损失。许多国家计划安装城市吉瓦级的光伏装机容量，如此大规模的装机容量和目前的电价水平，如果不正确地考虑辐照量的减少和太阳光线的变化（更多的散射光），光伏发电系统的运行的可靠性将被影响，并且经济损失程度难以被量化。即使按《京都议定书》所规定的基于市场原则的清洁发展机制（简称 CDM）进行碳交易，CO_2 的市场价格还是偏低，2014 年在欧洲大约只有 9 美元/t。为了应对气候变化，《巴黎协定》要求把全球平均气温较工业化前水平升高控制在 2℃之内，需要将大气中的温室气体浓度控制在 450ppm 以下，这就要努力减少温室气体的排放量，这个目标称为 2℃情景或 450ppm 情景。

2017—2021 年全球碳排放交易市场规模及增速如图 11-1 所示，从国内碳交易市场来看，自 2021 年 7 月 16 日多地碳交易正式开市，碳交易市场增量大幅上涨。据碳交易网数据，2021 年我国碳交易市场成交额为 76.61 亿元，市场成交量为 $1.79×10^6$t，同比增长幅度较大。从全球碳交易市场规模来看，据统计，2021 年，全球 CO_2 排放权交易市场的价值增长了 164%，达到 7600 亿欧元（8510 亿美元）。

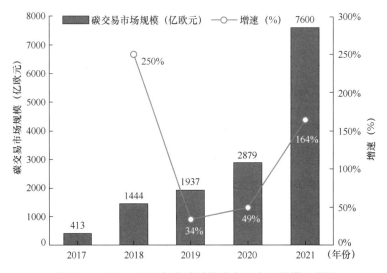

图 11-1　2017—2021 年全球碳排放交易市场规模及增速

由于化石燃料的储量有限，常规发电的价格必然会逐渐上涨，而随着光伏发电市场的迅速扩大，光伏组件和平衡系统由于大规模商业化生产，其价格也将逐渐降低，加上科技的进步和发展，相关产品的性能和质量也将不断提高，又会进一步促使光伏发电的成本降低。根据 IRENA 报告显示，全球在 2021 年新增的清洁能源发电设施的装机容量中，将近三分之二（约 163GW）的安装成本低于化石燃料发电设施。在陆上风电方面，2021 年交付的项目全球加权平均度电成本同比下降了 15%，从 2020 年的 0.039 美元/kW·h（约合人民币 0.263 元/kW·h）

降至 0.033 美元/kW·h。清洁、低碳的光伏发电系统可以产生良好的环境效益，但目前经济效益的计算中不包含光伏发电系统的环境效益。

11.2　光伏发电的环境效益

11.2.1　光伏发电的能量偿还时间

1. 能量偿还时间（Energy Pay Back Time，EPBT）

光伏发电是无污染的清洁能源，不过在制造光伏发电系统过程中，也需要消耗一定能量，有不少人对于光伏发电系统所产生的能量是否能够补偿制造过程中所消耗的能量表示怀疑，甚至有人认为光伏发电是得不偿失的。光伏发电系统对环境的影响可以用环境效益来评估，随着目前 PM2.5 对日常生活与人类健康的影响，需要将光伏发电系统对 PM2.5 的减少作用列入总的环境效益中考虑。目前对 PM2.5 环境效益的研究多局限生命价值的研究上，没有从污染物治理与对环境的影响方面进行评估。

衡量一种能源系统是否有效的指标之一是：能量偿还时间（EPBT）。其定义是：在该能源系统寿命周期内输入的总能量与系统运行时每年产生的能量之比，两者使用同样单位，都用等效的一次能源或者电能来表达。EPBT 的单位是年，显然能量偿还时间越短越好。

$$\text{EPBT} = E_{in} / E_g = (E_{mat}+E_{manuf}+E_{trans}+E_{inst}+E_{EOL}) / ((E_{agen}/\eta_G) - E_{aoper}) \tag{11-8}$$

式中，E_{in} 是能源系统寿命周期内输入的总能量，包括制造、安装、运行以及最后寿命周期结束后拆除系统和处理废物所需要外部输入的全部能量；E_g 是能源系统运行时每年输出的能量；E_{mat} 是生产能源系统材料所消耗的一次能源；E_{manuf} 是制造能源系统所消耗的一次能源；E_{trans} 是能源系统寿命周期内运输材料所消耗的一次能源；E_{inst} 是安装能源系统所消耗的一次能源；E_{EOL} 是能源系统寿命周期终结进行善后处理所消耗的一次能源；E_{agen} 是能源系统年发电量；E_{aoper} 是能源系统年运行和维护消耗一次能源数量；η_G 是消费端平均一次能源转换成电能的效率。由于各个国家使用的燃料和技术等条件不同，一次能源转换成等效年发电量（E_{agen}）的平均转换效率也不一样，在美国取 0.29；在西欧取 0.31。

一次能源定义为呈现在自然资源中的未经任何人为转换的能源（如：煤炭、原油、天然气、铀），需要转化和输送来成为可用的能源。

将某个装置每年产生的能量 E_g 与其寿命周期相乘，得到该装置在其寿命周期内能够产生的能量，如果此能量小于制造该装置时所消耗的能量，则该装置不能作为能源使用。如常用的蓄电池，尽管在一定条件下，也能够向外提供电能，但是即使不考虑制造过程中所消耗的能量，仅仅充电时输入的能量就要大于放电时输出的能量，所以蓄电池并不是能源。

光伏发电系统能量返还时间取决于一系列复杂的因素，输入的能量与很多因素有关，如光伏组件的类型（如单晶硅、多晶硅、非晶硅还是其他类型电池）、工艺过程、封装材料和方式等；方阵的框架及支撑结构，平衡系统（BOS）的材料（包括箱体、元件等）和工艺，有时还有蓄电池。此外还要加上在安装、运行以及最后寿命周期结束，拆除系统和处理废物时所需要的能量，特别是还要考虑人员的劳动所付出的能量。

光伏发电系统输出的能量也与很多因素有关，如光伏组件和配套部件的使用寿命及其性能和效率、光伏发电系统的类型（如离网系统还是并网系统）、当地的地理及气象条件，系统的设计是否合理，方阵倾角是否恰当，安装过程有无不当，维护管理的情况等。除此以外，还有一些并不与发电系统本身直接有关的间接因素。尽管影响的因素错综复杂，还是可以根据理论研究和实际调查，把握主要因素，进行综合分析。

2. 相关参数的计算方法

（1）光伏发电系统运行时每年输出的能量

离网系统所产生的有效发电量除了取决于光伏方阵容量、当地的气象和地理条件以及现场的安装、运行情况等因素以外，还要受到蓄电池容量及维持天数的限制，情况比较复杂。以下主要讨论并网光伏发电系统的情况。

并网光伏发电系统单位功率每年输出的能量通常可以用式（9-4）计算：

$$E_g = H_t \cdot P_0 \cdot \mathrm{PR}$$

式中，E_g 为单位功率光伏发电系统每年输出的电能，单位是：$\mathrm{kW \cdot h} / (\mathrm{kW \cdot 年})$；$H_t$ 为倾斜方阵面上全年接收到的太阳总辐照量，单位是：$\mathrm{kW \cdot h} / (\mathrm{m^2 \cdot 年})$ 除以 $1\mathrm{kW/m^2}$，即每年的峰值日照时数；P_0 为光伏发电系统额定功率 $1\mathrm{kW}$；PR 为系统能效比。

为了简化计算，通常不考虑光伏组件本身效率的衰减。

（2）光伏发电系统在寿命期间输入的总能量 E_{in}

在整个光伏发电系统的加工、制造以及安装过程中，都要消耗能量。在生产过程中，不同类型的光伏组件，单位功率所消耗的电能也不相同，而且不同的工艺、生产规模等也有影响。以目前常用的几种电池比较，同样功率的单晶硅电池消耗的能量最多，其次是多晶硅电池，非晶硅电池消耗的能量最少。根据中国光伏行业协会的数据，以 60 片、270Wp 多晶硅组件为例，单位耗能约为 $1.5\mathrm{kW \cdot h/W}$。

3. 计算能量偿还时间

代入公式：$\mathrm{EPBT} = E_{in} / E_g$，即可求出能量偿还时间。

为了评估并网光伏发电的环境效益，本书对于中国 28 个主要城市，按照上述的技术指标，进行了分析计算。其中当地水平面上的太阳辐照量，是根据国家气象中心发表的 1981—2000 年"中国气象辐射资料年册"的测量数据取平均值得到的。并且依照 S.A.Klein 和 J.C.Thcilacker 所提出的计算方法，算出不同倾斜面上的月平均太阳辐照量并进行比较，得到当地全年能接收到的最大太阳辐照量 H_t，其相应的倾角作为并网光伏方阵最佳倾角，同样可以确定朝向赤道垂直安装时方阵面上全年接收到的太阳辐照量。假定系统的能效比为 0.75，其余参数的确定均按上述方法，可得出中国主要城市并网光伏系统的能量偿还时间如表 11-2 所示。

表 11-2　中国主要城市并网光伏系统的能量偿还时间

地区	纬度 （°）	最佳倾角 （°）	平均每天峰值日照时数		能量偿还时间 EPBT（年）	
			最佳倾角安装	垂直安装	最佳倾角安装	垂直安装
海口	20.02	10	3.8915	2.0771	1.41	2.64
广州	23.10	18	3.1061	1.8398	1.76	2.98
昆明	25.01	25	4.4239	2.6973	1.24	2.03
福州	26.05	16	3.3771	1.8991	1.62	2.89
贵阳	26.35	12	2.6526	1.4715	2.07	3.72
长沙	28.13	15	3.0682	1.7156	1.79	3.19

（续表）

地区	纬度（°）	最佳倾角（°）	平均每天峰值日照时数		能量偿还时间 EPBT（年）	
			最佳倾角安装	垂直安装	最佳倾角安装	垂直安装
南昌	28.36	18	3.2762	1.8775	1.67	2.92
重庆	29.35	10	2.4519	1.3345	2.23	4.11
拉萨	29.40	30	5.8634	3.6935	0.93	1.48
杭州	30.14	20	3.183	1.8853	1.72	2.91
武汉	30.37	19	3.1454	1.8536	1.74	2.96
成都	30.40	11	2.4536	1.3863	2.23	3.95
上海	31.17	22	3.5999	2.1761	1.52	2.52
合肥	31.52	22	3.3439	2.0351	1.64	2.69
南京	32.00	23	3.3768	2.0804	1.62	2.63
西安	34.18	21	3.3184	2.0009	1.65	2.74
郑州	34.43	25	3.8807	2.4450	1.41	2.24
兰州	36.03	25	4.0771	2.5495	1.34	2.15
济南	36.36	28	3.8241	2.4754	1.43	2.21
西宁	36.43	31	4.558	3.0242	1.20	1.81
太原	37.47	30	4.1961	2.7699	1.31	1.98
银川	38.29	33	5.0982	3.4324	1.07	1.60
天津	39.06	31	4.0736	2.7473	1.35	1.99
北京	39.56	33	4.2277	2.9121	1.30	1.88
沈阳	41.44	35	4.0826	2.8643	1.34	1.91
乌鲁木齐	43.47	31	4.2081	2.7818	1.30	1.97
长春	43.54	38	4.4700	3.2617	1.23	1.68
哈尔滨	45.45	38	4.2309	3.0740	1.30	1.78

可见在中国主要城市中，朝向赤道，按照方阵最佳倾角安装和垂直安装的并网光伏发电系统，能量偿还时间最短的是拉萨，分别只有 0.93 年和 1.48 年；最长的是重庆，分别为 2.23年和 4.11 年。在计算中没有计入运输、安装、运行以及最后寿命周期结束时，拆除系统和处理废弃物所需要外部输入的能量，但是根据分析，这些分摊到光伏组件的单位功率上所需能量不大，对于能量偿还时间影响很小。当然对于单晶硅电池，能量偿还时间会稍有增加，而薄膜电池则有所减少。

不过还要特别指出：随着科技的进步，光伏发电系统消耗的电能也会随之降低，上面求出的能量偿还时间也会相应减少。

【例 11-2】　在敦煌地区建造多晶硅并网光伏发电系统，假定系统的能效比为 0.75，试问该光伏发电系统的能量偿还时间是几年？

注：敦煌地区并网光伏发电系统的最佳倾角是 35°，其方阵面上的太阳辐照量为 5.566kW·h/m²·d，建造 1kW 光伏发电系统所消耗的电能按照 1500kW·h 计算。

解：代入公式（11-8）：

$$EPBT = E_{in} / E_g = 1500/5.566×365×1×0.75 = 0.99（年）$$

总之，光伏系统在整个寿命周期（目前为 25 年，以后可望增加到 35 年）内，所产生的能量远大于其制造、运输、安装、运行等全部输入的能量，而且随着技术的发展，光伏发电系统所消耗的能量还将不断下降，能量偿还时间将进一步缩短，光伏发电确实是值得大力推广的有效清洁能源。

11.2.2　光伏发电减少 CO_2 排放量

《联合国气候变化框架公约》提出全面控制二氧化碳等温室气体排放，以应对全球气候变暖给人类经济和社会带来的不利影响，《巴黎协定》已在 2016 年 11 月 4 日正式生效，协定要求通过世界各国共同努力，减少温室气体排放，与前工业化时期相比将全球平均温度升幅控制在 2℃ 之内，并继续争取把温度升幅限定在 1.5℃。气候科学家观测到在过去的一个世纪中，大气中的二氧化碳（CO_2）浓度有大幅增加，过去的十年中平均年增长 2ppm。同样甲烷（CH_4）和一氧化二氮（N_2O）等也出现了大幅增加。

根据国际能源署（IEA）的最新分析数据，2021 年，全球与能源相关的二氧化碳排放量增加了 6%，达到 363 亿吨，创造了新的历史纪录。其中，中国二氧化碳排放量就超过 119 亿吨，占全球总量的 33%。而因煤炭使用产生碳排放占全球 CO_2 排放增量的 40% 以上，达到 153 亿吨创造了历史新高，比 2014 年的峰值高出近 2 亿吨。

我国燃煤发电量占总发电量的七成左右，燃煤会产生大量二氧化碳排放到空气中，产生温室效应，威胁生态环境。同时，还伴有硫、硝等矿物产生二氧化硫，威胁人类健康。而分布式光伏发电系统在运行过程中不产生污染物及耗能少，有益于生态环境及人体健康。参照有关火电厂的统计，如果每节约一度电，就少消耗 0.36kg 标准煤，相应可以减少碳粉尘、CO_2、SO_2 和 NO_X 分别是 0.272kg、0.997kg、0.03kg 和 0.015kg。这是光伏发电重要的社会效益之一。

1. 排放温室气体

联合国政府间气候变化专门委员会第六次评估报告指出，2010—2019 年，全球温室气体排放量持续增加，但平均增速已低于上一个十年（2000—2009 年）。受新冠疫情影响，2020 年全球二氧化碳排放量比 2019 年降低了 5.8%。在人类活动中，使用能源排放的温室气体最多，温室气体的成分主要是 CO_2，所以常常将其他温室气体折算成 CO_2 当量，用减少了多少 CO_2 当量来衡量减排温室气体的效果。为了讨论应用光伏发电减少温室气体的效益，以下只研究发电时排放的温室气体情况。

评估光伏发电系统减少 CO_2 排放量的情况，通常有两种指标。

2. CO_2 排放因子（CO_2 Emission Factors，EF）

排放因子是量化每单位活动的气体排放量或清除量的系数，在分析光伏所产生的社会效益时，常常用到下述两种排放因子。

（1）燃料 CO_2 排放因子

定义为：使用某种燃料发电，产生 $1kW \cdot h$ 电能所排放 CO_2 的数量称为该燃料的 CO_2 排放因子，单位是（$g/kW \cdot h$）。

不同燃料在燃烧时排放 CO_2 的数量不一样，对于水能、太阳能、风能、地热能等清洁能源，发电时可认为 CO_2 排放量为零，核能发电排放量极少，也可以当作排放量为零。

国际能源署（IEA）在 2016 年 10 月发表的 CO_2 *Emissions From Fuel Combustion Database Documentation* (2016 *Edition*)中提出，在 OECD 国家 2010—2014 年的不同种类燃料的平均温室气体排放因子如表 11-3 所示。

表 11-3 在 OECD 国家 2010—2014 年不同种类燃料的平均温室气体排放因子（g / kW・h）

燃料	排放因子	燃料	排放因子	燃料	排放因子
无烟煤*	875	高炉煤气*	2425	液化石油气*	525
炼焦煤*	820	其他回收气体*	1590	煤油*	625
其他烟煤	870	油页岩*	1155	天然气//柴油*	715
次烟煤	940	泥炭*	765	燃料油	670
褐煤	1030	天然气	405	石油焦*	930
燃气工程煤气*	335	原油*	590	非再生城市垃圾*	1200
焦炉煤气*	390	炼油厂气体*	450		

注：* 表示该类燃料在 OECD 国家使用率不到 1%，数值不很可靠，应用需谨慎。

可见，各类燃料的 CO_2 排放因子差别很大，燃烧高炉煤气排放的温室气体最多。

（2）发电 CO_2 排放因子

也可以借助 CO_2 排放因子的概念来衡量某个国家发电排放温室气体的严重程度，定义为在国家范围内所有发电厂（使用多种燃料）混合发电，平均每发 $1kW・h$ 电能，所排放 CO_2 的数量，即为该国的发电 CO_2 排放因子（EF）。这就是光伏发电系统在当地每产生 $1kW・h$ 电能，能够减少 CO_2 的排放量。

确定发电 CO_2 排放因子可以根据不同种类燃料所发电能来计算，只要将发电时消耗的每种燃料的发电量与相应的燃料排放因子相乘，就可得到每种燃料的 CO_2 排放量，相加后就是 CO_2 总排放量，再除以当年各种燃料（包括发电 CO_2 排放因子为零的水电、核电和可再生能源）的总发电量，就可得到发电 CO_2 排放因子。在很多国家同时存在热电厂和纯发电厂，按道理计算热电厂发电排放的 CO_2 时应该不计供热产生的 CO_2，不过实际上差别并不大。

在确定国家的发电 CO_2 排放因子时，不能根据个别发电厂的燃料种类来确定，因为在一个国家范围内，可能使用多种燃料发电，所以应采用混合发电的平均发电 CO_2 排放因子。同样衡量光伏发电的减排效果，也不能根据一个地区的排放因子来判断，否则如果在某地没有火力发电，只有水力发电等清洁能源，当地发电的 CO_2 排放因子为零，由此判断当地安装光伏系统的减排 CO_2 的效益为零，这显然是不合理的，所以应该以整个国家的范围内来计算。

由于使用的燃料成分不同，所以各个国家的发电 CO_2 排放因子相差很大，IEA CO_2 *Emissions From Fuel Combustion Highlights* (2016 *edition*)列出了一些国家和地区历年的发电 CO_2 排放因子，如表 11-4 所示。

表 11-4 一些国家和地区历年的发电 CO_2 排放因子（g/kW・h）

地区	1990 年	1995 年	2000 年	2005 年	2010 年	2013 年	2014 年	1990—2014 年变化率
世界	533	533	533	546	530	526	519	−3%
OECD 国家	509	492	488	478	442	430	421	−17%
非洲	681	699	663	645	625	602	615	−10%
亚洲（不包括中国）	634	672	685	671	687	661	685	8%
中东	742	814	708	688	678	685	678	−9%
中国（包括香港地区）	911	918	893	878	759	710	681	−25%

中国的发电 CO_2 排放因子比较高，主要原因是在发电燃料结构中，燃烧煤炭的比重偏高。当然随着技术的进步，受到燃料种类的变化，电厂发电效率的提高，清洁能源的推广应用等因素影响，全球总的发电 CO_2 排放因子会逐渐有所降低。

世界平均发电 CO_2 排放因子多年来一直是稍小于 $0.6kg/kW \cdot h$，所以在很多资料中，平均发电 CO_2 排放因子取 $0.6kg/kW \cdot h$。

3. 光伏减排 CO_2 潜力

光伏减排 CO_2 潜力（Potential Mitigation, PM）是衡量光伏发电系统减少 CO_2 排放量的又一个重要指标。其定义是：给定的单位功率光伏发电系统输出的电能能够减少 CO_2 的排放数量，也就是安装单位功率（通常用 1kW）的光伏发电系统，在其寿命周期内，所输出电能相当于减少排放的 CO_2 数量，单位是 g/kW。

显然，光伏减排 CO_2 潜力除了与当地 CO_2 排放因子有关以外，还取决于光伏发电系统在当地的发电量。为了简化计算，通常不考虑电池本身效率的衰减，其计算方法是单位功率（1kW）的光伏发电系统在其寿命周期内所输出的电能（$kW \cdot h$）乘以发电 CO_2 排放因子（$g/kW \cdot h$）。结合公式（9-4），得到光伏减排 CO_2 潜力的公式为：

$$PM = H_t \cdot P_0 \cdot PR \cdot N \cdot EF \tag{11-9a}$$

式中，N 为寿命周期年数；EF 为发电 CO_2 排放因子；其余见式（9-4）。

单位功率光伏发电系统在其寿命周期内所输出的电能，除了与当地气象及地理条件有关外，还与光伏发电系统的类型（并网系统还是离网系统）、方阵的安装倾角及系统的能效比等因素有关。对于中国 28 个主要城市，作出两项修正：

① 考虑到光伏发电系统在制造过程中要消耗能量，也要产生温室气体，所以应该扣除能量偿还时间内的 CO_2 排放量。根据中国光伏行业协会的数据，对于 1kW 并网多晶硅光伏系统，在制造过程中要消耗电能 $1500kW \cdot h$。因此光伏减排 CO_2 潜力的计算公式应改为：

$$PM = (H_t \cdot P_0 \cdot PR \cdot N - 1500) \cdot EF \tag{11-9b}$$

② 分别依据朝向赤道按最佳倾角安装和朝向赤道垂直安装两种并网系统的情况，进行分析计算。其中计算和确定最佳倾角及其相应太阳辐照量的方法与 11.2.1 节相同，同样可以得到朝向赤道垂直安装时方阵面上全年接收到的太阳辐照量。系统能效比以 PR = 75% 来计算，光伏系统的寿命周期为 30 年。中国的发电 CO_2 排放因子按照 EF = $681g/kW \cdot h$。代入计算得到结果如表 11-5 所示。

表 11-5　中国部分城市并网系统的减排 CO_2 潜力（t/kW）

地区	最佳倾角安装	垂直安装	地区	最佳倾角安装	垂直安装
海口	20.74	10.60	南京	17.86	10.61
广州	16.35	9.27	西安	17.54	10.17
昆明	23.72	14.06	郑州	20.68	12.35
福州	17.87	9.60	兰州	21.78	13.24
贵阳	13.81	7.21	济南	20.37	12.82
长沙	16.14	8.57	西宁	24.47	15.89
南昌	17.30	9.48	太原	22.45	14.47
重庆	12.39	6.44	银川	27.49	18.17
拉萨	31.77	19.64	天津	21.76	14.34
杭州	16.78	9.52	北京	22.62	15.27
武汉	16.57	9.35	沈阳	21.81	15.00
成都	12.70	6.73	乌鲁木齐	22.51	14.54
上海	19.11	12.15	长春	23.98	17.22
合肥	17.68	10.36	哈尔滨	22.64	16.17

可见同样也是拉萨地区光伏发电系统的光伏减排 CO_2 潜力最大，按照方阵最佳倾角安装和垂直安装的并网光伏发电系统，在其寿命周期内，每安装 1kW 光伏发电系统可以分别减少 CO_2 排放量 31.77t 和 19.64t。重庆地区最少，分别只有 12.39t 和 6.44t。同时还可以看出，重庆地区对于方阵倾角的影响要比拉萨地区大，这是由于在拉萨地区的太阳总辐照量中直射辐照量的比例较大，所以相应的光伏减排 CO_2 潜力也要按比例变化。

【例 11-3】在敦煌建造的多晶硅并网光伏系统按最佳倾角安装，假定系统的能效比为 0.75，寿命周期是 30 年，CO_2 排放因子 764g/kW·h，求 1kW 该光伏发电系统能够减少 CO_2 排放量多少吨？

注：敦煌地区并网光伏发电系统的最佳倾角是 35°，其方阵面上的太阳辐照量为 5.566kW·h/(m²·d)，建造单位光伏发电系统所消耗的电能按照 1500kW·h/kW 计算。

解：代入式（11-9b）：

$$PM = (H_t \cdot P_0 \cdot PR \cdot N - 1500) \cdot EF = (5.566 \times 365 \times 1 \times 0.75 \times 30 - 1500) \times 0.764 \approx 33.78t$$

综上所述，由于光伏发电是 CO_2 排放量为零的清洁能源，能够避免常规电厂因燃烧矿物燃料发电而引起的环境污染，随着光伏发电的大量推广应用，其减少 CO_2 排放量的效果也将逐渐显现，必将发挥重大的经济和社会效益。

11.3　光伏发电的其他效益

11.3.1　增加就业岗位

在光伏发电系统的设计、组件和配套部件的制造、运输、安装及维护过程中，都需要大量从业人员。此外，光伏从业人员还将分布在金融、保险、法律、媒体、互联网、政府机构等行业，尽管统计上可能不属于太阳能光伏行业，但他们的工作与太阳能光伏行业密切相关。随着太阳能光伏产业的迅速发展，还会不断增加就业岗位，对于促进区域经济发展，提高人民生活水平，将发挥积极的作用。

根据国际可再生能源机构（IRENA）报告，2021 年，在所有可再生能源技术就业岗位中，近三分之一来自太阳能光伏行业。2021 年，太阳能光伏行业的工作岗位新增 30 万，达到 430 万个，继续在可再生能源技术中占据工作岗位最高份额。中国在全球光伏行业就业中的份额从 2020 年的 58% 增至 63%，工作岗位总计约 270 万个，创造了 160 万个光伏就业岗位。

11.3.2　节省燃料

常规发电需要燃烧矿物燃料，光伏发电不消耗任何燃料，可以节省自然资源。由于各种燃料燃烧时释放的能量存在差异，国际上为了使用方便，在进行能源数量、质量的比较时，将煤炭、石油、天然气等都按一定的比例统一折算成标准煤来表示，规定 1kg 标准煤的低位热值为 29.31MJ，这样就可将不同品种、不同含量的能源按各自不同的热值折算成标准煤。

通常在各国的电力统计资料中，都有发电标准煤耗和供电标准煤耗两项数据，前者是指发电厂每发 1kW·h 电能所消耗的标准煤量；后者是指发电厂每供出 1kW·h 电能所消耗的标准煤量。由于要扣除发电厂自用电，所以供电标准煤耗要大于发电标准煤耗。显然衡量光伏节煤情况应该用供电标准煤耗。

根据国家能源局发布的历年全国电力工业统计数据，中国 2017—2021 年 6000kW 及以上电厂供电标准煤耗如表 11-6 所示。

表 11-6　中国 2017—2021 年 6000kW 及以上电厂供电标准煤耗

年度（年）	2017	2018	2019	2020	2021
供电标准煤耗（g/kW·h）	309	308	307	305.5	302.5

可见，2021 年中国光伏每发 1kW·h 电能，就相当于节省了 302.5g 标准煤。当然随着技术的进步，供电标准煤耗还会逐步减少。

11.3.3　减少输电损失

光伏发电系统只要有太阳就能发电，属于分布式电源，不需要长途输配电设备，减少了线路损失，根据 "SET For 2020" 研究显示，在欧洲仅仅是这一项，光伏发电就可隐性增值 0.5 欧分/kW·h。

根据国家能源局发布的历年全国电力工业统计数据，2017—2021 年全国光伏发电装机容量及线路损失率如表 11-7 所示。

表 11-7　中国 2017—2021 年全国光伏发电装机容量及线路损失率

年度（年）	2017	2018	2019	2020	2021
太阳能发电设备容量（×10⁴kW）	13025	17463	20468	25343	30656
全国线路损失率	6.4%	6.21%	5.9%	5.62%	5.26%

11.3.4　安全的能源供应

光伏发电系统一旦安装，就能在至少 25 年内稳定、可靠地以固定的价格供电，不存在燃料短缺、运输紧张等问题。也不会像常规电厂那样受到国际市场上燃料（如石油、天然气、煤炭）价格波动的影响，而化石燃料由于蕴藏量逐渐减少，其价格将会稳步上升。在欧洲由于这一项，光伏发电就可隐性增值 0.015～0.031 欧元/kW·h，具体要看石油、天然气、煤炭的价格波动情况而定。

综上所述，光伏发电正在蓬勃发展，方兴未艾。当然，光伏发电要真正代替常规发电还有很长的路要走，还存在着大量技术和非技术性的障碍，在前进的道路上还会有很多起伏波折。但是随着社会的发展和技术的进步，光伏发电的规模将不断扩大，成本也将逐步降低，会取得越来越显著的经济和社会效益，必将在未来的能源消费结构中起到重要的作用。可以预期，到 21 世纪末，光伏发电将成为电力供应的主要来源，一个光辉灿烂的光伏新时代终将到来。

参 考 文 献

[1] SHORT W, Packey D J, Holt T . A Manual for the Economic Evaluation of Energy Efficiency and Renewable Energy Technologies[J]. NREL/TP-462-5173，March 1995.

[2] MARIA S S, Jan H K. Projected Costs of Generating Electricity 2010 Edition[C]. International Energy Agency, 2010.

[3] SETH B. D, Fengqi Y, Thomas V, et al. Assumptions and the levelized cost of energy for photovoltaics[J].

Energy & Environmental Science, 2011, 4（9）: 3077-3704.

　　[4] BRANKER K, PATHAK M J M, PEARCE J M. A Review of Solar Photovoltaic Levelized Cost of Electricity[J]. Renewable & Sustainable Energy Reviews , 2011, 15(9)：4470-4482.

　　[5] JOHN C, HOLTBERG P, DIEFENDERFER J, et al. International Energy Outlook 2016 With Projections to 2040[J]. DOE/EIA-0484(2016) .

　　[6] ALSEMA E A, FRANKL P, Kato K. Energy pay-back time of photovoltaic energy systems: Present Status and Prospects[J]. 2nd World Conference on Photovoltaic Solar Energy Conversion,Vienna, 1998,7.

　　[7] FRISCHKNECHT R, STOLZ P, KREBS L, et al. Life Cycle Inventories and Life Cycle Assessments of Photovoltaic Systems[C]. International Energy Agency, 2020,12.

　　[8] EERO V, GAËTAN M, CHRISTIAN B. PV LCOE in Europe 2014-30: Final Report[C]. 23 June 2015.European PV Technology Platform, 2014,30.

　　[9] ROLF F, GARVIN H, MARCO R, et al. Methodology Guidelines on Life Cycle Assessment of Photovoltaic Electricity 3rd Edition[C]. International Energy Agency, IEA-PVPS T12-08:2016, 2014.

　　[10] CÉDRIC P. Technology Roadmap Solar Photovoltaic Energy 2014 edition[C]. International Energy Agency, 2014.

　　[11] FATIH B, LAURA C,TIM G, et al. World Energy Outlook 2015[C]. International Energy Agency, 2015.

　　[12] CÉLINE D W. Solar Photovoltaics Jobs & Value Added in Europe[C]. EYGM Limited, 2015.

　　[13] AIDAN K. CO_2 EMISSIONS FROM FUEL COMBUSTION Highlights (2015 Edition)[C]. IEA OECD/IEA, 2015.

　　[14] FATIH B. CO_2 EMISSIONS FROM FUEL COMBUSTION Highlights (2016 edition)[C]. Statistics, 2016.

　　[15] RABIA F, DIVYAM N, ULRIKE L, et al . Renewable Energy and Jobs- Annual Review 2016 [C]. International Renewable Energy Agency (IRENA), 2016.

　　[16] STEFAN N. TRENDS 2016 IN PHOTOVOLTAIC APPLICATIONS[C]. Survey Report of Selected IEA Countries between 1992 and 2015, International Energy Agency (IEA), 2016.

　　[17] 李晓伟，李昭刚，谈文松，等. 基于 3kW 分布式光伏发电系统的经济社会效益研究[J]. 绿色科技，2015，(4)：253-255.

　　[18] WANG W L, LIU Y S, WU X F, et al. Environmental assessments and economic performance of BAPV and BIPV systems in Shanghai[J]. Energy and Buildings, 2016, 130: 98-106.

　　[19] REN J, CHEN T, XU Z, et al. Impact of particulate matter and dust on photovoltaic systems in Shanghai, China[J]. Proceedings of the Institution of Civil Engineers-Energy, 2021, 174(4): 170-185.

练　习　题

　　11-1　光伏发电系统成本应如何计算？与上网电价有何区别？

　　11-2　降低光伏发电成本的途径有哪些？

　　11-3　有一总投资为 1800 万元的 2MW 的光伏发电站，能效比为 0.75，与光伏方阵面上的年太阳辐照量为 5000MJ/m²，试计算该电站年发电量和每度电成本是多少（精确到分）？（假定不考虑电池的衰减及贴现率等因素影响）。

　　11-4　某 10MW 光伏电站的单位造价是 1 万元/kW，方阵面上的太阳辐射能量为 1340kW·h/(m²·y)，系统的能效比为 75%（不考虑电池的衰减）。按 25 年寿命周期计算，静态发电成本为多少？如果资金来源 80%为银行贷款，贷款期限为 25 年，年利率 6%，则发电成本约为多少？

11-5　某地多晶硅并网光伏发电系统方阵面上的太阳辐照量为 $3.5kW \cdot h/m^2/d$，系统的能效比为 0.8，建造和运行所消耗的电能是 $2400kW \cdot h/kW$。如果不考虑光伏组件本身转换效率的衰减，则该系统的能量偿还时间是几年？

11-6　某地多晶硅并网光伏发电系统，寿命周期是 25 年，CO_2 排放指数为 $743g/kW \cdot h$，其他条件与 11-5 题相同，则该光伏系统的减排 CO_2 潜力是多少？